生物信息学数据分析丛书

基因组信号处理

Genomic Signal Processing

〔俄〕I. 什穆列维奇　〔美〕E. R. 多尔蒂　编著
刘文斌　高　琳　译

科学出版社
北　京

图字：01-2009-7756 号

内 容 简 介

随着各种高通量微阵列技术的飞速发展，基于基因表达谱数据的分析已经成为系统生物学研究中的一个非常重要的领域。基因表达谱数据的最大特点是高噪声、高维数和小样本，针对这种数据的特点，本书主要介绍了基因调控网络的建模方法及其动态行为分析、分类器的设计及其误差估计、数据和特征的正则化，以及聚类算法及其验证过程等内容。

本书主要面向具有一定数学基础的生物信息学、计算生物学或系统生物学等领域的研究生或科研人员，也可以作为研究基因组学的教科书或参考书。

图书在版编目(CIP)数据

基因组信号处理/（俄罗斯）什穆列维奇（Shmulevich，I.）等编著；刘文斌，高琳译. —北京：科学出版社，2010
（生物信息学数据分析丛书）
ISBN 978-7-03-027123-5

Ⅰ.①基… Ⅱ.①什…②刘…③高… Ⅲ.①基因组-信号处理 Ⅳ.①Q343.1 ②TN911.7

中国版本图书馆 CIP 数据核字（2010）第 056668 号

责任编辑：夏 梁 陈珊珊/责任校对：桂伟利
责任印制：吴兆东/封面设计：耕者设计工作室

科学出版社出版
北京东黄城根北街 16 号
邮政编码：100717
http://www.sciencep.com
北京厚诚则铭印刷科技有限公司印刷
科学出版社发行 各地新华书店经销
*
2010 年 4 月第 一 版 开本：787×1092 1/16
2025 年 1 月第四次印刷 印张：14 1/4
字数：317 000

定价：88.00 元

（如有印装质量问题，我社负责调换）

译 者 序

后基因组时代生物学研究的热点由对细胞内个别基因或蛋白质功能的局部性研究，转移到以细胞内全部的基因、mRNA、蛋白质及代谢产物为研究对象的各种“组学”研究，逐步把分子生物学推入系统生物学时代。2000 年，L. Hood、A. Aderem 和 R. Aebersold 创立了世界上第一个系统生物研究所（Institute for Systems Biology，ISB），标志着系统生物学研究的正式开始。系统生物学试图通过对各种生物大分子所形成的基因调控网络、信号转导网络、蛋白质相互作用网络、代谢网络等的研究来分析生物功能。作为这些网络的基础和核心，基因调控网络已经成为后基因组时代系统生物学的一个研究重点和热点。功能基因组研究的一个主要目的就是疾病的诊断和治疗，其流程为，筛选特定细胞显型的基因，建立基因相互作用的非线性模型，分析正常和异常状况下基因之间的调控关系，设计适当的干预策略来影响、改变或修正系统动态的行为。所有这些研究的基础则是对各种高通量技术所获得的基因表达谱数据的处理、分析和建模。

I. Shmulevich 和 E. R. Dougherty 在基因组信号处理领域具有很高的造诣和影响。2002 年，他们在布尔网络模型的基础上，提出了研究基因调控网络的概率布尔网络（probabilistic boolean network，PBN）模型，为系统地研究基因调控网络的干预奠定了基础。本书的主要内容是他们近几年研究成果的系统总结，2007 年，刘文斌受温州市“新世纪 551 人才工程”资助到系统生物研究所（ISB）I. Shmulevich 教授的计算生物学研究小组做访学研究，期间有幸看到这本书并学习了其中的大部分内容。

近年来，虽然国内有关生物信息学的译著及书籍很多，但大部分是关于蛋白质及序列分析的软件、算法及相关网络资源的工具书，真正涉及生物信息学基本理论的著作还很少。和以往的书籍比较，本书的特点包括：①本书专门探讨基因表达谱数据处理涉及的建模、分类及聚类的基本方法和理论。②作者将生物网络的进化、细胞的功能状态等生物学概念与基因调控网络的动态行为有机地结合在一起，揭示了这些抽象数学概念所代表的实际生物学意义。③对 PBN 这种新的概率模型，作者采取例子驱动的方式，逐步介绍有关的概念、动态行为分析及干预过程，非常浅显易懂。④ 作者从算子的角度将分类和聚类统一起来，详细讨论了二者涉及的算子的设计、误差估计及鲁棒性。⑤纵观全书，作者站在科学认识论高度探讨各种理论、方法及其优缺点，使得读者能够对这些复杂数学方法的本质有更深刻的认识。

基于上述原因，我们萌生了翻译本书的念头，主要是希望能为国内系统生物学研究的学者和研究生提供一本研究基因组学的教科书或参考书，促进我国在系统生物学方面的发展。如果本书能够做到这一点，译者将感到十分欣慰。在翻译过程中，我们力求忠实、准确地把握原著的风格。由于译者水平有限，另外时间仓促，书中难免有不当之处，恳请广大读者批评指正。

本书的翻译和审校由刘文斌和高琳共同组织完成，其中，刘文斌负责第 1～3 章，高琳负责第 4～6 章。覃桂敏、赵建帮、孙鹏岗，刘志伟参与了本书所有图表的编辑工作，张航、王欣、昝乡镇等参与了所有参考文献的校对工作。全书由刘文斌最后统一核实、修改和整理。在此，对所有参与本书翻译工作的所有人员表示由衷的感谢。

本书翻译过程中得到了 I. Shmulevich 和 E. R. Dougherty 教授的大力支持，他们向译者提供了书稿的电子版和英文版的最终版本，并且详细探讨了翻译过程所遇到的各种问题。此外，西安电子科技大学的张军英教授也在翻译过程给予了很多指导。译者感谢科学出版社的夏梁和莫结胜两位编辑的大力支持和帮助，是他们的远见，使得本书能够尽快与读者见面。最后，本书的翻译特别得到国家自然科学基金重点项目“生物网络数据分析与挖掘中相关理论与关键技术”（60933009）和国家自然科学基金面上项目“临界基因调控网络的可控性理论及其干预方法研究”（60970065）的资助。

刘文斌　高琳

2010 年 2 月 2 日

前　言

近年来，各种高通量技术的出现极大地促进了大规模基因表达的研究，人们可以同时确定成千上万个基因的表达水平。特别是表达微阵列这种复杂的生化-光学系统，它集成了机器点样、计算机成像和分析等技术。由于转录调控是一种多变量输入的复杂处理过程，人们迫切需要一种分析表达谱数据的工具来揭示复杂遗传网络中所发生的各种作用关系。也就是说，只有对基因组的这些信号进行处理，才能刻画它们的调控结果及其在遗传水平和表观水平所发生的变化。功能基因组学的两个主要目的是，筛选能够解释特定细胞显型（如疾病）的关键基因和基因组合，并在分子水平利用基因组信号进行疾病的分类。

由于转录信号的传递及相关路径模拟的重要作用，对结构和功能的理解都需要信号处理的理论。基因组信号处理（GSP）是一个主要研究基因组信号处理的工程学科。人们可能会由此联想到数字信号处理（DSP），总的来说，GSP 和 DSP 都要应用信号处理的某种数学方法。然而，这两门学科的名称没有一个与这些数学方法有关，反而是根据它们所处理的物理信号来命名的。GSP 将信号处理的方法、理论应用于功能基因组的研究，其重点是基因组的调控。因此，GSP 涉及与表达谱研究相关的各种方法，如检测、预测、分类、控制、统计以及基因网络的动态模拟等。总之，GSP 是将工程学科中基于模型的结构分析和合成方法引入基因组学研究的一门基础学科。

这一学科主要用于生物组织（切片）的分类及信号转导路径的发现。实现这些目标需要大量信号处理的方法，其中包括转录信号的表示（如小波分解和随机时间序列分解）和非线性动态系统的建模。以往两个基因或细胞效应（cellular effect）对之间的相关性分析方法已经不适用于基因组这种多元非线性的复杂网络，调控模型需要各种非线性动力学的方法。而这些方法已在信号处理、控制，尤其是分布式计算机系统中的随机数据流网络等领域得到广泛应用。当然，仅有这些模型系统还不够。基因组学需要自己的模型系统，而不仅仅是对现有模型的简单应用。而且，新系统必须能够反映基因组内部的运行规律及分布式调控的机理。因此，必须发展相应的数学理论，其中包括用于治疗干预的优化理论以及近似理论，并建立一种具有合理复杂度的非线性动态模型。具体地说，一方面，从诊断和治疗的角度，它能够充分描述基因之间的调控关系；另一方面，相对于现有的实验数据量或者计算机硬件的计算能力，又不过于复杂。

广义上讲，GSP 是一门由基因组学研究推动产生的学科。尽管这种概括性的描述无法反映其中所需的数学知识结构，但它还是强调了数学在基因组科学中的地位。实际上，这也是数学在所有科学研究中的总体地位的体现。随着对科学认知论理解的深入，我们将会逐渐体会到这一点。

模型是科学研究内容的表示形式，是一种由变量及其关系组成的逻辑结构，在某种程度上它代表了我们对自然界在某个层次（水平）上的理解，反映了某个物理现象的主要特征架构，是自然界的一个局部的概念化，是一种与自然建立联系的逻辑工具。模型检验是指模型对感官事件预测的准确度，如测量指针的移动。模型是一种可能性假设，它允许对预测失败模型的拒绝。模型是认识论和方法的统一，其正确性来源于数据。问题的焦点是观察值和预测量之间的一致性。模型的具体数学形式永远是第二位的，假设有两个模型，好的模型就是能够提供更好预测的模型。两种不同的数学方法当其预测精度相同时就具有同等的有效性。对于具体问题，判断连续模型好还是离散模型好的主要依据是其预测能力，而不在于哪个更符合直观认识。在量子电动力学（QED）领域，Richard Feynman 在《光和物质的奇特理论》（*The Strange Theory of Light and Matter*）一书中写道“关键要看理论预测与实验结果是否一致，而与其是否讨人喜欢，或是否易于理解，或是否符合常规认识等无关。如果从常识来看，量子电动力学理论对自然界的描述看似荒诞，然而它却与实验结果完全相符，所以我希望你们能够接受自然原本的模样——荒诞”。如果自然是荒诞的，那么模型的有效性就不可能由推理决定。推理可能产生模型，或许它还看上去像个幽灵，但它的有效性仅取决于对实验结果的预测能力。

直觉上不严密的认识有助于探索性思考，但是和科学的主体——数学模型相比，它的地位则微不足道。不严密的认识往往会导致片面（或错误）的结论。James Jeans 在《神秘的宇宙》（*The Mysterious Universe*）一书中明确指出：“自然现象的实际情况（真理）就在它的数学描述之中，假如这种描述是完美的，我们获得的知识就是完整的。假如非要超越数学形式，那么我们只能自担风险。也许一个非数学的模型或情景有助于我们对自然的理解，但并非总是如此。因此，找不到这样一个模型或情景并不能说明我们的推理或知识有问题。”Jeans 的论述也暗示在应用数学方法之前，必须首先深刻理解其中的数学原理。分析的科学意义源于其背后的数学意义，没有数学上的理解，对结果的理解就无从谈起。因此，我们面临的危险不仅是没有理解，而且还有可能是由此导致的错误的应用。当对数据的处理涉及一些复杂的迭代算法时，这个问题就尤为突出。原因是算法的最终结果往往与多种因素有关，其中有些因素是待定的或者未知的，如在应用分类规则时没有考虑其在小样本情况下的可能后果；或者某个统计方法的应用没有考虑具体分布的特征，如应用一个方差较大的误差估计。

模型预测的有效性要求符号与观测值必须具有语义上的联系，这种语义联系涉及数学模型的基本操作方法及其产生的推论（结论）。可操作性定义（operational definition）属于数学理论的范畴，否则就不存在基本操作方法和观测值之间的联系。这些基本操作方法的结果必须通过观测值来检验。数学结构是一些抽象的符号集，必须有一个明确的方法将其输出结果与量化观测联系起来。

模型的有效性涉及观察和测量，因而科学知识往往受限于测量技术。尽管可能没有内在的限制，如海森堡的测不准原理，但是，数据的类型和精确性还是会受到现有观测技术的制约。如果没有所需精度的数据，一个方法（理论）就无科学性可言。Erwin Shrödinger 在《科学理论与人》（*Science Theory and Man*）中写道：“所有方案和模型都是可信观测的平台，切勿用无法观测到的细节去点缀它们，以免（遗憾）……如果 Heisenberg 的断言是正确的，并且给我们的第一感觉似乎是它和我们的世界观之间存在一些无法弥补的隔阂，那么，我们所能做的就是消除这些隔阂。换句话说，就是建立一个不包含这部分区域的新的世界观。”如果一种数学方法依赖的是不可观察的数据，那么就失去了应用价值。但这并不意味在暂时没有数据的情况下，就没有建立这些数学方法的必要。事实上，这种方法可以形式化人们的认识，并且对于引导技术的发展非常重要。在获得有效的验证数据之前，我们姑且认为这种理论（方法）有待验证或者是已部分验证。

虽然科学知识最终蕴含在数学关系的系统之中，其有效性依赖于观测值，但这并不排斥探究性的实验。观察和实验数据的评价都是“创造性”工厂的“原料”。我们必须首先了解，然后深入，最终探根求源——这是一种有目的而非盲目的探究过程。

由于缺乏合适的技术，科学理论所反映的自然界的方方面面最终还是需要科学家自己去判断，科学理论的价值取决于最初的选择。科学假设由一些因素及其关系构成，其中一些关系的有效性可根据观测来判断，而另一些则不是。这里主要强调这些可能的关系并非随意而为，它们是人类智慧的结晶。Schrödinger 说：“任何一个选择都是基于现有的科学架构，并且受到周围非科学的环境因素的影响。”和人类一样，科学研究的方向与成功取决于人的选择。

科学既不是抽象的数学，也不是随意堆砌的数据读本。科学依靠的是科学家，正是这群称为科学家的人提出了假设性的关系网络，也只有在这种关系网络中，人们才能根据统计方法设计出高效的实验验证方案。

基因组学需要的是这样一群工程师、数学家以及统计学家，他们完全精通自己所设计和使用的模型和算法，并且完全清楚这些模型和算法的性质和不确定性。唯有如此，才能真正领会这些模型的结果（结论）所蕴含的科学内涵。本书的目的是从数学的角度讨论 GSP 所涉及的一些重要问题，其中包括：①给出一些重要问题的严格的数学定义及相关命题；②讨论模型的准确性和精确性的程度；③使用与数学语言一致的方式解释 GSP 领域的实际问题；④指出 GSP 在诊断和治疗方面的发展方向。

献辞

谨将此书献给 Jeffrey M. Trent，正是他对严谨的工程-系统方法的远见和支持，带领包括我们在内的很多电子工程师进入基因组学这一领域。他始终坚持一个明确的指导方针：“放眼未来的 10～20 年，但始终要记住我们到这里首先是治愈患者”，这也正是我们始终坚持的一个指导原则。

致谢

谨借此机会感谢以下研究机构在基因信号处理研究领域给予我们的慷慨支持：国立人类基因组研究院、国立癌症研究院、国立医学研究院、国家自然科学基金会、转录基因组研究所和得克萨斯大学 M. D. 安德森癌症研究中心、系统生物研究所。同时，也感谢曾与我们合作过的 200 多位科研人员。要列举的人确实很多，在此特别将最真挚的感谢送给两个主要的合作伙伴 Michael L. Bittner 和 Wei Zhang。在整个研究过程，是他们不厌其烦地给我们解释所需的基因组运转方面的生物知识。

目　　录

第1章　生物基础

生物信息学（bioinformatics）的概念适用范围非常广泛，至今还没有一个公认的定义。这里我们引用一些书中的定义，Lodish 等（2000）认为："生物信息学是计算机科学一个发展非常迅速的领域，主要用于 DNA 和蛋白质序列的收集、组织和分析。"Brown 等（2002）给了一个很宽泛的定义："计算机方法在基因组学研究中的应用。"更一般化的定义是："生物信息学是使用计算机从生物信息中提炼生物知识的一门科学。"（Draghici，2003）。Kohane 等（2003）认识到这些过于一般化的定义有可能失去其真正的含义。因此，他提倡使用各种生物信息技术的具体名称。

传统生物信息学主要研究经过数字化编码的核酸或氨基酸等生物序列数据，本书则主要研究基因表达或基因组信号的信息提取。基因组信号主要指基因组活动过程中产生的 mRNA 和蛋白质数据。分析、处理、利用基因组信号获得生物知识，并将其转化为系统知识的过程称为基因组信号处理（genomic signal processing）。

本章介绍一些基因组信号处理的生物背景知识，我们无意覆盖现代遗传学、基因组学、细胞生物学及其他学科的全部内容，而仅对其中的一些相关内容作简要介绍。有兴趣的读者可以参考 Alberts 等的相关著作（Alberts，2002）。

1.1　遗传学

遗传学是研究基因的科学，基因的研究可以分为不同的层次，如分子、细胞、群体或进化等。基因由脱氧核糖核酸（DNA）组成，DNA 分子是由两条互补的核苷酸链组成的双螺旋结构。一个生物体中的所有 DNA 构成了它的基因组（genome），基因组中的 DNA 分子组装在一起形成染色体（chromosome），而基因则是 DNA 中的功能区域。

基因包含了它所编码的蛋白质的结构和功能的全部信息。蛋白质是一种细胞内的分子机器，它决定细胞的主要功能。蛋白质能够执行一系列任务，如催化反应、氧气转运、调控其他蛋白质的产生等。由基因到蛋白质需要经过两步：转录（transcription）和翻译（translation）。转录是指将编码在 DNA 中的信息拷贝到信使 RNA（messenger RNA，mRNA）的过程，一个 DNA 可以产生多个相同拷贝的 RNA，由此在细胞中产生大量相同的蛋白质。翻译是将 mRNA 转化为称为肽链（polypeptide）的氨基酸链的过程。一个或多个多肽链相互作用最终形成蛋白质。从 DNA 到 RNA，再到蛋白质的信息流动过程就是分子生物学中著名的中心法则（central dogma）。尽管中心法则在大部分情况下是正确的，但在有些情况下，需要对其进行一些修正，其中包括反转录、RNA 编辑、RNA 复制。

简单地说，反转录是在反转录酶（reverse transcriptase）的作用下将一条单链 RNA 分子转化为一条双链 DNA 分子的过程。例如，HIV 病毒由一个可以反转录为 DNA 并插入宿主基因组的 RNA 基因组组成。RNA 编辑是对转录后的 RNA 进行的一种修饰，经过编辑的 RNA 产生的蛋白质和编码它的 DNA 之间并不完全对应。最后，RNA 的复制是指不经过 DNA 直接由 RNA 到 RNA 的过程，一些病毒，如肝炎 C 病毒，就采用这种方式。下面进一步介绍上述相关的基本概念。

1.1.1 核酸结构

一个生物体的每个细胞基本上都包含相同的 DNA，细胞每次分裂时其中的 DNA 将被原样复制。DNA 中的信息用来编码经过转录和翻译过程所表达的蛋白质。DNA 分子是由单个脱氧核苷酸，简称核酸（nucleotide），连接而成的多聚物，每个核苷酸由三个化学基团组成：一个糖分子（脱氧核糖）、一个磷酸基团和一个含氮的碱基。碱基有 4 种，分别为腺嘌呤（A）、鸟嘌呤（G）、胞嘧啶（C）、胸腺嘧啶（T）。腺嘌呤和鸟嘌呤属于嘌呤（purine），是一种双环结构；胞嘧啶和胸腺嘧啶则属于嘧啶（pyrimidine），是一种单环结构。糖分子有 5 个碳原子，编号分别为 1′～5′。磷酸基团和编号为 5′的碳原子相连，碱基则和编号为 1′的碳原子相连，编号为 3′的碳原子和一个羟基（—OH）相连。

图 1.1 为一个带胸腺嘧啶（T）的脱氧核糖核苷酸结构示意图，它只有一个磷酸基团，但最多可以有三个磷酸基团，如 5′端有三个磷酸的三磷酸腺苷（ATP），它为细胞中的生化反应过程提供能量。

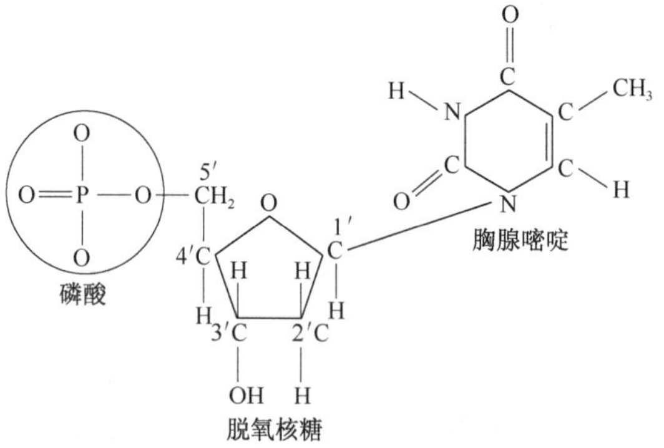

图 1.1　具有一个胸腺嘧啶（T）的核苷酸结构示意图

RNA 是一种结构上和 DNA 非常相似的多聚物，它们最大的区别是 RNA 中的糖分子是核糖，而不是脱氧核糖，即脱氧核糖 2′端的碳原子连接一个氢原子（H），而核糖连接一个羟基（—OH）（图 1.1）。另一个区别是在核糖核酸中，碱基胸腺嘧啶（T）被替换为一个结构相似的碱基尿嘧啶（U）。

DNA 中的脱氧核苷酸或 RNA 中的核苷酸都是通过磷酸基团的共价键相连而成，其中一个共价键在磷酸基团和脱氧核糖 5′端的碳原子之间，另一个共价键在磷酸基团和另外一个脱氧核糖的 3′碳原子之间。这种磷酸二酯键（phosphodiester bond）导致核酸分子具有从 5′→3′的极性或方向。通常，总是约定核苷酸序列从 5′端开始，在 3′端结束，如 5′-ATCGGCTC-3′。图 1.2 是 DNA 链中的磷酸二酯键及其共价结构的示意图。

在自然状态下，DNA 通常由两条单核苷酸链相互缠绕，形成一种双螺旋结构。双链外侧是磷酸-脱氧核糖多聚链构成的骨架，碱基对位于两条链中间。两条单链的方向相反，一条为 5′→3′，另一条为 3′→5′，它们通过互补碱基对（base pair）之间的氢键相互连接。碱基对之间的配对规则是：A 和 T 配对，C 和 G 配对；这种关系也称为互补（complementary）配对。通常，A-T 之间有两个氢键，G-C 之间有三个氢键，这些氢键是两条方向相反的单链能够结合在一起的主要原因。由于 G-C 和 A-T 之间氢键数目的差异，通常 G-C 含量高的 DNA 分子的稳定性高，打开这种双链就需要更高的温度，这一过程也称为变性（denature）。此外，尽管单个氢键很弱，但由于两条链上氢键的数目非常多，仍然能够将它们紧紧结合在一起。

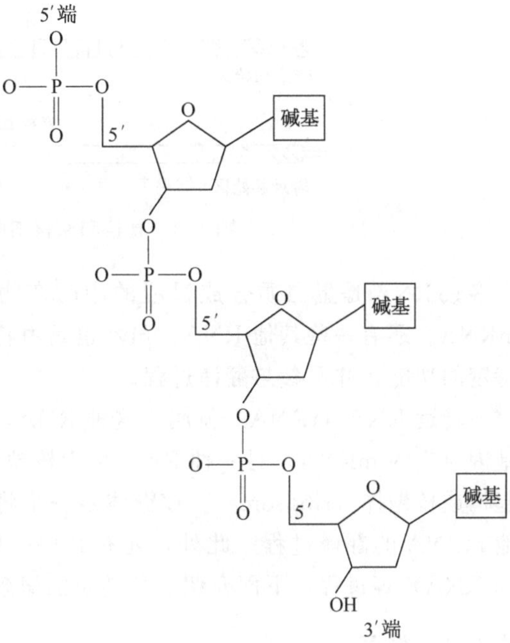

图 1.2　DNA 链的磷酸二酯键及其共价结构示意图

尽管本书主要研究与转录有关的基因表达，在此仍然有必要简单介绍一下 DNA 的复制过程。由于 DNA 双螺旋结构中的两条链互补，因而它们包含相同的信息。在复制过程，两条链打开后各自作为一个模板（template），分别合成两条新的互补链。在细胞分裂期间，新合成的双链分别传给子代。细胞周期中，复制阶段称为 S（合成）阶段（phase）。当 DNA 解链后，两条单链上的碱基可以自由地和其他碱基互补配对，参与这一过程的酶称为 DNA 多聚酶（DNA polymerase）。

1.1.2　基因

基因是 DNA 上一段能够被转录并产生 RNA 的功能区域。通常，基因上游 5′端有调控区（regulatory region），它能够和各种蛋白质结合并启动相邻的 DNA 编码区的转录。因此，基因能够接收并响应来自基因组内部或外部的其他信号。此外，在基因的 3′端，有另外一个表示转录结束的区域。

真核细胞（有细胞核的细胞）的基因中，通常包含一种称为内含子（intron）的序列，它们没有任何编码蛋白质的信息。在转录过程，内含子随着编码区的外显子（exon）一起转录，然后在剪辑过程被剪掉，剩余的外显子则重新连接在一起形成 mRNA，最后，这些 mRNA 离开细胞核到细胞质中指导蛋白质的合成。原核细胞（没有细胞核的细胞）的基因中，通常不存在这种内含子/外显子结构，它们的编码区是连续的序列。图 1.3 给出了上述基因结构的示意图。

DNA 中那些不是基因的区域称为未知功能区，这些基因间 DNA（intergenic DNA）的数量与具体的物种有关。例如，哺乳动物的 DNA 中含有大量的基因间 DNA。

1.1.3　RNA

讨论转录过程之前，我们简要介绍一下 RNA 及其在细胞中的作用。如前文所述，

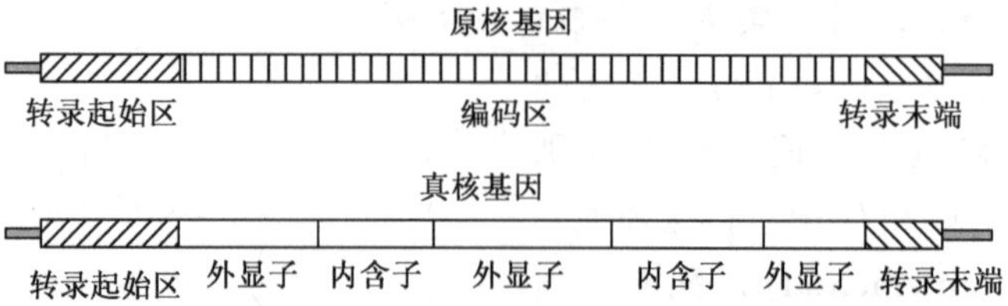

图 1.3　真核和原核细胞中的基因结构示意图

大多数 RNA 是蛋白质合成过程的中间产物，参与蛋白质合成过程的 RNA 称为信使 mRNA。还有一些其他 RNA，虽然也是由特定的基因编码，但是，它们执行其他一些特定的功能，并不参与翻译过程。

转运 RNA（tRNA）就属于这种 RNA，它们在翻译过程中将氨基酸转运给与特定基因对应的 mRNA。另一种 RNA 称为核糖体 RNA（rRNA），它能够与其他蛋白质一起构成核糖体（ribosome）。核糖体是一个将氨基酸组装成蛋白质的细胞器，它参与其他 mRNA 的翻译过程。此外，还有其他一些 RNA 参与剪接（snRNA）、蛋白质转运（scRNA）等过程，下面介绍有关转录的概念。

1.1.4　转录

转录是基因表达的第一步，它以其中一条 DNA 链为模板合成相应的 RNA 链。与 DNA 的复制类似，转录的基础同样是 DNA 链的碱基互补配对。在 RNA 聚合酶（RNA polymerase）的催化作用下，RNA 的合成总是从 5′端到 3′端。首先，打开 DNA 双链并以其中一条链为模板合成 RNA 链，至于选择哪条链为模板主要取决于基因。随后，细胞中的核苷酸就会和模板中的互补碱基配对。注意，RNA 中由尿嘧啶（U）代替 DNA 中的胸腺嘧啶（T）。作为模板的 DNA 链通常称为反向（antisense）链，另外一条链则称为正向（sense）链。因此，合成的 RNA 链实际上是正向 DNA 链的一个拷贝（其中的 T 换成 U）。转录过程如图 1.4 所示。

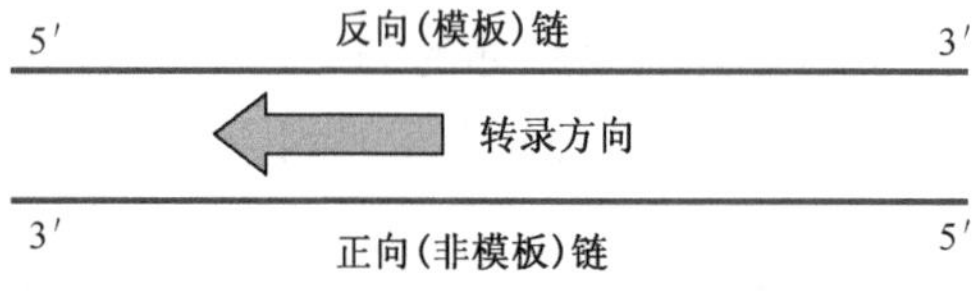

图 1.4　转录的方向：从 3′→5′的反向链作为模板，通过核苷酸碱基对合成 RNA，RNA 的增长方向总是从 5′→3′

RNA 聚合酶结合到双链 DNA 后就开始启动转录过程，DNA 上 RNA 聚合酶结合的位点称为启动子（promoter），它是基因最前面的一段序列。由于 RNA 的合成方向从 5′端到 3′端（图 1.5），基因的方向也是从 5′端到 3′端。因此，启动子总是位于基因的上游（5′端）编码区。在基因之间的启动子上，有些序列具有保守性。RNA 聚合酶通常就是结合到启动子的保守区域启动基因的转录。大多数原核细胞中，一种 RNA 聚合酶几乎能够转录所有类型的 RNA；而在真核细胞中，则要根据转录产物 mRNA、rRNA、tRNA 的类型决定使用哪一种 RNA 聚合酶。

在转录过程，只有当 DNA 双螺旋结构在局部区域打开，反向链才能进行碱基配对合成 RNA。当 RNA 聚合酶结合到启动子部位后就进行解链过程，开始合成 RNA 的位置称为启动位点（initiation site），基因中这一位置定义为+1。图 1.5 为 RNA 聚合酶在合成 RNA 的 3′端加入核苷酸的示意图，这一过程完成后打开的双螺旋结构重新

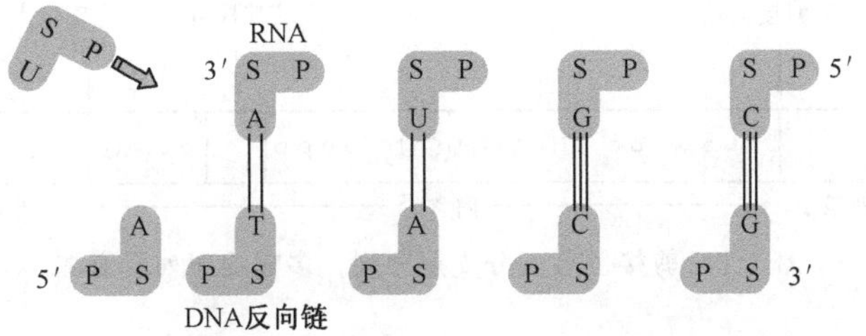

图 1.5 在合成 RNA 的 3′端加入一个尿嘧啶（U），其中 P 代表磷酸，S 代表糖

闭合。

转录总要结束，那么，RNA 聚合酶如何知道何时终止 RNA 的合成呢？在 DNA 上有一些称为终止子（terminator）的特定序列，它们标识转录过程的结束。RNA 聚合酶就是通过识别这些序列从模板 DNA 链上释放并终止 RNA 的合成。尽管终止 RNA 合成的机制很多，原核生物中一种最常见的机制：DNA 链上的终止序列通常包含一段自互补的区域，这段 DNA 的 RNA 产物能够形成一种“茎环”（stem-loop）或“发夹”（hairpin）结构。如图 1.6 所示，它能够导致 RNA 聚合酶停止并终止转录过程。这种发夹结构通常富含 G、C 碱基，从而使得发夹结构具有很高的稳定性。此外，在发夹结构的末端，通常富含 U 碱基。由于 A-U 碱基对的氢键较弱，从而有利于 RNA 发夹结构的打开。

真核生物的转录过程通常要比原核生物复杂，转录后的初级 RNA（前体 mRNA）在转运出细胞核之前必须先进行一定的修饰。首先，带帽（capping）——在转录产物的 5′端通过三磷酸共价键进行甲基化修饰。盖帽是在 RNA 链达到大约 30 个碱基长度之前发生，其主要作用是防止 RNA 的降解，此外对 RNA 的剪辑和翻译过程也有重要作用。其次，在 RNA 的 3′端通常有一段特定的序列（5′-AAUAAA-3′），有一种酶能识别此序列并且在其下游约 20 个碱基处切断 RNA，然后加上一段长度约为 250 个腺苷酸的多聚 A 尾巴（polyA tail）。它的主要作用是帮助成熟的 mRNA从细胞核转运至细胞质，这一过程称为 3′端剪切（cleavage）或多聚腺苷化（polyadenylation）。

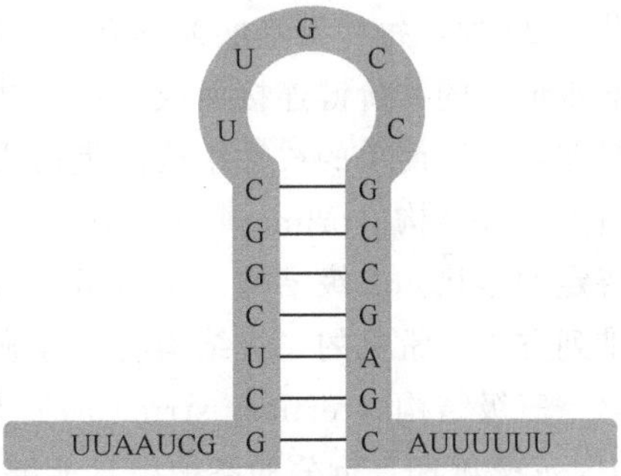

图 1.6 原核细胞中 RNA 聚合酶结束位点的“发夹”结构

RNA 修饰的最后一步是剪接（splicing），也就是去除 RNA 中的内含子并将剩余的外显子连接起来。剪接过程靠识别内含子中的特定序列完成，内含子的 5′端总是包含 5′-GU-3′序列，3′端总是包含 5′-AG-3′序列。AG 序列之前有一段富含嘧啶的多嘧啶序列（polypyrimidine tract）。在脊椎动物中，该序列的上游有一段称为分支序列（branchpoint sequence）的序列5′-CU(A/G)A(C/U)-3′。剪接位点及内含子中的保守序列如图 1.7 所示。

剪接过程分为两步。首先，在 RNA 内含子的分支点序列上，腺苷酸残基的 2′—

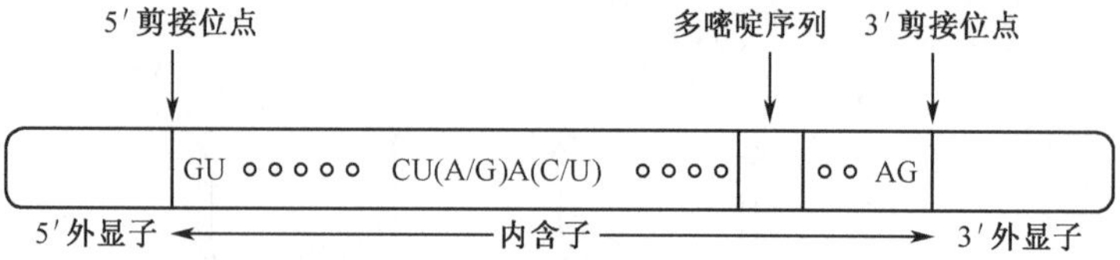

图 1.7 剪接位点、分支点序列、多嘧啶序列示意图

OH 基团攻击剪接位点 5′端的鸟嘌呤 G，然后产生一个称为套索（lariat）的环状分子，并释放内含子上游的外显子。其次，清除内含子 3′端的剪接位点，释放套索并将两个外显子连接起来。剪接下来的内含子将会降解。简要说明一下，在原核生物中，通过选择性剪接（alternative splicing），一个前体 mRNA 可以产生几种不同的成熟 mRNA。也就是说，在新生成的成熟 mRNA 中已经去除掉了某些外显子，当然这些经过选择性剪接的 mRNA 将产生不同类型的蛋白质。一个例子是纤维结合素基因，它能够产生两种不同的蛋白质异构体。一种异构体由纤维原细胞生成，另一种异构体被隐藏在肝细胞中。在纤维原细胞的 mRNA 中，有两个与纤维素结合到细胞表面有关的外显子。而在肝细胞中，这两个外显子则被剪接掉。因此，由肝细胞产生的纤维素不能结合到细胞表面，因而可以被轻易地转运到血液中。

1.1.5 蛋白质

简单地说，蛋白质就是由氨基酸（amino acid）连接而成的一条链。氨基酸的种类共有 20 种，每种氨基酸都具有不同的特性。蛋白质中，氨基酸序列是通过两个氨基酸缩水形成的共价键连接而成，这种共价键称为肽键（peptide bond）。尽管氨基酸的连接看似是一种简单的线性结构，蛋白质的结构却非常复杂。氨基酸的线性序列构成了蛋白质的一级结构（primary structure）。由于原子之间各种复杂的作用，蛋白质通常具有特定的形状。二级结构（secondary structure）是指在局部区域上氨基酸的一种规则的排列方式，常见的二级结构有 α 螺旋（螺旋结构）和 β 折叠（平面结构）。

三级结构（tertiary structure）是指氨基酸分子在三维空间的排列。大多数蛋白质中，α 螺旋和 β 折叠的各种组合能够折叠成一种紧密的称为结构域（domain）的球状结构，结构域是构成三级结构的基本单元。通常，在一级结构中距离很远的氨基酸分子在三级结构中可能距离很近。一个大的蛋白质分子中不同的结构域通常与特定的功能相关，如一个结构域可能用于催化活性，另一个结构域则与 DNA 的结合能力有关。通常，几个相同或不同的三级结构可进一步结合形成四级结构（quaternary structure）。

需要注意的是，蛋白质的功能由其三级结构决定，而三级结构由氨基酸序列决定。此外，大多数的蛋白质生成后都要经过各种化学修饰。这些都会影响蛋白质的生命期、活性及在细胞中的位置。其中一些修饰是可逆的，如连接各种化学基团；另一些则是不可逆的，如整个肽链片段的去除。

1.1.6 翻译

蛋白质中氨基酸的序列由编码该蛋白质的基因序列决定。前面说过，DNA 中的核酸序列被转录为 mRNA 序列，随后，核糖体大分子装配器就沿着 mRNA 按 5′→3′的方向移动，并且每次读取 mRNA 序列上的三个核酸，称为三联密码子（triplet codon），它们共同编码一个特定的氨基酸。由于有 4 种不同的碱基，总共有 $4^3=64$ 种可能的密码子。但是实际只有 20 种氨基酸，因此，一个氨基酸可能对应不止一个三联密码子。表 1.1 给出了这些遗传密码（genetic code）确定的三联密码子及其对应的氨基酸。

表 1.1　20 种氨基酸及其密码子

氨基酸	密码子
Alanine	GCA，GCC，GCG，GCU
Arginine	AGA，AGG，CGA，CGC，CGG，CGU
Asparagine	AAC，AAU
Aspartic acid	GAC，GAU
Cysteine	UGC，UGU
Glutamic acid	GAA，GAG
Glutamine	CAA，CAG
Glycine	GGA，GGC，GGG，GGU
Histidine	CAC，CAU
Isoleucine	AUA，AUC，AUU
Leucine	UUA，UUG，CUA，CUC，CUG，CUU
Lysine	AAA，AAG
Methionine	AUG
Phenylalanine	UUC，UUU
Proline	CCA，CCC，CCG，CCU
Serine	AGC，AGU，UCA，UCC，UCG，UCU
Threonine	ACA，ACC，ACG，ACU
Tryptophan	UGG
Tyrosine	UAC，UAU
Valine	GUA，GUC，GUG，GUU
STOP	UAA，UAG，UGA

注：表最后一行为终止密码子，可以看出，有 18 种氨基酸的密码子多于一个，编码同一氨基酸的密码子称为同义密码子。

每一个密码子可被一个反密码子（anticodon）识别，它是位于三叶草状的转录 RNA（tRNA）末端的一个互补的三联密码子。反密码子和密码子通过 RNA-RNA 中的碱基互补配对相互结合。需要注意的是由于密码子的方向为 $5'\rightarrow3'$，tRNA 上的反密码子的方向为 $3'\rightarrow5'$（图 1.8）。

每个 tRNA 分子的 3′自由端只能连接特定的氨基酸，即每个 tRNA 分子只能携带 20 种氨基酸中的一种氨基酸。但是，有些氨基酸可能被多种 tRNA 转运。此外，有些 tRNA 分子仅仅要求三联密码子的前两个碱基完全匹配，最后一个碱基容许错配，或者说可以有某种程度的摆动（wobble）。由于 tRNA 分子可以按照表 1.1 的对应关系，将一个特定的三核苷酸序列翻译为特定氨基酸，从这个意义上讲，它实际上是一个“适配器”。

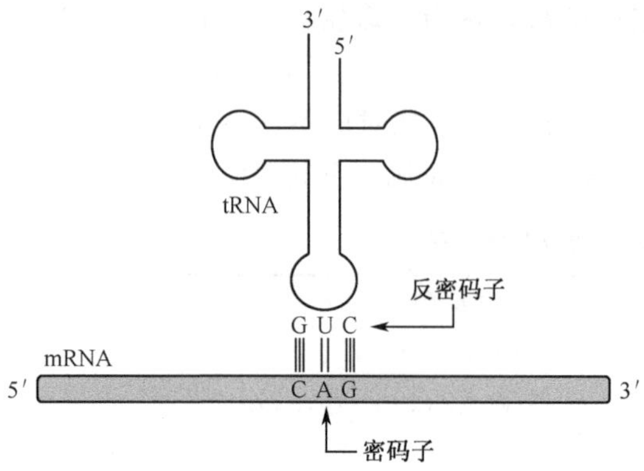

图 1.8 tRNA 末端的反密码子与 mRNA 上互补密码子的结合

核糖体是一个组装“工厂”，它具有参与蛋白质合成的 mRNA、tRNA 及其他各种因子的作用位点，它们共同完成翻译过程。翻译过程必须确保核糖体的可读框（reading frame）严格按照顺序每次阅读三个核苷酸，如果错误地跳过一个核苷酸，将导致三联密码子编码错误的氨基酸，进而合成错误的蛋白质，这些蛋白质可能导致有害的表型效应。因此，核糖体确保了这种精确的阅读过程。

核糖体上有一个氨酰基-tRNA 结合位点（A 位点），即进位 tRNA 的结合位点；另一个是肽基-tRNA 结合位点（P 位点），即 tRNA 链接到多肽链上的结合位点。通常两个位点距离很近，这样便于两个 tRNA 与 mRNA 上两个相邻的密码子结合。当氨酰基-tRNA 结合到 A 位点并与 mRNA 上的密码子配对后，P 位点上的肽基-tRNA 携带的氨基酸从 tRNA 上脱落，并与 A 位点上氨酰基-tRNA 携带的氨基酸形成肽键。随后，核糖体沿着 mRNA 前移三个核苷酸，A 位点的 tRNA 到 P 位点，同时 P 位点的 tRNA 出位进入细胞质。最后，A 位点空闲等待下一个氨酰基-tRNA 进入。图 1.9 为蛋白质合成过程肽链延长（elongation）的三个步骤。

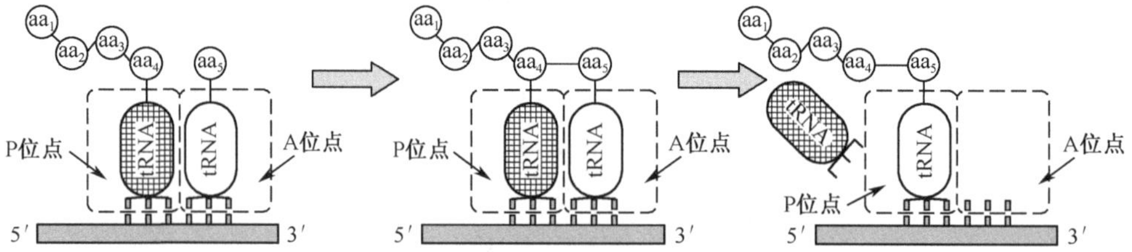

图 1.9 蛋白质合成过程肽链延长的三个步骤

表 1.1 的最后一行不是氨基酸，它是翻译过程结束的三个可能的终止密码子（stop codon）：UAA、UAG 和 UGA。在核糖体向前移动过程中，当 A 位点对应的是终止密码子，一种称为释放因子（release factor）的蛋白质就会直接识别并结合到该终止密码子上。经过一系列的复杂过程，翻译过程终止并释放已合成的多肽链。当然，核糖体也会从 mRNA 上分离，并结合在一个新的 mRNA 分子上再次进行蛋白质的合成。

上面介绍了核糖体如何沿着 mRNA 每次严格移动一个密码子，以及当到达终止密码子时如何终止翻译的过程。但是，还没有介绍它如何启动蛋白质的合成，或者它如何知道从什么地方开始。实际上，根据翻译过程的起始位置不同，三联密码子将编码完全不同的肽链。因此，就存在三个可能的可读框。蛋白质合成的启动是一个包括核糖体、mRNA、携带甲硫氨酸和 GTP 的启动 tRNA 等参与的复杂过程，它由启动因子（initiation factor）催化。原核生物中，启动 tRNA 结合到编码甲硫氨酸的三联密码子 AUG 上（表 1.1）。例如，在大肠杆菌中（*E. coli*）中 AUG 或 GUG 可以作为启动子。理论上，mRNA 上可以有多个拷贝的 AUG，那么如何选择正确的启动子？原核生中启动子上游通常有一段长度为 8～13 个核酸的富含嘌呤的保守 SD 序列（shine-dalgarno sequence）。一般认为，它与核糖体上的 16S rRNA 3′端的序列互补，从而正确引导核糖体的定位。

1.1.7 转录调控

所有细胞都含有相同的 DNA，那么，如何区分肝细胞和白细胞？细胞的特性（包括结构和活性）由其中的基因活动（特别是表达蛋白）决定。这说明一定有一种内部、外部或者二者都有的调控机制，可以控制与细胞类型或者功能状态有关的蛋白质的表达。基因的调控过程极其复杂，尤其是在真核生物中。

下面以细菌为例，说明蛋白质对于细胞适应环境变化的重要性。糖的代谢过程中有大量的酶参与，糖的种类有多种，如乳糖、葡萄糖、半乳糖等，都可以作为细菌能量的来源。由于糖的种类不同，其分解所需的酶也不同。一种可能的方法是在细胞中保存所需的各种酶，以便应对出现的各种糖。显然，这种方式将造成很大的浪费且效率不高，而且合成这些酶需消耗很多能量，其中有很多酶并不需要。因此，细菌采取的方式是激活所需酶的基因，同时休眠或抑制那些不需要的酶的基因。这样，就可以根据不同的环境状况来激活或抑制这些基因。

我们已经讨论了转录启动所需的机制：RNA 聚合酶必须结合到基因的启动子上。然而，还有其他的一些 DNA 结合蛋白能够决定转录是否开始。例如，在原核生物中，有一种称为激活子（activator）或阻遏子（repressor）的调控蛋白，可以识别启动子附近的一些位点。激活蛋白必须结合作用位点才能启动转录；阻遏蛋白则相反，它不结合目标位点时才能启动转录，否则，转录将被阻塞。激活蛋白和阻遏蛋白改变基因转录的一种方式是与 RNA 聚合酶相互作用：阻遏蛋白的结合可以干扰 RNA 聚合酶结合 DNA，而激活蛋白的结合则可以促进 RNA 聚合酶结合 DNA。

既然调控蛋白的结合能够决定基因转录是否发生，那么，是什么决定这种蛋白质能够结合到目标位点？大多数情况下，它由蛋白质的 DNA 结合域（可以直接结合特定 DNA 序列的区域）和蛋白质的变构位点（allosteric site）［一种称为变构效应因子（allosteric effector）的小分子可以结合并引起构型变化的位点］之间的相互作用决定。当变构效应因子结合到调控蛋白的变构位点，DNA 结合域将发生变化从而改变蛋白质结合目标位点的能力，并最终决定转录是否发生。例如，对于激活子，变构效应因子的出现可能使得调控蛋白能够结合到 DNA 上；另外，阻遏子则必须在没有变构效应因子的情况下才能阻止转录的发生。例如，在大肠杆菌的乳糖（lactose）代谢中，当乳糖（变构效应因子）结合到它的阻遏子时，该阻遏子就会失去结合到目标位点的能力并从 DNA 上脱落下来。这样，附近的 RNA 聚合酶就能够结合到 DNA 上编码某个乳糖代谢所需的酶的基因附近（图 1.10）。

乳糖阻遏子（*lac* repressor）本身由一个调控基因（*lac I*）编码，因此，上面的例子说明一个基因产物如何控制其他基因的转录。但是，即使是原核生物中，这种调控过程也相当复杂，其中包括了很多基因和其他因子——这是本书在研究遗传网络模型时将讨论的一个问题。作为调控机理的例子，我们再次讨论大肠杆菌的乳糖系统。众所周

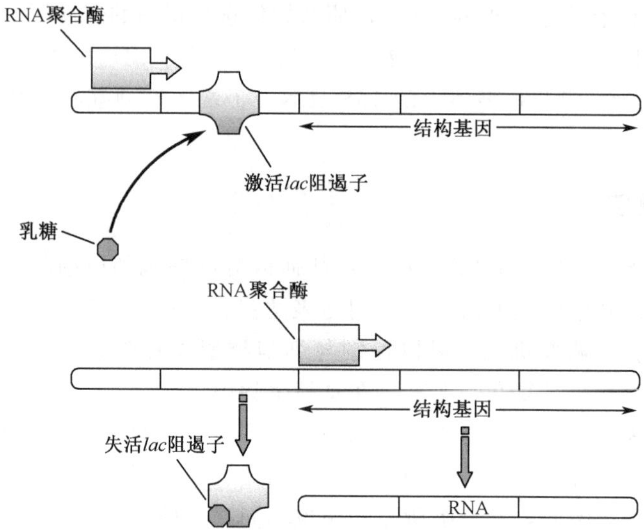

图 1.10 作为 *lac* 阻遏蛋白变构效应因子的乳糖。阻遏子在结合到 DNA 后阻塞 RNA 聚合酶，从而阻止附近编码酶的结构基因的转录。而当乳糖出现时，它将与 *lac* 阻遏子结合并导致其构型的变化，最终从 DNA 上脱落下来。这样，附近的 RNA 聚合酶又获得自由并迅速启动转录

知，和乳糖相比，大肠杆菌细胞能够从葡萄糖的分解中获取更多的能量。因此，当两种糖同时存在时，大肠杆菌细胞更喜欢葡萄糖。因此，在葡萄糖消耗完之前，大肠杆菌细胞并不需要各种参与乳糖代谢的 *lac* 酶。这说明存在另外一个在葡萄糖浓度层次上的调控机制。

实际上，当葡萄糖的浓度高时，一种称为环腺苷酸（cyclic adenosine monophosphate，cAMP）的物质的浓度就低。然而，当葡萄糖开始消耗完时，cAMP 浓度开始增加，这样它就可以作为一种报警信号。这时，cAMP 与其受体蛋白（简称代谢产物活化蛋白，CAP）结合形成 cAMP-CAP 复合体，并进一步结合到它的目标位点，而这恰好位于 RNA 聚合酶位点的上游。没有 cAMP，CAP 就无法结合到它的目标位点。因此，cAMP 是一个变构效应因子，而 CAP 则是一个激活蛋白。cAMP-CAP 复合体结合后将导致 DNA 弯曲变形，一般认为这样有利于增强 RNA 聚合酶对 *lac* 启动子的亲和力。总之，葡萄糖浓度的降低导致编码乳糖代谢酶基因的转录，乳糖的出现可以导致乳糖代谢酶基因的激活。但是，这并不是充分条件，同时，还要求没有葡萄糖。

原核生物的转录调控原理类似于真核生物。调控蛋白，又称反式调控元件（trans-acting element），结合到 DNA 的特定序列，又称顺式调控元件（cis-acting element）。然而，与原核生物不同的是，顺式调控元件可以分布在从转录起始点开始的一个很大的范围，同时，也可以有几种不同类型的顺式调控元件。

RNA 聚合酶的结合区域构成了核心启动子，这一区域通常位于转录起始点的上游，包括一段长度约为 30bp 的高度保守序列——TATA 框（TATA box）。在有些真核生物中，并没有 TATA 框，取而代之的是一种称为起始因子的启动子，核心启动子附近是顺式调控元件序列。和原核生物一样，结合到这些位点的蛋白质可以和 RNA 聚合酶

进行相互作用，并协助其结合到启动子上。通常，启动子近侧顺式调控元件序列位于距离转录起始点 100～200bp 处，其中包含一些像 CCAAT 这样的保守序列。最后，也有一些顺式调控元件距离启动子很远，它们分为两类：增强子（enhancer）和沉默子（silencer）。增强子增加转录的效率，而沉寂子则抑制转录的效率，它们可以距起始点几千个碱基对发挥作用，也可以位于调控基因的上游或下游。有趣的是，和某些启动子近侧元件一样，很多增强子具有细胞特异性，也就是说，只有在特定类型的细胞中，它们才能发挥作用。目前认为，这些顺式调控元件能够远距离发挥作用与 DNA 环有关，通过这种环结构，远处增强子位点的反式调控元件被拉近到启动子近侧顺式调控元件上的其他蛋白质附近。这也可以解释为什么增强子和沉寂子可以位于调控基因的上游或下游，图 1.11 是这种机理的说明。

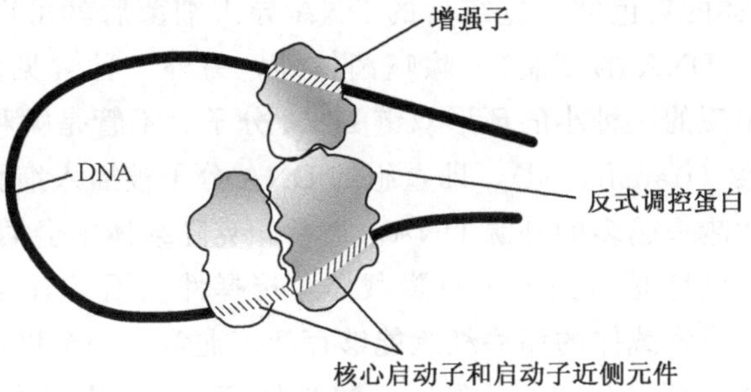

图 1.11　DNA 环如何将结合在远处增强子上的反式调控蛋白，带到核心启动子和启动子近侧元件上的其他调控蛋白附近

最后我们指出，反馈调控也是一种常见的必需调控方式。例如，正反馈是指一个调控蛋白激活自己的表达。此外，还有其他更加复杂的反馈调控，如蛋白 A 调控基因 B 的转录，而基因 B 的产物调控基因 A 的转录。负反馈同样也很常见。简单的正反馈可以使得一个基因连续开启。例如，当一个细胞分化为肌细胞后，*myoD* 基因将自己的蛋白质结合在自己的顺式调控元件上进行连续表达。于是，细胞就开始合成这个特异性肌蛋白并持续分化，并将这一蛋白质传给其子细胞。

1.2　基因组学

基因组学借助高通量技术研究大量基因的特性及其行为，其最终目标是从整体上理解基因组如何发挥作用。也就是说，基因和蛋白质是如何相互作用来调控细胞的功能及组织的发育，以及在癌症这样的疾病中，是什么地方出现问题导致它们不能像正常细胞那样协调工作。

基因组的研究可以大致分为 DNA、RNA 和蛋白质等水平。在 DNA 水平，多数基因组的研究，如人类基因组计划，已经解决了基因作图（gene mapping）及基因组测序（sequencing）这样的问题。比较基因组杂交（CGH）技术是一种常用的方法，它可以通过基因组中 DNA 的拷贝数准确定位其在染色体的位置。这一技术可用于扫描基因组 DNA 拷贝数的变化，在肿瘤研究中有广泛的应用。目前，已经有利用阵列技术的高通量 CGH 技术。

近期的几项技术提供了研究转录组（transcriptome）（某个时刻细胞中所有 mRNA 的总称）的高通量技术。转录组的研究主要包括确定 mRNA 及测量其丰度，换句话说，就是转录水平基因表达的测量值。首先，简单说明一下 cDNA 文库的有关知识。

一种确定转录产物的方法是，收集细胞中的所有 mRNA，在此基础上建立一个互补 DNA（complementary DNA）文库（cDNA），这些 DNA 序列可以最终通过测序知道。回忆一下，反转录就是在酶的作用下以 RNA 为模板产生 cDNA。构建 cDNA 文库的主要原因是大多数基因组的 DNA 中包含内含子、启动子及基因间区域等序列，这些序列对于确定基因表达没有任何意义。而 cDNA 中则不包括内含子，因而可以直接表示对应 mRNA 所编码的蛋白质。

反转录合成的 cDNA 可以利用克隆载体（cloning vector）导入细菌内：将一个 DNA 片段加入噬菌体的染色体，重组后的 DNA 导入细菌后就可以复制（细菌就是利用宿主细胞进行自身 DNA 的复制）。除噬菌体外，另外一种常见的克隆载体是质粒，它是在细菌细胞中出现的一种小的环形双链 DNA 分子。不管是哪种克隆载体，细菌的宿主细胞都要被转染（transfected），即重组的 DNA 分子被插入细胞的染色体上，然后通过不断的分裂产生越来越多的外源 DNA。通常，克隆载体中会插入一个选择性基因，利用它可以区分一个细胞是否插入了克隆载体。选择性基因具有和抗生素一样的耐毒性，因此，只有插入克隆载体的那些细胞能够存活。通常，一个培养基片上的细胞仅包含一个特定的 cDNA 基因。目前，已经有大的商业 cDNA 文库可供使用。

尽管原理上通过对 cDAN 文库中的每一个克隆进行测序，就可以研究一个细胞的转录组。但是，这种方法的工作量太大，也不现实。研究转录组的一个高通量的方法是基因表达系列分析（serial analysis of gene expression，SAGE）。它的原理：如果在转录产物中存在一个短的（如 12bp）核酸序列，又称为 SAGE 标签，则它可以唯一确定一个基因。理论上，12bp 可以区分 $4^{12}=16\ 777\ 216$ 个不同的转录物。于是，每个 SAGE 标签的丰度就可以作为对应基因的表达水平。将多个 SAGE 标签头尾相连形成一个串联体（concatamer）进行测序，就大大降低了测序的数量，30bp 或者更长的基因仅通过一次测序就可得到。

1.2.1 微阵列技术

另一个常用的转录研究技术是 DNA 微阵列（microarray），或者 DNA 芯片（DNA chip）。DNA 芯片可以用于筛选一个完全测序基因组的所有基因的表达，也就是说，可以同时监测生物体的每个基因的表达情况，人类基因组计划就是采用此项技术得以完成。制作 DNA 芯片的方法有多种，如原位合成核苷酸阵列和点样 cDNA 阵列。简单地说，基因芯片就是数千个不同的 DNA 分子，又名探针（probe），以网格形式排列在一个玻璃或尼龙膜的固体载体上。这里不详细介绍微阵列技术，有兴趣的读者可以参考一些文献，如 Schena（2003）、Blalock（2003）、Hardiman（2003）和 Zhang（2004）等的相关论文。下面以点样 cDNA（或长寡核苷酸阵列）为例，说明微阵列芯片的基本原理。

通常，DNA 片段通过点样机排列在一个微型玻璃片。首先，点样机的喷头从一个容器（如 96 孔板）吸取 DNA 样品。然后，喷头上的 DNA 被转移到一个载体表面（如玻璃)。这样，在载体表面每次点样就形成一个很小的印刷点，它们以网格状排列，并最终形成一个微阵列。点样机的喷头可以是针状，也可以是毛细管状。前者每次点完样后必须重新取样，后者则可以连续点样。针状喷头的速度慢，而毛细管喷头则容易堵塞。另外一种印刷法是喷墨法，它类似于标准的打印机，一个带有压电装置的微缩喷嘴可以准确地射出定量的样品。目前，点样机可以在一个标准的玻璃载体上点出 50 000 点。点样之前，载体表面都会先覆盖一层多聚赖氨酸或多聚氨基化合物以便固定 DNA 分子。最后，还要经过变性处理确保每个点样上的 DNA 都是单链 DNA。

微阵列芯片上，每个点样仅含有与特定基因的 mRNA 对应的 DNA 序列（探针）。因此，每个点样可以检测样本中某个基因的 mRNA 是否转录。过程如下：首先收集细胞中的 RNA，然后利用反转录聚合酶链反应（rtPCR）技术将 RNA 反转录为 cDNA，并以 cDNA 为模板进行扩增。这一过程中，还要通过化学修饰将荧光分子连接到 cDNA 分子上。因此，如果样本中含有特定的 mRNA，则与它对应的 cDNA 分子将和微阵列上的互补探针配对杂交。经过清洗，在微阵列表面不能与探针互补的 cDNA 将被清除。当用一个激光发射装置照射芯片，与探针杂交的 cDNA 上的荧光分子将会发出荧光。检测这些荧光的强度，并将荧光强度将转化为像素强度，获得芯片的数字图像。最后，对图像进行分割并计算每个点样的像素强度，就可以得到包含每个基因表达水平的数据文件（其中还有其他数据，如背景强度、点样面积及信噪比等）。这些数据可用于进行统计分析和建模。

cDNA 微阵列中通常使用双色荧光剂比较两个样品中基因表达的相对水平。两个样品（如一个是肿瘤，一个是正常细胞）的 cDNA 分别用两种不同的荧光染剂染色。激光扫描仪通过多光源激发特定波长的激光检测两种荧光颜色。这种双色微阵列方法可以直接比较两种样品中转录物的相对丰度。同时，这也是一种自归一化的方法，因为对两个样品点样位点的局部变化的影响相同，图 1.12 为双色方法的示意图。

本书将要讨论的很多计算和系统生物学方法都使用微阵列数据。尽管，目前微阵列技术正在飞速地发展，理解它的基本原理对于使用计算、数学和统计方法处理微阵列数据的研究人员来说非常重要。整个过程的每一步，包括生物样品的处理、载体的准备、探针的打印、标记、杂交、扫描、图像处理等，都还有很多亟待解决的问题，同时也对最终的实验结果有很大的影响。如果不能正确地认识到每一步对微阵列试验数据的影响，计算及模拟的结果就有可能得不到令人信服的结论。强烈建议有兴趣的读者，特别是将要使用微阵列数据的研究人员参考现有的各种微阵列实验、质量控制及基本数据分析方面的书籍（Schena，2003；Baldi and Hatfield，2002；Zhang et al.，2004）。

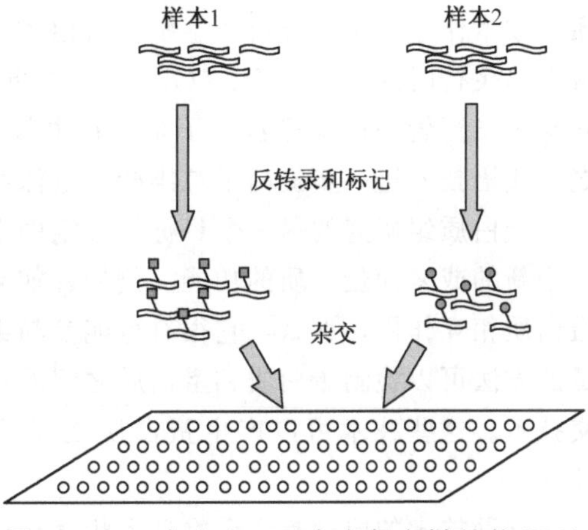

图 1.12　双色杂交。对来自每个样品的 RNA 进行反转录，并对所得到的 cDNA 标记不同的荧光色。然后，将这些 cDNA 和微阵列上的探针进行杂交，这样，荧光强度就表示对应转录 mRNA 的表达丰度。最后，利用激光扫描仪和图像处理软件就可得到具体的表达量

1.3 蛋白质组学

如前文所述，基因组学是研究大量基因的一门学科，特别是，这些基因是如何协同作用的。然而，基因通过转录组和蛋白质组（proteome）行使其功能，而蛋白质组是细胞中合成的功能蛋白的集合。因此，要完全理解基因组如何控制细胞的发育及功能，以及在疾病情况下如何失灵，就必须研究转录组和蛋白质组。尽管这两个学科分别是指RNA的研究和蛋白质的研究，我们认为基因组必须包括所有这些层次，因为DNA中的遗传信息通过RNA和蛋白质层次共同体现。实际上，目前已经公认，微阵列高通量技术得到的转录谱仅是部分基因组。因此，本书介绍的各种方法和模型不仅可以应用于转录数据，也适用于蛋白质表达数据。

通过转录水平，我们可以知道某一时刻或某种条件下细胞中有哪些基因得到表达。尽管RNA最终要翻译为蛋白质，转录却无法提供有关合成蛋白质的详细信息。一个原因是不同的mRNA翻译的时间可能不同，并且给定时刻的转录表达并不能代表当时细胞中所有的蛋白质。此外，一些蛋白质可能正在合成，而其他一些蛋白质却在动态降解。因此，知道蛋白质活动的直接测量数据也非常必要。

常见的方法主要有二维凝胶电泳和质谱（mass spectrometry）技术。二维凝胶电泳可以分离蛋白质组中的单个蛋白质。标准的聚丙烯酰胺凝胶电泳可以根据相对分子质量的大小分离蛋白质，在此基础上将凝胶旋转90°，并根据蛋白质所带电荷数量作进一步的分离。这样，最终就会得到一个蛋白质组的二维分布，每个点代表了一种蛋白质。通过比较蛋白质组的分布情况，就可比较两个蛋白质组之间的区别。该方法还可用于蛋白质的分离，并结合质谱技术作进一步的分析研究。

质谱是利用离子荷质比分离分子的一种技术。因此，二维凝胶电泳的结果还需利用质谱技术作进一步地分析和鉴别。蛋白质组分析中，一种常见的技术是基质辅助激光解吸电离飞行时间（MALDI-TOF）。带电蛋白质经过一个电场加速后，最小的蛋白质最先穿过飞行管到达检测器，于是，在电场的飞行时间就可作为荷质比的一种度量。总之，质谱技术进一步提高了二维凝胶电泳结果的有效性。

蛋白质组研究的另一个目标是确定两个或多个蛋白质之间的相互作用，可用于确定一个新的或未知蛋白质的功能。例如，如果知道一个蛋白质和另外一个位于细胞表面的蛋白质相互作用，那么，它很有可能参与细胞和细胞之间的信号转导。已经有多种高通量的方法可以检测蛋白质和蛋白质之间的相互作用，如噬菌体表面展示技术和酵母双杂交技术。这些技术可以产生蛋白质之间的相互作用图谱，下面简要介绍酵母双杂交技术。

这种技术的原理是两个物理上相互作用的蛋白质能够激活一个报告基因的转录。当报告基因转入酵母基因组后，在合适的转录因子作用下就会发生表达。这种方法的关键是转录因子需要两个分离域：DNA结合域和激活域。通常情况下，这两个分离域属于同一个分子。人工转录因子可以通过两个蛋白质合成，每个蛋白质包含其中的一个作用域。

首先，将编码目标蛋白的基因克隆到有结合域的cDNA序列的载体上；然后，创建一个未知的 cDNA 库，并将每个 cDNA 克隆到一个包含激活域的 cDNA 序列的载体上。这样，目标蛋白质将结合到结合域，而未知蛋白质将结合到激活域。将它们混合在一起，共转染到一个有报告基因的酵母株上。当目标蛋白质和其中一个未知蛋白质发生相互作用，结合域和激活域上的蛋白质将形成一个转录因子，并启动报告基因的转录。分离出那些表达报告基因的细胞，就可以确定哪些蛋白质之间发生了相互作用。

参考文献

Alberts B, Johnson A, Lewis J, Raff M, Roberts K, Walter P. (2002) *Molecular Biology of the Cell*, 4th ed., Garland Science, New York.

Baldi P, Hatfield GW. (2002) *DNA Microarrays and Gene Expression*, Cambridge University Press, Cambridge, UK.

Blalock EM, ed. (2003) *A Beginner's Guide to Microarrays*, Kluwer Academic Publishers, Norwell, MA.

Brown TA. (2002) *Genomes*, 2nd ed., John Wiley & Sons, New York.

Draghici S. (2003) *Data Analysis Tools for DNA Microarrays*, Chapman & Hall/CRC, Boca Raton, FL.

Hardiman G, ed. (2003) *Microarrays Methods and Applications: Nuts & Bolts*, DNA Press, Skippack, PA.

Kohane IS, Kho A, Butte AJ. (2003) *Microarrays for an Integrative Genomics*, MIT Press, Cambridge, MA.

Lodish H, Berk A, Zipursky SL, Matsudaira P, Baltimore D, Darnell JE. (2000) *Molecular Cell Biology*, 4th ed., W. H. Freeman & Co., New York.

Schena M. (2003) *Microarray Analysis*, John Wiley & Sons, Hoboken, NJ.

Zhang W, Shmulevich I, Astola J. (2004) *Microarray Quality Control*, John Wiley & Sons, Hoboken, NJ.

第2章　基因网络的确定性模型

基因调控网络的各种确定性模型可能采取不同的方法描述基因的整体特性。例如，

（1）模型的物理组成有哪些，如基因、蛋白质、其他因子？

（2）模型是否能够表示动态过程，即是否考虑时间因素？

（3）使用何种尺度（精度）表示网络元素的行为，如基因的表达是离散化的开或关，还是连续数值？

（4）网络元素之间如何相互作用，如仅仅是有或无，还是有一个定量描述？

确定性模型的最大特点是模型建立后将不存在任何随机性。现有遗传网络的随机模型都是对确定性模型的一种泛化或推广，即在某些方面，如作用规则或元素的表达值等，加入了随机因素。

2.1　图模型

一种最简单的模拟和表示遗传调控作用的方法是建立各种各样的图。图（图论）已经建立了一套丰富的数学理论，并且在很多领域得到广泛的应用。长期以来，生物学家就利用图表示各种调控关系。简单地说，就是将调控系统的各种元素，如基因、蛋白质或其他分子，表示为图的顶点，并用带权有向边连接起来。权表示两个元素之间的作用关系，如＋1 和－1 分别表示激活作用和阻遏作用。有时也可以采用无向图表示两个元素之间的作用关系，如蛋白质-蛋白质作用网络（Ito et al.，2001；Uetz et al.，2000；Przulj et al.，2004；Yook et al.，2004；1.3 节）。目前，已经有很多公开的数据库包含这种相互作用的信息，如 KEGG：东京基因和基因组百科全书（Kanehisa and Goto，2000）、GeNet（Samsonova et al.，1998）、GeneNet（Ananko et al.，2002）和很多其他数据库。并且，这些数据库已有很多可浏览和可视化的工具，也有很多数据库直接集成在线的可视化工具。图的结构特别适合预测生物网络中的作用关系，也可以预测一个特定的扰动对网络某个元素或整个网络的影响。下面，我们介绍一些有关图的概念，并讨论图在遗传和蛋白质作用网络中的应用。

有向图（directed graph 或 digraph）$G(V,E)$ 包括一个顶点集合 V 和一个有序边集合 $E\subseteq V\times V$。(a,b) 表示 a 到 b 的有向边，也可以说 b 邻接 a。这种关系可以用邻接矩阵 $\mathbf{A}=(a_{ij})$ 表示，其中

$$a_{ij}=\begin{cases}1 & (i,j)\in E\\ 0 & \text{其他}\end{cases}$$

顶点按照 $1,2,\cdots,|V|$ 编号。如果用有向图来表示遗传调控关系，则边 (a,b) 表示蛋白质 a 控制或影响基因 b。自调控对应图中的一个自环，这时，矩阵 $\mathbf{A}$ 中对角线上的元素为 1。基于邻接矩阵的谱方法已经用于未知功能蛋白质的预测（Bu et al.，2003）。

在很多情况下方向可能并不重要，如上面提到的蛋白质-蛋白质作用网络，这时蛋

白质的相互作用只有两种：有或无。无向图（undirected graph）又简称图（graph），其中的边集 E 是顶点间的无序集合。此时邻接关系满足对称关系（如果 a 和 b 相连，则 b 也和 a 相连）和反自反关系（无环）。对称关系意味邻接矩阵对称 $\mathbf{A}=\mathbf{A}^T$。严格地讲，边是顶点的无序集合，如 $\{a,b\}$（其中 $a,b\in V$，且 $a\neq b$），无向图中通常约定 (a,b) 和 (b,a) 一样。

对于有向图 $G=(V,E)$，$v\in V$ 为其中一个顶点。v 的出度（out-degree）$d^+(v)$ 是图中离开 v 的边数之和，入度（in-degree）$d^-(v)$ 是进入 v 的边数之和。邻接矩阵 $\mathbf{A}$ 中，对 v 所在的行和列分别求和即可计算 $d^+(v)$ 和 $d^-(v)$。遗传网络中，出度 $d^+(v)$ 可能代表蛋白质 v 调控的基因个数，入度 $d^-(u)$ 表示调控基因 u 的蛋白质个数。在无向图中，$d^+(v)=d^-(v)=d(v)$，将其简称为 v 的度（degree）。在蛋白质作用网络中，它表示与蛋白质 v 作用的蛋白质个数。如果 $d(v)=0$，则称 v 为孤立（isolated）点，即没有任何蛋白质与其作用。

例 2.1 图 2.1 中顶点集 $V=\{v_1,v_2,v_3,v_4,v_5\}$，边集 $E=\{(v_1,v_2),(v_1,v_3),(v_2,v_4),(v_4,v_1),(v_5,v_4),(v_5,v_5)\}$，顶点的出度为（2，1，0，1，2），入度为（1，1，1，2，1），邻接矩阵为

$$\mathbf{A}=\begin{bmatrix}0&1&1&0&0\\0&0&0&1&0\\0&0&0&0&0\\1&0&0&0&0\\0&0&0&1&1\end{bmatrix}$$

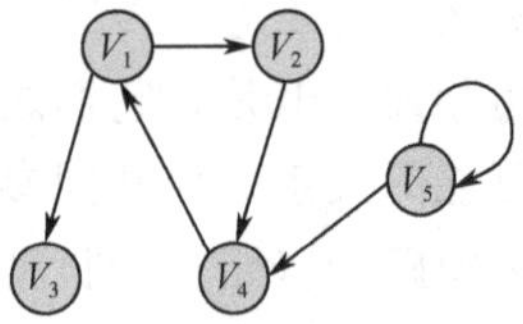

图 2.1 有向图

顶点序列 $(v_0,v_1,\cdots,v_k)$ 表示从顶点 a 到 b 的一条长度为 k 的路径（path），其中 $a=v_0,b=v_k$，且 $(v_{i-1},v_i)\in E(i=1,2,\cdots,k)$。如果存在一条从 a 到 b 的路径，则称从 a 可达（reachable）b。简单路径是不包括相同顶点的路径。环（cycle）是至少包含一条边且 $v_0=v_k$ 的路径。不包含环的图称为无环图（acyclic graph）。遗传网络中，两个基因间的一条路径表示部分调控路径或相互作用序列。例如，信号转导路径上一系列的蛋白激酶反应，如丝裂原活化蛋白激酶（MAPK），就可以表示一条路径；环可以表示一个反馈关系。利用邻接矩阵 $\mathbf{A}$，可以非常方便地判断两个顶点间是否存在路径。矩阵 $\mathbf{A}^k$ 的元素 $a_{ij}^{(k)}$ 表示从 v_i 到 v_j 之间长度为 k 的路径数目。

无向图中，当任意两个顶点之间都存在一条路径时就称它是连通的（connected）。容易看出，连通关系定义了顶点之间的一个等价类，这些等价类称为图的连通分量（connected component）。在蛋白质作用网络中，这是一个非常重要的概念。连通分量表示了原网络中的一个子网络，子网络中的蛋白质之间相互作用，它们和子网络外的其他蛋白质之间没有相互作用。实际的蛋白质网络中，除了存在大量规模非常小的连通块之外，通常还存在一个规模非常大的连通块（Wagner，2001）。有向图中，有强连通分量（strongly connected component）的概念，它是一个建立在互相可达基础上的等价类。也就是说，如果存在一条从 a 到 b 的路径和一条从 b 到 a 的路径，则它们属于同一个等价类。如果用有向图表示代谢网络，底物到产物之间通过一条有向边连接，那么，一个强连通分量就代表一个代谢物之间可以相互转化的子网（Ma and Zeng，2003）。例如，大肠杆菌（*E. coli*）的代谢网络中已经确认存在 29 个规模不小于 3 的强连通分

量，其中最大的一个包含 274 个顶点（Ma and Zeng，2003）。利用深度优先策略可以求解有向图中的强连通分量，以及其时间复杂度为顶点数和边数的线性关系（Bang-Jensen and Gutin，2001）。

如前文所述，每条边可以关联一个权值 $w:E \to S$，S 代表权值的值域。当 $S=\{+1,-1\}$，权值代表激活/阻遏或其他二值关系。如果 $S=\mathbb{R}$（实数集合），则可以表示作用的强弱（Noda et al.，1998；Moriyama et al.，1999）。如果为每个基因 v 引入一个状态 $g(v)$，并且采用某种随机或确定的规则同步更新所有基因的状态，就可以引入网络的动态特征。例如，如果 $g:V \to \{0,1\}$，那么每个基因的状态或为关（0）或为开（1）。这样就为建立各种遗传网络的动态模型奠定了基础，如我们后面将要讨论的布尔网络。

赋权无向图也可以用来表示基因之间关系的强弱，如 mRNA 水平基因表达水平的相关性。假如利用 DNA 微阵列得到 p 个不同实验条件下 n 个基因转录的测量值，这些条件既可以是不同的时间点（如时间过程数据），也可以是不同的药物治疗或遗传操作，如基因敲除等。根据这些测量数据，就可以计算基因之间的相关系数或其他相关性度量，由此得到一个赋权完全图（complete graph），即任意两个顶点之间都有一条赋权边相连，权值代表基因之间的相关性。现在，假定取一个阈值 τ，如果一条边上的绝对权值大于 τ 就保留该边，否则就删除它。这样，如果两个基因的相关性不高，则它们之间就没有边相连。但是，它们之间仍然可能存在一条路径。这种路径可能揭示两个基因之间某种可能的关系，如共同参与一条相同的生物路径。如果两个基因之间的路径不止一条，则最短路径（路径的长度是其所有边的权值之和）可能是两个基因之间的依赖性关系的一种最简洁的解释。著名的 Dijkstra 算法可以求赋权图中的最短路径（Bang-Jensen and Gutin，2001）。

通过酵母的基因表达数据，Zhou 等（2002）根据最短路径上已知基因的功能预测未知基因的功能。基于相关性或距离的聚类方法（第 6 章）无法揭示那些表达相关性不高的基因之间的功能关系，而最短路径方法则能揭示更多的传递共表达关系。也就是说，在同一路径中的两个基因可能并不直接相关，但是，它们可能和其他某个基因彼此高度相关，从而形成了一个长度为 2 的路径。

图模型在研究各种生物网络，如代谢网络、遗传网络及蛋白质-蛋白质作用网络的拓扑结构性质方面具有广泛的应用价值。图的特征有助于探索生物网络的基本组织结构，现在就介绍几个这样的特性。

一个非常有趣的概念是小世界网络（small-world network），这一概念广受关注是由于 Milgram（1967）的实验。他发现在社会网络中，大多数陌生人之间的间隔符合“六度间隔”假设，即他们之间所间隔的人不会超过 6 个（其中顶点表示人，边表示两个人彼此认识）。后来，John Guare 在一部剧本中探讨了这一思想，并于 1993 年将“六度间隔”搬上银幕。当两个演员出现在同一部电影中他们之间就连一条边，这样的电影演员网络也具有类似的性质。在一个非常流行的名为“Kevin Bacon 的六度”的电影游戏中，人们试图找到一个演员到演员 Kevin Bacon 的最短连接。答案可以在 Virginia 大学的“Bacon 预言”（http://oracleofbacon.org/）中找到。令人惊奇的是，大多数演员的 Bacon 数为 2 或 3。回到细胞网络，小世界特性意味着网络中的大部分节点之间仅有少数几个中间节点。例如，在代谢网络中，顶点表示化合物，边表示化学反应，Jeong 等（2000）从 43 个生物体的代谢网络中发现代谢物之间的平均路径长度为 3.3。这一发现给生物过程中所熟知的多效连通性提供了有力的证据和支持（Fraser and Marcotte，2004）。

另外，一个表征图结构性质的参数是聚类系数（clustering coefficient）（Watts and Strogatz，1998）。顶点的度 $d(v)$ 表示连接到顶点 v 的顶点个数，而这些顶点有可能还与其他的顶点相连。用 $E(v)$ 表示这些点之间边的数目，则这些点之间的最大边数是

$$\binom{d(v)}{2} = \frac{d(v) \cdot [d(v)-1]}{2}$$

顶点 v 的聚类系数是

$$C(v) = \frac{2E(v)}{d(v) \cdot [d(v)-1]}$$

它表示顶点 v 的邻接点之间的实际边数和可能的最大边数之比。整个图的聚类系数 C 是其所有顶点的聚类系数的平均值。直观上，聚类系数 C 是网络“团聚性”的一种度量，C 越大，说明一个人的熟人之间相互认识的可能性越大。有趣的是，与顶点数和边数相同的随机网络相比，大多数实际网络都呈现出一种高聚类系数特征（Albert and Barabási，2002）。

另一个重要的参数是图中顶点的度分布（degree distribution），它表示一个随机选择的顶点 v 的度 $d(v)$ 的分布情况。有向图中分别有对应的出度 $d^{+}(v)$ 和入度 $d^{-}(v)$ 的分布。举一个例子，在著名的 Erdös-Rényi 随机图模型中，顶点数为 N，任意一对顶点之间有边的概率为 p。容易看出，该图中包含的边数大约为

$$p\binom{N}{2} = \frac{pN(N-1)}{2}$$

类似地，该图的聚类系数为 p。随机选择一个顶点 v，它的度 $d(v) = k$ 的概率服从二项式分布

$$P(d(v) = k) = \binom{N-1}{k} p^{k}(1-p)^{N-1-k}$$

原因是在除顶点 v 之外的 $N-1$ 个顶点中，有 $\binom{N-1}{k}$ 种方法选择 v 的 k 个邻接点，它们与 v 连接的概率为 p^{k}，与其余顶点不相连的概率为 $(1-p)^{N-1-k}$。当 N 很大且 p 很小，使得 Np 大小适中时，二项式分布可以由 $\lambda = Np$ 的泊松分布近似

$$P(d(v) = k) \approx e^{-Np\frac{(Np)^{k}}{k!}}$$

事实上，大多数实际网络，如万维网（WWW）、因特网、代谢网络等的度分布都不同于泊松分布，因此，不能用随机网络模型来近似它们（Albert and Barabási，2002），通常它们的度分布近似服从指数分布

$$P(d(v) = k) \sim k^{-\gamma}$$

具有这种性质的网络通常称为无尺度网络（scale-free network）（Barabási and Albert，1999）。在对数坐标系中，指数分布（概率质量函数）是一条斜率为 $-\gamma$ 的直线。在有向图中，出度和入度也可能是分别服从 γ_{in} 和 γ_{out} 的指数分布。例如，研究发现酵母的代谢网络服从 $\gamma_{in} \approx \gamma_{out} \approx 2.2$，并且这种拓扑结构在生物系统中非常普遍（Jeong et al.，

2000)。

无尺度网络的拓扑结构主要由少数高度互联的顶点（或中心）决定，这些顶点再将其余的稀疏节点连接起来。我们熟悉的航线网络就是无尺度网络的一个典型的例子，通常在一条航线上有几个中心城市，它们之间可以直达，而其他的城市再和这些中心城市相连。因此，如果顶点表示城市，它们之间的有向边表示航线，则大多数顶点的出度和入度都很小，而中心城市的出度和入度则非常大。这样，两个非中心城市之间的航线通常需要乘客通过中心城市转机，这是无尺度网络的一个主要性质。在遗传网络或代谢网络中，某些反应物或基因就是这种高度连通的中心顶点。应该注意的是，在 Erdös-Rényi 随机图中，一个顶点的度非常大的概率是很小的。

研究无尺度网络的形成过程非常有趣（Barabási and Albert，1999）。网络生长的一个主要方法就是加入一个新的顶点，并且将它和网络中已有的某些顶点相连。例如，新机场和已有机场之间通过新的航班连接。另外一个机制称为偏好性依附，即新航班最可能途经那些高连通度的中心结点。类似地，引用度高的文章很可能被重新引用，链接度高的万维网页可能被新网页链接。因此，连接到高连通度节点的概率就高。

显然，去除高连通度的中心节点将可能对整个网络造成灾难性的后果：由于恶劣天气造成中心机场的关闭将影响很多航班，并严重打乱整个航线的运行；相反，关闭进出港航班相对较少的机场一般不会影响整个航线。生物系统中，中心节点可能对应非常重要的生物过程，如剪接“机器”或 DNA 多聚酶（Fraser and Marcotte，2004）。同时，无尺度网络对随机错误具有极强的鲁棒性，而对于针对中心节点的攻击则非常脆弱（Albert et al.，2000）。Jeong 等（2000）发现在几种生物的代谢网络中，随机删除 8%的反应物并不会导致平均路径长度的增加。而将 8%的中心节点删除，网络的平均路径长度将增加 500%。在酵母的蛋白质网络中，Jeong 等（2001）发现了同样的现象。

图模型也是赋予其他众多模型静态拓扑结构动态性的基础。下面我们将讨论一些这类模型。需要指出的是，图的拓扑结构，如度分布，对于动态模型的动态行为具有重要的影响。

2.2 布尔网络

在有向图 $G(V,E)$ 中，顶点 V 代表基因，边 E 表示基因之间的作用或一个基因的产物对另外一个基因的作用。例如，从基因 A、基因 B 到基因 C 之间的有向边表示 A、B 对 C 的联合作用。图结构本身并没有表示这种具体的作用方式，因此，需要其他额外的表示方法。一种简单的方法就是假定基因是一个二值实体，即在任何时刻基因的活动状态只有开或关两种，并且它们之间的相互作用是布尔函数。于是，上面的例子中基因 C 的状态由一个布尔函数的输出决定，而该函数的输入是基因 A、基因 B 的状态。因此，有向图仅仅表示了基因之间的输入输出关系。下面我们用更正式的方法来表述这个思想。

布尔网络的概念由 Kauffman（1969a，1969b，1974，1993）提出，它由一个节点（基因）集 $\{x_1,\cdots,x_n\}$ 和一个布尔函数列表 $\{f_1,\cdots,f_n\}$ 组成。每个基因 $x_i \in \{0,1\}(i=1,\cdots,n)$ 是一个二值变量，它在 $t+1$ 时刻的状态完全由 t 时刻基因 $x_{j1},x_{j2},\cdots,$

x_{jk_i} 的值根据布尔函数 $f_i:\{0,1\}^{k_i} \rightarrow \{0,1\}$ 确定。也就是说，有 k_i 个调控基因指向基因 x_i 并形成该基因的“连线”，其状态可以写为

$$x_i(t+1) = f_i(x_{j1}(t), x_{j2}(t), \cdots x_{jk_i}(t)) \tag{2.1}$$

在随机布尔网络（random Boolean network）中，布尔函数 f_i 及其输入基因都是随机选取的，f_i 有时也称耦合函数（Aldana et al., 2002）。这种方法常用于研究动力系统的总体性质。x_i 表示基因 i 的状态，$x_i = 1$ 表示基因 i 表达，$x_i = 0$ 表示基因 i 没有表达。一个基因将其输入信息（结合在该基因的那些调控因子）转化为输出，这个输出就是它在下一个时刻的状态或表达水平。所有基因的状态都是按照它们的布尔函数同步更新，并且一直重复这一过程。这种人工同步更新方式可以简化计算，同时又能保证网络的定性特性不变（Huang，1999；Kauffman，1993）。显然，网络的动态特性完全由式(2.1）确定，下面举一个例子。

给定一个有 5 个基因 $\{x_1, \cdots, x_5\}$ 的布尔网络，每个基因的布尔函数如表 2.1 所示，其中最大连通度 $K = \max_i k_i$ 为 3。本例中基因 x_4 的布尔函数为 $x_4(t+1) = f_4(x_4(t))$，它是仅有一个输入变量的自调控的例子，即它的输入变量就是自身。

表 2.1　一个有 5 个基因的布尔网络的函数真值表

	f_1	f_2	f_3	f_4	f_5
	0	0	0	0	0
	1	1	1	1	0
	1	1	1	—	0
	1	0	0	—	0
	0	0	1	—	0
	1	1	1	—	0
	1	1	0	—	0
	1	1	1	—	1
j_1	5	3	3	4	5
j_2	2	5	1	—	4
j_3	4	4	5	—	1

注：序号 j_1，j_2 和 j_3 表示函数的输入连接基因的编号。

该布尔网络的动态行为如图 2.2 所示。因为共有 5 个基因，网络可能的状态数为 $2^5 = 32$。每个状态用一个圆圈表示，状态之间的箭头表示表 2.2 中的布尔函数所确定的转移方向。由于布尔网络内在的确定方向性以及状态的有限性，容易看出，当系统进入某些状态后将会无限期地停留在这些状态，我们称其为吸引子（attractor）。系统进入哪个吸引子取决于其初始状态。例如，在图 2.2 中，状态（00000）是一个吸引子，最终进入它的其他 7 个（暂时）状态构成它的吸引域（basins of attraction）。

吸引子表示动态系统的固定点（fixed point），即一种长期行为。吸引子总是有周期的，且可能包含不止一个状态。从一个吸引子状态开始，最终又回到它原来的状态所需的转化数称为吸引子的周期（cycle length）。例如，吸引子（00000）的周期为 1，而

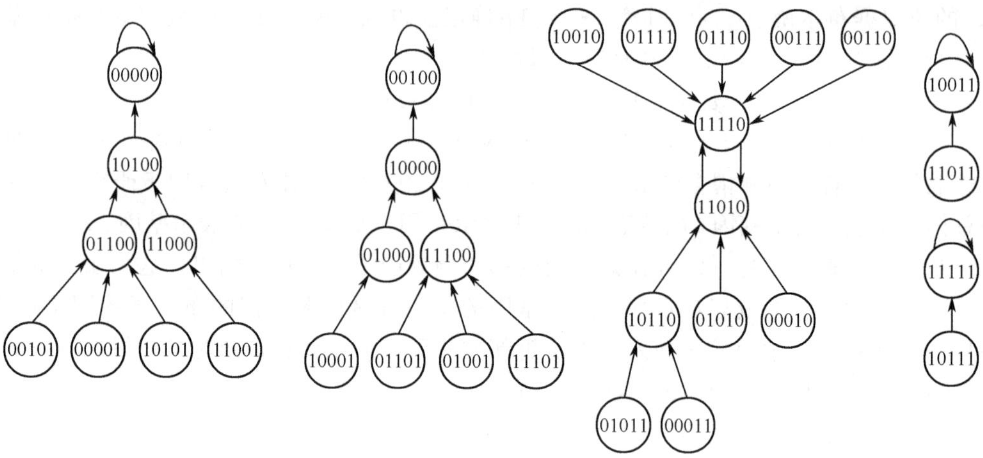

图 2.2　表 2.2 定义的布尔网络的状态转移图

状态（11010）和状态（11110）组成了一个周期为 2 的吸引子。

在有基因扰动的情况下，实际遗传调控网络具有高度的稳定性。在布尔网络模型中，这意味着当出现少数基因状态的暂时变化（如通过外部的刺激），系统仍处于原先吸引子的吸引域，并能最终回到该吸引子。总之，吸引域越大对应的稳定性就越高。在生物体内，网络的这种稳定性确保了细胞在变化的环境中能够维持正常的功能状态（Huang，1999）。

在“细胞决定”方面，发育生物学已经建立了外部遗传变化的相关理论，这些理论同样适用于癌症的发生过程。并且，有些基因表达模式无需 DNA 发生变异也可遗传给下一代（MacLeod，1996）[译者注：细胞决定（cell determination）指细胞在发生可识别的形态变化之前，就已受到约束而向特定方向分化，这时细胞内部已发生变化，从而确定了未来的发育命运，这就是决定]。布尔网络中，可以通过滞后（hysteresis）解释这种现象，即当外部刺激取消后，它所引起的系统状态变化并不能恢复到原先的状态。如果某个基因的变化能够导致系统转移到另外一个新的吸引子，那么，关闭该基因将导致网络进入新的吸引子。因此，布尔网络的吸引子也可以代表系统的一种“记忆”形式（Huang，1999）。

2.2.1　细胞分化和细胞的功能状态

复杂系统中，智能体之间主要通过规则相互作用（Holland，1995），布尔网络正好反映了复杂自适应系统的这种特性。结构稳定性（structural stability）是动态系统的一个重要概念，它描述系统在扰动下的一种长期行为，同时也揭示了系统在小扰动下不会发生故障的原因。而这正是真实遗传网络的一个主要特性，因为在细胞的代谢或发育过程中，当发生外部波动或有新的刺激时，细胞自身必须能够维持一种动态平衡。布尔网络正好揭示了这一现象：当某些基因的状态发生波动时，系统常常能“返回”其原来的吸引子。在实际的基因调控网络中，基因活动通常表现出一种自发有序的行为。此外，最近的一些研究为遗传调控网络中吸引子的存在提供了实验证据（Huang and Ingber，2000）。同时，Wolf 和 Eeckman（1998）已经证明：动态系统的行为及其平衡稳定性主要由调控元素的组织结构决定。这说明一定存在某种特征反映了网络的鲁棒性和稳定性。此外，多细胞生物体中存在很多不同类型的细胞，尽管每种类型的细胞都含有相同的 DNA，但细胞的“命运”却由其中的表达基因决定。

这一点正是 Kauffman 在遗传调控网络的研究中洞察到的（Kauffman，1993），其主要思想是，随机产生具有某种性质的布尔网络，研究这种性质对网络全局动态特性的影响。例如，对于随机布尔网络，可以调整网络的连通度、布尔函数的偏度，即函数输出为 1 的概率以及布尔函数的类别，如渠化函数（canalizing function）等。如果存在 y 和 z，使得对于所有的输入 $(x_1,x_2,\cdots,x_n)\in\{0,1\}^n$，当 $x_i=y$ 时，$f(x_1,x_2,\cdots,x_n)=z$，则称布尔函数 $f:\{0,1\}^n\rightarrow\{0,1\}$ 对第 i 个输入变量是渠化的（canalizing），后面还会继续讨论这一问题。

Kauffman 的直觉是布尔网络的吸引子应该反映细胞的类型，如果细胞的类型可以用其中的基因表达模式确定，那么这一想法就非常合理。

目前，学术界公认很多像基因组这样的复杂自适应系统处于有序和无序状态之间，或者是无序的“边缘”。一方面，在有序区（ordered regime），吸引子的数量少并且非常稳定。也就是说，暂时的波动常常会导致系统重新回归到原来的吸引子。吸引子的长度短、数量少就意味着吸引域非常大，这是系统具有动态平衡的主要原因。此外，周期短意味着存在大的凝固块（frozen component），即一组状态不随网络演化而改变的基因集合。也有一些孤立的基因群，虽然它们的状态可以变化，但是由于凝固块的存在，导致这些孤立的基因群之间不能相互交流信息。因此，网络对基因状态的波动或连接结构的改变（指布尔函数的变化）具有很强的抗干扰性。由于进化过程系统必须对某些波动或改变具有敏感性，因此，生物系统不可能完全处于有序状态。

另一方面，在无序区（chaotic regime），吸引子的周期长度随基因数量的增加呈指数增长，一个基因的波动可能会雪崩式地传播到其他基因。与有序状态不同，此时仅有少数小的凝固基因孤岛。因此，无序网络对初始条件及波动非常敏感，这说明生物体也不可能处于无序状态。

运行在有序和无序之间的系统称为临界区（critical regime）。Kauffman（1995）认为“生命系统首先必须在灵活性和稳定性之间达到一个内部的妥协，要在多变的环境下生存，它必须稳定，但不能太稳定以至于永远处于一个静止状态”。在临界状态，非凝固基因被凝固基因分割成孤立的基因群。于是，就存在很多非凝固基因和凝固基因。当网络在吸引环附近运行时，非凝固基因可被认为是“细胞周期基因”，负责细胞周期的调控。例如，最近微阵列技术发现，基因目录（catalog of gene）中的基因转录水平在细胞周期呈现周期变化（Spellman et al.，1998；Whitfield et al.，2002）。

布尔网络中，对吸引子的另外一种理解是它代表细胞的状态，如增生（proliferation）（细胞周期）、凋亡（apoptosis）（编程死亡）、分化（differentiation）（完成组织特异性的功能）等。Huang（1999，2001）通过生物实验验证了这一有趣的观点。它为理解细胞的动态平衡和肿瘤的发展提供了一个新的视角，通常认为肿瘤是这些细胞状态之间的一种不平衡状态。例如，如果一个突变导致细胞进入凋亡吸引子的概率很小，那么它将不会凋亡并呈现出一种失控的增长状态。同样，如果增生吸引子的吸引域很大，将导致一种超增生状态，即肿瘤的发生。这一观点与前一种观点并不对立，相反，它们可以互补。对于一个细胞类型，必然存在不同的细胞功能状态。因此，一个细胞类型可能包含几个相近的吸引子，分别对应不同的功能状态。

现在讨论影响网络动态行为的各种因素，如连通性、偏斜、布尔函数的类型等。一种研究网络结构及其动态行为关系的方法是先构建并模拟这些网络的行为，然后研究该类网络的性质。因此，必须首先构造大量的满足特定要求的随机网络，然后计算与动态特性有关的某种统计量，或者是使用统计方法计算该类网络中代表性网络的某种统计量。

2.2.2 网络特性及动态行为

现在说明基于有向图的布尔网络的“布线”情况，即基因之间的输入输出关系。一个基因的入度指其布尔函数输入基因的个数，它们共同决定该基因的状态。一种最简单的情形是，每个基因的入度都为 K，即入度的概率分布是度为 K 的概率为 1，其他度的概率为 0（δ 函数）。这是 Kauffman 最先给出的定义（1969a），也称 Kauffman 网络。2.1 节中将看到也可能有其他类型的分布，如指数分布，它能很好地反映生物系统的异质性（Oosawa and Savageau，2002；Aldana and Cluzel，2003）。

首先考虑最简单的情形 $k_i = K(i = 1,\cdots,n)$，每个布尔函数的 K 个输入基因从 n 个基因中随机选择，随机布尔网络中的每个布尔函数也是随机选择的。描述布尔函数 f_i 的一个重要参数是其偏斜度 p，它是 f_i 输出为 1 的概率。一个有 K 个输入且具有偏斜度 p 的布尔函数可以通过掷偏斜度为 p 的硬币 2^K 次，按照其正、反面来确定布尔函数的真值表。当 $p = 0.5$ 时，称该函数是无偏的（unbiased）。当我们说一个 RBN 是 p 偏斜或无偏的，就是指其中的每个布尔函数都具有这种性质。

当 $n \to \infty$ 时（热力学极限），布尔网络可能在无序与有序之间发生相变。在有序状态，两个临近状态的演化轨迹趋向于收敛到同一个吸引子（它们之间的区别消失了）。相反，在无序状态，两个临近状态的演化轨迹趋向于发散（它们之间的差别被放大了）。下面进一步用数学语言描述这个概念。

设 $\mathbf{x}^{(1)}(t) = (x_1^{(1)}(t),\cdots,x_n^{(1)}(t))$ 和 $\mathbf{x}^{(2)}(t) = (x_1^{(2)}(t),\cdots,x_n^{(2)}(t))$ 是时刻 t 网络的两个随机选择的状态，归一化的汉明距离（简称汉明距离）是两个基因状态中不同位的比例，其定义为

$$\rho(t) = \frac{1}{n}\sum_{i=1}^{n}(x_i^{(1)}(t) \oplus x_i^{(2)}(t))$$

式中，$\oplus$ 表示模为 2 的加法（或异或运算）。给定一个随机布尔网络，令 $\mathbf{x}^{(1)}(t+1)$ 和 $\mathbf{x}^{(2)}(t+1)$ 分别表示状态 $\mathbf{x}^{(1)}(t)$ 和 $\mathbf{x}^{(2)}(t)$ 的后继状态。类似地，$\rho(t+1)$ 是这两个后继状态的汉明距离。

Derrida 曲线是一种表示 $\rho(t+1)$ 随 $\rho(t)$ 变化的曲线（Derrida and Pomeau，1986）。一方面，如果网络在无序状态运行，很小汉明距离的发散就意味着 Derrida 曲线位于主对角线之上，也就是其在原点附近的斜率大于 1。这就意味着一个很小的基因扰动最终将导致完全不同的状态，即网络对初始状态非常敏感——这正是无序的特点。另一方面，运行在有序状态的网络，相近的状态趋向于收敛到同一状态，Derrida 曲线位于主对角线以下。对于较小的 $\rho(t)$，Derrida 曲线位于主对角线之上的面积越大，网络就越

无序。图 2.3 为有序、临界和无序动力系统对应的 Derrida 曲线。

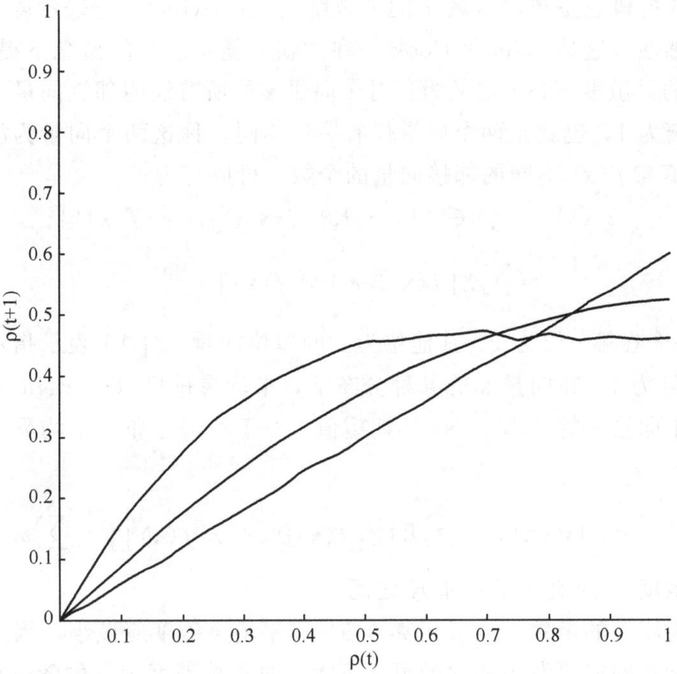

图 2.3 与有序、临界和无序动态特性对应的 Derrida 曲线的示意图，坐标原点处曲线的斜率对应三种不同状态（<1，有序；$=1$，临界；>1，无序）

由于 Derrida 曲线在原点附近的斜率是网络动态行为（有序/无序）的一种度量，现在我们推导随机网络这一测度的表达式，其中偏斜度为 p，连通度为 K。首先，我们给出一些所需的定义。在布尔函数中，有些变量对于函数输出的影响比其他变量大。为了形式化这一概念，设 $f:\{0,1\}^K \to \{0,1\}$ 是 K 个变量 $x_1,\cdots,x_K$ 的布尔函数，令

$$\frac{\partial f(\mathbf{x})}{\partial x_j} = f(\mathbf{x}^{(j,0)}) \oplus f(\mathbf{x}^{(j,1)})$$

表示 f 对变量 x_j 的偏微分，其中

$$\mathbf{x}^{(j,k)} = (x_1,\cdots,x_{j-1},k,x_{j+1},\cdots,x_K),k=0,1$$

显然，这个偏微分本身也是一个布尔函数，表示第 j 个输入的变化是否影响函数 f 的输出。

于是，将函数 f 中变量 x_j 的活性（activity）定义为

$$\alpha_j^f = \frac{1}{2^K}\sum_{x\in\{0,1\}^K} \partial f(\mathbf{x})/\partial x_j$$

注意，尽管向量 $\mathbf{x}$ 由 K 个分量组成，但是，$\partial f(\mathbf{x})/\partial x_j$ 中的第 j 个变量可以是一个虚假变量。当变量 x_j 对所有的输入 $\mathbf{x}^{(j,0)}$ 和 $\mathbf{x}^{(j,1)}$ 满足 $f(\mathbf{x}^{(j,0)})=f(\mathbf{x}^{(j,1)})$ 时，称其为虚假变量。对于有 K 个变量的布尔函数 f，其活性向量可以表示为 $\alpha^f=[\alpha_1^f,\cdots,\alpha_K^f]$。显然，$0\leqslant\alpha_j^f\leqslant 1(j=1,\cdots,K)$。实际上，如果输入变量 $\mathbf{x}$ 在 $\{0,1\}^K$ 中均匀分布，α_j^f 可以看作是第 j 个输入变量的变化改变函数 f 输出的概率。因为这里讨论的是二进制的情形，在均匀分布的情况下，活性就等于偏导数的期望：$\alpha_j^f=E[\partial f(\mathbf{x})/\partial x_j]$。而对于任意分

布，α_j^f 有时也称为变量 x_j 对函数 f 的影响力（influence）(Kahn et al.，1988)。

另一个重要的概念是布尔函数 f 的灵敏度（sensitivity），它表示函数的输出对输入变量变化的敏感性（这是 1986 年 Cook 等在"临界复杂度"的概念下提出的概念）。函数 f 对向量 $\mathbf{x}$ 的灵敏度 $s^f(\mathbf{x})$ 定义为：对于向量 $\mathbf{x}$ 的所有汉明邻接向量（当且仅当两个向量的汉明距离为 1，也就是两个向量仅有一位不同，称这两个向量为汉明邻接向量），函数 f 的输出值与 $f(\mathbf{x})$ 不同的邻接向量的个数，可以写为

$$\begin{aligned} s^f(\mathbf{x}) &= \left|\{i \in \{1,\cdots,K\}: f(\mathbf{x} \oplus e_i) \neq f(\mathbf{x})\}\right| \\ &= \sum_{i=1}^{K} \chi[f(\mathbf{x} \oplus e_i) \neq f(\mathbf{x})] \end{aligned}$$

式中，e_i 表示一个在第 i 位为 1、其他位为 0 的单位向量；$\chi[A]$ 表示指示函数，当且仅当 A 为真实值且为 1。在向量 $\mathbf{x}$ 的某种分布下，平均灵敏度（average sensitivity）s^f 的定义为：相对于向量 $\mathbf{x}$ 的分布 $s^f(\mathbf{x})$ 的期望值。对于均匀分布，平均灵敏度等于输入基因的活性之和。

$$s^f = E[s^f(\mathbf{x})] = \sum_{i=1}^{K} E[\chi[f(\mathbf{x} \oplus e_i) \neq f(\mathbf{x})]] = \sum_{i=1}^{K} \alpha_i^f \tag{2.2}$$

因此，平均灵敏度 s^f 的值介于 0 和 K 之间。

直观上偏斜度大的函数（如 p 远离 0.5）其平均灵敏度应该小，因为对两个邻近输入向量，这种函数的输出发生变化的可能不大。对于偏斜度为 p 的随机布尔函数，其真值表是一个 2^K 维的随机向量，服从参数为 p 的二项式分布。因此，任意两个汉明邻接向量的输出相异的概率为 $2p(1-p)$，原因是其中一个输出 1 的概率为 p，另一个输出 0 的概率则为 $1-p$，反过来也一样。这一点对于所有的汉明邻接向量都成立，因此，活性的期望也应该相等。于是，对 $i=1,\cdots,K$，我们有

$$E[\alpha_i^f] = 2p(1-p)$$

这里的期望是根据函数 f 的真值表的分布计算的。利用式（2.2），平均灵敏度的期望为

$$\begin{aligned} E[s^f] &= \sum_{i=1}^{K} E[\alpha_i^f] = \sum_{i=1}^{K} 2p(1-p) \\ &= K2p(1-p) \end{aligned} \tag{2.3}$$

这恰好证实了先前关于偏斜度和平均灵敏度的关系的猜测。应该注意的是，对于无偏布尔函数（$p=0.5$），其平均灵敏度的期望为 $K/2$。

现在进一步考虑有 n 个基因、连通性为 K、偏斜度为 p 的随机布尔网络。由前面平均灵敏度的定义和公式（2.3）可知，对于两个汉明邻接状态，在下一时刻它们后继状态的汉明距离的平均值为 $K2p(1-p)$。容易看出，当 $n \to \infty$ 时，平均灵敏度就是 Derrida 曲线在原点的斜率。因此，当 $K2p(1-p) > 1$ 时，系统为无序；当 $K2p(1-p) < 1$ 时，系统为有序。求解该方程在相变（phase transition）时的 K 值，可以得到偏斜度为 p 时的临界连通度（critical connectivity）K_c：

$$K_c = [2p(1-p)]^{-1} \tag{2.4}$$

类似地，可以根据连通度 K 求临界偏斜度 p_c。图 2.4 为方程（2.4）所确定的临界曲线，在临界曲线之上的 K、p 确定的所有网络都为无序，而临界曲线之下的网络为有序。

1986 年，Derrida 和 Pomeau 使用退火近似方法推出了方程（2.4），他们在每个时

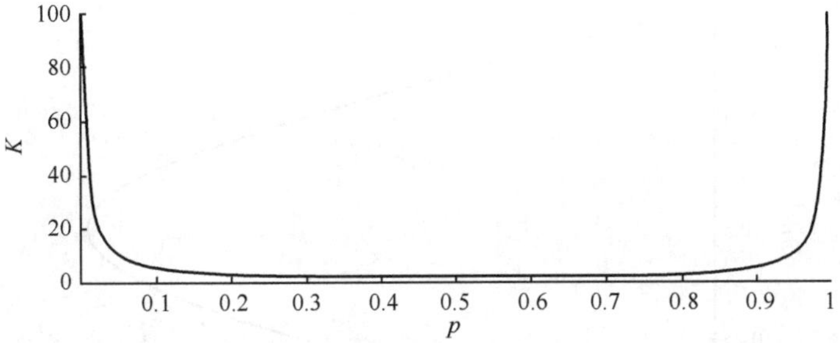

图 2.4　连通度 K 为和偏斜度为 p 的随机布尔网络的临界曲线，在临界曲线之上，由 K、p 确定的所有网络为无序，而临界曲线之下的网络为有序

间步随机选择一组新的布尔函数。此外，还有其他一些方法，如基于破坏传播的方法（Luque and Solé，1997）、Lyapunov 指数方法（Luque and Solé，2000）、稳定核方法（Flyvbjerg，1988）等。有兴趣的读者可以参考一个非常好的综述文献（Aldana et al.，2002）。

从图 2.4 可以看出，无序状态占据了大部分的参数空间。对大多数的偏斜度 p，临界连通度 K_c 都非常小。此外，对于连通度 K 高的网络，如果希望处于有序状态，就必须调整偏斜度 p 使其远离无偏状态。2003 年，Aldana 和 Cluzel 研究了入度为指数分布的布尔网络的动态行为，特别是从有序到无序的相变。指数分布为

$$P(k) = [\zeta(\gamma)\kappa^{\gamma}]^{-1},$$

式中，$\gamma > 1$ 表示无尺度指数；$\zeta(\gamma) = \sum_{k=1}^{\infty} k^{-\gamma}$ 表示 Riemann Z 函数，主要起归一化作用。有趣的是，这种情况下的相变方程同样为 $K2p(1-p) = 1$，只不过这里 $K = \sum_{k=1}^{\infty} kP(k)$ 表示连通度分布的平均值。当 $\gamma > 2$ 时，连通度的平均值为（Aldana，2003）

$$K_{\gamma} = \frac{\zeta(\gamma - 1)}{\zeta(\gamma)}$$

因此，相变方程为

$$2p(1-p)\frac{\zeta(\gamma_c - 1)}{\zeta(\gamma_c)} = 1 \tag{2.5}$$

式中，γ_c 表示临界无尺度指数。图 2.5 是方程（2.5）的解曲线。位于曲线左侧的参数 (p,γ) 将导致无序状态，右侧的参数将导致有序状态。临界无尺度指数 γ_c 的最大值约为 2.478 75（$p = 0.5$）。这说明当 γ 取这个值时，网络肯定处于有序状态并且与偏斜率 p 无关。值得注意的是，对于已分析过的大多数无尺度网络，无尺度指数都位于 $\gamma \in [2,2.5]$ 这一区间（Aldana，2003）。

到目前为止，我们主要讨论了布尔函数的偏斜度和连通性对随机布尔网络动态行为的影响，并且假定其中的布尔函数为随机产生。另外一个影响动态行为的重要因素是布尔函数的类型。适当地约束网络中的布尔函数的类型不仅能够影响网络动态行为，而且从进化和推理的角度也是合理的。对于推理，这种约束将有助于根据实验数据了解模型的结构。

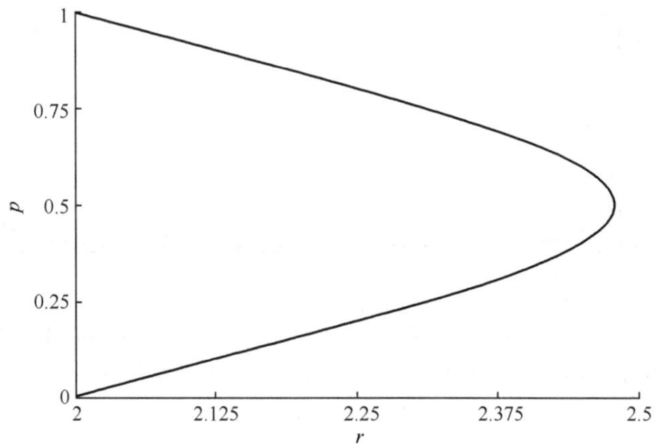

图 2.5　服从指数分布的布尔网络的临界曲线，该曲线表示方程（2.5）的解，其中 y 轴是偏斜度 p，x 轴为无尺度指数 γ。无序区对应的是曲线左侧的参数空间，而右侧区对应的有序参数空间

首先考虑称为渠化函数的布尔函数。渠化函数是至少包含一个渠化变量的布尔函数，当渠化变量取某个值时，它能唯一地确定函数的输出。例如，函数 $f(x_1, x_2, x_3) = x_1 \vee (x_2 \wedge x_3)$（式中，$\vee$ 和 $\wedge$ 分别表示逻辑“或”和“与”）就是一个渠化函数。当 x_1 为 1 时，该函数的输出为 1，与 x_2、x_3 的取值没有任何关系。而异或函数 $f(x_1, x_2) = x_1 \oplus x_2$ 不是渠化函数，因为只有知道两个变量的值才能确定函数的输出。

人们很早就知道渠化函数在阻止无序行为方面具有重要的作用（Kauffman，1969a；Kauffman，1993；Stauffer，1987；Lynch，1995）。根据网络的连通性和渠化变量数目的分布，增加网络中渠化函数的比例，可以促使网络穿越临界界限并进入有序状态（Kauffman，2000）。实际上，已有充分的事实表明，在高等脊椎动物的基因调控系统中，渠化函数的使用非常普遍（Kauffman，1993）。近年来大量文献表明，真核生物的转录调控规则具有很高的渠化性倾向（Harris et al.，2002）。

存在大量渠化函数的布尔网络能够抑制无序行为的一个原因是渠化函数倾向于大的偏斜度（Stauffer，1987）。观察图 2.6（a）和图 2.6（c），它们分别表示 $K = 4$ 和 $K = 5$ 时，渠化函数数量随布尔函数真值表中 1 的个数（也称汉明权）的变化。例如，当 $K = 4$ 且真值表的汉明权为 8 时，在 3514 个布尔函数中仅有 8 个渠化函数。图 2.6（b）和图 2.6（d）分别表示 $K = 4$ 和 $K = 5$ 时，一个偏斜度为 p 的随机布尔函数是渠化函数的概率。可以看出，当 $p = 0.5, K = 4$ 时，这一概率大约仅为 0.0536。这一现象正好支持渠化函数对有序行为的影响（作用）。

现在进一步考察渠化函数能够促进有序现象的原因，前面已经讨论了平均灵敏度和 Derrida 曲线原点处斜率之间的关系。因此，我们希望渠化函数的平均灵敏度小于非渠化函数。此外，从活性的角度，我们还希望渠化变量的重要性比非渠化变量大。下面将对此作进一步讨论（Shmulevich and Kauffman，2004）。

对于函数 $f: \{0,1\}^K \rightarrow \{0,1\}$，如果存在 $i \in \{1, \cdots, K\}$ 和 $u, v \in \{0,1\}$，使得当 $x_i = u$ 时，有 $f(x_1, \cdots, x_K) = v$，则称 f 为渠化函数，其中 $x_1, \cdots x_K \in \{0,1\}$。输入变量 x_i 称为将 u 渠化为 v 的变量，渠化函数 f 可以写为

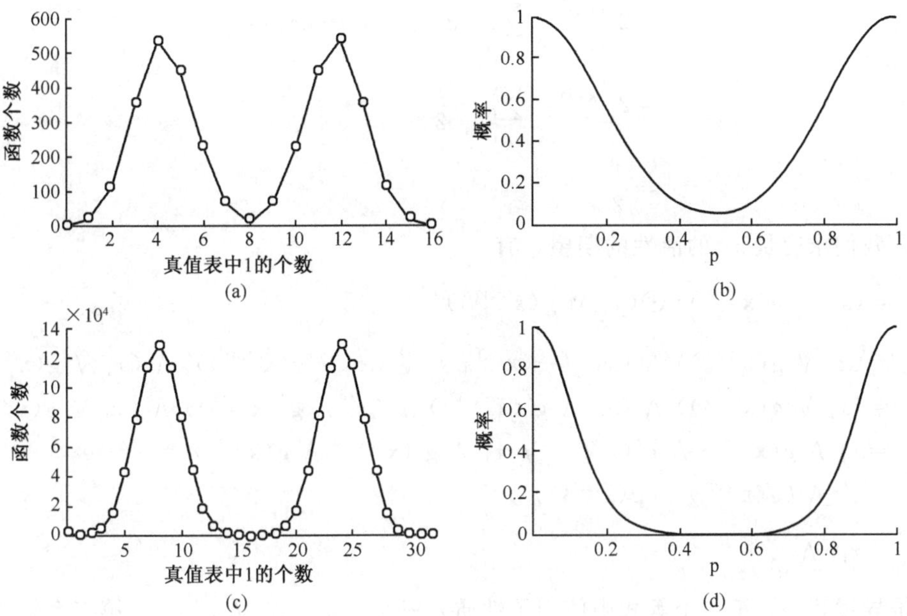

图 2.6 子图（a）和（c）分别表示 $K=4$ 和 $K=5$ 时，渠化函数个数与布尔函数真值表的汉明权的关系；子图（b）和（d）分别表示 $K=4$ 和 $K=5$ 时，随机选择一个偏斜度为 p 的布尔函数是渠化函数的概率

$$f(x_1,\cdots,x_K)=x_i^q \vee g(x_1,\cdots,x_{i-1},x_{i+1},\cdots,x_K)$$

或

$$f(x_1,\cdots,x_K)=x_i^q \wedge g(x_1,\cdots,x_{i-1},x_{i+1},\cdots,x_K)$$

其中 $q\in\{0,1\}$，$x_i^1=x_i$，$x_i^0=x_i'$，x_i' 是 x_i 的补或反。同时注意，“ $\wedge$ ” 的优先级比“$\vee$”高，因此，$a\vee b\wedge c$ 等价于 $a\vee(b\wedge c)$。

设 $f(x_1,\cdots,x_K)$ 是一个形如

$$f(x_1,\cdots,x_K)=x_1\vee g(x_2,\cdots,x_K)$$

的随机渠化函数，g 从 $2^{2^{K-1}}$ 个布尔函数中随机选择。不失一般性，假定第一个变量 x_1 为渠化变量。此外，对其他形式的渠化函数，如 $f(x_1,\cdots,x_K)=x_1\wedge g(x_2,\cdots,x_K)$ 的情况类似。首先研究单个变量的活性。由于 f 为随机变量，因此，活性也是一个随机变量。当 $g(x_2,\cdots,x_K)$ 为无偏随机函数时，变量 $x_2,\cdots,x_K$ 的活性在概率意义上应该相同，因此，只需考察变量 x_2 的活性。

首先计算变量 x_1 在函数 f 中的活性 α_1^f，按照活性的定义有

$$\begin{aligned}\frac{\partial f}{\partial x_1}&=(0\vee g(x_2,\cdots,x_K))\oplus(1\vee g(x_2,\cdots,x_K))\\&=g(x_2,\cdots,x_K)\oplus 1\\&=g'(x_2,\cdots,x_K)\end{aligned}$$

由于 g 是一个随机无偏函数（$p=1/2$），渠化变量 x_1 的活性的期望为

$$E[\alpha_1^f]=2^{-(K-1)}\cdot\sum_{x\in\{0,1\}^{K-1}}E[g'(x_2,\cdots,x_K)]$$

$$=2^{-(K-1)}\sum_{x\in\{0,1\}^{K-1}}E[g'(x_2,\cdots,x_K)]$$

$$=2^{-(K-1)}\sum_{x\in\{0,1\}^{K-1}}\frac{1}{2}$$

$$=\frac{1}{2}$$

现在，我们求变量 x_2 的活性的期望，有

$$\begin{aligned}\frac{\partial f}{\partial x_2}&=(x_1\vee g(\mathbf{x}^{(2,0)}))\oplus(x_1\vee g(\mathbf{x}^{(2,1)}))\\&=(x_1\vee g(\mathbf{x}^{(2,0)}))\wedge(x_1\vee g(\mathbf{x}^{(2,1)}))'\vee(x_1\vee g(\mathbf{x}^{(2,0)}))'\wedge(x_1\vee g(\mathbf{x}^{(2,1)}))\\&=(x_1\vee g(\mathbf{x}^{(2,0)}))\wedge(x_1'\wedge g'(\mathbf{x}^{(2,1)}))\vee(x_1'\wedge g'(\mathbf{x}^{(2,0)}))\wedge(x_1\vee g(\mathbf{x}^{(2,1)}))\\&=x_1'\wedge g(\mathbf{x}^{(2,0)})\wedge g'(\mathbf{x}^{(2,1)})\vee x_1'\wedge g'(\mathbf{x}^{(2,0)})\wedge g(\mathbf{x}^{(2,1)})\\&=x_1'\wedge(g(\mathbf{x}^{(2,0)})\oplus g(\mathbf{x}^{(2,1)}))\\&=x_1{}'\wedge\frac{\partial g}{\partial x_2}\end{aligned}$$

上面推导过程中，第二个等式中使用了性质 $a\oplus b=a\wedge b'\vee a'\wedge b$，第三个等式利用了摩根定律 $(a\vee b)'=a'\wedge b'$，第五个等式利用了 $\oplus$ 的定义，最后一个等式使用了偏微分的定义。现在，变量 x_2 的活性期望为

$$E[\alpha_2^f]=E\left[2^{-(K-1)}\cdot\sum_{x\in\{0,1\}^{K-1}}x_1'\wedge\frac{\partial g}{\partial x_2}\right]$$

注意 $\partial g(x_2,\cdots,x_k)/\partial x_2$ 为 $K-2$ 个变量的布尔函数，并且上式是对所有向量 $\mathbf{x}=(x_1,x_3,\cdots,x_K)$ 求和。进一步将上式的求和分为 $x_1=0$ 和 $x_1=1$ 两部分，则

$$\begin{aligned}E[\alpha_2^f]&=2^{-(K-1)}\left[\sum_{\mathbf{x}^{(1,0)}\in\{0,1\}^{K-1}}E\left[1\wedge\frac{\partial g}{\partial x_2}\right]+\sum_{\mathbf{x}^{(1,1)}\in\{0,1\}^{K-1}}E\left[0\wedge\frac{\partial g}{\partial x_2}\right]\right]\\&=2^{-(K-1)}\sum_{\mathbf{x}^{(1,0)}\in\{0,1\}^{K-1}}E\left[\frac{\partial g}{\partial x_2}\right]\end{aligned}$$

由于 g 为无偏的随机函数，$\partial g/\partial x_2$ 也是一样。这意味着，随机函数 g 在 $\mathbf{x}^{(j,0)}$ 和 $\mathbf{x}^{(j,1)}$ 不同的概率等同于 1/2。因此，

$$E[\alpha_2^f]=2^{-(K-1)}\sum_{\mathbf{x}^{(1,0)}\in\{0,1\}^{K-1}}\frac{1}{2}$$

而且，由于有 2^{K-2} 个不同的向量 $\mathbf{x}^{(1,0)}=(0,x_3,\cdots,x_K)$，

$$E[\alpha_2^f]=2^{-(K-1)}\cdot\frac{1}{2}\cdot 2^{K-2}=\frac{1}{4}$$

因此，所有非渠化变量活性的期望为 1/4，活性向量的期望为 $E[\alpha^f]=\left(\frac{1}{2},\frac{1}{4},\cdots,\frac{1}{4}\right)$。由式（2.2）可知，函数 f 的灵敏度的期望 $E(s^f)=\frac{1}{2}+\frac{1}{4}\cdot(K-1)=(K+1)/4$。有两个或多个渠化变量的情形与上述推导过程类似。由于无偏随机函数的活性期望为 1/2，其灵敏度期望为 $K/2$。因此，对于 $K>1$，仅有一个渠化变量的渠化函数的平均灵敏度最小，由这类函数形成的布尔网络应该比无偏随机网络更有序。

最近从进化、抗噪、网络的动态行为及有关调控规则的文献，人们发现另一类布尔

函数似乎比渠化函数更合理（Shmulevich et al.，2003）。现在我们讨论这类函数的一些性质，特别是与布尔网络动态行为有关的一些性质。

1921 年，美国数学家 Emil Post 研究了在合成运算下封闭的所有布尔函数（Post，1921，1941）。几个熟知的布尔函数类，如单调函数、线性函数及自对偶函数等都属于 Post 类（Post classes）函数。例如，我们很容易看出任意多个单调布尔函数的合成仍然是一个单调布尔函数。当然，所有布尔函数形成的类也是一个 Post 类。但是，我们将要讨论的函数类具有某种更有趣的特性，并且与渠化函数有联系（渠化函数不属于 Post 类）。

定义 2.2 如果布尔函数 f 所有输出为 1 的向量的某一位均为 1，则称该函数属于 A^{∞} 类。类似地，将前面定义中的 1 换为 0，则称该函数属于 a^{∞} 类。

例如，函数 $f(x_1,x_2,x_3)=x_1 \vee (x_2 \wedge x_3)$ 就属于 a^{∞} 类，因为函数值为 0 的所有输入向量（000）、（001）和（010），它们的第一位均为 0。这个例子的第一个变量也是渠化变量。因为当 $x_1=1$ 时，$f(x_1,x_2,x_3)=1$。为了简单，今后当我们说“f 是 a^{∞}”时，指的是该函数具有这种性质。如果将渠化函数的集合表示为 C，显然由上面的定义有 $A^{\infty} \cup a^{\infty} \subseteq C$，并且，可将这一定义进一步作如下推广。

定义 2.3 对于 $\mu \geqslant 2$，如果任意 μ 个使函数 f 取值为 1 的向量的某个分量均为 1，则称该函数属于 A^{μ} 类。类似地，将前面的 1 换为 0，相应的函数类为 a^{μ}。

举一个例子，函数

$$f(x_1,x_2,x_3)=(x_1 \wedge x_2) \vee (x_2 \wedge x_3) \vee (x_1 \wedge x_3) \tag{2.6}$$

是 A^2，因为任意两个输出为 1 的向量都有一个相同位为 1。式（2.6）的函数实际上就是众数运算或三点取中值运算。由定义可知，如果 f 是 A^{μ}，则当 $2 \leqslant \nu \leqslant \mu$ 时，它一定是 A^{ν}，这一点也同样适用于 a^{μ}。因此，这种函数类具有嵌套结构，并且 A^2（或 a^2）类函数集合最大，而 A^{∞}（或 a^{∞}）类函数集合最小。另外，如果函数 $f:\{0,1\}^n \to \{0,1\}$ 是 A^{μ}，那么，当 $\mu \geqslant n$ 时，它也是 A^{∞}（Yablonsky，1966）。

容易看出，如果 f 是 A^{μ}，那么，在析取范式（DNF）中任意 $m \leqslant \mu$ 项一定包含一个公共变量。于是，对于渠化函数我们又有另外一个有趣的关系，即上面这些项定义的函数本身就是一个渠化函数。例如，如果从式（2.6）中任意取出两个项，如 $(x_1 \wedge x_2) \vee (x_2 \wedge x_3)$，就是一个具有渠化变量 x_2 的渠化函数。

由于类 $a^{\infty},A^{\infty},a^{\mu},A^{\mu}$ 均属于 Post 类，它们的合成运算也必然封闭。这样，这些类中的任一类构成的布尔网络一定具有性质：任何 t 步转换函数（输出当前基因 t 步后的值）也属于这些类。这一封闭性实际上蕴含了“模型时间”和实际的物理时间之间的关联关系。对于遗传调控网络，布尔网络所代表的离散时间系统是对实际连续时间系统的一种粗粒度的量化模型。例如，后面将要讨论基因表达数据的模型拟合问题，通常，我们希望根据连续时间的抽样点（均匀或非均匀），即时序数据推理网络的布尔函数，这其中就隐含了细胞的实际物理时间与离散模型时间的映射。如果基因的调控属于上面提到的 Post 类函数，那么无论用多少离散时间步表示实际的物理时间间隔（这里强调，这种映射并不一定要具有时不变性），最终的规则仍然属于同一个 Post 类。因此，表示基因调控机制与模型时间和物理时间之间的关系无关。

其实，A^{μ} 或者 a^{μ} 类函数也具有“有偏”的倾向。图 2.7 和图 2.6 非常相似，只不过将相同个数变量的渠化函数换成了 $A^2 \cup a^2$ 类。可以看出两个图有惊人的相似性，由图 2.7（a）和图 2.7（c）中的双峰分布可以断定 A^μ 或者 a^μ 类函数"有偏"的可能性很大。同样，图 2.7（b）和图 2.7（d）说明随着偏斜度的增加，偏斜度为 p 的随机布尔函数属于 A^μ 或者 a^μ 类的可能性也越大。这种关系对于 $A^\mu \cup a^\mu$ 类函数也成立，其中 $\mu > 2$。因此，A^μ 或者 a^μ 类函数和渠化函数类似，均具有"有偏"的倾向。对于控制网络的有序和无序行为而言，这一性质非常"诱人"。反过来，假如 A^μ 或者 a^μ 类函数"有偏"的可能性不大，那么，此类函数构成的网络将趋向于无序，特别是对 $K > 2$ 的情况。

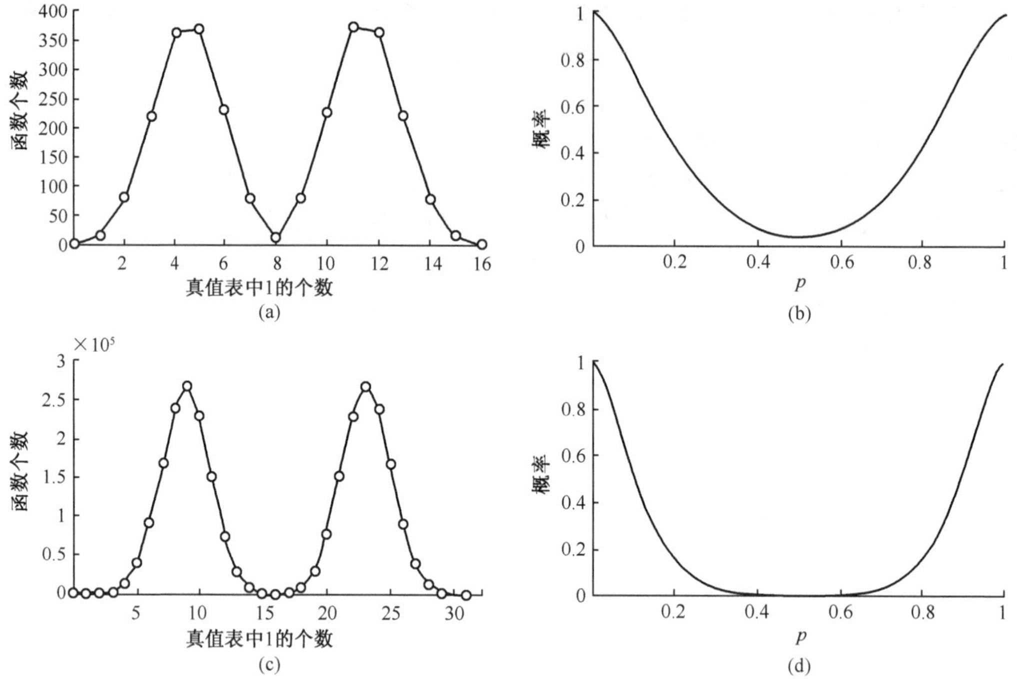

图 2.7　图（a）和（c）分别表示 $K = 4$ 和 $K = 5$ 时，$A^2 \cup a^2$ 函数类的个数与布尔函数真值表的汉明权的关系；图（b）和（d）分别表示 $K = 4$ 和 $K = 5$ 时，随机选择一个偏斜度为 p 的布尔函数属于 $A^2 \cup a^2$ 函数类的概率

现在，我们通过 Derrida 曲线观察由 Post 类函数构成的网络的动态行为。图 2.8 中的点画线对应 $K = 4$ 的无偏随机布尔网络。可以看出，当 $\rho(t)$ 很小时，Derrida 曲线明显位于主对角线上方，也就是说，$K = 4$ 时网络处于无序状态。图中的实线和虚线分别对应 $K = 4$ 时的渠化函数与 A^2 和 a^2 类函数的情形。和无偏随机网络相比，这两种网络表现的无序性更少。

已有证据表明，A^μ 和 $a^\mu(\mu = 2, \cdots, \infty)$ 类函数自身具有一种天然的抗噪能力。这一点可以追溯到 1956 年 von Neumann 的工作，他试图解决由不可靠元器件构成的布尔电路的可靠性计算问题。可靠电路的最大特点就是冗余。直观上，高冗余能够确保可靠性。von Neumann 当时的目标是，即使有元器件噪声的情况下，仍然能够构造一个以很高概率得到正确计算结果的电路。

19 世纪 60 年代，人们发现属于 Post 类的 A^μ 和 a^μ 函数类在控制系统和自纠错电路

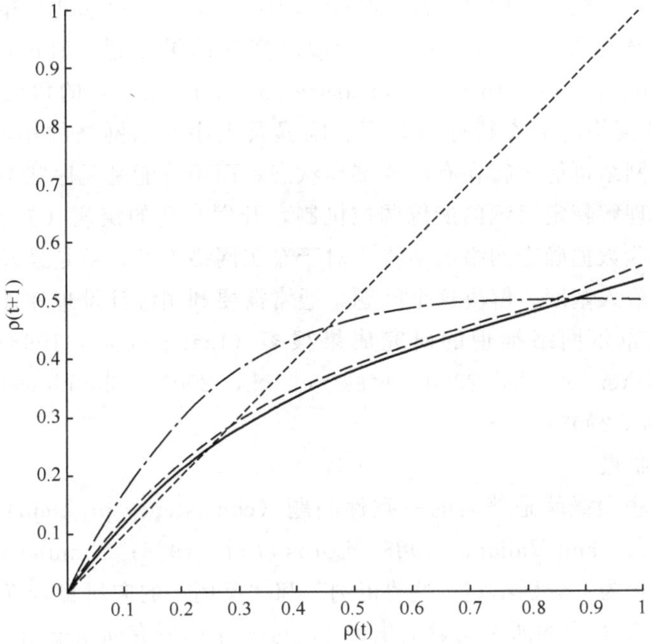

图 2.8　$K=4$ 时，几个函数类对应的 Derrida 曲线：渠化函数（实线）、$A^2 \cup a^2$ 函数类（虚线）和随机布尔函数类（点划线）（Shmulevich et al.，2003）的对应曲线

的可靠性方面具有重要的作用（Muchnik and Gindikin，1962；Kirienko，1964）。这些结果的基础是基函数，任何封闭布尔函数类都包含一组基函数，并且该类中的其他函数都可以通过基函数的迭代合成得到。例如，由于所有的布尔函数形成的类是一个封闭类（Post 类），其中一个可能的基函数是 $\{x \wedge y, x'\}$（合取函数和否定函数）。因此，其他任何布尔函数都可以经这两个函数迭代合成。A^2 类的基函数集是（Yablonsky et al.，1966）

$$\{x \wedge y', (x \wedge y) \vee (x \wedge z) \vee (y \wedge z)\}$$

上面第二个函数就是式（2.6）中提到的“多数”函数，这些函数实际上是 A^2 类函数的基本单元模块。按照树形方式迭代合成这些模块所得的任何布尔函数都可以可靠地实现，也就是说即使某些元件有缺陷，也能够确保得到正确的结果（Kirienko，1964）。因此，A^μ 和 a^μ 函数类在容错布尔电路中非常普遍。于是人们可能推测，自然进化也许使用了类似的机制形成具有高度适应性和鲁棒性的遗传网络。

最后，Shmulevich 等（2003）还指出：在现有生物网络的连通度 K 的范围，Post 类，特别是 A^2 及其对偶 a^2 的数量远大于渠化函数类，这种数量丰富且兼具鲁棒性和有序性性质的函数类更适合自然进化的要求。

2.2.3　网络推理

到现在为止，我们已经讨论了布尔网络的一些主要特性，这种总体的方法有助于认识真实遗传网络的动态行为及其组织结构。此外，这种方法也可以结合具体的实验方法，通过实验数据计算某种全局特性值，然后将其与模型的相应特性进行比较。Serra

等（2004）研究了随机布尔网络中敲除单个基因产生的系统扰动的分布情况，结果发现这种分布与对芽殖酵母（*S. cerevisiae*）所做的实验结果相近。Shmulevich 等（2005）从信息复杂度（information theoretic measures of complexity）的角度，比较了海拉细胞（HeLa）遗传网络的动态特性与有序、临界及无序布尔网络的相似性。结果发现，海拉细胞的调控网络可能运行在有序或临界状态，而不可能是无序状态。

为了进一步理解特定组织的遗传调控机制，开发合适的疾病（如癌症）治疗方法，首先必须根据实验数据确定网络的结构。对于布尔网络模型，就是推理每个基因的布尔函数及其对应的输入基因。解决这个问题，通常需要利用统计推理和计算学习理论的方法和技术，有关布尔网络推理的研究成果很多（Liang et al.，1998；Akutsu et al.，1998，1999；Ideker et al.，2000；Maki et al.，2001；Shmulevich et al.，2002；Lähdesmäki et al.，2003）。

一致扩展和最佳扩展

最简单的方法大概就是著名的一致性问题（consistency problem），即从样例中寻找合适的规则（Pitt and Valiant，1988；Boros et al.，1998；Shmulevich et al.，2001）。这个问题可形式化为：分别给定一些“正例”和“反例”的向量集合 T 和 F，寻找一个布尔函数 f 满足对 T 中的所有向量输出为 1，对 F 中的所有向量输出为 0。通常，我们总是假定目标函数 f 属于某个可能的目标函数类。布尔网络可能的函数类有渠化函数类、A^{μ} 函数类或 a^{μ} 函数类、或真实变量（essential variable）个数为 K 的函数类等。

进一步设

$$T(f)=\{v\in\{0,1\}^n:f(v)=1\}$$

为函数 f 的正例集合（on-set），设

$$F(f)=\{v\in\{0,1\}^n:f(v)=0\}$$

为 f 的反例集合（off-set）。于是，对于集合 $T,F\in\{0,1\}^n$，由条件 $T\cap F=\varnothing$ 确定了一个部分定义的（partially defined）布尔函数 $g_{T,F}$

$$g_{T,F}(v)=\begin{cases}1 & v\in T\\ 0 & v\in F\\ * & 其他\end{cases}$$

如果 $T\subseteq T(f)$ 且 $F\subseteq F(f)$，称函数 f 是 $g_{T,F}$ 的一个扩展（extension）。一致性问题（也称扩展问题）可以叙述为：给定一个函数类 C 和两个集合 T 和 F，是否存在 $g_{T,F}$ 的一个扩展 $f\in C$?

容易看出，如果 C 为整个布尔函数类，则当且仅当 $T\cap F=\varnothing$ 时，一定存在一个扩展 $f\in C$。对所有的正例和反例进行比较即可判定该问题，其计算时间复杂度为 $O(|T|\cdot|F|\cdot \mathrm{poly}(n))$，$\mathrm{poly}(n)$ 是检查一个样例对所花费的时间（Boros et al.，1998）。通过排序可以进一步提高该算法的效率（Lähdesmäki et al.，2003），设共有 $|T|+|F|=m$ 个样例，将所有向量 $x\in T\cup F$ 按照其对应的二进制正整数编码后排序，比较两个相邻向量，并判断是否存在两个相邻向量相等，且其中一个属于 T 而另一个属于 F 的情形。这种方法的时间复杂度为 $O(m\cdot\log m\cdot\mathrm{poly}(n))$。

由于存在误差或其他很多潜在因素（underlying latent factor），实际数据，如基于微阵列的基因表达谱数据，可能并不存在一致性扩展。这时必须放弃建立一致性扩展，

转而寻找具有最小错分类个数的布尔函数，这就是著名的最佳拟合扩展问题（best-fit extension problem）（Boros et al.，1998）。设 $w(x)$ 为向量 $x \in T \cup F$ 的正权值，子集 $S \subseteq T \cup F$ 的权值为 $w(S) = \sum_{x \in S} w(x)$，函数 f 的误差大小（error size）可表示为

$$\varepsilon(f) = w(T \cap F(f)) + w(F \cap T(f)). \tag{2.7}$$

当 $w(x) = 1(x \in T \cup F)$ 时，误差的大小就是错分类的个数。现在的目标就是寻找满足 $T^* \cap F^* = \varnothing$ 和 $T^* \cup F^* = T \cup F$ 的子集 T^* 和 F^*，它在某个函数类 C 上的部分定义函数 g_{T^*,F^*} 存在一个权值 $w(T^* \cap F) + w(F^* \cap T)$ 最小的扩展。显然，满足上述条件的部分定义函数 g_{T^*,F^*} 的任意一个扩展 $f \in C$ 的误差最小。

最佳扩展问题比一致性问题难，原因是后者仅为前者在 $\varepsilon(f) = 0$ 时的一个特例。但是，对于大多数函数类，布尔网络的最佳扩展问题属于多项式可解类（Shmulevich et al.，2002）。此外，Lähdesmäki 等（2003）提出了一个可以显著加速一致性基因调控网络搜索的方法（而不仅是确定是否存在这样的网络），对此方法稍作修改还可用于学习基因调控网络的模型。

确定性系数

另一种推理遗传调控网络规则（函数）的方法是确定性系数（coefficient of determination，CoD）。CoD 方法是线性回归一种基本方法，后来引入最优非线性滤波器的设计中（Dougherty et al.，2000），此后，又应用于基因之间的多变量关系的推理（Kim et al.，2000a，2000b）。基因之间的多变量关系又称为预测器（predictor），它是构成网络的基本模块。布尔网络中，每个基因的预测器就是一个布尔函数。CoD 是衡量一个观察基因提高目标基因预测的相对程度，它可以结合一些与预测相关的知识，如特定的刺激或抑制基因变异物质的加入等。对于一个目标基因，CoD 方法可能发现不止一个预测基因的集合。

现在简要介绍布尔网络中 CoD 方法的应用，设 x_i 为目标基因（target gene），其观察基因为 $x_{i_1}, x_{i_2}, \cdots, x_{i_k}$ 等，$f(x_{i_1}, x_{i_2}, \cdots, x_{i_k})$ 是基因 x_i 在某种误差测度 ε 下的最优预测器。对于均方误差（MSE）估计，最优预测器的误差就是给定 $x_{i_1}, x_{i_2}, \cdots, x_{i_k}$ 条件下 x_i 的误差的条件期望（Scharf，1991）。设 ε_{opt} 是 f 的最优误差，那么，给定观察测基因 $x_{i_1}, x_{i_2}, \cdots, x_{i_k}, x_i$ 的 CoD 为

$$\theta = \frac{\varepsilon_i - \varepsilon_{\text{opt}}}{\varepsilon_i}, \tag{2.8}$$

式中，ε_i 表示没有任何观察变量的情况下 x_i 的最佳估计误差，它其实是一个常数。显然，CoD 的值介于 0 和 1 之间，它表示相对于 ε_i 最优预测器 f 对 x_i 的估计误差减小的程度。

实际上，我们通常是设计一个预测器代替最优预测器 f，然后根据训练数据计算 CoD 的估计值，最后选择最大 CoD 值对应的基因集合设计目标基因的最优预测器。重复上述过程，就可估计出整个布尔网络中的所有函数。这种方法的计算量很大，对于大规模的基因集合必须使用高度并行的计算体系（Suh et al.，2002）。

限定性预测

在训练数据有限的情况下，一种降低预测器复杂度的方法是限定预测（constrained prediction）基因的个数，即布尔网络的连通度 K。此外，还可以限定预测器为某一函数

子类（如渠化函数或 Post 类）。于是，推理过程就是根据预先定义的预测器类设计一个估计误差最小的函数。这些限定会影响预测器的设计，其缺点是往往导致预测器性能的退化。但是，其优点是我们可以预先知道有关函数类的先验知识（如渠化函数）、预测器设计的可解性以及误差估计的精度等。例如，在数字滤波器的设计领域，常常就存在某种类型的滤波器具有非常好的次最优滤性能，同时需要的数据又相对较少。

为了衡量这些限定对预测器的影响，假定根据 n 个样本设计最优预测器 ψ_{opt} 的一个估计函数 ψ_n。由于估计函数 ψ_n 的误差 ε_n 不可能比最优预测器 ψ_{opt} 的误差 $\varepsilon_{\mathrm{opt}}$ 小，相应的设计误差 $\Delta_n=\varepsilon_n-\varepsilon_{\mathrm{opt}}$。由此，估计函数 ψ_n 的误差可以分解为 $\varepsilon_n=\varepsilon_{\mathrm{opt}}+\Delta_n$，它的期望为

$$E[\varepsilon_n]=\varepsilon_{\mathrm{opt}}+E[\Delta_n]。$$

因此，当 $n\to\infty$ 时，有 $E[\Delta_n]\to 0$。问题是如果估计函数的输入变量很多（K 很大），往往没有足够的样本大幅减小 $E[\Delta_n]$ 的影响。因此，我们可以将其限定为一些函数子类 C，如渠化函数。如果 ψ_C 是 C 上的最优函数，其误差 ε_C 一定满足 $\varepsilon_C\geqslant\varepsilon_{\mathrm{opt}}$，除非 ψ_{opt} 恰好属于 C 类。于是，约束代价（cost of constraint）$\Delta_C=\varepsilon_C-\varepsilon_{\mathrm{opt}}$。

受限预测器 $\psi_{n,C}\in C$ 的误差 $\varepsilon_{n,C}$ 满足 $\varepsilon_{n,C}\geqslant\varepsilon_C\geqslant\varepsilon_{\mathrm{opt}}$，其设计误差为 $\Delta_{n,C}=\varepsilon_{n,C}-\varepsilon_C$。于是，有 $\varepsilon_{n,C}=\varepsilon_{\mathrm{opt}}+\Delta_C+\Delta_{n,C}$，它的期望为

$$E[\varepsilon_{n,C}]=\varepsilon_{\mathrm{opt}}+\Delta_C+E[\Delta_{n,C}]。$$

因此，仅当 $E[\varepsilon_{n,C}]\leqslant E[\varepsilon_n]$ 时，约束才是有益的，其成立的条件是当且仅当

$$\Delta_C\leqslant E[\Delta_n]-E[\Delta_{n,C}]。\tag{2.9}$$

换句话说，当约束代价 Δ_C 小于设计误差期望的减小值时，受限函数 $\psi_{n,C}$ 的期望误差就小于无约束估计函数 ψ_n 的期望误差。因此，一个基本的问题就是寻找满足式（2.9）的约束条件（译者注：有关函数误差估计的讨论，可进一步参考 4.3 节受限分类器）。

另一种限定方法是基于著名的最短描述长度（minimum-description-length，MDL）原理（Rissanen，1978，1986；Barron et al.，1998），尽管这一原理是一种基于直觉上的认识，其中却蕴含着深刻的思想：对于给定的观察数据，最佳模型类一定是该数据集的一种最紧凑的编码。这一原理的依据是如果模型对数据的压缩越紧凑，它对未知数据的预测就越好。其一般形式是奥卡姆剃须刀准则（Occam's razor）。利用 MDL 原理，可以通过最佳模型对数据的描述长度与该模型类自身的描述长度之和衡量该模型的优劣，其实质是拟合精度和模型复杂度之间的一种折衷。Tabus 和 Astola（2001）研究了 MDL 方法在基因预测中的应用，结果发现这种方法不仅可以寻找最优预测函数及其最优输入变量的个数，而且可用于不同复杂度预测函数之间的比较。

2.3 布尔网络的推广

布尔网络的推广可从两个方面进行：一方面，针对基因状态的二值假设允许其有更多的离散状态；另一方面，针对基因的同步更新方式假设，将其变为异步更新方式。有关异步更新的方法很多，René Thomas 及其同事在这方面做了大量的工作，在 Thomas 和 D. Ari 的书中有详细的介绍（1990）。

2.3.1 异步

为了将一个基因的状态（“开”或“关”）与其对应蛋白质的状态（“有”或“无”）

区分开来，Thomas 等采用大写字母 $X=1$ 或 $X=0$ 表示基因的状态，用小写字母 $x=1$ 或 $x=0$ 表示对应蛋白质的状态。例如，逻辑表达式 $X=y\wedge z'$ 表示：如果有蛋白质 y 且没有蛋白质 z，则基因 X 将被激活（状态为“开”）。为了进一步表示蛋白质的产生和降解的时间，在逻辑关系中引入延时概念，这样就形成了一个动态系统。以上述逻辑表达式为例，假定在某一时刻，由于同时有蛋白质 y 和蛋白质 z，导致基因 $X=0$。设突然由于某种原因蛋白质 z 消失，那么，基因 X 将立即被激活（$X=1$），但是，和它对应的蛋白质 x 则要在延迟时间 t_x 之后才能产生。在 $x=1$ 之后的某一时刻，蛋白质 z 又突然出现。那么，基因 X 将立即关闭（$X=0$）。但是，蛋白质 x 只有经过另一个延迟时间 $t_{x'}$ 之后才能消失。通常 $t_x\neq t_{x'}$，原因是 t_x 取决于蛋白质 x 的合成速率，而 $t_{x'}$ 取决于蛋白质 x 的稳定性。因此，一个延迟时间对应于一个逻辑转换，上述过程见图 2.9。

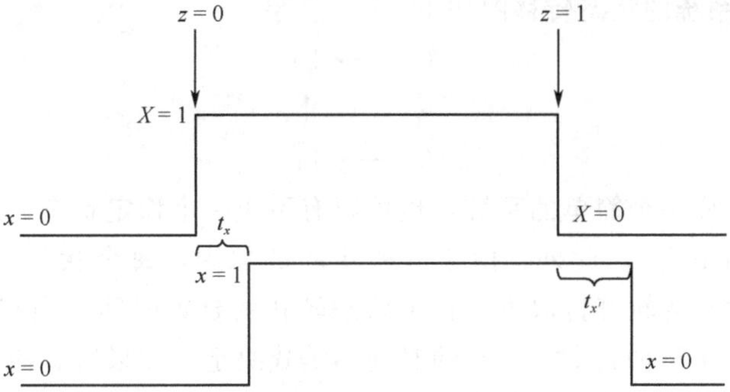

图 2.9　基因 X 及其对应蛋白质 x 随时间的变化。基因 X 随蛋白质 z 的出现或消失而被关闭或激活；而蛋白质 x 则分别在相应的延迟时间 $t_{x'}$ 或 t_x 后出现或消失

一般情况下，如果一个基因及其对应的蛋白质有相同的逻辑值（如 $X=0$ 和 $x=0$），并且保持不变，这时就是一个逻辑稳态。相反，如果它们的逻辑值不同，如基因处于激活状态而其对应的蛋白质还没有出现，则在适当的延迟时间之后将会发生一个或多个变化，这种情况称为暂态。

现在考虑一个仅有两个基因的系统，其中蛋白质 x 激活基因 Y，而蛋白质 y 抑制基因 X（Thomas and D'Ari，1990）。其逻辑关系如下：

$$X=y'$$
$$Y=x$$

系统的状态同时由蛋白质 x 和蛋白质 y 以及基因 X 和基因 Y 决定，即可以记为 xy/XY。例如，状态 00/10 表示目前还没有蛋白质 x 和蛋白质 y，但是基因 X 处于激活状态，同时也意味着蛋白质 x 最终将在一段时间后出现。因此，下一个状态将是 10/10。但是，由于蛋白质 x 的出现基因 Y 最终将被激活，因而接下来的状态应该是 10/11。可以看到，这种状态表示法有些繁琐，状态 00/10 还可以表示为 $\bar{0}0$，其中的上划线表示蛋白质 x 将由“无”变为“有”。系统的状态转化图如下：

$$\begin{array}{ccc}\bar{0}0 & \longrightarrow & 1\bar{0}\\ \uparrow & & \downarrow\\ 0\bar{1} & \longleftarrow & \bar{1}1\end{array}$$

本例中，状态转化没有考虑时间延迟的因素。

上例系统中没有逻辑稳定状态，原因是当 $xy = XY$ 时，系统的状态还要发生变化。这就是出现周期行为的原因。现在再举一个例子，其逻辑关系如下：

$$X = y'$$
$$Y = x'$$

这是两个基因相互抑制的情形。假定现在的状态为 01，由于没有蛋白质 x，基因 Y 处于激活状态。同时，由于有蛋白质 y，基因 X 必须关闭。显然满足 $xy = XY$，因而 01 为一个逻辑稳定状态。类似地，10 也是一个逻辑稳定状态。对于状态 $\overline{00}$，由于两种蛋白质都没有出现，基因 XY 应该都处于激活状态。由于这两个变量都要变化，这时将取决于哪个变量变化的更快，$\overline{00}$ 的下一个状态将是 10 或 01。当两个变量的变化速率相同，则有 $\overline{00} \rightarrow \overline{11}$。上述系统的状态转移图如下。

$$\begin{array}{ccc} \overline{00} & \longrightarrow & 10 \\ \downarrow & & \uparrow \\ 01 & \longleftarrow & \overline{11} \end{array}$$

有趣的是，即使这样一个简单的系统，也可以有不止一个稳定状态，这种形式称为多稳定性（multistationarity）。此外，由于异步更新的原因，每个状态的后续状态并不唯一。因而，系统演化的轨迹将取决于各个状态转化的延迟时间。当有多个后继状态时，具体的后继状态将由形如 $t_{x'} \gtrless t_y + t_z$ 的时间不等式决定。如果所有的延迟时间已知并保持不变，则该系统就是一个确定的系统。

使用布尔变量可以方便地表示延时不等式，即"<"对应逻辑 1，">"对应逻辑 0。例如，当 $t_x < t_y$ 时，$m = 1$；当 $t_x > t_y$ 时，$m = 0$。于是，系统向其中一个稳定状态演化的轨迹可以由一个与延时不等式对应的布尔表达式表示。仿真过程中，时间延迟可由某个概率分布产生，这样代表延时不等式的布尔变量就成为一个随机变量。由此，状态转移就变为一个马尔可夫链随机过程。后面讨论概率布尔网络时，我们还将继续讨论这一问题。

关于异步系统，另外一个有趣的性质是根据时间延迟的逻辑关系可以产生两种环。一方面，对于延时不等式，当时间延迟的波动很小，从而使得这些不等式保持不变时，系统将处于一种稳定环（stable cycle）。另一方面，对于形如 $t_x + t_y = t_z + t_{y'}$ 的延时等式，一旦某个延时偏离满足等式的值，系统将逃逸当前所处的不稳定环（unstable cycle）。实际上，如果蛋白质的合成和降解速率符合概率分布的形式，就不会产生不稳定环。对于一群细胞，这一分布假设与实际情况正好吻合，原因是即使是无性细胞群体，其中各种分子的浓度也会出现明显的变化（McAdams and Arkin，1999）。Thomas 和 Kauffman（2001a，b）指出：异步更新方式和后面将要讨论的微分方程模型完全吻合。

有关同步更新假设的推广还有其他一些方法。例如，Öktem 等（2003）提出了一种连续时间布尔网络，它实际上是布尔延时等式类的一种特殊情形。这种模型与传统的布尔网络模型相比能够呈现范围更广的动力学行为。特别是尽管布尔网络一定是周期的，但布尔延时等式却可以产生非周期的行为。Silvescu 和 Honavar（1997）则提出了一种时序布尔网络，允许基因之间的依赖关系跨越多个时间步。也就是说，一个基因的当前状态不仅取决于前一时刻其他几个基因的状态，而且取决于这些基因在某一个时间窗所处的状态。这实际上是一种高阶马尔可夫链过程，一个基因在 $t+1$ 时刻的状态将取决于其他基因在 $t, t-1, \cdots, t-T+1$ 时刻的状态。

2.3.2 多值网络

如前文所述，基因还可以有不止两种状态。与布尔网络不同，推广逻辑网络（generalized logical network）可以表示更多的基因表达水平（Thomas and D'Ari，1990）。关于多值基因之间的相互作用有多种描述方法。例如，假定一个基因可以有 0、1 或 2 三种状态，一种描述基因间相互作用的方法就是采用多值真值表。假定基因 A 和基因 B 调控基因 C，那么基因 C 的真值表如表 2.2 所示。Kim 等（2000a，b）就曾使用这种三值函数研究基因之间的多变量关系。三值网络源于 cDNA 微阵列数据，是两种表达水平的比率，于是基因表达就量化为 +1（正调控）、−1（负调控）和 0（没变化）（Chen et al.，1997）。这种基于 cDNA 微阵列的三值网络的应用非常广泛。从量化的角度，多值逻辑网络不同于离散数值网络的概念，因为后者还包括实际测量值之间的大小关系。但是它们在结构上（连通度和预测器）是等价的。

表 2.2 一个三值真值表的例子

A	B	C
0	0	0
0	1	1
0	2	0
1	0	0
1	1	1
1	2	2
2	0	2
2	1	1
2	2	2

Snoussi（1989）提出了一种量化方法，布尔值其实是这种方法的一个特例。假定一个基因的产物（蛋白质）可以在各种情况下发生作用，并且每种情况都有一个对应的阈值。所谓阈值是指 S 形曲线（sigmoidal curve）的极限，这种曲线的临界转折点取决于具体的情况。于是，可以用一个多值变量 $\mathbf{x}$ 表示一个基因的产物（蛋白质），并且该变量的每个取值与 x 所在区间的阈值对应。当给定阈值 $\tau_1 < \tau_2 < \cdots$，离散变量的定义为：如果 $\tau_k < x \leqslant \tau_{k+1}$，则 $\mathbf{x} = Q(x) = r_k$。阈值 τ_k 可由先验知识确定或由测量数据自动选择。

在信号处理领域，$Q(x)$ 是量化（quantization）算子，它用一组有限数值表示连续信号。这种过程实际上是以牺牲精度换取对原始数据的一种近似，其优点是可以改善降低模型复杂所引起的精度的降低以及噪声的影响。已经证实，量化可以明显改善基于微阵列的分类方法的误差率（Mircean et al.，2004）。由于量化是一种多对一的映射，就原始数据的恢复而言，这是一种有损压缩。

关于阈值 τ_k 的确定，有多种优化方法。常用的一种是 Lloyd-Max 量化器（Lloyd-Max quantizer）（Gersho and Gray，1992），在模式识别领域也称 k-均值。给定量化水平数 L，优化过程就是选择 τ_k 和 r_k，$k=1,\cdots,L$。对于给定的平均输入概率密度函数 $p(x)$，为了最小化均方量化误差

$$D = E[(x-r_k)^2] = \sum_{k=1}^{L} \int_{\tau_{k-1}}^{\tau_k} (x-r_k)^2 p(x) dx \tag{2.10}$$

分别对式（2.10）的误差求 τ_k 和 r_k 的导数，即可得到最优量化器必须满足的条件。由 $\partial D / \partial r_k = 0$ 可得

$$r_k = \frac{\int_{\tau_{k-1}}^{\tau_k} xp(x)dx}{\int_{\tau_{k-1}}^{\tau_k} p(x)dx} \tag{2.11}$$

式（2.11）可理解为 x 在区间 $(\tau_{k-1}, \tau_k]$ 上的期望或密度函数的质心。同理，由 $\partial D / \partial \tau_k = 0$ 可得

$$\tau_k = \frac{r_k + r_{k+1}}{2} \tag{2.12}$$

因此，最优决策水平一定是量化水平的中值。通常，由式（2.11）和式（2.12）无法得到封闭解（closed-form solution），可通过如下的迭代算法求解。通常从任意一个量化值开始，迭代执行以下两步直到算法收敛。

（1）对每一个数据点，将其与最近的量化值关联。

（2）对每一个量化区间，寻找与其关联的数据点的均值，并将均值定为新的量化值。

上述迭代算法通常得到的是一个局部最优值。此外，它对初始的量化值（种子）可能很敏感。为了解决这一问题，一种方法是重复执行上述算法多次，然后返回其中量化误差 D 最小的一个解。另一种方法是对 10％的数据先运行上述算法，得到一个初步的量化值，然后将其作为初始条件。

y	z	$K_y \cdot y + K_z \cdot z$
0	0	0
0	1	K_z
1	0	K_y
1	1	$K_y + K_z$

确定了阈值水平后，现在讨论多变量作用。布尔表达式 $X = y \vee z$ 表示：或者 y，或者 z，或者二者同时出现时，基因 X 就处于激活状态。但是，当 X 处于激活状态时，我们无法区别究竟是哪一种情况。为此，我们给蛋白质 y 和蛋白质 z 分别关联一个正实数权值 K_y 和 K_z，然后将上述表达式写为 $K_y \cdot y + K_z \cdot z$，其中的“+”和“·”就是普通的加法和乘法运算，二值变量 y 和 z 可以作为实数变量对待。这样就有左表的 4 种可能。

因此，表达式 $X = y \vee z$ 的多值推广可以表示为

$$X = Q(K_y \cdot y + K_z \cdot z) \tag{2.13}$$

可以看出，根据权值 K_y 和 K_z 之间的关系，X 可以有不同的取值。将这种函数结合在一起就可构建一个多值网络。这种网络的动力学行为和下节要讨论的微分方程形式有很多共同点（Thomas and D'Ari，1990）。Thieffry 等已经实现了这种方法（1993），并将其应用于 λ 噬菌体（Thieffry and Thomas，1995）、果蝇（Sánchez and Thieffry，2001，2003）、拟南芥（Mendoza et al.，1999）等生物体的研究。

2.4 微分方程模型

微分方程模型中，一个蛋白质浓度的变化率通常可以表示为其他一些蛋白质和外部输入的浓度。由于变量数目很多，必须使用一个微分方程系统。非线性时变微分方程的一般形式为

$$\dot{x} = f(x, u, t)$$

式中，x 表示系统中所有物理量的状态向量；$\dot{x} = dx/dt$ 表示 x 中各元素对时间 t 的导

数；u 表示一个外部输入向量。

如果是离散时间且函数 f 不随时间变化，则称该系统为时不变（time-invariant）系统。例如，方程

$$\begin{bmatrix}\dot{x}_1\\ \dot{x}_2\end{bmatrix}=\begin{bmatrix}x_2\\ -4\sin(x_1)\end{bmatrix}$$

表示一个无阻尼的钟摆运动系统，式中，x_1 和 x_2 分别表示角位置和角速度。这里的非线性函数 f 是时不变的，并且没有任何外部输入 u。当给定任意一个初始状态 $x(t_0)=[x_1(t_0),x_2(t_0)]^T$ 时，该方程就可确定系统任意时刻 $t>t_0$ 的状态 x。最后，如果 f 为线性时不变，则可表示为

$$\dot{x}=\mathbf{A}x+\mathbf{B}u,$$

式中，**A** 和 **B** 表示常数矩阵。

当 $\dot{x}=0$ 时，变量的值将不再发生变化，这时的状态就是系统的稳定状态（steady state)。举一个简单的例子，蛋白质 x 的合成速率以动力常数 k_1 正比于蛋白质 a 的丰度，并且蛋白质 a 的丰度足够大以至于在反应中不会发生明显变化（Thomas and D′Ari，1990)，但是，x 可以发生降解，其速率以常数 k_2 正比于自身的浓度。这种情形可以表示为

$$\dot{x}=k_1a-k_2x \qquad a,x>0$$

现在分析这一系统的动态行为。设 x 开始为 0，于是衰减项 k_2x 也为 0，$\dot{x}=k_1a$。随着 x 产生，衰减项 k_2x 也会增加，从而导致变化率 $\dot{x}$ 开始递减并趋向于 0，变量 x 将稳定在某个稳定状态 $\bar{x}$。由于 $\dot{x}=0$，很容易确定这一稳定状态为

$$\bar{x}=\frac{k_1a}{k_2} \tag{2.14}$$

图 2.10 就表示上述这种变化过程，其中 x 的浓度从 $x=0$ 开始，逐渐达到式（2.14）的计算值。这种动力过程的准确形式为

$$x(t)=\frac{k_1a}{k_2}(1-e^{-k_2t})$$

同理，图 2.10 中导数 $\dot{x}$ 从初值 k_1a 开始，随后逐渐趋于 0。

现在假定当系统达到稳定状态 $\bar{x}$ 后，蛋白质 a 突然由于某种原因消失。由于 $a=0$，有 $\dot{x}=-k_2x$。由于初始条件为 $x=k_1a/k_2$，此时有 $\dot{x}=-k_1a$。该方程的解为

$$x(t)=\frac{k_1a}{k_2}e^{-k_2t}$$

可以看出，蛋白质 x 的浓度最终将趋于 0。

上述例子是变量 a 和 $\dot{x}$ 之间的线性关系，然而，基因之间大多是高度的非线性关系。当一个调控因子的浓度低于某个临界值时，它对被调控基因就几乎没有任何影响。而在临界值之上，它的影响也不会随着浓度的增加而过度放大。这种非线性关系通常可由 S 函数（sigmoid function）描述，它既不是单调递增，也不是单调递减。这种函数的一种常见的形式是如下的 Hill 函数。

$$F^{+}(x,\theta)=\frac{x^n}{\theta^n+x^n}$$

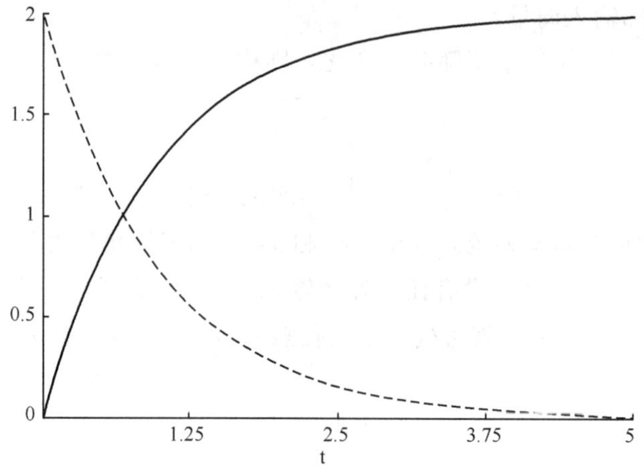

图 2.10　非时变线性系统 $\dot{x} = k_1 a - k_2 x$ 的解曲线，初始条件为 $x(0) = 0$，参数 $k_1 = 2, k_2 = 1, a = 1$。图中实线为蛋白质的变化曲线，趋向于式 (2.14) 的稳定状态解；它对时间的导数 $\dot{x}$ 的变化为虚线，它从初始值 $k_1 a$ 开始趋向于 0

$$F^{-}(x,\theta) = \frac{x^n}{\theta^n + x^n} = 1 - F^{+}(x,\theta)$$

图 2.11 是函数 $F^{+}(x,1)$ 在 $n = 1,2,5,10,20,50$ 和 100 时的曲线形式。可以看出，随着 n 的增加，它趋向于一个理想的阶跃函数，这就是前面讨论多变量网络时要使用阈值函数的原因。实际上，参数 θ 就代表阈值的作用。Glass（1975）就是利用阶跃函数代替 S 函数，从而得到分段线性微分方程。Glass 和 Kauffman（1973）发现，很多系统在参数 n 的一个很大范围都呈现出相同的定性行为（qualitative behavior）。由于基因调控的非线性性，可以在微分方程模型中用 Hill 函数表示蛋白质的合成及降解项。关于这种动力系统的仿真和分析，已有很多现成的计算机工具，如 DBsolve（Goryanin et al.,

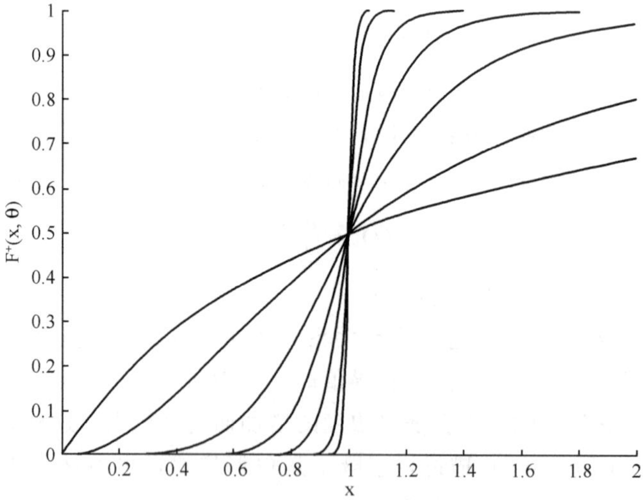

图 2.11　函数 $F^{+}(x,\theta)$ 在参数 $\theta = 1, n = 1,2,5,10,20,50$ 和 100 的各种曲线，随着 n 的增加，$F^{+}(x,\theta)$ 趋向于一个理想的阶跃函数

1999)、GEPASI（Mendes，1993）和 Dizzy（Ramsey et al.，2005）等。Dizzy 还可以模拟大规模遗传、代谢和信号网络的随机动力学（stochastic kinetics），仿真多步反应过程和空间划分等。

2.4.1 有转录和翻译过程的微分方程模型

介绍了微分方程模型的一般形式，现在我们讨论一种具体的生物模型（de Jong，2002；Mestle et al.，1995；Smolen et al.，2000；Wolf and Beckman，1998）。这种模型考虑了基因和调控蛋白（转录因子）之间的相互作用，并且假定系统由一个表达相同基因的细胞群组成。我们以文献（Goutsias and Kim，2004）中的表示形式为例。

在时刻 t，mRNA 和调控蛋白的浓度分别用向量

$$\mathbf{r}(t)=\begin{pmatrix} r_1(t) \\ r_2(t) \\ \vdots \\ r_m(t) \end{pmatrix} \tag{2.15}$$

和

$$\mathbf{p}(t)=\begin{pmatrix} p_1(t) \\ p_2(t) \\ \vdots \\ p_m(t) \end{pmatrix} \tag{2.16}$$

表示。假定基因 x_k 由基因 x_i 和 x_j 调控，根据中心法则，其调控过程如图 2.12 所示。

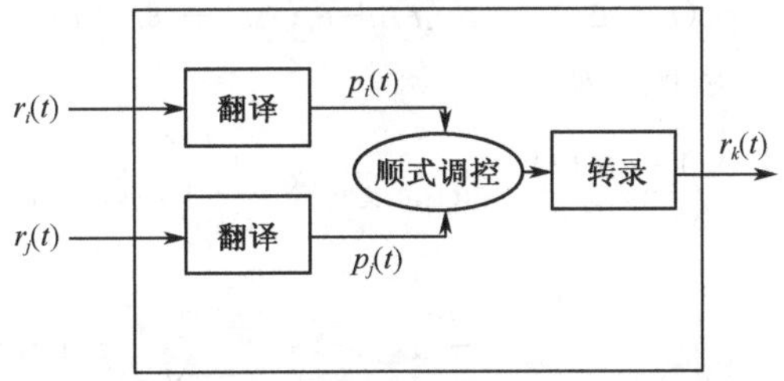

图 2.12 目标基因 k 的转录调控模型，其中包括翻译、顺式调控和转录（Goutsias and Kim，2004）

简化转录调控模型（transcriptional regulation model）的方法很多，如假设没有外部因素或翻译后调控等。这里我们主要有两个假设：第一，转录方式为顺式调控（第 1 章）；第二，各种反应为瞬时发生，翻译、转录和顺式调控过程有延时，分别用 $\tau_{p,i}$、$\tau_{r,i}$ 和 $\tau_{c,i}$ 表示。

为了方便，定义以下术语：T 为热力学温度；摩尔气体常量 $R=1.9872\ \mathrm{cal}\cdot(\mathrm{mol}\cdot\mathrm{K})^{-1}$；$U_{\mathrm{tr,i}}$ 为第 i 个调控蛋白翻译的激活能；$U_{\mathrm{dg,i}}$ 为第 i 个调控蛋白降解的激活能；$r_i(t\mid U>U_{\mathrm{tr,i}})$ 为 t 时刻能量大于 $U_{\mathrm{tr,i}}$ 的第 i 个 mRNA 的浓度；$p_i(t\mid U>U_{\mathrm{dg,i}})$ 为 t 时刻能量大于 $U_{\mathrm{dg,i}}$ 的第 i 个调控蛋白的浓度。假定蛋白质的合成速率与能量大于 $U_{\mathrm{tr,i}}$ 的mRNA 的浓度成正比，比率常数为 $\alpha_{\mathrm{tr,i}}$；而蛋白质的降解速率与能量大于 $U_{\mathrm{dg,i}}$ 的蛋白质的浓度成正比，比率常数为 $\alpha_{\mathrm{dg,i}}$。

为了分析蛋白质的浓度，令 $\xi_i(\Delta t)$ 和 $\zeta_i(\Delta t)$ 分别表示在时间间隔 $(t,t+\Delta t]$，第 i 个调控蛋白合成和降解的浓度。于是分别有

$$\xi_i(\Delta t)=\alpha_{\mathrm{tr},i}\int_t^{t+\Delta t} r_i(\tau-\tau_{p,i}\,|U>U_{\mathrm{tr},i})d\tau \tag{2.17}$$

和

$$\zeta_i(\Delta t)=\alpha_{\mathrm{dg},i}\int_t^{t+\Delta t} p_i(\tau\,|U>U_{\mathrm{dg},i})d\tau \tag{2.18}$$

根据统计力学原理，达到统计平衡时，浓度为 η 的一群相同分子中动能为 U 的分子的浓度符合波尔兹曼分布

$$\eta(U)=\frac{\eta}{RT}e^{-U/RT} \tag{2.19}$$

令 $\eta(U>U_0)$ 表示动能超过 U_0 的分子浓度，

$$\eta(U>U_0)=\int_{U_0}^{\infty}\eta(U)dU=\eta e^{-U_0/RT} \tag{2.20}$$

于是有

$$\xi_i(\Delta t)=\alpha_{\mathrm{tr},i}e^{-U_{\mathrm{tr},i}/RT}\int_t^{t+\Delta t} r_i(\tau-\tau_{p,i})d\tau \tag{2.21}$$

$$\zeta_i(\Delta t)=\alpha_{\mathrm{dg},i}e^{-U_{\mathrm{dg},i/RT}}\int_t^{t+\Delta t} p_i(\tau) \tag{2.22}$$

由于

$$p_i(t+\Delta t)=p_i(t)+\xi_i(\Delta t)-\zeta_i(\Delta t) \tag{2.23}$$

调控蛋白浓度的差分商（导数）为

$$\begin{aligned}\frac{p_i(t+\Delta t)-p_i(t)}{\Delta t}=&\alpha_{\mathrm{tr},i}e^{-U_{\mathrm{tr},i}/RT}\frac{1}{\Delta t}\int_t^{t+\Delta t} r_i(\tau-\tau_{p,i})d\tau\\&-\alpha_{\mathrm{dg},i}e^{-U_{\mathrm{dg},i}/RT}\frac{1}{\Delta t}\int_t^{t+\Delta t} p_i(\tau)d\tau\end{aligned} \tag{2.24}$$

令 $\Delta t\to 0$ 得到

$$\frac{dp_i(t)}{dt}=\lambda_i r_i(t-\tau_{p,i})-\gamma_i p_i(t), \tag{2.25}$$

其中

$$\lambda_i=\alpha_{\mathrm{tr},i}e^{-U_{\mathrm{tr},i}/RT} \tag{2.26}$$

且

$$\gamma_i=\alpha_{\mathrm{dg},i}e^{-U_{\mathrm{dg},i}/RT} \tag{2.27}$$

式（2.25）非常直观，它说明调控蛋白的变化速率与 $t-\tau_{p,i}$ 时刻 mRNA 的水平成正比，而该蛋白质降解的速率与自身的浓度成正比。

mRNA 的变化速率的分析方法与上述过程类似，我们可以定义向量

$$\mathbf{c}(t) = \begin{pmatrix} c_1(t) \\ c_2(t) \\ \vdots \\ c_m(t) \end{pmatrix} \tag{2.28}$$

式中，$c_i(0 \leqslant c_i \leqslant 1)$ 表示第 i 个基因将要转录的 DNA 模板的比例，也就是转录启动复合体结合到该基因的启动子上时 DNA 模板的比例。于是有

$$\frac{dr_i(t)}{dt} = \kappa_i c_i(t - \tau_{r,i}) - \beta_i r_i(t) \tag{2.29}$$

式中，$k_i > 0$ 表示基因 i 的转录率；$\beta_i > 0$ 表示它的降解率。

求解式（2.25）和式（2.29）有

$$p_i(t) = \lambda_i e^{-\gamma_i t} \int_{\tau_{p,i}}^{t} e^{\gamma_i \tau} r_i(\tau - \tau_{p,i}) d\tau + e^{-\gamma_i (t - \tau_{p,i})} p_i(\tau_{p,i}), t \geqslant \tau_{p,i} \tag{2.30}$$

$$r_i(t) = \kappa_i e^{-\beta_i t} \int_{\tau_{r,i}}^{t} e^{\beta_i \tau} c_i(\tau - \tau_{r,i}) d\tau + e^{-\beta_i (t - \tau_{r,i})} r_i(\tau_{r,i}), t \geqslant \tau_{r,i} \tag{2.31}$$

最后，通过顺式调控关系确定比例 c_i，即根据非线性函数 ϕ_i 和调控基因集合 R_i 模拟顺式调控，其函数关系为

$$c_i(t) = \phi_i[p_j(t - \tau_{c,j}), j \in R_i] \tag{2.32}$$

式中，R_i 表示产生第 i 个基因的所有调控蛋白的基因集合；ϕ_i 表示第 i 个基因的顺式调控函数（*cis*-regulatory function）。

2.4.2 连续微分方程模型的离散化

利用计算方法求解前面的连续微分方程，首先必须进行离散化。如果认为转录和翻译本身就是离散过程，则离散化就理所当然。假设系统模拟离散时间步 $\delta t, 2\delta t, \cdots$ 之间的平均转录活动，在每个时间间隔内 c_i、r_i 和 p_i 可视为常数。Goutsias 和 Kim（2004）根据时间步长参数 n，求得方程（2.30）至方程（2.32）的离散形式，再假设延时与基因无关，这些离散方程可写为矩阵形式

$$\mathbf{r}(n) = \mathbf{D}_b \mathbf{r}(n-1) + \mathbf{KS}_b(n-1) \mathbf{\Phi}[\mathbf{p}(n - \nu n_p - 1)] \tag{2.33}$$

$$\mathbf{p}(n) = \mathbf{D}_c \mathbf{p}(n-1) + \mathbf{LS}_c(n-1) \mathbf{r}(n - n_p - 1) \tag{2.34}$$

式中，$n = 1, 2, \cdots; \nu = (\tau_r + \tau_c)/\tau_p; n_p = \tau_p/\delta t; \mathbf{\Phi}[\mathbf{p}(n - \nu n_p - 1)]$ 是一个 $m \times 1$ 的向量值顺式调控函数，它的第 i 个元素为 $\phi_i[p_j(n - \nu n_p - 1), j \in R_i]$。进一步

$$\mathbf{D}_b = \begin{pmatrix} e^{-\beta_1 \delta t} & 0 & \cdots & 0 \\ 0 & e^{-\beta_2 \delta t} & \cdots & 0 \\ \vdots & \vdots & \vdots & \vdots \\ 0 & 0 & \cdots & e^{-\beta_m \delta t} \end{pmatrix} \tag{2.35}$$

$$\mathbf{D}_c = \begin{pmatrix} e^{-\gamma_1 \delta t} & 0 & \cdots & 0 \\ 0 & e^{-\gamma_2 \delta t} & \cdots & 0 \\ \vdots & \vdots & \vdots & \vdots \\ 0 & 0 & \cdots & e^{-\gamma_m \delta t} \end{pmatrix} \tag{2.36}$$

$$\mathbf{K} = \begin{pmatrix} \kappa_1 & 0 & \cdots & 0 \\ 0 & \kappa_2 & \cdots & 0 \\ \vdots & \vdots & \vdots & \vdots \\ 0 & 0 & \cdots & \kappa_m \end{pmatrix} \tag{2.37}$$

$$\mathbf{L} = \begin{pmatrix} \lambda_1 & 0 & \cdots & 0 \\ 0 & \lambda_2 & \cdots & 0 \\ \vdots & \vdots & \vdots & \vdots \\ 0 & 0 & \cdots & \lambda_m \end{pmatrix} \tag{2.38}$$

$$\mathbf{S}_b(n) = u(n - \nu n_p)\begin{pmatrix} s(\beta_1, \delta t) & 0 & \cdots & 0 \\ 0 & s(\beta_2, \delta t) & \cdots & 0 \\ \vdots & \vdots & \vdots & \vdots \\ 0 & 0 & \cdots & s(\beta_m, \delta t) \end{pmatrix} \tag{2.39}$$

$$\mathbf{S}_c(n) = u(n - n_p)\begin{pmatrix} s(\gamma_1, \delta t) & 0 & \cdots & 0 \\ 0 & s(\gamma_2, \delta t) & \cdots & 0 \\ \vdots & \vdots & \vdots & \vdots \\ 0 & 0 & \cdots & s(\gamma_m, \delta t) \end{pmatrix} \tag{2.40}$$

$$s(x, y) = \frac{1 - e^{-xy}}{x} \tag{2.41}$$

以及

$$u(n) = \begin{cases} 1 & n \geqslant 0 \\ 0 & \text{其他} \end{cases}$$

现在我们讨论稳态行为，并且仅限于固定点吸引子（也可能存在有限环吸引子）。对于固定点吸引子（$\mathbf{r}_\infty, \mathbf{p}_\infty$），方程（2.33）和方程（2.34）中的浓度与 n 无关，因而可以简化为

$$\mathbf{r}_\infty = \mathbf{D}_b \mathbf{r}_\infty + \mathbf{K}\mathbf{S}_b \mathbf{\Phi}[\mathbf{p}_\infty] \tag{2.42}$$

$$\mathbf{p}_\infty = \mathbf{D}_c \mathbf{p}_\infty + \mathbf{L}\mathbf{S}_c \mathbf{r}_\infty \tag{2.43}$$

由简单的矩阵代数可知，满足上式 $\mathbf{r}_\infty$ 和 $\mathbf{p}_\infty$ 的条件是

$$\mathbf{r}_\infty = \mathbf{B}\mathbf{K}\mathbf{\Phi}[\mathbf{C}\mathbf{L}\mathbf{r}_\infty] \tag{2.44}$$

$$\mathbf{p}_\infty = \mathbf{C}\mathbf{L}\mathbf{B}\mathbf{K}\mathbf{\Phi}[\mathbf{p}_\infty] \tag{2.45}$$

其中

$$\mathbf{B} = \begin{pmatrix} \beta_1^{-1} & 0 & \cdots & 0 \\ 0 & \beta_2^{-1} & \cdots & 0 \\ \vdots & \vdots & \vdots & \vdots \\ 0 & 0 & \cdots & \beta_m^{-1} \end{pmatrix} \tag{2.46}$$

$$\mathbf{C} = \begin{pmatrix} \gamma_1^{-1} & 0 & \cdots & 0 \\ 0 & \gamma_2^{-1} & \cdots & 0 \\ \vdots & \vdots & \vdots & \vdots \\ 0 & 0 & \cdots & \gamma_m^{-1} \end{pmatrix} \tag{2.47}$$

由方程（2.44）和方程（2.45），$\mathbf{r}_\infty$ 和 $\mathbf{p}_\infty$ 分别是下面定义的基因组调控泛函（genomic regulatory functional）$\boldsymbol{\Psi}_r$ 和蛋白质组调控泛函（proteomic regulatory functional）$\boldsymbol{\Psi}_p$ 的固定点吸引子

$$\boldsymbol{\Psi}_r[\mathbf{r}_\infty] = \mathbf{BK\Phi}[\mathbf{CLr}_\infty] \tag{2.48}$$

$$\boldsymbol{\Psi}_p[\mathbf{p}_\infty] = \mathbf{CLBK\Phi}[\mathbf{p}_\infty] \tag{2.49}$$

也就是 $\boldsymbol{\Psi}_r$ $[\mathbf{r}_\infty]$ $=\mathbf{r}_\infty$ 和 $\boldsymbol{\Psi}_p$ $[\mathbf{p}_\infty]$ $=\mathbf{p}_\infty$ 的固定吸引子。

由方程（2.44）和方程（2.45）可以看出，稳态 mRNA 浓度向量 $\mathbf{r}_\infty$ 的求解与蛋白质浓度向量 $\mathbf{p}_\infty$ 无关，只需求解方程（2.48）的非线性系统即可。类似地，$\mathbf{p}_\infty$ 只需求解方程（2.49）。mRNA 和蛋白质浓度的这种解耦关系（decoupling）仅在稳态时成立，其他暂态情况下则不成立。

由方程（2.42）和方程（2.43），可以看出

$$\mathbf{r}_\infty = \mathbf{BK\Phi}[\mathbf{p}_\infty] \tag{2.50}$$

$$\mathbf{p}_\infty = \mathbf{CLr}_\infty \tag{2.51}$$

由于 **CL** 非奇异，这意味着固定点吸引子的 mRNA 浓度向量和固定点吸引子的蛋白质浓度向量之间存在一一对应关系。同时也意味着固定点吸引子的 mRNA 的浓度向量可以由固定点吸引子的蛋白质浓度向量推导出；反之亦然。因此，至少对于我们讨论的模型，表达微阵列上稳态 mRNA 的测量值可以反映方程（2.51）调控蛋白浓度的固定点吸引子。明白这一点非常重要，因为微阵列测得的是 mRNA 的测量值，而不是蛋白质的测量值；此外，这里我们假设静态 mRNA 的测量值来源于稳定状态。当然，要使用方程（2.51），还需要知道其中的参数 **C** 和 **L**。

现在，我们对转录调控系统（tRS）模型（transcriptional regulatory system model）和布尔网络这种离散模型作一个比较。在离散基因调控模型中，有一个控制网络状态运行的时不变函数系统 $\boldsymbol{\Psi}$，满足

$$\mathbf{r}(n) = \boldsymbol{\Psi}[\mathbf{r}(n-1)] \tag{2.52}$$

正如 Goutisas 和 Kim（2004）所指出的那样，方程（2.33）和方程（2.34）不能简化为方程（2.52）。即使将延时设为 0［方程（2.33）和方程（2.44）中 $n_p = \nu = 0$］，$\mathbf{r}(n)$ 的解变为

$$\mathbf{r}(n) = \mathbf{D}_b\mathbf{r}(n-1) + \mathbf{KS}_b\Phi[\mathbf{LS}_c\mathbf{r}(n-2) - \mathbf{D}_c\mathbf{p}(n-2)] \tag{2.53}$$

这样，$\mathbf{r}(n)$ 最终还是依赖于 $\mathbf{r}(n-1)$、$\mathbf{r}(n-2)$ 和 $\mathbf{p}(n-2)$。因此，$\mathbf{r}(n)$ 不仅不能像方程（2.52）那样由一步转移函数表示，而且还与调控蛋白的浓度有关。这说明，由方程（2.52）确定的模型无法模拟 tRS 模型的行为，至少是在暂态行为方面。然而，在稳定状态下，对于固定点吸引子，方程（2.52）变为 $\boldsymbol{\Psi}[\mathbf{r}_\infty] = \mathbf{r}_\infty$，而这正是基因组调控泛函的固定点吸引子。因此，方程（2.52）的固定点吸引子的稳态分析结果与 tRS 模型的稳态分析结果是一致的。

最后做两点说明。第一，方程（2.52）这种纯基因活动模型显然不可能完全反映更为复杂的 tRS 模型系统的行为。如果仅对基因的行为感兴趣，则核心问题就是哪一种模型能更好地预测基因的行为，这就涉及贯穿基因组信号处理领域的模型复杂度问题：tRS 模型需要估计的参数太多，在可用样本数据有限的情况下，它的性能可能比简单模型更差。第二，从实际应用的角度，稳定状态下的结论非常重要。通常，我们仅有基因

表达数据，因而我们主要关注基因而不是蛋白质的表达。通过方程（2.52）的纯基因模型即可得到 tRS 模型中 mRNA 浓度的固定点吸引子结构，因此，这方面无需更复杂的模型。但是，对于系统的动态行为，简单模型似乎并不理想。根据非时序数据通常来源于稳定状态这一假设，以及基因调控网络能够反映稳态行为，tRS 模型中 mRNA 和蛋白质浓度的解耦关系就是一种必然的结果。尽管参数估计要求的数据很多，tRS 模型的优点是可以融入大量生物知识。如果这种模型的结论与更简单的模型或实验方法的结果一致，将是非常令人鼓舞的。

参考文献

Akutsu T, Miyano S, Kuhara S. (1999) Identification of genetic networks from a small number of gene expression patterns under the Boolean network model. *Pac Symp Biocomput* 4:17–28.

Albert R, Barabási AL. (2002) Statistical mechanics of complex networks. *Rev Mod Phys* 74:47–97.

Albert R, Jeong H, Barabási AL. (2000) Error and attack tolerance of complex networks. *Nature* 406:378–82.

Aldana M, Cluzel P. (2003) A natural class of robust networks. *Proc Natl Acad Sci USA* 100(15):8710–4.

Aldana M. (2003) Boolean dynamics of networks with scale-free topology. *Phys D* 185:45–66.

Aldana M, Coppersmith S, Kadanoff LP. (2002) Boolean dynamics with random couplings. In *Perspectives and Problems in Nonlinear Science*, Kaplan E, Marsden JE, Sreenivasan KR, eds., Springer, New York, pp. 23–89.

Ananko EA, Podkolodny NL, Stepanenko IL, Ignatieva EV, Podkolodnaya OA, Kolchanov NA. (2002) GeneNet: a database on structure and functional organisation of gene networks. *Nucleic Acids Res* 30(1):398–401.

Bang-Jensen J, Gutin G. (2001) *Digraphs: Theory, Algorithms and Applications.* Springer-Verlag, London.

Barabási AL, Albert R. (1999) Emergence of scaling in random networks. *Science* 286(5439):509–12.

Barron A, Rissanen J, Yu B. (1998) The minimum description length principle in coding and modeling. *IEEE Trans Inform Theory* 44(6):2743–60.

Boros E, Ibaraki T, Makino K. (1998) Error-free and best-fit extensions of partially defined Boolean functions. *Inform Comput* 140:254–83.

Bu D, Zhao Y, Cai L, Xue H, Zhu X, Lu H, Zhang J, Sun S, Ling L, Zhang N, Li G, Chen R. (2003) Topological structure analysis of the protein-protein interaction network in budding yeast. *Nucleic Acids Res* 31(9):2443–50.

Chen Y, Dougherty ER, Bittner ML (1997) Ratio-based decisions and the quantitative analysis of cDNA microarray images. *J Biomed Opt* 2(4):364–74.

Cook S, Dwork C, Reischuk R. (1986) Upper and lower time bounds for parallel RAMS without simultaneous writes. *SIAM J Comput* 15:87–97.

de Jong H. (2002) Modeling and simulation of genetic regulatory systems: a literature review. *J Comput Biol* 9:69–105.

Derrida B, Pomeau Y. (1986) Random networks of automata: a simple annealed approximation. *Europhys Lett* 1:45–9.

Dougherty ER, Kim S, Chen Y. (2000) Coefficient of determination in nonlinear signal processing. *Signal Process* 80:2219–35.

Flyvbjerg H. (1988) An order parameter for networks of automata. *J Phys A: Math Gen* 21:L955–60.

Fraser AG, Marcotte EM. (2004) A probabilistic view of gene function. *Nat Genet* 36(6):559–64.

Gersho A, Gray RM. (1992) *Vector Quantization and Signal Compression*, Kluwer Academic Publishers, Boston.

Glass L. (1975) Classification of biological networks by their qualitative dynamics. *J Theor Biol* 54:85–107.

Glass L, Kauffman SA. (1973) The logical analysis of continuous, nonlinear biochemical control networks. *J Theor Biol* 39:103–29.

Goodwin BC. (1963) *Temporal Organization in Cells*, Academic Press, New York.

Goodwin BC. (1965). Oscillatory behavior in enzymatic control processes. In *Advances in Enzyme Regulation*, Weber, G. ed., Pergamon Press, Oxford, UK, pp. 425–38.

Goryanin I, Hodgman TC, Selkov E. (1999) Mathematical simulation and analysis of cellular metabolism and regulation. *Bioinformatics* 15(9):749–58.

Han K, Ju BH, Jung H. (2004) WebInterViewer: visualizing and analyzing molecular interaction networks. *Nucleic Acids Res* 32(web server issue):W89–95.

Harris SE, Sawhill BK, Wuensche A, Kauffman, SA. (2002) A model of transcriptional regulatory networks based on biases in the observed regulation rules. *Complexity* 7(4),23–40.

Holland JH. (1995) *Hidden Order: How Adaptation Builds Complexity*, Helix Books, Reading, MA.

Huang S. (1999) Gene expression profiling, genetic networks, and cellular states: an integrating concept for tumorigenesis and drug discovery. *J Mol Med* 77(6): 469–80.

Huang S. (2001) Genomics, complexity and drug discovery: insights from Boolean network models of cellular regulation. *Pharmacogenomics* 2(3):203–22.

Huang S, Ingber DE. (2000) Shape-dependent control of cell growth, differentiation, and apoptosis: switching between attractors in cell regulatory networks. *Exp Cell Res* 261(1):91–103.

Ideker TE, Thorsson V, Karp RM. (2000) Discovery of regulatory interactions through perturbation: inference and experimental design. *Pac Symp Biocomput* 5:305–16.

Ito T, Chiba T, Ozawa R, Yoshida M, Hattori M, Sakaki Y. (2001) A comprehensive two-hybrid analysis to explore the yeast protein interactome. *Proc Natl Acad Sci USA* 98(8):4569–74.

Jeong H, Tombor B, Albert R, Oltvai ZN, Barabasi AL. (2000) The large-scale organization of metabolic networks. *Nature* 407(6804):651–4.

Jeong H, Mason SP, Barabasi AL, Oltvai ZN. (2001) Lethality and centrality in protein networks. *Nature* 411(6833):41–2.

Kahn J, Kalai G, Linial N. (1988) The influence of variables on Boolean functions. In *29th Annual Symposium on Foundations of Computer Science*, IEEE, Washington, DC, pp. 68–80.

Kanehisa M, Goto S. (2000) KEGG: Kyoto encyclopedia of genes and genomes. *Nucleic Acids Res* 28(1):27–30.

Kauffman SA. (1969a) Metabolic stability and epigenesis in randomly constructed genetic nets. *J Theor Biol* 22:437–67.

Kauffman SA. (1969b) Homeostasis and differentiation in random genetic control networks. *Nature* 224:177–8.

Kauffman SA. (1974) The large scale structure and dynamics of genetic control circuits: an ensemble approach. *J Theor Biol* 44:167–90.

Kauffman SA. (1993) *The Origins of Order: Self-organization and Selection in Evolution*. Oxford University Press, New York.

Kauffman SA. (1995) *At Home in the Universe*, Oxford University Press, New York.

Kauffman SA. (2000) *Investigations*. Oxford University Press, New York.

Kim S, Dougherty ER, Chen Y, Sivakumar K, Meltzer P, Trent JM, Bittner M. (2000a) Multivariate measurement of gene expression relationships. *Genomics* 67(2):201–9.

Kim S, Dougherty ER, Bittner ML, Chen Y, Sivakumar K, Meltzer P, Trent JM. (2000b) General nonlinear framework for the analysis of gene interaction via multivariate expression arrays. *J Biomed Opt* 5(4):411–24.

Kirienko GI. (1964) On self-correcting schemes from functional elements. *Problemy Kibernet* 12:29–37 (in Russian).

Lähdesmäki H, Shmulevich I, Yli-Harja O. (2003) On learning gene regulatory networks under the Boolean network model. *Mach Learning* 52:147–67.

Lambert JD. (1991) *Numerical Methods for Ordinary Differential Equations*, John Wiley & Sons, Chichester, UK.

Liang S, Fuhrman S, Somogyi R. (1998) REVEAL, a general reverse engineering algorithm for inference of genetic network architectures. *Pac Symp Biocomput* 3:18–29.

Luque B, Solé RV. (1997) Phase transitions in random networks: simple analytic determination of critical points. *Phys Rev E* 55:257–60.

Luque B, Solé RV. (2000) Lyapunov exponents in random Boolean networks. *Phys A* 284:33–45.

Lynch JF. (1995) On the threshold of chaos in random Boolean cellular automata. *Random Structures Algorithms* 6:239–60.

Ma HW, Zeng AP. (2003) The connectivity structure, giant strong component and centrality of metabolic networks. *Bioinformatics* 19(11):1423–30.

MacLeod MC. (1996) A possible role in chemical carcinogenesis for epigenetic, heritable changes in gene expression. *Mol Carcinog* 15(4):241–50.

Maki Y, Tominaga D, Okamoto M, Watanabe S, Eguchi Y. (2001) Development of a system for the inference of large scale genetic networks. *Pac Symp Biocomput* 6:446–58.

McAdams HH, Arkin A. (1999) It's a noisy business! Genetic regulation at the nanomolar scale. *Trends Genet* 15(2):65–9.

Mendes P. (1993) GEPASI: a software package for modelling the dynamics, steady states and control of biochemical and other systems. *Comput Appl Biosci* 9(5): 563–71.

Mendoza L, Thieffry D, Alvarez-Buylla ER. (1999) Genetic control of flower morphogenesis in *Arabidopsis thaliana*: a logical analysis. *Bioinformatics* 15(7–8): 593–606.

Mestl T, Plahte E, Omholt SW. (1995) A mathematical framework for describing and analysing gene regulatory networks. *J Theor Biol* 176(2):291–300.

Milgram S. (1967) The small world problem. *Psychology Today*, May 1967, 60–7.

Mircean C, Tabus I, Astola J, Kobayashi T, Shiku H, Yamaguchi M, Shmulevich I, Zhang W. (2004) Quantization and similarity measure selection for discrimination of lymphoma subtypes under *k*-nearest neighbor classification. *BIOS 2004*, San Jose, CA, January 2004.

Moriyama T, Shinohara A, Takeda M, Maruyama O, Goto T, Miyano S, Kuhara S. (1999) A system to find genetic networks using a weighted network model. *Genome Inform Ser Workshop Genome Inform* 10:186–95.

Muchnik AA, Gindikin SG. (1962) On the completeness of systems of unreliable elements which realize functions of the algebra of logic. *Dokl Akad Nauk SSSR* 144:1007–10 (in Russian).

Noda K, Shinohara A, Takeda M, Matsumoto S, Miyano S, Kuhara S. (1998) Finding a genetic network from experiments by a weighted network model. *Genome Inform Ser Workshop Genome Inform* 9:141–50.

Öktem H, Pearson R, Egiazarian K. (2003) An adjustable aperiodic model class of genomic interactions using continuous time Boolean networks (Boolean delay equations). *Chaos* 13(4):1167–74.

Oosawa C, Savageau MA. (2002) Effects of alternative connectivity on the behavior of randomly constructed Boolean networks. *Phys D* 170:143–61.

Pitt L, Valiant LG. (1988) Computational limitations on learning from examples. *J ACM* 35:965–84.

Post E. (1921) Introduction to a general theory of elementary propositions. *Am J Math* 43:163–85.

Post E. (1941) *Two-valued Iterative Systems of Mathematical Logic*, Princeton University Press, Princeton, NJ.

Przulj N, Wigle DA, Jurisica I. (2004) Functional topology in a network of protein interactions. *Bioinformatics* 20(3):340–8.

Ramsey S, Orrell D, Bolouri H. (2005) Dizzy: stochastic simulations of large-scale genetic regulatory networks. *J Bioinform Comput Biol* 3(2):1–21.

Rissanen J. (1978) Modelling by shortest data description. *Automatica* 14:465–71.

Rissanen J. (1986) Stochastic complexity and modelling. *Ann Statist* 14:1080–100.

Samsonova MG, Savostyanova EG, Serov VN, Spirov AV, Reinitz J. (1998) GeNet, a database of genetic networks. *Proceedings of the 1st International Conference on Bioinformatics of Genome Regulation and Structure, BGRS'98*, Novosibirsk, pp. 105–10.

Sánchez L, Thieffry D. (2001) A logical analysis of the *Drosophila* gap-gene system. *J Theor Biol* 211(2):115-41.

Sánchez L, Thieffry D. (2003) Segmenting the fly embryo: a logical analysis of the pair-rule cross-regulatory module. *J Theor Biol* 224(4):517-37.

Scharf LL. (1991) *Statistical Signal Processing*, Addison-Wesley, Reading, MA.

Serov VN, Spirov AV, Samsonova MG. (1998) Graphical interface to the genetic network database GeNet. *Bioinformatics* 14(6):546–7.

Serra R, Villani M, Semeria A. (2004) Genetic network models and statistical properties of gene expression data in knock-out experiments. *J Theor Biol* 227(1): 149–57.

Shmulevich I, Gabbouj M, Astola J. (2001) Complexity of the consistency problem for certain Post classes. *IEEE Trans Systems Man Cybern B* 31(2):251-3.

Shmulevich I, Saarinen A, Yli-Harja O, Astola J. (2002) Inference of genetic regulatory networks via best-fit extensions. In *Computational and Statistical Approaches to Genomics*, Zhang W, Shmulevich I, eds., Kluwer Academic Publishers, Boston, pp. 197–210.

Shmulevich I, Lähdesmäki H, Dougherty ER, Astola J, Zhang W. (2003) The role of certain Post classes in Boolean network models of genetic networks. *Proc Natl Acad Sci USA* 100(19):10734–9.

Shmulevich I, Kauffman SA. (2004) Activities and sensitivities in Boolean network models. *Phys Rev Lett* 93(4):048701.

Shmulevich I, Kauffman SA, Aldana M. (2005) Eukaryotic cells are dynamically ordered or critical but not chaotic. *Proc Natl Acad Sci USA* 102(38):13439–44.

Silvescu A, Honavar V. (1997) Temporal Boolean network models of genetic networks and their inference from gene expression time series. *Complex Syst* 13:54–75.

Smolen P, Baxter DA, Byrne JH. (2000) Modeling transcriptional control in gene networks—methods, recent results, and future directions. *Bull Math Biol* 62(2):247–92.

Snoussi EH. (1989) Qualitative dynamics of piecewise-linear differential equations: a discrete mapping approach. *Dyn Stability Syst* 4:189–207.

Spellman PT, Sherlock G, Zhang MQ, Iyer VR, Anders K, Eisen MB, Brown PO, Botstein D, Futcher B. (1998) Comprehensive identification of cell cycle-regulated genes of the yeast *Saccharomyces cerevisiae* by microarray hybridization. *Mol Biol Cell* 9(12):3273–97.

Stauffer D. (1987) On forcing functions in Kauffman's random Boolean networks. *J Stat Phys* 46, 789–94.

Suh EB, Dougherty ER, Kim S, Bittner ML, Chen Y, Russ DE, Martino R. (2002) Parallel computation and visualization tools for codetermination analysis of multivariate gene-expression relations. In *Computational and Statistical Approaches to Genomics*, Zhang W, Shmulevich I, eds., Kluwer Academic Publishers, Boston.

Tabus I, Astola J. (2001) On the use of MDL principle in gene expreşsion prediction. *J Appl Signal Process* 2001(4):297–303.

Thieffry D, Colet M, Thomas R. (1993) Formalisation of regulatory nets: a logical method and its automatization. *Math Model Sci Comput* 2:144–51.

Thieffry D, Thomas R. (1995) Dynamical behaviour of biological networks: II. Immunity control in bacteriophage lambda. *Bull Math Biol* 57(2):277–97.

Thomas R, D'Ari R. (1990) *Biological Feedback* CRC Press, Boca Raton, FL.

Thomas R, Kaufman M. (2001a) Multistationarity, the basis of cell differentiation and memory. I. Structural conditions of multistationarity and other nontrivial behavior. *Chaos* 11(1):170–9.

Thomas R, Kaufman M. (2001b) Multistationarity, the basis of cell differentiation and memory. II. Logical analysis of regulatory networks in terms of feedback circuits. *Chaos* 11(1):180–95.

Uetz P, Giot L, Cagney G, Mansfield TA, Judson RS, Knight JR, Lockshon D, Narayan V, Srinivasan M, Pochart P, Qureshi-Emili A, Li Y, Godwin B, Conover D, Kalbfleisch T, Vijayadamodar G, Yang M, Johnston M, Fields S, Rothberg JM. (2000) A comprehensive analysis of protein-protein interactions in *Saccharomyces cerevisiae. Nature* 403(6770):623–7.

von Neumann J. (1956) Probabilistic logics and the synthesis of reliable organisms from unreliable components. In *Automata Studies*, Shannon CE, McCarthy J, eds., Princeton University Press, Princeton, NJ, pp. 43–98.

Wagner A. (2001) The yeast protein interaction network evolves rapidly and contains few redundant duplicate genes. *Mol Biol Evol* 18(7):1283–92.

Watts DJ, Strogatz SH. (1998) Collective dynamics of "small-world" networks. *Nature* 393(6684):440–2.

Whitfield ML, Sherlock G, Saldanha AJ, Murray JI, Ball CA, Alexander KE, Matese JC, Perou CM, Hurt MM, Brown PO, Botstein D. (2002) Identification of genes periodically expressed in the human cell cycle and their expression in tumors. *Mol Biol Cell* 13(6):1977–2000.

Wolf DM, Eeckman FH. (1998) On the relationship between genomic regulatory element organization and gene regulatory dynamics. *J Theor Biol* 195(2):167–86.

Yablonsky SV, Gavrilov GP, Kudryavtsev VB. (1966) *Functions of the Algebra of Logic and Post Classes*, Nauka, Moscow (in Russian).

Yook SH, Oltvai ZN, Barabasi AL. (2004) Functional and topological characterization of protein interaction networks. *Proteomics* 4(4):928–42.

Zhou X, Kao MC, Wong WH. (2002) Transitive functional annotation by shortest-path analysis of gene expression data. *Proc Natl Acad Sci USA* 99(20):12783–8.

第3章　基因网络的随机模型

随机模型与确定性模型的区别主要是其中加入了随机性或不确定性，如果将原模型中的某种属性关联一个概率，大多数的确定性模型都可以泛化为不确定性模型。例如，在无向图模型中如果将两点之间的边关联一个概率，它的出现就不仅仅是简单的有或者无。当一条边出现的概率为 0.8 时，它就成为一条概率边。由于推理数据本身的不确定性，如酵母双杂交实验（Ito et al.，2001；Uetz et al.，2000），我们可能会发现蛋白质 A 和蛋白质 B 相互作用的概率为 0.8，而蛋白质 A 和蛋白质 C 相互作用的概率为 0.2。实际上，实验数据中往往可能存在高达 50%的假阳性（Von Mering et al.，2002）。同时，概率可能正好反映了实际生物过程存在的不确定性，即蛋白质 A 可能有时与蛋白质 B 作用，有时与蛋白质 C 作用。

类似地，动态模型也可推广到概率模型框架。模型中变量的值可以用概率分布来表示，即用联合概率分布来表示多个变量之间的关系。动态贝叶斯网络（dynamic Bayesian network，DBN）就属于这类模型。后面将会看到，与概率布尔网络（probabilistic Boolean network，PBN）类似，模型的结构也同样可以被赋予一个概率分布。最后，对于类似于常微分方程的这类模型，可以采取和 Langevin 方程类似的加入“噪声”项的方法。

3.1　贝叶斯网络

贝叶斯网络本质上是联合概率分布的一种简洁的表示形式（Pearl，1988；Jensen，2001；Lauritzen，1996），其形式为有向无环图（DAG），其中顶点表示随机变量，有向边表示变量之间的条件相关性。此外，还需为每个随机变量指定一个条件概率分布。离散变量采用条件概率表，它表示对于父节点（parent node）的每一种可能的取值，子节点（child node）即出现概率。在遗传网络中，节点的值通常表示基因的表达水平（可能是离散化的）或包括外部条件在内的其他可测事件。

假定随机向量 $X=(X_1,\cdots,X_n)$ 表示某种测量，如基因表达，则贝叶斯网络 $B=(G,\Theta)$ 定义为：① $X_1,\cdots,X_n$ 表示有向无环图 G 的顶点；② Θ 表示图中给定 X_i 的父节点情况下，局部条件概率分布的集合。这种图模型实际上隐含了马尔可夫假设（Markov assumption），即给定父节点的情况下，变量 X_i 与其非后裔节点无关。利用概率的链式规则，任何满足马尔可夫假设的联合分布都可以分解为局部条件概率的乘积。设 $\mathrm{Pa}(X_i)$ 表示 X_i 在图 G 中的马尔可夫父节点，则

$$P\{x_1,\cdots,x_2\}=\prod_{i=1}^{n}P\{x_i\mid \mathrm{Pa}(x_i)\} \tag{3.1}$$

图 3.1 是一个由 5 个节点组成的贝叶斯网络（Friedman et al，2000），其中蕴含了多个条件无关。例如，B 的唯一非后裔节点是 D，其父节点是 A 和 E。按照马尔可夫假

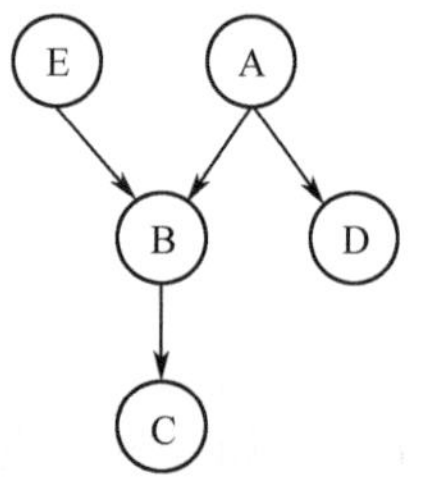

图 3.1　一个有 5 个节点的贝叶斯网络

设，同时给定 A 和 E 的情况下，B 与 D 无关。也就是说

$$P\{B \mid D,A,E\} = P\{B \mid A,E\}$$

同理，由于 B、C 和 E 是 D 的非后裔节点，而 A 是其唯一的父节点，即

$$P\{D \mid B,C,A,E\} = P\{D \mid A\}$$

图中还包含其他类似的不相关情形。整个网络的联合概率可以分解为

$$P\{A,B,C,D,E\} = P\{A\}P\{E\}P\{B \mid A,E\}P\{D \mid A\}P\{C \mid B\} \tag{3.2}$$

因此，贝叶斯网络是联合概率分布的一种直观简洁的表示形式。

为了说明这种简洁性，我们以最简单的二值情况为例加以说明。要表示上例中变量 A、B、C、D 和 E 的联合分布，需要一个有 $2^5 = 32$ 项的条件概率表（CPT），每项表示 5 个变量的一种可能的组合。如果用式（3.2）给出的分解形式，则 $P\{A\}$，$P\{E\}$ 仅各需 1 项，$P\{B \mid A,E\}$ 需要 4 项，$P\{D \mid A\}$，$P\{C \mid B\}$ 各需 2 项，共计 10 项。本例中，$P\{B \mid A,E\}$ 的 CPT 如右表所示。

A	E	$P\{B=1 \mid A,E\}$
0	0	0.3
0	1	0.6
1	0	0.6
1	1	0.8

当变量数很多时，这种简洁性的效果将非常可观。通常，对于一个有 n 个节点的二值网络，假定每个节点的父节点不超过 k，这种表示所需的内存为 $O(n2^k)$，而存储整个联合概率分布则需要 $O(2^n)$。

连续随机变量通常采用线性高斯条件密度函数

$$P\{x \mid y_1,\cdots,y_k\} \sim N\left(a_0 + \sum_i a_i \cdot y_i, \sigma^2\right)$$

其中每个节点的随机变量满足均值为父节点的线性函数的正态分布（Friedman et al，2000）。这里，假定方差 σ^2 与父节点无关，为常数。如果所有节点都采用这种形式，则联合分布就是多变量高斯分布。

如上所述，每个贝叶斯网络都蕴含了一组不相关性。因此，两个不同的贝叶斯网络有可能蕴含相同的不相关性。举一个最简单的例子：$X \to Y$ 和 $Y \to X$。显然，这是两个不同的网络，由于二者均不包含任何不相关性，因而它们是等价的（equivalent）。了解这一点至关重要，因为进行网络推理时，我们往往很难区分等价的网络。一种可行的方法是对基因执行定向干预，从而缩小可能的网络范围。通常，定向干预选择能够将高度相似的大规模等价网络类划分为多个小规模子网络（Pournara and Wernisch，2004）。

推理

如何根据实验数据进行概率推理，是贝叶斯网络中的一个非常重要的问题。网络学习可以简述为：给定数据集 D，求解能够最佳解释 D 的网络 $B=(G,\Theta)$，包括网络的图结构及局部条件概率分布。从等价类的角度，就是要找最优的等价类。有关贝叶斯网络的教程可以参考（Heckerman，1998），通常，都是采用记分函数（scoring function）评价一个候选网络的预测精度。例如，贝叶斯记分函数就是反映给定数据集 D 的情况下，图 G 的后验概率

$$\text{BayesianScore}(G \mid D) = \log P\{G \mid D\} \tag{3.3}$$

$$= \log P\{D|G\} + \log P\{G\} + c$$

且

$$P\{D|G\} = \int P\{D|G,\Theta\}P\{\Theta|G\}d\Theta \tag{3.4}$$

方程（3.4）是边缘似然度，其本质是计算数据对参数分布（局部条件概率）的平均概率。式（3.3）中的 $P\{G\}$ 是网络（模型）的先验概率，式（3.4）中的 $P\{\Theta|G\}$ 是参数的先验概率。因此，最大贝叶斯记分函数等价于最大后验概率估计［maximum a posteriori (MAP) estimation］，先验概率 $P\{G\}$ 表示模型复杂度的一种罚分，用于防止模型对数据的过拟合现象。

随着节点（或基因）数的增加，候选网络的集合将呈指数增长，显然不能采用穷举法搜索求解最优网络。实际上，这是一个 NP 困难问题（Chickering，1996），通常采用启发式搜索策略。例如，采用贪心策略考察一条边的增加、删除和反向三种情况下，哪种情况记分函数的增加最大。这一策略要求记分函数满足可分解性假设，即网络的总记分等于节点 X_i 及其父节点 Pa（X_i）之间的边的记分之和（Friedman et al.，2000）。于是，通过增加或删除一条边，可以方便地计算总分的变化。另外，也可以采用模拟退火或者马尔可夫蒙特卡洛采样方法（Friedman and Koller，2000）。Hartemink 等（2002）发现模拟退火总能够发现最高的记分模型。

另外一种策略是限制候选网络的搜索空间。Friedman 等（1999）提出了一种稀疏候选算法（Sparse Candidate Algorithm），其实质是将搜索过程局限在搜索空间的相关区域。一方面，利用简单的局部统计量，如相关性，可以限制每个节点父节点的范围。因此，只有那些与给定基因高度相关的基因才有可能成为其父节点，这样就大大减小了搜索空间，从而能够快速得到问题的解。另一方面，由于搜索初期对父节点的限制，这种方法最终得到的可能是问题的次最优解。为此，Friedman 等（2000）提出了一种在搜索过程调整父节点集合的迭代算法。

贝叶斯网络的最大挑战是如何在小样本的情况下，可靠、准确地推理网络的结构和参数。这一挑战不仅是针对贝叶斯网络，其他网络模型也是如此。例如，微阵列数据通常仅有几十个，偶尔也有几百个的。然而，一个网络中通常可能包含几千个基因，这就是导致模型预测性能很差的“维数灾难”问题。先验信息往往能减轻这种影响，一个常见的假设是调控网络的稀疏性，即一个基因仅有有限个父基因。Pe'er 等（2002）研究了仅有少数调控基因的网络。这种约束不仅能够学习到最显著的调控基因，而且简化了问题的计算复杂度。

对于共调控基因模块网络（每个模块仅有一个共同的调控因子），Segal 等（2003）提出了另外一种方法。这种方法首先构建好所有的模块，然后，寻找每个模块的最佳调控基因。其优点是模型的参数少，鲁棒性强。

此外，人们可能对某个特征的统计置信度感兴趣。Friedman 等（2000）为这种特征定义了一个示性函数，根据输入网络（DAG）是否满足某个准则，其输出分别为 0 或者 1。例如，我们可能想知道 X 和 Y 是否有边，或者 X 是否是 Y 的祖先。给定一个网络 G，如果条件满足，则 $f(G)=1$；否则，$f(G)=0$。于是，该特征的后验概率为

$$P\{f(G)|D\} = \sum_G f(G)P\{G|D\}$$

由于特征的二值性，它也是该特征的期望，这里 $P\{G|D\}=\exp(\text{BayesianScore}(G|D))$。一种置信度估计的方法就是采用自举法（Efron and Tibshirani，1993），即对于规模为 n 的数据集 D，按照有替换采样产生 m 个数据集 $D_1,\cdots,D_m$，然后，根据每个数据集 $D_i, i=1,\cdots,m$ 进行推理，由此得到 m 个最优的网络 $G_1,\cdots,G_m$。于是，该特征的置信度为

$$\text{conf}(f)=\frac{1}{m}\sum_{i=1}^{m}f(G_i)$$

可以将其理解为一个概率值：越接近 1，该特征就越可信。

Friedman 等（2000）应用稀疏候选算法和一个 200 倍的自举过程，根据 Spellman 等（1998）的数据集推理出了酵母基因的一个贝叶斯网络。该数据集包括 76 组基因表达数据，每组数据有 6177 个基因的表达水平。但是，推理过程仅挑选了其中 800 个在细胞周期表达发生变化的基因。该数据集是在不同细胞周期同步化方法下得到的 6 个时间序列数据，每个数据都可作为一个独立的样本，而不考虑其时序特性。为了弥补这一点，推理过程引入了一个额外的变量表示细胞周期阶段，并将其强制作为所有推理网络的根节点。这样，就可观察在特定的细胞周期阶段基因表达水平之间的依赖性。这种方法发现了一些用 Spellman 等（1998）的聚类算法没有发现的调控关系。这说明与聚类方法相比，贝叶斯网络这种多变量的概率关系方法具有更大的潜力。

贝叶斯网络也可用于多数据源变量之间关系的推理。例如，Hartemink 等（2002）结合定位数据信息，利用微阵列表达数据推理出了一个有酵母信息素参与的遗传调控模型。定位数据是调控蛋白在基因组中的结合位点的信息，可由染色质免疫沉淀技术（chromatin immunoprecipitation assay，ChIP）获得。采用相同的思想，Imoto 等（2004）将基因表达数据、蛋白质-蛋白质作用数据、蛋白质-DNA 作用数据、结合位点信息及现有的一些文献知识等集成在一起。

动态贝叶斯网络

上面主要介绍了表示静态概率关系的贝叶斯网络模型，它们还可以进一步推广到时间域来模拟随机过程，这就是 DBN（Murphy and Mian，1999）。DBN 推广了隐马尔可夫模型和线性动力系统，可以表示变量（状态）之间在时间域上的条件依赖或独立性。这种模型能够模拟遗传调控网络中普遍存在的反馈关系，而标准的贝叶斯网络由于其拓扑结构的限制，无法表示这种关系。通常总是假设 DBN 模型符合时不变性，即其拓扑结构和参数不随时间变化。现在我们讨论事件 X 的一阶马尔可夫过程，其转移概率满足

$$P\{X(t)\mid X(0),X(1),\cdots,X(t-1)\}=P\{X(t)\mid X(t-1)\}$$

表示 $\mathbf{X}$ 的所有可能时间序列联合概率分布的 DBN 由两部分组成：①一个初始的贝叶斯网络 $B_0=(G_0,\Theta_0)$，它定义了 $\mathbf{X}(0)$ 中所有变量的联合分布；②转移贝叶斯网络 $B_1=(G_1,\Theta_1)$，它给出了任意时刻 t 的转移概率 $P\{\mathbf{X}(t)\mid\mathbf{X}(t-1)\}$，这里，粗体表示向量值随机变量。因此，一对 (B_0,B_1) 就定义了一个 DBN。DBN 的结构有两个方面的限制：第一，初始贝叶斯网络 B_0 中的有向无环图 G_0 仅仅有内部连接，即有 $\text{Pa}(X_i(0))\subseteq\mathbf{X}(0),1\leqslant i\leqslant n$；第二，由于一阶马尔可夫假设，我们将时间片 $\mathbf{X}(t)$ 中的变量的父节点限制在时间片 $\mathbf{X}(t-1)$ 中，即 $\text{Pa}(X_i(t))\subseteq\mathbf{X}(t-1)(1\leqslant i\leqslant n$ 和 $t>0)$。图 3.2

是 DBN 的两个基本模块 B_0,B_1 的示意图。

利用式（3.1）以及上述两点假设，有限随机变量集 $\mathbf{X}(0)\cup\mathbf{X}(1)\cup\cdots\cup\mathbf{X}(T)$ 的联合分布可以表示为（Friedman et al.，1998）

$$
\begin{aligned}
P\{\mathbf{X}(0),\mathbf{X}(1),\cdots,\mathbf{X}(T)\} &= P\{\mathbf{X}(0)\}\prod_{t=1}^{T}P\{\mathbf{X}(t)\mid\mathbf{X}(t-1)\}\\
&= \prod_{i=1}^{n}P\{X_i(0)\mid \mathrm{Pa}(X_i(0))\}\prod_{t=1}^{T}\prod_{j=1}^{n}P\{X_j(t)\mid \mathrm{Pa}(X_j(t))\}
\end{aligned}
$$

DBN 模型已经应用于遗传调控网络的推理（Murphy and Mian，1999；Kim et al.，2003；Perrin et al.，2003；Zou and Conzen，2005）。Bernard 和 Hartemink（2005）尝试了结合转录因子结合位点数据，利用基因表达数据学习转录调控网络的动态模型。

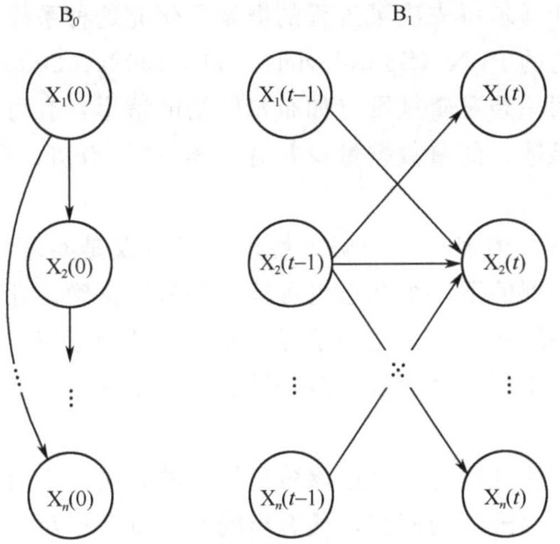

图 3.2　DBN（B_0,B_1）的基本模块示意图，其中 B_0 和 B_1 分别表示初始网络和转移贝叶斯网络（Lähdesmäki et al.，2006）

3.2　概率布尔网络

最近的研究表明，即使是非常简单的布尔模型，也能够解决很多生物问题。布尔模型强调的是变量之间的高层次关系，而不是具体的生化细节（Huang，1999，2001；Huang and Ingber，2000；Somogyi 和 Sniegoski，1996）。Albert 和 Othmer（2003）构建了果蝇的 7 个体节极性基因相互作用的连接网络，其中 mRNA 或蛋白质的状态为 0（OFF）或者 1（ON）。构建网络拓扑结构和布尔函数的数据来源于 von Dassow 等（2000）的工作，其中他们使用了 13 个非线性微分方程，包括 48 个动力学参数。

布尔模型能够再现系统的“野生型”或正常行为验证了这种模型的有效性。从已知的体节极性基因的初始状态开始，模拟网络的动态行为，结果发现基因表达最终稳定到实验所观察到的模式。此外，对基因变异影响的模拟发现，预测的空间模式与实验结果完全一致（Albert and Othmer，2003）。这些结果说明，在这种宏观层次上，可能并不需要详细的动力学模型，并且网络的拓扑结构和连接性质（激活或抑制）是导致其动力学行为的主要原因。

尽管布尔网络成功地再现了遗传网络的动态行为，但是，对于模型结构的推理过程，这种确定性的模型与测量数据并不完全一致。虽然前面已经提到，可以选择确定性系数（CoD）最大的预测基因集（或输入基因）。但是，由于实际的测量数据往往很少，所得的最佳预测基因集可能并不唯一，并且这些 CoD 也仅仅是由测量数据得到的一种估计。如果允许目标基因有多个预测基因集，将无法唯一确定目标基因在下一时刻的转录状态。然而，根据时刻 t 的基因活性谱，我们却可以计算目标基因在 $t+1$ 时刻转录活性的概率。

基因活性谱（gene activity profile）随时间的演化过程定义了一个随机动态系统。由于当前的基因活性谱仅取决于前一时刻的活性谱，这是一个马尔可夫动态系统。因此，可在马尔可夫链和马尔可夫决策过程的框架下研究这种系统。这些思想的数学表现形式就是我们将要讨论的 PBN（Shmulevich et al.，2002a；2002b）。

实际上，一个基因一条逻辑规则（如布尔网络的情形）有可能导致错误的结论，原因是相对于要推理的参数，测量数据量少并有“噪声”。当初，提出 PBN 就是为了处理这种不确定性问题。

使用概率网络的原因很多。一个确定性模型可能仅是实际物理系统的“部分”描述，因而，布尔函数得到的下一个状态仅可能“部分”正确。此外，也可能存在多个布尔函数刻画实际的状态转移，但这超出了传统布尔模型的范畴。当我们并不清楚究竟该使用哪个转移规则时，使用一个变量有多个转移规则的 PBN 可能要比一个变量一个规则的网络模型更合适。

即使一个模型的可信度很高，其他参数对模型的影响也不明显，布尔函数的推理仍然存在问题。就基因表达微阵列而言，最突出的问题就是相对于系统变量的数目，表达数据太少。当一个布尔函数有中等规模的变量时，由于状态空间巨大将很难估计到准确的形式。如果还存在未知或无法观察的变量时，情况将更加糟糕。由于样例数目的局限，有必要对函数的变量个数加以限制。对于每个给定的子集，可以唯一地确定一个预测误差最小的最优函数。由于设计的最优函数可能并不唯一，加之设计过程自身的不准确性，按照概率权重，如 CoD，从几个函数中进行随机选择可能是一种明智之举。

最后，人们可能希望模拟一个开放的系统，而不是一个封闭系统。开放系统具有输入或可以接受外部刺激，系统的转移与当时的外部条件密切相关。确定性系数方法就考虑到外部压力（stress）的影响（Kim et al.，2000）。在外部刺激的假设下，允许转移规则按照相应的发生概率运行就是一种明智之举。对于某种不可能的条件，尽管与其对应的布尔函数的选择概率很低，但是，如果没有这种转移概率，我们对于系统动态行为的理解可能将完全不同。因此，开放系统是区分概率方法和布尔网络的一个主要概念。

现在回到马尔可夫链下的概率体系下，讨论标准布尔网络模型及其动力学。PBN 是一种介于完全确定的布尔网络和融入了规则不确定性的贝叶斯网络之间的模型。这种折中的重要性体现为：一方面，基于规则的基因之间的依赖性具有生物学意义；另一方面，我们需要能够处理不确定性的机制和方法。

布尔网络是完全确定的，其动力学行为也是如此。这一点可以通过计算所有基因的联合概率分布得到证实。不管初始分布如何，即使经过一步运行，网络节点之间将不再相互独立。因此，为了描述系统动力学，就必须考虑所有布尔函数的联合概率。

给定一个包含 n 节点（或基因）$x_1,\cdots,x_n$ 的布尔网络，初始状态的联合概率分布为 $D(\mathbf{x}),\mathbf{x}\in\{0,1\}^n$。现在我们希望计算经过一个时间步后网络中各节点的联合概率。可以看出

$$P\{f_1(\mathbf{x})=i_1,f_2(\mathbf{x})=i_2,\cdots,f_n(\mathbf{x})=i_n\}=\sum_{\mathbf{x}\in\{0,1\}^n:f_k(\mathbf{x})=i_k,k=1,\cdots,n} D(\mathbf{x}) \tag{3.5}$$

式中，$i_k\in\{0,1\}$，根据系统的动力学性质，式（3.5）可迭代使用。因此，联合分布 $P\{f_k(\mathbf{x})=i_k,k=1,\cdots,n\}$ 可以代替 $D(\mathbf{x})$ 计算下一时刻的联合分布。于是，该系统可以写为

$$D^{t+1}=\psi(D^t) \tag{3.6}$$

式中，$\psi:[0,1]^{2^n}\rightarrow[0,1]^{2^n}$ 是由式（3.5）定义的一个映射，而且是一个仿射映射。为了说明这一点，令 $\mathbf{D}^t$ 和 $\mathbf{D}^{t+1}$ 分别表示一个 1×2^n 的向量，其中的分量分别表示 D^t 和 D^{t+1} 中的联合概率，$\mathbf{A}$ 是一个 $2^n\times 2^n$ 二进制矩阵，其定义为

$$\mathbf{A}_{ij}=\begin{cases}1 & \text{如果 } \exists\,\mathbf{x}\in\{0,1\}^n,C(f_1(\mathbf{x}),\cdots,f_n(\mathbf{x}))=j,C(x_1,\cdots,x_n)=i\\ 0 & \text{其他}\end{cases} \tag{3.7}$$

式中，$C(i_1,\cdots,i_n)=1+\sum_{j=1}^{n}2^{n-j}\cdot i_j,i_j\in\{0,1\}$。$i$ 和 j 分别表示二进制向量 $\mathbf{x}=(x_1,\cdots,x_n)$ 和 $(f_1(\mathbf{x}),\cdots,f_n(\mathbf{x}))$ 所对应的整数编码。这种表示方法非常简洁，原因是矩阵 $\mathbf{A}$ 中每行仅有一个非 0 元素。于是，式（3.6）可以写为

$$\mathbf{D}^{t+1}=\mathbf{D}^t\cdot\mathbf{A}=\mathbf{D}^0\cdot\mathbf{A}^{t+1} \tag{3.8}$$

式中，$\mathbf{D}^0$ 表示与先验联合分布 $D(\mathbf{x})$ 对应的向量。式（3.8）就是著名的马尔可夫链，其中状态转移矩阵 $\mathbf{A}$ 中的元素为二进制数值。这正是我们所期望的形式，其中的状态转移完全由布尔函数确定，并且转移概率要么为 0，要么为 1。

3.2.1 定义

PBN 的基本思想是将传统的布尔网络扩展为一个节点可以有多个布尔函数。因此，对于每个节点 x_i，都有一个函数集合

$$F_i=\{f_j^{(i)}\}_{j=1,\cdots,l(i)} \tag{3.9}$$

式中，$f_j^{(i)}$ 表示是 x_i 的第 j 个函数；$l(i)$ 表示函数的个数。$f_j^{(i)}$ 也称为预测器，因为在估计理论中，根据测量数据推理函数或者基因的下一个状态就称为预测。在给定时刻，PBN 的实现（具体的状态）由其中一个布尔函数向量决定。如果有 s_0 个可能的实现，那么就有 s_0 个形为 $f_k=(f_{k_1}^{(1)},f_{k_2}^{(2)},\cdots,f_{k_n}^{(n)})$ 的向量函数 $\mathbf{f}_1,\mathbf{f}_2,\cdots,\mathbf{f}_{s_0},k=1,2,\cdots,s_0,1\leqslant k_i\leqslant l(i)$，且 $f_{k_i}^{(i)}\in F_i(i=1,\cdots,n)$。换句话说，作为转移函数的向量函数 $\mathbf{f}_k:\{0,1\}^n\rightarrow\{0,1\}^n$ 表示了 PBN 的一种可能的实现。给定状态 $(x_1,\cdots,x_n)$，向量函数 $\mathbf{f}_k(x_1,\cdots,x_n)=(x_1',\cdots,x_n')$ 将给出下一时间步所有基因的状态。

设 $\mathbf{F}=(f^{(1)},\cdots,f^{(n)})$ 是 $F_1\times\cdots\times F_n$ 上的一个随机向量，即 $\mathbf{F}$ 表示 PBN 的任意一个实现。那么，对于基因 $i(1\leqslant i\leqslant l(i))$，使用预测函数 $f_j^{(i)}$ 的概率为

$$c_j^{(i)}=P\{f^{(i)}=f_j^{(i)}\}=\sum_{k:f_{k_i}^{(i)}=f_j^{(i)}}P(\mathbf{F}=\mathbf{f}_k)。 \tag{3.10}$$

因为 $c_j^{(i)}$ 是概率，因此应满足

$$\sum_{j=1}^{l(i)} c_j^{(i)} = 1 \tag{3.11}$$

实际上，布尔函数的选择并不需要独立性的这一假设，即我们不要求满足

$$P\{f^{(i)} = f_j^{(i)}, f^{(l)} = f_k^{(l)}\} = P\{f^{(i)} = f_j^{(i)}\} \cdot P\{f^{(l)} = f_k^{(l)}\}$$

如果随机变量 $f^{(1)}, f^{(2)}, \cdots, f^{(n)}$ 是独立的，则称 PBN 是独立的（independent）。如果是相关的，类似于上面的乘积展开式中就必须使用条件概率。图 3.3 是 PBN 的基本模块示意图，其中预测函数共享一组相同的输入变量，输出则是对这些合成结果的一个随机选择。在数字信号处理领域，这种结构就称为综合滤波器（synthesis filter bank）。一个 PBN 就是 n 个这种模块的连接。

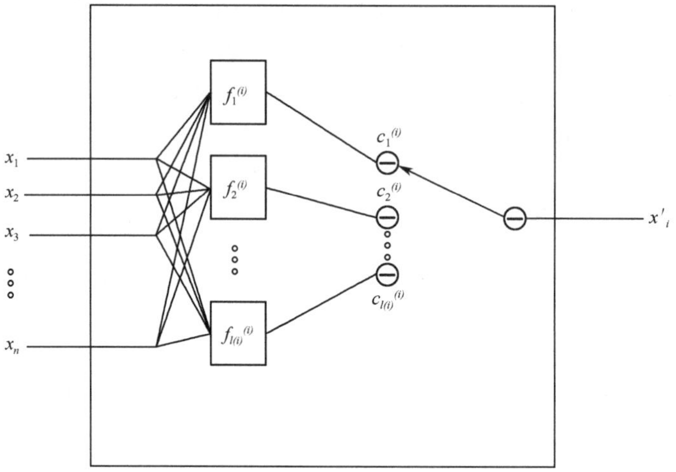

图 3.3　一个 PBN 的基本结构示意图

上面这种网络称为暂态随机 PBN（instantaneously random PBN）。另外一种观点是每个微阵列数据可以看作是来自不同细胞环境的数据源，也就是说，这些数据来自一组确定的网络，如果我们按照环境将其分为独立的样本，则每种情况的 CoD 都等于 1，即它们表示了组成网络中一个确定的生化活动。此时，预测器集合实际上是各种细胞环境中的一个均值，因而我们不可能得到一个 CoD 为 1（或接近 1）的预测器集合。

在这种观点下，PBN 可看作是一个布尔网络的集合。在一个特定的时间段，总是由某个随机选择的网络控制系统的运行。如果发生某个随机事件，如外部刺激，则另外一个随机选择的网络将代替之前的控制网络运行。因为外部事件并不属于网络的组成部分，并且网络随机切换，这种模型称为上下文敏感 PBN（context-sensitive PBN）。这种概率选择反映系统是开放性的，而不是封闭性的。上下文敏感并不仅是由于基因组外部变量的影响，实际上，当一个遗传调控模型仅表示很少几个基因之间的关系时，它很可能受到其他潜在基因组变量的影响。如果每个时间步都发生网络切换，上下文敏感网络就退化为一个暂态随机网络。

暂态随机 PBN $G(V,F)$ 包含一个节点集合 $V = \{x_1, \cdots, x_n\}$ 和函数列表 $F = (F_1, \cdots, F_n)$，F 的定义见式（3.9）。在独立性假设下，$s_0 = \prod_{i=1}^{n} l(i)$ 是 PBN 的所有可能的

实现方式。当 $l(i)=1(i=1,\cdots,n)$ 时，$s_0=1$，PBN 就退化为标准的布尔网络。

本质上，暂态随机 PBN 的动态行为与布尔网络相同。但是，在给定时间点的条件下，每个节点的值由按照选择概率随机选取的某个预测器确定。也可理解为，在任意一个时间点，只有 s_0 个网络中的一个网络运行。为了计算网络的选择概率，定义矩阵 **K**

$$K=\begin{bmatrix} 1 & 1 & \cdots & 1 & 1 \\ 1 & 1 & \cdots & 1 & 2 \\ \vdots & \vdots & \ddots & \vdots & \vdots \\ 1 & 1 & \cdots & 1 & l(n) \\ 1 & 1 & \cdots & 2 & 1 \\ 1 & 1 & \cdots & 2 & 2 \\ \vdots & \vdots & \ddots & \vdots & \vdots \\ 1 & 1 & \cdots & 2 & l(n) \\ \vdots & \vdots & \ddots & \vdots & \vdots \\ l(1) & l(2) & \cdots & l(n-1) & l(n) \end{bmatrix}$$

其中的行按字典序排列，每行代表一个可能的网络实现，即第 m 行对应网络 m、第 i 列的 j 表示基因 x_i 的预测器为 $f_j^{(i)}$。因此，**K** 为一个 $s_0\times n$ 的矩阵，由此选择网络 i 的概率可以表示为

$$p_i=P\{\text{network}\quad i\quad \text{is}\quad \text{selected}\}=\prod_{j=1}^{n}c_{\mathbf{K}_{ij}}^{(j)} \tag{3.12}$$

式中，$\mathbf{K}_{ij}$ 表示矩阵 **K** 的第 ij 个单元。容易看出 $\sum_{i=1}^{s_0}p_i=1$，即

$$\sum_{i=1}^{s_0}p_i=\sum_{i=1}^{s_0}\prod_{j=1}^{n}c_{\mathbf{K}_{ij}}^{(j)}=\prod_{j=1}^{n}\sum_{i=1}^{l(j)}c_i^{(j)}=\prod_{j=1}^{n}1=1 \tag{3.13}$$

其中用到式（3.11）。

PBN 的状态空间也同样是 2^n 个状态，与式（3.7）类似，我们希望建立状态转移矩阵 **A**。然而，在 PBN 中，网络从一个状态可以转移到其他多个可能的状态，因此这是一个随机过程。从状态 $(x_1,\cdots,x_n)$ 转移到状态 $(x_1',\cdots,x_n')$ 的概率可以写为

$$\begin{aligned}&P\{(x_1,\cdots,x_n)\to(x_1',\cdots,x_n')\}\\&=\sum_{i:f_{\mathbf{K}_{i1}}^{(1)}(x_1,\cdots,x_n)=x_1',f_{\mathbf{K}_{i2}}^{(2)}(x_1,\cdots,x_n)=x_2',\cdots,f_{\mathbf{K}_{in}}^{(n)}(x_1,\cdots,x_n)=x_n',}p_i\\&=\sum_{i=1}^{s_0}p_i\underbrace{\left[\prod_{j=1}^{n}(1-|f_{\mathbf{K}_{ij}}^{(j)}(x_1,\cdots,x_n)-x_j'|)\right]}_{\in\{0,1\}}\end{aligned} \tag{3.14}$$

由于 $p_i=P\{\text{network } i \text{ is selected}\}$，式（3.14）可以理解为

$$\begin{aligned}&P\{(x_1,\cdots,x_n)\to(x_1',\cdots,x_n')\}\\&=\sum_{i=1}^{s_0}P\{(x_1,\cdots,x_n)\to(x_1',\cdots,x_n')\,|\,\text{Network}\quad i\quad\text{is}\quad\text{selected}\}\cdot p_i\end{aligned}$$

并且与标准布尔网络一样，$P\{(x_1,\cdots,x_n)\to(x_1',\cdots,x_n')\,|\,\text{Network}\quad i\quad\text{is}\quad\text{selected}\}\in\{0,1\}$。利用式（3.13）和式（3.14），以及对任何状态 $(x_1,\cdots,x_n)$ 总是存在状态

$(x_1',\cdots,x_n')$ 和 i 使得

$$\prod_{j=1}^{n}(1-|f_{\mathbf{K}_{ij}}^{(j)}(x_1,\cdots,x_n)-x_j'|=1$$

于是，对任意一个 $i=1,\cdots,2^n$ 有

$$\sum_{j=1}^{2^n}A_{ij}=1$$

因此，$\mathbf{A}$ 也是马尔可夫矩阵，并且 PBN 是齐次马尔可夫过程，即转移概率不随时间变化。同时，也可知 $\mathbf{A}$ 中至多有 $s_0\cdot 2^n$ 非 0 项，当 $s_0=1$ 时，退化为式（3.7）的二进制状态转移矩阵。下面通过一个的例子来说明 PBN。

例 3.1 给定一个有三个基因 $V=(x_1,x_2,x_3)$ 的 PBN，其函数集 $F=(F_1,F_2,F_3)$，其中 $F_1=\{f_1^{(1)},f_2^{(1)}\},F_1=\{f_1^{(2)}\},F_3=\{f_1^{(3)},f_2^{(3)}\}$，真值表如下。

$x_1x_2x_3$	$f_1^{(1)}$	$f_2^{(1)}$	$f_1^{(2)}$	$f_1^{(3)}$	$f_2^{(3)}$
000	0	0	0	0	0
001	1	1	1	0	0
010	1	1	1	0	0
011	1	0	0	1	0
100	0	0	1	0	0
101	1	1	1	1	0
110	1	1	0	1	0
111	1	1	1	1	1
$C_f^{(i)}$	0.6	0.4	1	0.5	0.5

由于节点 x_1、x_2、x_3 分别有两个、一个、两个函数，共有 $s_0=4$ 个可能的网络，矩阵 $\mathbf{K}$ 为

$$\mathbf{K}=\begin{bmatrix}1&1&1\\1&1&2\\2&1&1\\2&1&2\end{bmatrix}$$

例如，矩阵 $\mathbf{K}$ 的第二行（1，1，2）表示网络的预测器为 $(f_1^{(1)},f_1^{(2)},f_2^{(3)})$。最后，由式(3.14)，转移矩阵 $\mathbf{A}$ 为

$$\mathbf{A}=\begin{bmatrix}1&0&0&0&0&0&0&0\\0&0&0&0&0&0&1&0\\0&0&0&0&0&0&1&0\\p_4&p_3&0&0&p_2&p_1&0&0\\0&0&1&0&0&0&0&0\\0&0&0&0&0&0&p_2+p_4&p_1+p_3\\0&0&0&0&p_2+p_4&p_1+p_3&0&0\\0&0&0&0&0&0&0&1\end{bmatrix}$$

现在以 $\mathbf{A}$ 中的一个元素为例说明该矩阵的构造过程。假定要计算转移概率 $P\{(1,1,0) \rightarrow (1,0,0)\}$，它对应的是 $\mathbf{A}_{7,5}$（序号从 1 开始）。根据网络的真值表查找 $(x_1, x_2, x_3) \rightarrow (1,1,0)$ 对应的行，然后求所有能够得到状态 $(1,0,0)$ 的组合。通过检查发现，$(f_1^{(1)}, f_1^{(2)}, f_2^{(3)})$ 或者 $(f_2^{(1)}, f_1^{(2)}, f_2^{(3)})$ 均可以得到状态 $(1,0,0)$。它们分别对应矩阵 $\mathbf{K}$ 的第 2 行和第 4 行，这就是转移概率 $A_{7,5}$ 为 $p_2 + p_4$ 的原因。矩阵 $\mathbf{A}$ 中其他元素的计算相同。与该矩阵对应的状态转移见图 3.5。例如，矩阵 $\mathbf{A}$ 第 7 行对应的状态为 $(1,1,0)$，可以发现，可能的状态转移为 $(1,0,0)$ 或 $(1,0,1)$，它们分别对应第 5 列和第 6 列。

PBN 中基因的影响力

给定基因 x_i 的一个预测器 $f_j^{(i)}$ 及其预测基因，找出那些对 $f_j^{(i)}$ 起关键作用的预测基因非常重要。换句话说，有些（父）基因对目标基因的值影响较大，有些则较小。对于基因表达，生物学家已经发现很多这种“有偏”调控的例子。例如，细胞周期调控基因 p21/WAF1/cip1 能够被多个基因，如 p53、smad4、AP2、BRCA1 等转录激活（Gartel 和 Tyner，1999），但是，p53 是其中影响力最大的一个基因。

前面已经将基因 x_j 的活性定义为均匀分布的条件下，布尔函数对该变量偏导的期望：$\alpha_j^f = E[\partial f(\mathbf{x}) / \partial x_j]$。同时也提到对于任意分布 $D(\mathbf{x})$，变量 x_j 对函数 f 的影响力为该函数偏导数的期望：

$$I_j(f) = E_D\left[\frac{\partial f(\mathbf{x})}{\partial x_j}\right] = P\left\{\frac{\partial f(\mathbf{x})}{\partial x_j} = 1\right\} = P\{f(\mathbf{x}) \neq f(\mathbf{x}^{(j)})\} \tag{3.15}$$

式中，$\mathbf{x}^{(j)}$ 表示反转 $\mathbf{x}$ 的第 j 位（从 0 转为 1，或者从 1 转为 0）后所得到的向量。式(3.15) 将变量的影响力表示为：在分布 D 下，第 j 位变量的反转导致函数 f 的值改变的概率（Kahn et al.，1988）。

在标准的布尔网络中，节点 x_i 有一个预测器函数 f_i。现在我们研究变量对目标节点（基因）的影响力。由于函数的偏导数本身也是一个布尔函数，式（3.15）可以理解为一个条件概率，即把偏导数当作节点 x_i 的预测器时，x_i 为 1 的概率

$$I_j(x_i) = P\left\{x_i = 1 \mid \frac{\partial f_i(x)}{\partial x_j} \quad \text{作为预测器}\right\} \tag{3.16}$$

式中，$I_j(x_i)$ 表示给定预测器函数 f_i 时，基因 x_j 对基因 x_i 的影响力。这里需要说明的是布尔网络中基因预测器的使用方法和框架也适用于影响力，只要将预测器替换为偏导即可。

由于 PBN 中每个基因有多个预测器，并且每个预测器都有相应的选择概率。设 F_i 是基因 x_i 的预测器集合，其中的选择概率分别为 $c_1^{(i)}, \cdots, c_{l(i)}^{(i)}, I_k(f_j^{(i)})$ 表示变量 x_k 对预测器 $f_j^{(i)}$ 的影响力。由于基因 x_i 的预测器不止一个，我们应该确定基因 x_k 对基因 x_i 的总影响力。对所有预测器的偏导数求和得到总的影响力为

$$I_k(x_i) = \sum_{j=1}^{l(i)} I_k(f_j^{(i)}) \cdot c_j^{(i)} \tag{3.17}$$

对任意两个变量求解一个对另一个的影响力，即可得到一个 $n \times n$ 的矩阵 Γ，其中 $\Gamma_{ij} = I_i(x_j)$。我们称 Γ 为影响力矩阵（influence matrix），后面将会说明如何利用该矩阵构建子网络，下面举例说明 PBN 中求解变量之间影响力的方法。

例 3.2 还是例 3.1 的 PBN，设 $c_1^{(1)} = 0.6, c_2^{(1)} = 0.4, c_1^{(2)} = 1, c_1^{(3)} = 0.5, c_2^{(3)} =$

0.5。假定要求解变量 x_2 对 x_1 的影响力，那么就必须使用例 3.1 真值表中给定的两个预测器 $f_1^{(1)}$ 和 $f_2^{(1)}$。进一步我们假定 D 为均匀分布，即 $D(x)=1/8, x\in\{0,1\}^3$。首先有

$$I_2(f_1^{(1)})=E_D\left[\frac{\partial f_1^{(1)}(x)}{\partial x_2}\right]=0.5$$

$$I_2(f_2^{(1)})=E_D\left[\frac{\partial f_2^{(1)}(x)}{\partial x_2}\right]=0.75$$

对这两个影响力求和得到

$$I_2(x_1)=0.5\cdot 0.6+0.75\cdot 0.4=0.6$$

重复上述过程即可得到影响力矩阵

$$\mathbf{\Gamma}=\begin{bmatrix}0.1 & 0.75 & 0.375\\ 0.6 & 0.75 & 0.375\\ 0.6 & 0.75 & 0.375\end{bmatrix}$$

可以看出，矩阵 Γ 是一个非对称矩阵。这其实很正常，原因是变量 x_j 对 x_i 影响力可能比 x_i 对 x_j 影响力大，或者反之。

回想一下，函数 f 的平均灵敏度 s^f 是其所有变量对 f 的影响力之和（在均匀分布下，就是变量的活性之和）。平均灵敏度 s^f 反映了函数 f 在汉明距离邻域上（汉明距离为 1 的两个状态）的平均变化量。由于 PBN 中每个基因的预测器不止一个，我们再次使用式（3.17）中一个基因对另一个基因的影响力的概念。换句话说，一个基因 x_i 的平均灵敏度可以表示为 $s(x_i)=\sum_{j=1}^{n}I_j(x_i)$。在影响力矩阵已知的情况下，平均灵敏度可以写为

$$s(x_i)=\sum_{k=1}^{n}\Gamma_{ki}$$

在生物学上，一个基因的灵敏度表示它的稳定性，或者在某种程度上表示它的自主性。灵敏度低，说明其他基因对它的影响小。在细胞中编码结构蛋白的持家基因就属于这种类型。例 3.2 中，基因 x_2 的灵敏度最大。

就 PBN 而言，预测器的个数至少和基因的个数一样多。另外一个信息测度就是一个基因对其他基因的总体影响，我们可以将其称为基因 x_i 的影响力，记为 $r(x_i)$，利用影响力矩阵可以将其表示为

$$r(x_i)=\sum_{k=1}^{n}\Gamma_{ik}$$

生物学中，影响因子大的基因总体上对其他基因的影响也大。也正是这些基因具有调控网络动力学的潜力，因为它们的扰动将对下游产生重要的影响，从而有可能迫使系统进入另外一个吸引域。在 PBN 的基因干预方面，我们将要用到这一特性，大多数转录因子基因都属于这种类型。例 3.2 中，基因 x_2 和基因 x_3 影响力相同，均比基因 x_1 大。

随机基因扰动

假设 n 个基因的扰动概率均为 p，并且彼此相互独立。在布尔模型中，扰动是指它们的值可以从 1 翻转为 0，或者反之。这与 *NK* 模型（Kauffman and Levin，1987；Kauffman，1993）及遗传算法（Goldberg，1989）中的位翻转变异算子相同。这种允许基因的表达值随机翻转的假设有其生物学背景，原因是基因组是一个具有外部输入的开

放系统。在外部刺激，如诱变剂、热应力等作用下，可能导致一个基因被激活或者抑制。因此，作为一种网络模型应该具有模拟这种现象的能力。当 $p=0$ 时，这种模型将退化为标准PBN；当 $p>0$ 时，就会出现下面的情形。一方面，正常情况下，网络从一个状态转移到另外一个状态的概率为 $(1-p)^n$；另一方面，由一个随机位扰动引起的状态转移概率为 $1-(1-p)^n$。注意，这里讨论的是暂态随机 PBN。

为了形式化随机扰动，假定每个运行步都有一个随机扰动向量（perturbation vector）$\gamma \in \{0,1\}^n$。如果 γ 的第 i 个分量为1，表示第 i 个基因将发生扰动，否则就保持不变。一般情况下，随机扰动向量 γ 并不需要满足独立同分布（i. i. d）的假设。出于简化目的我们假设这一条件成立。原理上，也可以将其直接推广到非独立同分布的情形。在此，我们假设 $P\{\gamma_i=1\}=E[\gamma_i]=p, i=1,\cdots,n$。显然

$$P\{\gamma=(0,\cdots,0)\}=(1-p)^n$$

设 $\mathbf{x}=(x_1,\cdots,x_n)$ 表示某一时刻网络的状态（如所有基因的表达值），则下一时刻的状态 $\mathbf{x}'$ 为

$$\mathbf{x}'=\begin{cases}\mathbf{x}\oplus\gamma & \text{概率 } 1-(1-p)^n \\ \mathbf{f}_k(x_1,\cdots,x_n) & \text{概率}(1-p)^n\end{cases} \tag{3.18}$$

式中，$\oplus$ 表示按位异或运算；$\mathbf{f}_k(x_1,\cdots,x_n)(k=1,2,\cdots,s_0)$ 表示一个可能的实现方式所代表的转移函数。换句话说，式（3.18）指出：如果没有任何扰动，则按照标准的网络运行方式运行；否则，当至少有一位发生扰动，下一时刻的状态则由发生扰动的基因决定。

这里需要强调，当 $p>0$ 时，由于存在各种各样的扰动，原理上网络中的任何一个状态都可以经由其他状态到达。

命题 3.3 当 $p>0$，与 PBN 对应的马尔可夫链是各态遍历的。

证明： 因为状态数有限，各态遍历就等价于非周期的和不可约的。首先，由式（3.18）可以看出，除对角线之外马尔可夫状态转移矩阵中没有0元素。而对角线为0表示不存在一个满足 $\mathbf{f}_k(\mathbf{x})=\mathbf{x}$ 的网络转移函数 $\mathbf{f}_k(k=1,2,\cdots,s_0)$。因为所有状态都可通讯，这正好说明马尔可夫链是不可约的。实际上，设 $\mathbf{x}$ 是满足这种性质的一个状态（如 $\mathbf{f}_k(\mathbf{x})\neq\mathbf{x}, k=1,2,\cdots,s_0$），而状态 $\mathbf{y}\neq\mathbf{x}$ 是另一个状态。那么，从状态 $\mathbf{x}$ 转移到状态 $\mathbf{y}$ 的概率和从状态 $\mathbf{y}$ 回到状态 $\mathbf{x}$ 的概率都大于0。因此，经过两步状态 $\mathbf{x}$ 又回到自身的概率大于0。同理，除一步返回的情况之外，该状态经过任意步长均可以回到原状态，从而说明马尔可夫链是非周期的。

这一结论还可推广到上下文敏感 PBN。事实上，马尔可夫链的各态遍历意味着存在一个与平稳分布相等的稳态分布。实际当中，平稳分布的经验估计方法为：运行网络足够长的时间，然后收集这一过程中在各个状态所花费的时间比例。当然，计算过程的收敛速率取决于参数 p，有关这一点在后文中还将讨论。

如果存在基因扰动，网络的仿真分析将需要计算任意两个状态之间的转移概率

$$A(\mathbf{x},\mathbf{x}')=P\{(x_1,\cdots,x_n)\rightarrow(x_1',\cdots,x_n')\}$$

我们使用一个转移矩阵 $\mathbf{A}$ 表示这种转移概率，下面讨论这个矩阵的计算。

定理 3.4 给定一个 PBN $G(V,F)$，基因集合 $V=\{x_1,\cdots,x_n\}$，函数列表集 $F=(F_1,\cdots,F_n)$，其中布尔预测器 $F_i=\{f_1^{(i)},\cdots,f_n^{(i)}\}$，网络中基因扰动的概率 $p>0$，那么

$$A(\mathbf{x},\mathbf{x}') = \Big(\sum_{i=1}^{s_0} p_i \Big[\prod_{j=1}^{n}(1 - |f_{\mathbf{K}_{ij}}^{(j)}(x_1\cdots\cdots x_n) - x_j'|)\Big]\Big) \times (1-p)^n$$
$$+ p^{\eta(\mathbf{x},\mathbf{x}')} \times (1-p)^{n-\eta(\mathbf{x},\mathbf{x}')} \times 1_{[\mathbf{x}\neq\mathbf{x}']}$$

式中，$\eta(\mathbf{x},\mathbf{x}') = \sum_{i=1}^{n}(x_i \oplus x_i')$ 表示向量 $\mathbf{x}$ 和 $\mathbf{x}'$ 之间的汉明距离；p_i 见式（3.12）；$1_{[\mathbf{x}\neq\mathbf{x}']}$ 表示一个示性函数，当 $\mathbf{x}\neq\mathbf{x}'$ 时其值为 1。

证明：定理 3.4 中的两个项实际上对应式（3.18）中的两种情况。首先考虑没有基因扰动的情况，即 $\gamma=(0,\cdots,0)$，这种情况发生的概率为 $(1-p)^n$。这时，下一个状态由当前选定的布尔函数决定。从状态 $\mathbf{x}=(x_1,\cdots,x_n)$ 转移到状态 $\mathbf{x}'=(x_1',\cdots,x_n')$ 的概率等于所有满足 $\mathbf{f}_k(x_1,\cdots,x_n)=(x_1',\cdots,x_n')(k=1,2,\cdots,s_0)$ 的实现方式的概率之和。因此，没有任何扰动发生时

$$A(\mathbf{x},\mathbf{x}') = \sum_{i:\mathbf{f}_i(\mathbf{x})=\mathbf{x}'} p_i$$

将上式按每个布尔函数展开为

$$\sum_{i=1}^{s_0} p_i \Big[\prod_{j=1}^{n}(1 - |f_{\mathbf{K}_{ij}}^{(j)}(x_1,\cdots,x_n) - x_j'|\Big]$$

实际上，和式（3.14）一样，这就是 $p=0$ 时的转移概率。

当至少一个基因发生扰动时，转移概率取决于发生扰动的基因的个数。假定扰动导致从状态 $\mathbf{x}$ 转移到状态 $\mathbf{x}'$，设扰动基因的个数为 $\eta(\mathbf{x},\mathbf{x}')$，它表示向量 $\mathbf{x}$ 和 $\mathbf{x}'$ 之间的汉明距离。由于 $\gamma\in\{0,1\}^n$ 满足独立同分布，且其期望为 $\mathrm{E}[\gamma_i]=p(i=1,\cdots,n)$，从状态 $\mathbf{x}$ 转移到状态 $\mathbf{x}'$ 的概率就等于 $p^{\eta(\mathbf{x},\mathbf{x}')}\times(1-p)^{n-\eta(\mathbf{x},\mathbf{x}')}$。因为至少有一个扰动发生，显然有 $\mathbf{x}\neq\mathbf{x}'$，因而必须乘上一个示性函数 $1_{[\mathbf{x}\neq\mathbf{x}']}$。

如果扰动向量 γ 不满足独立同分布（如某些基因更容易发生翻转），转移概率的表达式将变为单个概率 $P\{\gamma_i=1\}$ 的乘积。由定理 3.4 可知，只要 $p>0$，任意两个不同状态之间的转移概率就不可能为 0。

随机扰动的最大优点是可以简化 PBN 中的各种计算。例如，要计算基因 x_k 对预测器 $f_j^{(i)}$ 的影响力 $I_k(f_j^{(i)})$，就必须知道该函数的所有基因的联合分布 $D(\mathbf{x})$，因为需要根据它计算预测器偏导数的期望。然而，这一联合分布应与模型本身保持一致。例如，如果要计算长期影响，就需要知道与 PBN 对应的马尔可夫链的平稳分布。计算这些长期概率分布实际上可能是一个“病态”问题，因为马尔可夫链可能由多个不可约子链组成，并且这些概率往往与初始状态有关。换句话说，从不同的状态出发，可能最终到达的是不同的不可约子链。此外，即使对于中等规模的 PBN，直接从状态转移矩阵 $\mathbf{A}$ 计算长期分布也不可行。因此，必须使用下面介绍的仿真分析方法。

随机基因扰动假设避免了对初始状态的依赖。由于所有的状态之间都可以通讯，根据命题 3.3，稳态分布就等于平稳分布。因此，让这种随机过程运行足够长的时间，然后跟踪预测器变量的各种状态组合出现的比例，即可估算 $D(\mathbf{x})$ 的经验分布。例如，假设预测器有三个变量，为了计算对它的影响，我们只要列表计算三个变量的所有 8 个状态组合所出现的频率即可，下面举例说明这种计算过程。

例 3.5 给定一个包含三个基因 $V=(x_1,x_2,x_3)$ 的 PBN，函数集 $F=(F_1,F_2,$

F_3)，其中 $F_1 = \{f_1^{(1)}, f_2^{(1)}\}, F_1 = \{f_1^{(2)}\}, F_3 = \{f_1^{(3)}, f_2^{(3)}\}$，函数真值表及其选择概率与例 3.1 一样。假设马尔可夫链的初始分布为均匀分布，即 $D(\mathbf{x}) = 1/8, \mathbf{x} \in \{0,1\}^3$。根据这个分布，可以计算影响力矩阵 Γ（例 3.2）。在下一时刻，所有状态分布将不再是均匀分布。通常，给定时刻的分布可以通过前一时刻的分布乘以状态转移矩阵 **A** 得到。因此，如果我们要计算任意时间点的影响力矩阵，就必须知道当时的状态分布向量。同理，如果我们要计算长期影响力（如网络到达平衡状态后的影响力），就必须知道平稳分布向量。假定扰动概率 $p = 0.01$，现在考察影响力矩阵随时间的变化情况。每经过一个时间步，就重新计算一次影响力矩阵。我们以基因 x_2 对其他三个基因的影响为例（影响力矩阵的第 2 行）。图 3.4 表示在前 100 次这三个影响力的变化情况。首先，可以看出这些影响力的确会收敛到它们的渐近值。其次，应该注意到瞬时影响力（如本例中的前 10 个时间步）可能与长期影响力相差很大。例如，基因 x_2 对基因 x_3 的影响力开始最低，到最后却最高。这里要强调的是，正是由于非 0 扰动概率 p 保证了长期影响力与初始状态或分布无关。

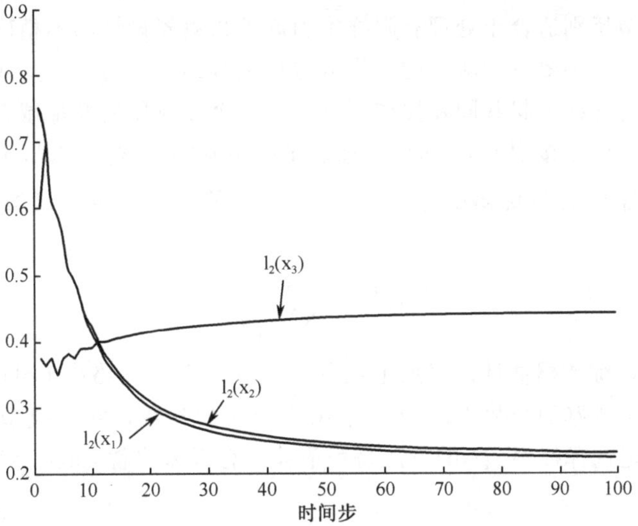

图 3.4　例 3.1 中 PBN 的影响力 $I_2(x_i)(i = 1,2,3)$ 随时间变化的轨迹，其中基因扰动概率 $p = 0.01$ (Shmulevich et al., 2002b)

评语： 尽管上述 PBN 的定义及其性质的讨论都是以二值节点为例，然而，这些基本理论及其应用并不局限于二值情况，可以推广到任何有限量化的情形。一个特别重要的情形是三值量化，即表达水平分为＋1（正调控）、－1（负调控）和 0（没变化）。三值情况源于在 cDNA 微阵列数据的处理过程中，总是根据比率的假设检验来量化基因表达的水平（Chen et al., 1997）。通常将非二值网络称为概率基因调控网络，这里我们不使用这一术语，而是将其统称为 PBN，具体的量化情况根据上下文决定。

3.2.2　推理

在前面布尔网络的讨论中已经提到，选择预测器集合的一种自然的方法就是确定性系数。回忆一下，CoD 度量的是相对于没有任何观察情况下的最佳预测，观察基因集的转录水平可以提高目标基因转录水平预测的程度。现在介绍 CoD 在 PBN 中的应用。

设 X_i 为目标基因，$X_1^{(i)},X_2^{(i)},\cdots,X_{l(i)}^{(i)}$ 分别表示它的预测基因集合，$f_1^{(i)},f_2^{(i)},\cdots,f_{l(i)}^{(i)}$ 表示按照某种概率误差测度 $\varepsilon(X_i,f_k^{(i)}(X_k^{(i)}))$，各个预测基因集合的最佳预测器函数。这里注意 X_i 和 $f_k^{(i)}(X_k^{(i)})$ 都是随机变量，对于每个 k，在给定集合 $X_k^{(i)}$ 的情况下，X_i 的确定性系数定义为

$$\theta_k^i=\frac{\varepsilon_i-\varepsilon(X_i,f_k^{(i)}(X_k^{(i)}))}{\varepsilon_i}$$

式中，ε_i 表示没有任何观察变量的情况下对 X_i 的最佳（常数）估计误差。例如，在最小均方误差估计的情况下，ε_i 是 X_i 的均值误差，即最佳常数估计。$f_k^{(i)}(X_k^{(i)})$ 表示给定 $X_k^{(i)}$ 的情况下 X_i 的条件期望，即 $f_k^{(i)}(X_k^{(i)})=E[X_i|X_k^{(i)}]$。

实际当中，通常是利用设计的预测器代替 $f_1^{(i)},f_2^{(i)},\cdots,f_{l(i)}^{(i)}$，然后，通过训练数据估计 CoD 的值。因此，这些预测器函数的复杂度及训练数据的大小就成为一个必须认真对待的问题。对于微阵列数据分析（Kim et al.，2000），通常每个预测器基因的数量最多为 3。PBN 模型特别适合于处理有限样本引起的预测器设计的不精确问题，为了弥补训练数据的不足，有必要对预测器的变量域进行某种约束。通常，这些预测器按照综合滤波器组的方式组合在一起共同发挥作用（注：每个预测器的变量域有可能不相同）。

对于基因 X_i，假定按照 CoD 的大小选定了一组基因集 $X_1^{(i)},X_2^{(i)},\cdots,X_{l(i)}^{(i)}$，那么，可以将设计的预测器作为最优函数 $f_1^{(i)},f_2^{(i)},\cdots,f_{l(i)}^{(i)}$ 的估计，每个函数 $f_j^{(i)}$ 的选择概率［式（3.10）］为

$$c_k^{(i)}=\frac{\theta_k^i}{\sum_{j=1}^{l(i)}\theta_j^i}$$

这里，CoD 通过训练数据估计。根据上面的表达式，概率网络中 CoD 最大的函数被选中的机会最多。预测器的个数 $l(i)$ 是一个用户定义的参数，它与模型的不确定程度有关。另外一种确定选择概率 $c_k^{(i)}$ 的方法是用最佳拟合误差代替 CoD，然后归一化使得概率之和为 1。

Zhou 等（2004）提出了另外一种完全根据贝叶斯方法构建 PBN 的方法，他们主要强调的是网络的拓扑结构。利用可逆跳转马尔可夫蒙特卡罗（MCMC）技术，这种方法计算每个基因的候选父基因集合，相应的预测器及其关联的选择概率。MCMC 方法主要是通过搜索网络构型空间中那些具有最高贝叶斯记分的网络来构建网络，这种方法可以直接应用于上下文敏感 PBN。

3.2.3 PBN 的动力学

上节说明了 PBN 的动态特性可以表示为一个马尔可夫链，对应的状态转移矩阵 $\mathbf{A}$ 由布尔函数的选择概率唯一确定。这样，就可直接应用马尔可夫链的极限特性理论研究 PBNs 的动力学特性。例如，在例 3.1 中预测器的选择概率分别为 $c_1^{(1)}=0.6,c_2^{(1)}=0.4,c_1^{(2)}=1,c_1^{(3)}=0.5,c_2^{(3)}=0.5$。根据式（3.12），可以计算出 4 个网络的选择概率。如果要计算 p_2，利用矩阵 $\mathbf{K}$ 的第 2 行有

$$p_2=c_1^{(1)}c_1^{(2)}c_2^{(3)}=0.6\times1\times0.5=0.3$$

类似可计算出 4 个网络的选择概率分别为：$p_1 = 0.3, p_2 = 0.3, p_3 = 0.2, p_4 = 0.2$。将这些值代入矩阵 **A**，即可根据式（3.8）进行迭代计算。假设各个状态的起始联合概率分布为均匀分布，即 $D^0 = \left[\frac{1}{8}, \cdots, \frac{1}{8}\right]$，我们发现最终的极限概率为

$$\pi = [0.15, 0, 0, 0, 0, 0, 0, 0.85]$$

因此，从长远的角度看，这三个基因要么以概率 0.15 全部关闭[(000)]，要么以概率 0.85 全部开启[(111)]，我们称这两个状态为吸引（absorbing）状态 。这一点也可以通过图 3.5 中所表示的矩阵 **A** 的状态转移图看出，一旦随机过程进入状态（000）或状态（111），就将停留在该状态，这正好对应标准布尔网络中吸引子。同理，极限环吸引子对应马尔可夫链中的不可约状态集，换句话说，从这些状态集不可能到达它们之外的任何状态。这时，我们可以认为网络“陷进”这些状态集。此外，在马尔可夫链中，那些到达吸引状态或者不可约状态集的暂态与布尔网络中的吸引域对应。因此，除了内在的不确定性和处理不确定性的能力之外，PBN 具有与布尔网络相同的动态特性。

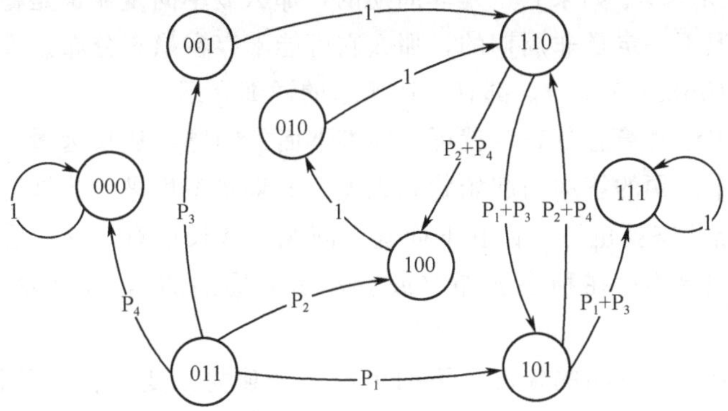

图 3.5　例 3.1 的状态转移图（Shmulevich et al., 2002a）

PBN 的一个重要问题是网络是否存在一个稳态分布，而布尔网络则不存在这一问题。在上面的例子中，如果起始状态的分布 D^0 不同，最终到达状态（000）或状态（111）的概率也不同。为了说明这一点，假定起始分布 $D^0 = [1, 0, 0, 0, 0, 0, 0, 0]$，即网络以状态（000）开始的概率为 1。显然，它将一直保持这一状态，并且极限概率分布 $\pi = D^0$。因此，如果没有指定起始状态分布，讨论网络的最终状态将没有任何意义。由于这一问题的重要性，下面我们对它作进一步的深入探讨。

稳态分布的存在性

状态集内部的等价类是研究马尔可夫链长期特性的一种非常有用的方法。对于基因组这种状态空间巨大的系统尤为如此，因为此时可以按照不同的子系统对状态空间进行划分。封闭等价类是指类内状态无法到达外部状态的状态集，这种等价类本身就可以作为一个不可约马尔可夫链：系统一旦进入该状态类，就不可能再离开。因此，我们将研究单个不可约有限马尔可夫链的长期动力学特性。

周期性是刻画长期行为的一个重要性质。不可约马尔可夫链要么是非周期的，要么是周期的。一个具有有限状态空间 $S = \{1, 2, \cdots, M\}$ 的齐次马尔可夫链具有平稳分布（stationary distribution）的条件是：对任意一个状态 $j \in S$ 和任意时间步 r，存在一个

满足

$$\pi_j = \sum_{i=1}^{M} \pi_i P_{ij}^r$$

的概率分布 $\pi = \{\pi_1, \pi_2, \cdots, \pi_M\}$，式中，$P_{ij}^r$ 表示 r 步转移概率。如果起始分布为 $\pi = \{\pi_1, \pi_2, \cdots, \pi_M\}$，在任何时刻 r 位于状态 i 的概率都等于 π_i，这种马尔可夫链就是一个严格的平稳随机过程。一个马尔可夫链具有稳态（极限）分布［steady-state（limiting）distribution］的条件是：对所有的状态 $i, j \in S$，存在一个满足

$$\lim_{r \to \infty} P_{ij}^r = \pi_j$$

的概率分布 $\pi = \{\pi_1, \pi_2, \cdots, \pi_M\}$。如果存在一个稳态分布，那么，不管起始状态如何，从长远看马尔可夫链在状态 i 的概率等于 π_i。特别是，对任意起始分布 $D^0 = (D_1^0, D_2^0, \cdots, D_M^0)$，当 $k \to \infty$ 时，状态概率 D_i^k 趋近于 π_i。因此，对于概率向量 π，向量 D^k 满足 $\lim_{k \to \infty} D^k = \pi$。倘若是平稳分布，每个不可约有限齐次马尔可夫链都存在一个唯一的概率向量 π，其中 $0 < \pi_i < 1$。如果它也是非周期的，那么概率向量 π 也是稳态分布。假如仅仅是不可约的，但不一定是非周期的，那么它可能不存在稳态分布。大多数有关随机过程的教科书（如 Cinlar，1997），都有上述概念的详细介绍。

如果马尔可夫链有稳态分布，就可以回答下面的问题：从长远看，该链在状态 i 的概率是什么？这个问题的答案与起始状态无关。如果状态集进一步被分为两个类，C_1 和 C_2，不用考虑起始状态就也可以回答下面这个问题：从长远看，该链在类 C_1（或 C_2）的概率是什么？但如果不存在稳态分布（或者不是非周期的），那么这个问题可能无法回答。

为了说明没有稳态分布的情况，下面考虑一个独立三变量暂态随机 PBN。由于我们关心的是可能的布尔函数，而不是其选择概率，因此下面用简化列表表示所有可能的函数。该表共有 8 行，分别对应 8 个状态，3 列分别对应这些函数所有可能的取值，其中 * 表示给定基因在对应状态行可取 0 或者 1。

$x_1x_2x_3$	$f^{(1)}$	$f^{(2)}$	$f^{(3)}$
000	*	1	1
001	0	1	*
010	0	0	*
011	0	0	*
100	1	1	*
101	1	1	*
110	1	0	*
111	*	0	0

由上表可知，第一个基因共有 4 个可能的预测器 $f_1^{(1)}, f_2^{(1)}, f_3^{(1)}, f_4^{(1)}$。同理，整个网络共有 256 个形如 $\mathbf{f} = (f^{(1)}, f^{(2)}, f^{(3)})$ 的向量函数（或网络实现）。对应的马尔可夫链如图 3.6 所示，由于每个状态的周期为 2，因此该 PBN 是周期的，进而该网络不存在稳态分布。只有 PBN 满足稳态分布的要求，才有可能研究与长期行为有关的问题。这

就要求对布尔函数的集合加以限制，即应该禁止上面见到的这类布尔函数集。

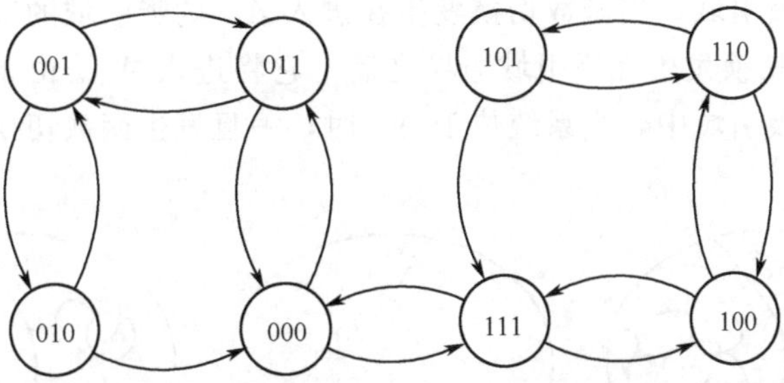

图 3.6　一个没有稳态分布的独立 PBN 的状态转移图（Shmulevich et al.，2002a）

前面讨论的是一个独立 PBN 的例子，对于非独立 PBN，稳态分布要求的约束可能更强。下面考虑一个仅有两个网络函数（实现方式）的 PBN，$\mathbf{f}_1(x_1,x_2)=(f_1^{(1)},f_1^{(2)})=(\bar{x}_1,x_2)$ 和 $\mathbf{f}_2(x_1,x_2)=(f_2^{(1)},f_2^{(2)})=(x_1,\bar{x}_2)$。由于 PBN 中函数的依赖性，第一个基因预测器的选择并非独立于第二个基因预测器的选择。例如，上面两种网络的实现意味着如果第一个基因选择 $f_1^{(1)}=\bar{x}_1$，那么第二个函数就不能同时选择 $f_1^{(2)}=\bar{x}_2$。也就是说，网络 $\mathbf{f}$ 不可能采用上述两种实现方式之外的其他任何方式，如 $(f_1^{(1)},f_2^{(2)})$。图 3.7 为该网络的马尔可夫状态转移图。由于该 PBN 是周期的，因而不存在稳态分布。但是，当加入另外一个网络 $\mathbf{f}_3(x_1,x_2)=(f_3^{(1)},f_3^{(2)})=(\bar{x}_1,\bar{x}_2)$，该 PBN 就成为非周期的。

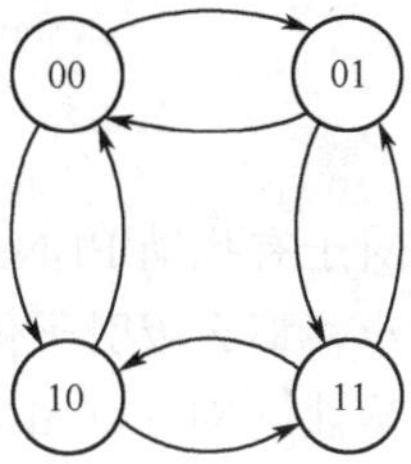

图 3.7　一个不存在稳态分布的非独立 PBN（Shmulevich et al.，2002a）

尽管上面讨论的是暂态随机 PBN，Brun 等（2005）已经研究了上下文敏感 PBN 的稳态分布的情况。

吸引子和吸引域的稳态概率

回想一下，吸引子刻画了布尔网络的长期行为。然而加入随机扰动后，网络有可能跳出原吸引子。这时，稳态分布可以刻画网络的长期行为。如果扰动发生的概率非常小，则网络大部分时间将处于吸引环。也就是说，吸引子状态占据了稳态概率分布的大部分。通常，处于吸引子的时间与其吸引域的大小有关，吸引域越大，吸引子状态在稳态概率分布中的相对权重就越大。

现在讨论上下文敏感 PBN，只要没有函数切换（如一个新的网络实现），PBN 的行为由当前的布尔网络决定，并将进入其中一个吸引环，直到有切换发生为止。如果发生切换，当前状态就是新的网络实现的起始状态，网络将进入包含当前状态的吸引域所对应的吸引环，然后直到新的切换发生。PBN 的吸引子族是其所有组成网络吸引子的并集。在 PBN 中，各个组成网络的吸引子之间有可能相交；如果不相交，则相应的组成网络也一定不相交。

图 3.8 为一个上下文敏感 PBN 发生函数切换时吸引子的动态行为示意图。图 3.8（a）表示网络函数 $\mathbf{f}_1$ 的吸引环 A_{11} 和 A_{12}，及其对应的吸引域和部分运行轨迹；图 3.8（b）表示网络函数 $\mathbf{f}_2$ 的吸引环 A_{21} 和 A_{22} 及其对应的吸引域；如图 3.8（c）所示，假定当前运行的网络函数为 $\mathbf{f}_2$，将突然切换到 $\mathbf{f}_1$。那么，将来的状态将取决于系统在当前运

行轨迹的位置。在本例中指向 A_{22} 的轨迹为点划线，其前端部分位于 A_{11} 的吸引域，而后端则位于 A_{12} 的吸引域。当函数切换发生在进入 A_{22} 的吸引域的边界之前，它将进入 A_{11}。反之，当函数切换发生在吸引域边界之后，它将进入 A_{12}。由于本例中 A_{22} 实际上完全包含在 A_{12} 的吸引域中，当系统位于 A_{22} 时，一旦发生函数切换，系统将总是进入到 A_{12}。

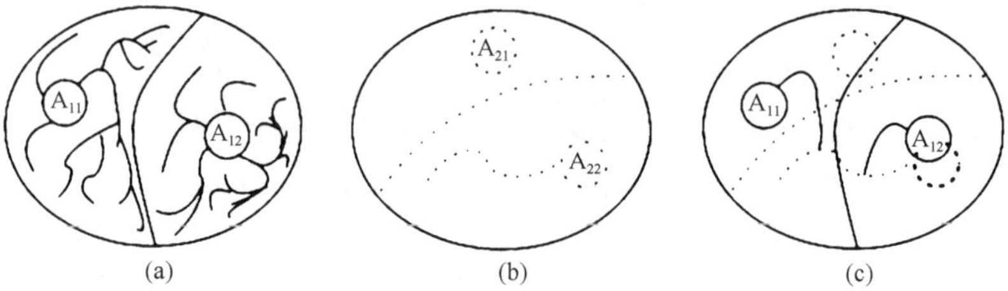

图 3.8 一个上下文敏感 PBN 的动态行为示意图（Brun et al.，2005）

对于有扰动 PBN 模型，平稳分布代表了网络的长期行为。如果切换和扰动概率都非常小，那么吸引子仍将占据大部分的稳态分布概率。这一性质已经用于验证网络推理的正确性（Kim et al.，2002；Zhou et al.，2004），以及推导吸引子状态概率的分析表达式（Brun et al.，2005），下面我们研究这一问题。

由于转移概率 $P[\mathbf{X}_{t+1}=\mathbf{x}\mid\mathbf{X}_t=\mathbf{y}]$ 取决于时刻 t 所选的函数 $\mathbf{f}$，上下文敏感 PBN 的状态 $\mathbf{X}_t$ 并不构成一个齐次马尔可夫链。因此，我们用状态 $(\mathbf{x},\mathbf{f})$ 表示齐次马尔可夫链 $(\mathbf{X}_t,\mathbf{F}_t)$ 的一个状态，从任意时刻 t_0 开始的转移概率为

$$P_{\mathbf{y},\mathbf{g}}(\mathbf{x},\mathbf{f})=P[\mathbf{X}_{t_0+1}=\mathbf{x},\mathbf{F}_{t_0+1}=\mathbf{f}\mid\mathbf{X}_{t_0}=\mathbf{y},\mathbf{F}_{t_0}=\mathbf{g}]$$

稳态概率 $\pi(\mathbf{x})$ 是稳态概率分布 $\pi(\mathbf{x},\mathbf{f})$ 的边缘概率。对于任意时刻 t_0，设

$$P_{\mathbf{y},\mathbf{g}}^{(t)}(\mathbf{x},\mathbf{f})=P[\mathbf{X}_{t_0+t}=\mathbf{x},\mathbf{F}_{t_0+t}=\mathbf{f}\mid\mathbf{X}_{t_0}=\mathbf{y},\mathbf{F}_{t_0}=\mathbf{g}]$$

表示从状态 $(\mathbf{y},\mathbf{g})$ 经过时刻 t 后到达状态 $(\mathbf{x},\mathbf{f})$ 的转移概率。于是，从任意一个状态函数对 $(\mathbf{y},\mathbf{g})$ 开始，马尔可夫链的稳态分布 π 的定义为 $\pi(\mathbf{x},\mathbf{f})=\lim\limits_{t\to\infty}P_{\mathbf{y},\mathbf{g}}^{(t)}(\mathbf{x},\mathbf{f})$。如果发生一个扰动或函数切换、或者二者同时发生，系统将重新启动（restart）。对每个时刻 t，我们定义两个随机变量 $\tau_p(t)$ 和 $\tau_c(t)$，分别表示上一次扰动或函数切换到时刻 t 所经过的时间。随机变量 $\tau(t)=\min(\tau_c(t),\tau_p(t))$ 表示从上次重新启动到时刻 t 所经历的时间。事件 $\tau_p(t)=0$ 和 $\tau_c(t)=0$ 分别表示在时刻 t 发生了扰动或者函数切换。它们分别由概率 p 和 q 确定，并与时刻 t 无关，其表达式分别为 $P[\tau_p(t)=0]=1-(1-p)^n$ 和 $P[\tau_c(t)=0]=q$。对每个时刻 t，如果假定在其之前至少发生过一个扰动，则 $\tau_c(t)$ 的分布为

$$P[\boldsymbol{\tau}(t)=j]=\frac{(1-b)b^j}{1-b^t}\mathbf{1}_{[0\leqslant j\leqslant t-1]}\tag{3.19}$$

其中 $b=(1-q)(1-p)^n$。

由于马尔可夫链的齐次性，以及 $\tau_p(t)=0$和 $\tau_c(t)=0$的概率与时刻 t 无关，我们可以按照扰动和函数切换发生的不同组合，将转移矩阵 $P_{\mathbf{y},\mathbf{f}_l}(\mathbf{x},\mathbf{f}_\mathbf{k})$ 分为四部分。

$$\begin{aligned}&P_{\mathbf{y},\mathbf{f}_l}(\mathbf{x},\mathbf{f}_k)\\&=P[\mathbf{X}_t=\mathbf{x},\mathbf{F}_t=\mathbf{f}_k\mid\mathbf{X}_{t-1}=\mathbf{y},\mathbf{F}_{t-1}=\mathbf{f}_l]\end{aligned}$$

$$= P[\mathbf{X}_t = \mathbf{x}, \mathbf{F}_t = \mathbf{f}_k \mid \mathbf{X}_{t-1} = \mathbf{y}, \mathbf{F}_{t-1} = \mathbf{f}_l, \tau_p(t) > 0, \tau_c(t) > 0] \times P[\tau_p(t) > 0, \tau_c(t) > 0]$$
$$+ P[\mathbf{X}_t = \mathbf{x}, \mathbf{F}_t = \mathbf{f}_k \mid \mathbf{X}_{t-1} = \mathbf{y}, \mathbf{F}_{t-1} = \mathbf{f}_l, \tau_p(t) > 0, \tau_c(t) = 0] \times P[\tau_p(t) > 0, \tau_c(t) = 0]$$
$$+ P[\mathbf{X}_t = \mathbf{x}, \mathbf{F}_t = \mathbf{f}_k \mid \mathbf{X}_{t-1} = y, \mathbf{F}_{t-1} = \mathbf{f}_l, \tau_p(t) = 0, \tau_c(t) > 0] \times P[\tau_p(t) = 0, \tau_c(t) > 0]$$
$$+ P[\mathbf{X}_t = \mathbf{x}, \mathbf{F}_t = \mathbf{f}_k \mid \mathbf{X}_{t-1} = \mathbf{y}, \mathbf{F}_{t-1} = \mathbf{f}_l, \tau_p(t) = 0, \tau_c(t) = 0] \times P[\tau_p(t) = 0, \tau_c(t) = 0]$$

表 3.1 总结了上式 4 种情况下的条件转移矩阵的概率。

表 3.1　4 种情况下的条件转移概率

事件 A	概率 $P(A)$	$P[\mathbf{X}_t=\mathbf{x},\mathbf{F}_t=\mathbf{f}_K \mid \mathbf{X}_{t-1}=\mathbf{y},\mathbf{F}_{t-1}=\mathbf{f}_l,A]$
$\tau_p(t)>0,\tau_c(t)>0$	$(1-p)^n(1-p)$	$\mathbf{1}_{[x=f_l(y)]}\cdot\mathbf{1}_{[k=l]}$
$\tau_p(t)>0,\tau_c(t)=0$	$(1-p)^n q$	$P(\mathbf{F}=\mathbf{f}_k)\cdot\mathbf{1}_{[\mathbf{x}=\mathbf{f}_l(y)]}$
$\tau_p(t)=0,\tau_c(t)>0$	$(1-(1-p)^n)(1-q)$	$\dfrac{p^{\eta(x,y)}(1-p)^{n-\eta(x,y)}}{1-(1-p)^n}\cdot\mathbf{1}_{[\mathbf{x}\neq\mathbf{y}]}\cdot\mathbf{1}_{[k=l]}$
$\tau_p(t)=0,\tau_c(t)=0$	$(1-(1-p)^n)q$	$\dfrac{p^{\eta(x,y)}(1-p)^{n-\eta(x,y)}}{1-(1-p)^n}\cdot P(\mathbf{F}=\mathbf{f}_k)\cdot\mathbf{1}_{[\mathbf{x}\neq\mathbf{y}]}$

表 3.1 的最后三个事件分别对应系统的重启，对任意时刻 t，重启概率 $P^*_{\mathbf{y},\mathbf{f}_l}(\mathbf{x},\mathbf{f}_k)$ 表示重启前状态为 $(\mathbf{y},\mathbf{f}_l)$，重启后状态为 $(\mathbf{x},\mathbf{f}_k)$ 的概率：

$$P^{(*)}_{\mathbf{y},\mathbf{f}_l}(\mathbf{x},\mathbf{f}_k) = P[\mathbf{X}_t = \mathbf{x}, \mathbf{F}_t = \mathbf{f}_k \mid \mathbf{X}_{t-1} = \mathbf{y}, \mathbf{F}_{t-1} = \mathbf{f}_l, \tau(t) = 0]$$

计算稳态概率 $\pi(A_{ki})$ 的方法与计算边缘概率 $\pi(A_{ki},\mathbf{f}_l)$ 的方法一样。首先计算吸引域的稳态概率 $\pi(B_{ki},\mathbf{f}_k)$，其次计算吸引子的稳态概率 $\pi(A_{ki},\mathbf{f}_k)$，最后计算边缘稳态概率 $\pi(A_{ki})$。

稳态概率 $\pi(A_{ki},\mathbf{f}_k)$ 的计算分为三个步骤。

(1) 计算吸引域的稳态概率 $\pi(B_{ki},\mathbf{f}_k)$。

(2) 计算条件概率 $\pi(A_{ki},\mathbf{f}_k \mid B_{ki},\mathbf{f}_k)$。

(3) 估计边缘稳态概率 $\pi(A_{ki})$。

吸引域

下面的定理将吸引域的稳态分布表示为一个线性方程的解，其中线性方程的系数与扰动的概率有关。为此我们引入下面的定义，对任何起始状态-函数对 (**h**, **g**)，设

$$P^*_{Blv,\mathbf{f}l}(B_{ki},\mathbf{f_k}) = \lim_{t\to\infty} P[\mathbf{X}_t \in B_{ki}, \mathbf{F}_t = \mathbf{f}_k \mid \mathbf{X}_{t-1} \in B_{lv}, \mathbf{F}_{t-1} = \mathbf{f}_l, \mathbf{X}_0 = \mathbf{h}, \mathbf{F}_0 = \mathbf{g}, \tau(t) = 0]$$

表示系统重启前位于吸引域 B_{lv} 且运行函数为 $\mathbf{f}_l$，经过一次重启后位于吸引域 B_{ki} 且运行函数为 $\mathbf{f}_k$ 的稳态概率。

定理 3.6　$$\pi(B_{ki},\mathbf{f}_k) = \sum_{l=1}^{r}\sum_{v=1}^{m_l} P^*_{\mathbf{B}_{lv},\mathbf{f}_l}(B_{ki},\mathbf{f}_k)\pi(B_{lv},\mathbf{f}_l)。$$

证明： 由于我们感兴趣的是 $\pi(B_{ki},\mathbf{f}_k) = \lim_{t\to\infty} P^{(t)}_{B_{lv},f_l}(B_{ki},\mathbf{f}_k)$，因此，可以假定在任意时刻 t 之前总发生重启，这样就可以应用式 (3.19)。可以将 $P^{(t)}_h(B_{ki},\mathbf{f}_k)$ 视为概率 $P[\tau(t)=j]$，到达吸引域 B_{ki} 的概率以及时刻 $t-j$ 的函数 $\mathbf{f}_k$（重启后）等因素的函数。对任意起始状态 **h** 及函数 **g**，有

$$\pi(B_{ki},\mathbf{f}_k) = \lim_{t\to\infty} P[\mathbf{X}_t \in B_{ki}, \mathbf{F}_t = \mathbf{f}_k \mid \mathbf{X}_0 = \mathbf{h}, \mathbf{F}_0 = \mathbf{g}]$$

$$=\lim_{t\to\infty}\sum_{j=0}^{\infty}P[\mathbf{X}_t\in B_{ki},\mathbf{F}_t=\mathbf{f}_k\mid\mathbf{X}_0=\mathbf{h},\mathbf{F}_0=\mathbf{g},\tau(t)=j]P[\tau(t)=j]$$

$$\begin{aligned}&=\lim_{t\to\infty}\sum_{j=0}^{\infty}\sum_{l=1}^{r}\sum_{v=1}^{m_l}\\&\quad\times P[\mathbf{X}_t\in B_{ki},\mathbf{F}_t=\mathbf{f}_k\mid\mathbf{X}_0=\mathbf{h},\mathbf{F}_0=\mathbf{g},\tau(t)=j,\mathbf{X}_{t-j-1}\in B_{lv},\mathbf{F}_{t-j-1}=\mathbf{f}_l]\\&\quad\times P[\mathbf{X}_{t-j-1}\in B_{lv},\mathbf{F}_{t-j-1}=\mathbf{f}_l\mid\mathbf{X}_0=\mathbf{h},\mathbf{F}_0=\mathbf{g},\tau(t)=j]P[\tau(t)=j]\end{aligned}$$

$$\begin{aligned}&=\lim_{t\to\infty}\sum_{j=0}^{\infty}\sum_{l=1}^{r}\sum_{v=1}^{m_l}\\&\quad\times P[\mathbf{X}_{t-j}\in B_{ki},\mathbf{F}_{t-j}=\mathbf{f}_k\mid\mathbf{X}_0=\mathbf{h},\mathbf{F}_0=\mathbf{g},\tau(t)=j,\mathbf{X}_{t-j-1}\in B_{lv},\mathbf{F}_{t-j-1}=\mathbf{f}_l]\\&\quad\times P[\mathbf{X}_{t-j-1}\in B_{lv},\mathbf{F}_{t-j-1}=\mathbf{f}_l\mid\mathbf{X}_0=\mathbf{h},\mathbf{F}_0=\mathbf{g},\tau(t)=j]P[\tau(t)=j]\end{aligned}$$

上面的第四个等式利用了这样的事实：如果在时刻 $t-j$，系统进入吸引域 B_{ki} 并运行函数 $\mathbf{f}_k$，那么，此后在时刻 t 之前系统将一直位于该吸引域。原因是 $\tau(t)=j$ 说明在 $t-j$ 到 t 这段时间内没有重启发生。由式（3.19）可以看出，当 t 足够大时，$1-b^t>0.5$。于是对每个 j，求和表达式中每项的上限为 $2\cdot(1-b^t)b^j$。由控制收敛定理，可将极限符号移进，

$$\begin{aligned}\pi(B_{ki},\mathbf{f}_k)&=\sum_{l=1}^{r}\sum_{v=1}^{m_l}\sum_{j=0}^{\infty}P^*_{B_{lv},\mathbf{f}_l}(B_{ki},\mathbf{f}_k)\pi(B_{lv},\mathbf{f}_l)(1-b)b^j\\&=\sum_{l=1}^{r}\sum_{v=1}^{m_l}P^*_{B_{lv},\mathbf{f}_l}(B_{ki},\mathbf{f}_k)\pi(B_{lv},\mathbf{f}_l)\end{aligned}$$

上面第一个等式利用了时刻 $t-j-1$ 位于吸引域的概率与时刻 $t-j$ 的扰动无关的事实。

吸引域稳态分布的表达式取决于未知量 $P^*_{\mathbf{B}_{lv},\mathbf{f}_l}(B_{ki},\mathbf{f}_k)$，下一步就是求它们的近似解。对任何起始状态-函数对 $(\mathbf{h},\mathbf{g})$，设

$$\pi^*(\mathbf{x},\mathbf{f})=\lim_{t\to\infty}P[\mathbf{X}_{t-1}=\mathbf{x},\mathbf{F}_{t-1}=\mathbf{f}\mid\mathbf{X}_0=\mathbf{h},\mathbf{F}_{t-1}=\mathbf{g},\tau(t)=0]$$

为之前发生扰动的条件下，状态 $\mathbf{x}$ 的稳态分布。于是，对任意集合 B 有

$$\pi^*(\mathbf{x},\mathbf{f}\mid B,\mathbf{f})=\lim_{t\to\infty}P[\mathbf{X}_{t-1}=\mathbf{x},\mathbf{F}_{t-1}=\mathbf{f}\mid\mathbf{X}_{t-1}\in B,\mathbf{F}_{t-1}=\mathbf{f},\mathbf{X}_0=h,\tau(t)=0]$$

引理 3.7 $P^*_{\mathbf{B}_{lv},\mathbf{f}_l}(B_{ki},\mathbf{f}_k)=\sum_{\mathbf{x}\in B_{ki}}\sum_{\mathbf{y}\in B_{lv}}P^*_{\mathbf{y},\mathbf{f}_l}(\mathbf{x},\mathbf{f}_k)\pi^*(\mathbf{y},\mathbf{f}_l\mid B_{lv},\mathbf{f}_l)$

证明：对于任何起始状态 $\mathbf{h}$ 及函数 $\mathbf{g}$，有

$$\begin{aligned}&P^*_{B_{lv},\mathbf{f}_l}(B_{ki},\mathbf{f}_k)\\&=\lim_{t\to\infty}\sum_{\mathbf{x}\in B_{ki}}P[\mathbf{X}_t=\mathbf{x},\mathbf{F}_t=\mathbf{f}_k\mid\mathbf{X}_{t-1}\in B_{lv},\mathbf{F}_{t-1}=\mathbf{f}_l,\mathbf{X}_0=\mathbf{h},\mathbf{F}_0=\mathbf{g},\boldsymbol{\tau}(t)=0]\\&=\lim_{t\to\infty}\sum_{\mathbf{x}\in B_{ki}}\sum_{\mathbf{y}\in B_{lv}}\\&\quad\times P[\mathbf{X}_t=\mathbf{x},\mathbf{F}_t=\mathbf{f}_k\mid\mathbf{X}_{t-1}=\mathbf{y},\mathbf{F}_{t-1}=\mathbf{f}_l,\mathbf{X}_0=\mathbf{h},\mathbf{F}_0=\mathbf{g},\boldsymbol{\tau}(t)=0]\\&\quad\times P[\mathbf{X}_{t-1}=\mathbf{y}\mid\mathbf{X}_{t-1}\in B_{lv},\mathbf{F}_{t-1}=\mathbf{f}_l,\mathbf{X}_0=\mathbf{h},\mathbf{F}_0=\mathbf{g},\boldsymbol{\tau}(t)=0]\\&=\lim_{t\to\infty}\sum_{\mathbf{x}\in B_{ki}}\sum_{\mathbf{y}\in B_{lv}}P[\mathbf{X}_t=\mathbf{x},\mathbf{F}_t=\mathbf{f}_k\mid\mathbf{X}_{t-1}=\mathbf{y},\mathbf{F}_{t-1}=\mathbf{f}_l,\boldsymbol{\tau}(t)=0]\\&\quad\times P[\mathbf{X}_{t-1}=\mathbf{y}\mid\mathbf{X}_{t-1}\in B_{lv},\mathbf{F}_{t-1}=\mathbf{f}_l,\mathbf{X}_0=\mathbf{h},\mathbf{F}_0=\mathbf{g},\boldsymbol{\tau}(t)=0]\end{aligned}$$

$$=\sum_{\mathbf{x}\in B_{ki}}\sum_{\mathbf{y}\in B_{lv}}P^{*}_{\mathbf{y},\mathbf{f}_l}(\mathbf{x},\mathbf{f}_k)\pi^{*}(\mathbf{y},\mathbf{f}_l\mid B_{lv},\mathbf{f}_l)$$

第三个等式消除了条件 $\mathbf{X}_0=\mathbf{h}$ 和 $\mathbf{F}_0=\mathbf{g}$，因为有扰动的情况下，转移概率与起始状态函数对无关。

现在就剩下 $\pi^{*}(\mathbf{y},\mathbf{f}_l\mid B_{lv},\mathbf{f}_l)$ 未知，它表示当前系统位于 B_{lv} 且运行函数 $\mathbf{f}_l$，并且下一时刻将发生重启的条件下，状态 $\mathbf{y}$ 的稳态条件概率。如果重启的概率非常小，那么两次重启的时间间隔就很长。对于近似估计，我们可以假定在每次重启之前系统已经到达吸引子。如果系统在时刻 $t-1$ 位于 B_{lv}，且时刻 t 将发生重启，那么我们总是假定在时刻 $t-1$ 系统已经位于 B_{lv} 的吸引子 A_{lv}。这种情况下有下面的近似表达式

$$P[\mathbf{X}_{t-1}=\mathbf{y}\mid\mathbf{X}_{t-1}\in B_{lv},\mathbf{F}_{t-1}=\mathbf{f}_l,\mathbf{X}_0=\mathbf{h},\mathbf{F}_0=\mathbf{g},\boldsymbol{\tau}(t)=0],$$

$$\approx\frac{1}{|A_{lv}|}\mathbf{1}_{[\mathbf{y}\in A_{lv}]}$$

从而得到

$$\pi^{*}(\mathbf{y},\mathbf{f}_l\mid B_{lv},\mathbf{f}_l)\approx\frac{1}{|A_{lv}|}\mathbf{1}_{[y\in A_{lv}]}\tag{3.20}$$

和

$$P^{*}_{\mathbf{B}_{lv},\mathbf{f}_l}(B_{ki},\mathbf{f}_k)\approx\frac{1}{|A_{lv}|}\sum_{\mathbf{x}\in B_{ki}}\sum_{\mathbf{y}\in B_{lv}}P^{*}_{\mathbf{y},\mathbf{f}_l}(\mathbf{x},\mathbf{f}_k)$$

如果定义 $C_{ki,lv}$ 为

$$C_{ki,lv}=\frac{1}{|A_{lv}|}\sum_{\mathbf{x}\in B_{ki}}\sum_{\mathbf{y}\in B_{lv}}P^{*}_{\mathbf{y},\mathbf{f}_l}(\mathbf{x},\mathbf{f}_k)\tag{3.21}$$

那么

$$\pi(B_{ki},\mathbf{f}_k)\approx\sum_{l=1}^{r}\sum_{v=1}^{m_l}C_{ki,lv}\pi(B_{lv},\mathbf{f}_l)\tag{3.22}$$

利用随机矩阵 $C_{ki,lv}$ 的平稳概率向量，式（3.21）和式（3.22）给出了稳态概率向量 $\pi(B_1),\cdots,\pi(B_m)$ 的一个近似估计。

吸引子

由于有

$$\pi(A_{ki},\mathbf{f}_k)=\pi(A_{ki},\mathbf{f}_k\mid B_{ki},\mathbf{f}_k)\pi(B_{ki},\mathbf{f}_k)u$$

和

$$\pi(A_{ki},\mathbf{f}_k\mid B_{ki},\mathbf{f}_k)=\lim_{t\to\infty}P^{(t)}_{\mathbf{h},\mathbf{g}}(A_{ki},\mathbf{f}_k\mid B_{ki},\mathbf{f}_k)$$

一旦得到稳态概率 $\pi(B_{ki},\mathbf{f}_k)$，就可计算稳态概率 $\pi(A_{ki},\mathbf{f}_k)$。要得到 $\pi(A_{\mathrm{k}})$ 的表达式，需要证明以下的引理和定理。

引理 3.8 *给定吸引域 B_{ki}，起始状态 $\mathbf{h}$，起始函数 $\mathbf{g}$，常量 $j>0$ 以及状态 $\mathbf{x}\in B_{ki}$，有*

$$\lim_{t\to\infty}P[\mathbf{X}_{t-j}=\mathbf{x},\mathbf{F}_{t-j}=\mathbf{f}_k\mid\mathbf{X}_{t-j}\in B_{ki},\mathbf{F}_{t-j}=\mathbf{f}_k,\mathbf{X}_0=\mathbf{h},\mathbf{X}_0=\mathbf{g},\tau(t)=j]$$

$$=\frac{1}{\pi(B_{ki},\mathbf{f}_k)}\sum_{l=1}^{r}\sum_{v=1}^{m_i}\sum_{\mathbf{y}\in B_{lv}}P^{*}_{y,\mathbf{f}_l}(\mathbf{x},\mathbf{f}_k)\pi^{*}(\mathbf{y},\mathbf{f}_l\mid B_{lv},\mathbf{f}_l)\pi(B_{lv},\mathbf{f}_l)$$

证明： 设 L 是上述引理的极限，我们将概率分解为 $\tau(t)$ 的所有可能的取值。对于

任意状态 $\mathbf{x} \in B_{ki}$，有

$$L = \lim_{t\to\infty} \frac{P[\mathbf{X}_{t-j} = \mathbf{x}, \mathbf{F}_{t-j} = \mathbf{f}_k \mid \mathbf{X}_0 = \mathbf{h}, \mathbf{X}_0 = \mathbf{g}, \boldsymbol{\tau}(t) = j]}{P[\mathbf{X}_{t-j} \in B_{ki}, \mathbf{F}_{t-j} = \mathbf{f}_k \mid \mathbf{X}_0 = \mathbf{h}, \mathbf{X}_0 = \mathbf{g}, \boldsymbol{\tau}(t) = j]}$$

$$= \frac{1}{\pi(B_{ki}, \mathbf{f}_k)} \lim_{t\to\infty} P[\mathbf{X}_{t-j} = \mathbf{x}, \mathbf{F}_{t-j} = \mathbf{f}_k \mid \mathbf{X}_0 = \mathbf{h}, \mathbf{X}_0 = \mathbf{g}, \boldsymbol{\tau}(t) = j]$$

$$= \frac{1}{\pi(B_{ki}, \mathbf{f}_k)} \lim_{t\to\infty} \sum_{l=1}^{r} \sum_{v=1}^{m_l} \sum_{\mathbf{y}\in B_{lv}}$$

$$\times P[\mathbf{X}_{t-j} = \mathbf{x}, \mathbf{F}_{t-j} = \mathbf{f}_k \mid \mathbf{X}_{t-j-1} = \mathbf{y}, \mathbf{F}_{t-j-1} = \mathbf{f}_l, \mathbf{X}_0 = \mathbf{h}, \mathbf{X}_0 = \mathbf{g}, \tau(t) = j]$$

$$\times P[\mathbf{X}_{t-j-1} = \mathbf{y}, \mathbf{F}_{t-j-1} = \mathbf{f}_l \mid \mathbf{X}_{t-j-1} \in B_{lv}, \mathbf{F}_{t-j-1} = \mathbf{f}_l, \mathbf{X}_0 = \mathbf{h}, \mathbf{X}_0 = \mathbf{g}, \tau(t) = j]$$

$$\times P[\mathbf{X}_{t-j-1} \in B_{lv}, \mathbf{F}_{t-j-1} = \mathbf{f}_l \mid \mathbf{X}_0 = \mathbf{h}, \mathbf{X}_0 = \mathbf{g}, \tau(t) = j]$$

$$= \frac{1}{\pi(B_{ki}, \mathbf{f}_k)} \sum_{l=1}^{r} \sum_{v=1}^{m_l} \sum_{\mathbf{y}\in B_{lv}} P^*_{\mathbf{y},\mathbf{f}_l}(\mathbf{x}, \mathbf{f}_k) \pi^*(\mathbf{y}, \mathbf{f}_l \mid B_{lv}, \mathbf{f}_l) \pi(B_{lv}, \mathbf{f}_l)$$

第二个等式利用了系统在吸引域 B_{lv} 的概率很可能与前一个重启时间或下一个重启时间（这里指 j）无关的事实。最后一个等式利用变量替换 $t' = t - j$，将极限引入到乘积项，然后再次使用了重启时的转移概率与起始点 $(\mathbf{h}, \mathbf{g})$ 无关的事实。

引理 3.9 设 $\delta(\mathbf{x}, A_k)$ 表示网络 $\mathbf{f}$ 从状态 $\mathbf{x}$ 到达吸引子 A_k 所需的迭代次数，那么，对任意状态 $\mathbf{x} \in A_k$ 及 $b < 1$，有

$$\sum_{j=\delta(\mathbf{x},A_k)}^{\infty} (1-b) b^j = b^{\delta(\mathbf{x},A_k)}$$

证明：

$$\sum_{j=\delta(\mathbf{x},A_k)}^{\infty} (1-b) b^j = 1 - \sum_{j=0}^{\delta(\mathbf{x},A_k)-1} (1-b) b^j = 1 - (1-b) \frac{1 - b^{\delta(\mathbf{x},A_k)}}{1-b}$$

定理 3.10

$$\pi(A_{ki}, \mathbf{f}_k) = \sum_{l=1}^{r} \sum_{v=1}^{m_l} \Big[\sum_{\mathbf{x}\in B_{ki}} \sum_{\mathbf{y}\in B_{lv}} P^*_{\mathbf{y},\mathbf{f}_l}(\mathbf{x}, \mathbf{f}_k) \pi^*(\mathbf{y}, \mathbf{f}_l \mid B_{lv}, \mathbf{f}_l) b^{\delta(\mathbf{x},A_{ki})} \Big] \pi(B_{lv}, \mathbf{f}_l) \quad (3.23)$$

证明： 证明该定理的方法是将 $P^{(t)}_{\mathbf{h},\mathbf{g}}(A_{ki}, \mathbf{f}_k \mid B_{ki}, \mathbf{f}_k)$ 分解为随机变量 $\tau(t)$ 的所有可能的取值，并利用在两次重启之间系统不可能离开吸引域 B_{ki} 的事实。如果在时刻 $t-j$ 系统到达吸引域 B_{ki} 并运行函数 $\mathbf{f}_k$，由于在时刻 $t-j$ 到 t 之间没有重启发生（j 为上次重启到 t 之间的时间），那么至少在时刻 t 之前系统不会离开该吸引域。因此，下面第三个等式中用 $\mathbf{X}_{t-j} \in B_{ki}$ 替换 $\mathbf{X}_t \in B_{ki}$，因为它们属于同一事件。此外，将事件 $\mathbf{X}_{t-j} \in B_{ki}$ 分解为所有可能的起始状态 $\mathbf{x} \in B_{ki}$。

$$\pi(\mathbf{A}_{ki}, \mathbf{f}_k)$$

$$= \pi(B_{ki}, \mathbf{f}_k) \lim_{t\to\infty} P^{(t)}_{\mathbf{h},\mathbf{g}}(A_{ki}, \mathbf{f}_k \mid B_{ki}, \mathbf{f}_k)$$

$$= \pi(B_{ki}, \mathbf{f}_k)$$

$$\lim_{t\to\infty} \sum_{j=0}^{\infty} P[\mathbf{X}_t \in A_{ki}, \mathbf{F}_t = \mathbf{f}_k \mid \mathbf{X}_t \in B_{ki}, \mathbf{F}_t = \mathbf{f}_k, \mathbf{X}_0 = \mathbf{h}, \mathbf{F}_0 = \mathbf{g}, \tau(t) = j]$$

$$P[\tau(t) = j]$$

$$= \pi(B_{ki}, \mathbf{f}_k)$$

$$\times \lim_{t \to \infty} \sum_{j=0}^{\infty} \sum_{\mathbf{x} \in B_{ki}} P[\mathbf{X}_t \in A_{ki}, \mathbf{F}_t = \mathbf{f}_k \mid \mathbf{X}_{t-j} = \mathbf{x}, \mathbf{F}_{t-j} = f_k, \mathbf{X}_0 = \mathbf{h}, \mathbf{F}_0 = \mathbf{g}, \tau(t) = j]$$

$$\times P[\mathbf{X}_{t-j} = \mathbf{x} \mid \mathbf{X}_{t-j} \in B_{ki}, \mathbf{F}_{t-j} = \mathbf{f}_k, \mathbf{X}_0 = \mathbf{h}, \mathbf{F}_0 = \mathbf{g}, \tau(t) = j] P[\tau(t) = j]$$

对每个状态 $\mathbf{x}$，只要 $\mathbf{x}$ 与吸引子 A_{ki} 之间的距离（运行轨迹长度）小于 j，即 $j \geqslant \delta(\mathbf{x}, A_k)$，那么系统必定会到达 A_{ki}（$f^j(\mathbf{x}) \in A_{ki}$）。因此，利用示性函数 $\mathbf{1}_{j \geqslant \delta(\mathbf{x}, A_k)}$ 有

$$\pi(A_{ki}, \mathbf{f}_k) = \pi(B_{ki}, \mathbf{f}_k) \sum_{j=0}^{\infty} \sum_{\mathbf{x} \in B_{ki}} \mathbf{1}_{[j \geqslant \delta(\mathbf{x}, A_{ki})]}$$

$$\times \lim_{t \to \infty} P[\mathbf{X}_{t-j} = \mathbf{x} \mid \mathbf{X}_{t-j} \in B_{ki}, \mathbf{F}_{t-j} = \mathbf{f}_k, \mathbf{X}_0 = \mathbf{h}, \mathbf{F}_0 = \mathbf{g}, \tau(t) = j]$$

$$\times \lim_{t \to \infty} P[\tau(t) = j]$$

如果 t 很大，$P[\tau(t) = j]$ 的上限为 $2 \cdot (1-b)b^j$，应用控制收敛定理即可完成证明。将极限符号移入求和符号，然后应用引理 3.8 和引理 3.9，有

$$\pi(A_{ki}, \mathbf{f}_k) = \pi(B_{ki}, \mathbf{f}_k) \sum_{j=0}^{\infty} \sum_{\mathbf{x} \in B_{ki}} \mathbf{1}_{[j \geqslant \delta(\mathbf{x}, A_{ki})]}$$

$$\times \left[\frac{1}{pi(B_{ki} . \mathbf{f}_k)} \sum_{l=1}^{r} \sum_{v=1}^{m_l} \sum_{\mathbf{y} \in B_{lv}} P^*_{\mathbf{y}, \mathbf{f}l}(\mathbf{x}, \mathbf{f}_k) \pi^*(\mathbf{y}, \mathbf{f}_l \mid B_{lv}, \mathbf{f}_l) \pi(B_{lv}, \mathbf{f}_l) \right] (1-b) b^j$$

$$= \sum_{\mathbf{x} \in B_{ki}} \left[\sum_{l=1}^{r} \sum_{v=1}^{m_l} \sum_{\mathbf{y} \in B_{lv}} P^*_{\mathbf{y}, \mathbf{f}l}(\mathbf{x}, \mathbf{f}_k) \pi^*(\mathbf{y}, \mathbf{f}_l \mid B_{lv}, \mathbf{f}_l) \pi(B_{lv}, \mathbf{f}_l) \right] \sum_{j \geqslant \delta(\mathbf{x}, A_{ki})}^{\infty} (1-b) b^j$$

$$= \sum_{l=1}^{r} \sum_{v=1}^{m_l} \left[\sum_{\mathbf{x} \in B_{ki}} \sum_{\mathbf{y} \in B_{lv}} P^*_{\mathbf{y}, \mathbf{f}l}(\mathbf{x}, \mathbf{f}_k) \pi^*(\mathbf{y}, \mathbf{f}_l \mid B_{lv}, \mathbf{f}_l) b^{\delta(\mathbf{x}, A_{ki})} \right] \pi(B_{lv}, \mathbf{f}_l)$$

最后，由于 $\pi^*(\mathbf{y}, \mathbf{f}_l \mid B_{lv}, \mathbf{f}_l)$ 未知，当重启概率 $q(1-(1-p)^n)$ 很小时，可以使用式（3.24）近似 $\pi(A_{ki}, \mathbf{f}_k)$

$$\pi(A_{ki}, \mathbf{f}_k) \approx \sum_{l=1}^{r} \sum_{v=1}^{m_l} \frac{1}{|A_{lv}|} \left[\sum_{\mathbf{x} \in B_{ki}} \sum_{\mathbf{y} \in B_{lv}} P^*_{\mathbf{y}, \mathbf{f}l}(\mathbf{x}, \mathbf{f}_k) b^{\delta(\mathbf{x}, A_{ki})} \right] \pi(B_{lv}, \mathbf{f}_l) \tag{3.24}$$

一旦知道吸引子-函数对 $(A_{ki}, \mathbf{f}_k)$ 的稳态概率，就可以求在布尔函数 $\mathbf{f}_k$ 的吸引子 A_{ki} 的稳态概率 $\pi(A_{ki})$。由于使用其他函数 $\mathbf{f}_l (l \neq k)$ 也可进入吸引子 A_{ki}，这一吸引子的稳态概率为

$$\pi(A_{ki}) = \sum_{l=1}^{r} (A_{ki}, \mathbf{f}_l)$$

式（3.23）和式（3.24）给出了仅当 $l = k$ 时，网络函数为 $\mathbf{f}_l$ 且位于吸引子 A_{ki} 的稳态概率 $\pi(A_{ki}, \mathbf{f}_l)$。现在需要计算 $l \neq k$ 时的稳态概率 $\pi(A_{ki}, \mathbf{f}_l)$，再次假设系统几乎总是位于某个吸引子，即 $A_{li}, i = 1, 2, \cdots, m_l$ 是对状态空间 $\mathbf{X}$ 的一个划分，使用近似式

$$\pi(A_{ki}, \mathbf{f}_l \mid A_{lj}, \mathbf{f}_l) \approx \frac{|A_{ki} \cap A_{lj}|}{|A_{lj}|} \tag{3.25}$$

$\pi(A_{ki}, \mathbf{f}_l)$ 可以近似为

$$\pi(A_{ki}, \mathbf{f}_l) \approx \sum_{j=1}^{m_l} \frac{|A_{ki} \cap A_{lj}|}{|A_{lj}|} \pi(A_{lj}, \mathbf{f}_l)$$

$$\approx \sum_{j=1}^{m_l} \pi(A_{ki}, \mathbf{f}_l \mid A_{lj}, \mathbf{f}_l) \pi(A_{lj}, \mathbf{f}_l) \tag{3.26}$$

式（3.26）对 $l=k$ 也成立，因为当 $i\neq j$ 时，有 $A_{ki}\cap A_{kj}=\phi$。因此，吸引子的边缘稳态概率可以近似为

$$\pi(A_{ik})\approx\sum_{l=1}^{r}\sum_{j=1}^{m_l}\frac{|A_{ki}\cap A_{lj}|}{|A_{lj}|}\pi(A_{lj},\mathbf{f}_l)\tag{3.27}$$

吸引子的并集

式（3.27）是吸引子稳态概率的表达式。布尔模型中由于吸引子互不相交，它表示吸引子的并集。而在 PBN 中吸引子有可能交集，因此在应用概率中的加法原理之前，首先要得到吸引子交集的稳态概率。以其中一个吸引子作为条件，可以得到

$$\pi(\bigcap_{u=1}^{n}A_{k_u,i_u})=\pi(\bigcap_{u=1}^{n-1}A_{k_u,i_u}|A_{k_n,i_n})\pi(A_{k_n,i_n})$$

上式可近似表示为

$$\pi(\bigcap_{u=1}^{n}A_{k_u,i_u})\approx\frac{|\bigcap_{u=1}^{n}A_{k_u,i_u}|}{|A_{k_n,i_n}|}\pi(A_{k_n,i_n})\tag{3.28}$$

如果两个 k_u 一样，则它们吸引子的交集为空，相应的概率就为 0。由于式（3.28）中的条件可以是交集中的任一个吸引子，并且近似的准确性取决于条件概率的估计，为了避免出现估计误差太大的情况，我们取交集中所有吸引子的均值作为最终的估计

$$\pi(\bigcap_{u=1}^{n}A_{k_u,i_u})\approx\frac{1}{n}\sum_{j=1}^{n}\frac{|\bigcap_{u=1}^{n}A_{k_u,i_u}|}{|A_{k_j,i_j}|}\pi(A_{k_j,i_j})$$

其中吸引子概率的定义见式（3.27）。利用加法原理得

$$\pi(\bigcup_{u=1}^{n}A_{ku,i_u})=\sum_{u=1}^{n}\pi(A_{ku,i_u})+\sum_{v=2}^{n}(-1)^{v+1}\sum_{1\leqslant u_1<u_2<u_3<\cdots<u_v\leqslant n}\pi(\bigcap_{w=1}^{v}A_{k_{uw},i_{uw}})$$

$$\approx\sum_{u=1}^{n}\pi(A_{ku,i_u})+\sum_{v=2}^{n}(-1)^{v+1}\frac{1}{n}\sum_{1\leqslant u_1<u_2<u_3<\cdots<u_v\leqslant n}\sum_{j=1}^{v}\frac{|\bigcap_{w=1}^{v}A_{k_{uw},i_{uw}}|}{|A_{k_{uj},i_{uj}}|}\pi(A_{k_{uj}}i_{uj})$$

3.2.4 暂态随机 PBN 的稳态分析

如前所述，PBN 动力学分析的一个主要目的是确定其长期稳态行为。稳态行为在很多方面都非常重要，如例 3.5 中，为了计算（长期的）影响力，就必须知道稳态分布。再看另外一个例子，假如希望知道几个选定基因的长期联合行为，即它们联合分布的极限。这种信息可以回答如下这类问题：从长远看，基因 A 表达的概率是多少；或者从长远看，基因 B 和基因 C 同时表达的概率是多少。要回答这类问题就必须进行稳态分析。

蒙特卡罗模拟是一种确定稳态概率的有效方法。其中一个关键问题是 PBN 的马尔可夫链的收敛速率，它对确保马尔可夫链进入平稳状态至关重要。

大多数稳态分析方法都是利用状态转移矩阵。对于 PBN，主要包括构造状态转移矩阵 **A**（定理 3.5）及应用数值分析方法。这些方法包括迭代、投影、分解及其他各种方法（Stewart，1994）。然而，不幸的是，由于 PBN 的状态空间随基因个数呈指数增长，基于矩阵的数值分析方法并不适用于大型网络的稳态分析。

值得庆幸的是，马尔可夫链蒙特卡罗（MCMC）方法可以用于状态空间非常大的

实际应用问题，如图像处理中的马尔可夫随机场建模（Winkler，1995），这种方法常常能够得到高效的仿真和估计结果。因此，蒙特卡罗方法代表了另外一种求解稳态分布的可行方法。它的主要过程可以简述为：首先运行马尔可夫链足够长的时间，直到它收敛到平稳分布；然后观察这一过程各状态所占的时间比例，它们就代表了我们感兴趣的信息，如几个给定基因的联合分布。这种方法的关键是收敛性，它在很大程度上取决于扰动概率 p。通常 p 越大，收敛速度越快。但是，p 太大就失去了生物意义。

为了应用蒙特卡罗方法进行 PBN 的马尔可夫链的长期特性分析，我们必须能够估计这一过程的收敛速率。只有确信它已经平稳分布，才能开始收集感兴趣的信息。常用的收敛性准则是转移概率矩阵的第二大特征值。不幸的是，即使是中等规模的基因网络，转移矩阵特征值的计算也不现实。因此，确定达到满意的收敛性所必需的迭代次数也有助于问题的解决。一种估计迭代次数范围的方法是根据马尔可夫链的最小化条件（minorization condition）（Rosenthal，1995）建立的。Shmulevich 等（2003）讨论了这一方法在 PBN 中的应用，然而结果表明，即使对扰动和转移概率设定一些假设，也无法得到一个收敛性的有效范围。因此，下面我们讨论稳态分布收敛性的诊断。

收敛性诊断

实际应用中，必须能够凭经验判断何时停止马尔可夫链的运行，并由此进行分布的估计。为此，已经有很多现成的诊断方法可供选择（Cowles and Carlin，1996；Robert，1995），如柯尔莫诺夫-斯米尔诺夫检验，这种非参数的稳定性检验可以用来评价收敛性。

柯尔莫诺夫-斯米尔诺夫检验

当马尔可夫链平稳后，对于任意时间 k_1 和 k_2，分布 $\pi^{(k_1)}$ 和 $\pi^{(k_2)}$ 将永远相同。因此，对于样本 $\mathbf{x}^{(1)},\cdots,\mathbf{x}^{(T)}$，可以比较其前半部分 $\mathbf{x}^{(1)},\cdots,\mathbf{x}^{(T/2)}$ 和后半部分 $\mathbf{x}^{(T/2+1)},\cdots,\mathbf{x}^{(T)}$。为了校正非独立同分布（相关的）样本的影响，我们引入“组大小”（batch size）G 来构建两个准独立的样本集（Robert and Casella，1999）。选定两个子样本集 $\mathbf{x}_1^{(G)},\mathbf{x}_1^{(2G)},\cdots$ 和 $\mathbf{x}_2^{(G)},\mathbf{x}_2^{(2G)},\cdots$，利用带字典序的柯尔莫诺夫-斯米尔诺统计量定义如下的指标。

$$K=\frac{1}{M}\max_{\eta}\left|\sum_{g=1}^{M}1_{[0\cdots0,\eta]}(\mathbf{x}_1^{(gG)})-\sum_{g=1}^{M}1_{[0\cdots0,\eta]}(\mathbf{x}_2^{(gG)})\right| \tag{3.29}$$

其中，最大值是指在整个状态空间，即 n 维布尔超立方体的顶点。由于 $\sqrt{M}K$ 的累积分布函数为 $R(x)=1-\sum_{k=1}^{\infty}(-1)^{k-1}e^{-2k^2x^2}$（Robert and Casella，1999），可对每个 T 计算相应的 p 值，直到它达到期望的水平。

只要将式（3.29）中的状态向量 $\mathbf{x}_1^{(gG)}$ 和 $\mathbf{x}_2^{(gG)}$ 替换为第 j_1 个，…，第 j_m 个坐标轴的向量，并将 η 域修改为这些坐标轴上的超立方体，该方法也可以用来评价基因组 $j_1,\cdots,j_m$ 的收敛性。如果仅仅对第一个基因的分布感兴趣，如 $\pi(\mathbf{x}(1)=0)$，式（3.29）中的最大值就退化为两个样本在第一个坐标轴上 0 的个数的绝对差异。

二状态马尔可夫链方法

另外一种由 Raftery 和 Lewis 提出的方法也可用于评价 PBN 稳态分布的收敛性（Shmulevich et al.，2003）。其基本思想是将马尔可夫链的收敛性简化为一个二状态马尔可夫链的收敛性。如果想知道事件｛基因 A 开且基因 B 关｝的稳态概率，整个状态空间可划分为两个不相交的集合：一个表示该事件发生的所有状态的子集，另一个表示该事件不发生的所有状态的子集。现在我们研究与这两个子集对应的“元状态”，尽管这些“元状态”的序列本身并不是一个马尔可夫链，如果每次从原马尔可夫链中取 k 个状态进行采样，则它可近似为一阶马尔可夫链。实践中通常将 k 设为 1，即没有任何状态丢失，并且这些“元状态”序列可近似看作一个转移概率分别为 α 和 β 的齐次马尔可夫链，状态转移图如图 3.9 所示，详细情况请参考相关文献（Raftery and Lewis，1992）。

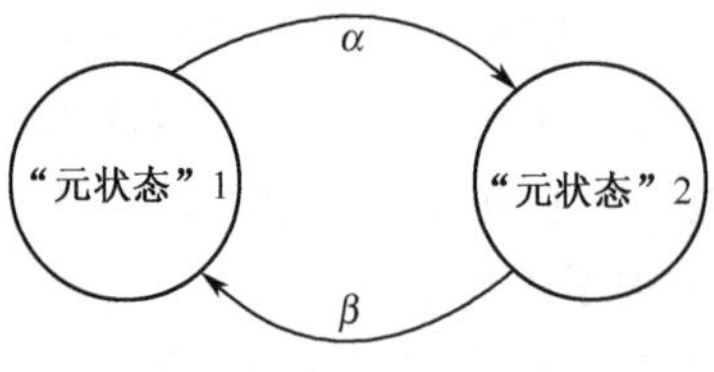

图 3.9　转移概率为 α 和 β 的两个“元状态”的示意图（Raftery and Lewis，1992）

利用二状态马尔可夫链的标准结果可知，“调试”时间 m_0（到达平稳状态所需的迭代次数）满足

$$m_0 \geqslant \log\left(\frac{\varepsilon(\alpha+\beta)}{\max(\alpha,\beta)}\right)/\log(1-\alpha-\beta) \tag{3.30}$$

下面的例子中我们设 $\varepsilon = 0.001$。此外，达到目标精度 r 所需的最小迭代次数 v 满足

$$v = \frac{\alpha\beta(2-\alpha-\beta)}{(\alpha+\beta)^3}\left(\frac{r}{\phi\left(\frac{1}{2}(1+s)\right)}\right)^{-2} \tag{3.31}$$

式中，$\phi(\cdot)$ 表示标准正态累积分布函数，并且我们设 $r = 0.01$，参数 s 取值 0.95。有关参数 ε、r 以及 s 的准确定义见文献（Raftery and Lewis，1992）。由于转移概率 α 和 β 未知，剩下的问题就是如何估计它们的值。首先执行一个测试过程估计 α 和 β，并计算相应的 m_0 和 v，然后根据计算的 m_0 和 v 再次执行测试过程，重新估计 α 和 β，重复上述过程直到计算的 m_0 和 v 小于总的迭代次数为止。这种方法已经用于一些基因的稳态概率的计算（Shmulevich et al.，2003）。

分析实例

利用人类胶质瘤基因表达数据集（Fuller et al.，1999），Shmulevich 等（2003）构建了一个有 15 个基因的子网络。该网络原本共包含 597 个基因，当初采用的推理方法为确定性系数法（Dougherty et al.，2000）。Hashimoto 等（2004）提出了一个基于“种子”基因的子网络构建算法，“种子”基因选择的依据是基因的影响力，并确保最终的子网络在功能上完全独立于其他基因。本章后面还将讨论这一算法。

我们分析了 Tie-2 和 NFκB、Tie-2 和 TGFB3、TGFB3 和 NFκB 三对基因的联合稳态概率。以基因 Tie-2 和 NFκB 为例，根据二状态马尔可夫链方法，首先运行 10 000 次的迭代检验，得到调试时间 $m_0 = 87$，总的迭代次数 $v = 48\,268$，由此估计的转移概率 α 和 β 都约等于 0.03。将扰动概率设为 $p = 0.001$，然后再运行 38 268 次，重新计算得到 m_0 和 v 的值分别为 91 和 50 782。对于给定的精度，现在仅需运行 3000 次就足以确定这两个基因的稳态分布。这三对基因的稳态概率见表 3.2，图 3.10 是这三对基因所有可能的联合稳态概率的柱状图。

表 3.2　几对基因的稳态分析结果

Tie-2	NFκB	百分比	Tie-2	TGFB3	百分比	TGFB3	NFκB	百分比
Off	Off	15.68	Off	Off	14.75	Off	Off	10.25
Off	On	41.58	Off	On	42.50	Off	On	12.47
On	Off	9.21	On	Off	7.96	On	Off	14.64
On	On	31.53	On	On	32.78	On	On	60.65

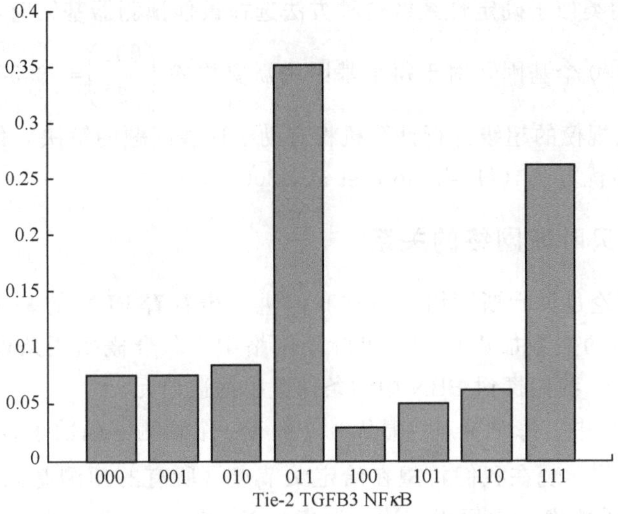

图 3.10　基因 Tie-2、TGFB3 和 NFκB 的所有状态的稳态分析。柱状图表示对于状态的联合概率。基因的组合为二进制编码，如 010 表示 Tie-2 关闭、TGFB3 打开、NFκB 关闭

Tie-2 是酪氨酸激酶的受体，主要在血管内皮细胞中表达。它有两个配体，血管生成素 1 和血管生成素 2，它们结合在一起调控血管的形成（Sato et al., 1993），这一过程对胚胎的发育和肿瘤的形成都非常重要。其他与血管形成相关的调控子还有 VEGF 和 VEGF 受体，在神经胶质瘤的早期形成阶段，它们通常处于过表达状态（Cheng et al., 1996）。尽管还没有实验支持在胶质瘤发展过程经常处于激活状态的转录因子 NFκB 直接转录调控这些调控子（Hayashi et al., 2001），然而我们的分析结果表明 NFκB 至少间接影响 Tie-2 的表达。由表 3.2 可以看出，当基因 NFκB 处于打开状态时，基因 Tie-2 也打开的百分比约为 31.53/（41.58＋31.53）＝43％。对于这一结果，我们并不感到意外，原因是 Tie-2 仅是神经胶质瘤形成过程中影响血管形成的调控子之一，这与它的长期（稳态）表达分析结果（约 40％）一致。相反，基因 NFκB 处于打开的时间百分比为 73％，说明它的活性对神经胶质瘤形成过程必不可少。

比较表 3.2 中的第 3 列和第 6 列，我们发现：Tie-2 和 TGFB3 之间也有类似的关系。这暗示 TGFB3 和 NFκB 的关系更紧密，表 3.2 的最后 3 列也说明了这一点（有 60％的时间，它们同时处于打开状态）。这种关系的可能性很大，原因是 NFκB 直接调控 TGFB3 的等位基因 TGFB1（Arsura et al., 1996）。此外，最近 Strauch 等（2003）的研究表明，NFκB 确实调控 TGFB3 的表达（以及细胞的迁移）。

其他说明

PBN 的稳态分析是一个非常重要的问题，即使是 $n=20$，要分析一个 $2^{20}\times 2^{20}$ 的矩阵也非常困难。当 n 更大时，实现该分析就更不现实。蒙特卡罗方法则没有这方面的问题，只要确信 PBN 的马尔可夫链收敛到平衡分布即可。此外，就基因的个数而言，蒙特卡罗方法的可扩展性也很好。尽管状态空间随 n 呈指数增长，我们仍然可以进行有效的稳态分析。即便是对于 $512\times 512=2.6214\times 10^5$ 个像素点（二值模型下其状态空间也将达到 10^{78912} 数量级）的图像处理问题，MCMC 方法仍然有效。实际上，更大的挑战是推理过程。采用类似于确定性系数这种方法选择最佳预测器基因时，将会面临组合爆炸问题：假设有 600 个基因，对于每个基因将需要检验 $\binom{600}{3}=3.582\times 10^7$ 个可能的 3-基因预测器。大规模的超级并行计算机将有助于这些问题的解决，但是，目前已出现了一些有效的次最优方法（Hashimoto et al.，2003）。

3.2.5 PBN 与贝叶斯网络的关系

3.1 节已经讨论过贝叶斯网络，现在我们进一步看看 PBN 的基本构造单元，在此基础上对两种模型的关系加以说明。贝叶斯网络中，联合概率用条件概率的乘积表示［式（3.1）］。现在，我们探讨 PBN 中的条件概率构造单元。

回忆一下 PBN 中，每个节点（基因）x_i 都有一个预测器函数集合 F_i 及相应的函数选择概率 $c_1^{(i)},\cdots,c_{l(i)}^{(i)}$。现在我们希望在给定父节点（所有的预测基因集合）的情况下，计算基因 X_i 的条件概率。为便于叙述，设集合 $X_j^{(i)}\subseteq\{x_1,\cdots,x_n\}(j=1,\cdots,l(i))$ 表示基因 x_i 的预测器 $f_j^{(i)}$ 的变量集合。那么，集合

$$\mathrm{Pa}(x_i)=\bigcup_{j=1}^{l(i)}X_j^{(i)}$$

就是预测基因 x_i 的所有变量集合，即它的父节点。为表示方便，通过增加“虚假”变量的方法将 $\mathrm{Pa}(x_i)$ 扩展为该基因的所有预测器的变量。当然，从计算的角度，并不需要这种处理。于是，给定预测器 $f_j^{(i)}$，$X_i=1$ 的条件概率

$$P\{X_i=1\mid f_j^{(i)}\text{ is used}\}=\sum_{\mathbf{x}\in\{0,1\}^{|\mathrm{Pa}(x_i)|}}D_i(\mathbf{x})f_j^{(i)}(\mathbf{x})\tag{3.32}$$

式中，$D_i(\mathbf{x})$表示 $\mathrm{Pa}(x_i)$ 中所有变量的联合分布。因为是二值情况，式（3.32）也可理解为给定预测器 $f_j^{(i)}$ 的情况下 X_i 的条件期望。实际计算过程只需要考虑 $f_j^{(i)}$ 的变量，去除整个联合分布 $D(\mathbf{x})$中的“虚假”变量，即可得到 $f_j^{(i)}$ 中变量的联合分布。此外，式（3.32）也可通过联合分布和预测器真值表之间的向量乘积计算得到。

我们的最终目标是计算 $P\{X_i=1\}$，由于 $c_j^{(i)}=P\{f_j^{(i)}\text{ is used}\}$，于是

$$\begin{aligned}P\{X_i=1\}&=\sum_{j=1}^{l(i)}P\{X_i=1\mid f_j^{(i)}\text{ is used}\}\cdot c_j^{(i)}\\&=\sum_{j=1}^{l(i)}c_j^{(i)}\cdot\sum_{\mathbf{x}\in\{0,1\}^{|\mathrm{Pa}(x_i)|}}D_i(\mathbf{x})f_j^{(i)}(\mathbf{x})\end{aligned}\tag{3.33}$$

由式（3.33）可以看出，目标基因 X_i 的概率可表示为预测器的选择概率和预测基因（父基因）的联合分布的乘积。由于 PBN 本质上是时序模型，为进一步研究两者之间的

关系，我们需要考虑 DNB。Lähdesmäki 等（2006）的研究表明，在它们的公共变量域上，PBN 和 DBN 的某个子类代表相同的联合概率分布。

现在我们希望计算有限时间步（如 T 步）内所有变量的联合分布 $\{\mathbf{X}(i):0\leqslant i\leqslant T\}$。设起始状态为 $\mathbf{x}(t-1)$，由式（3.10）可知，经过一步网络到达状态 $\mathbf{x}(t)$ 的概率为

$$A(\mathbf{x}(t-1),\mathbf{x}(t))=\sum_{j:\mathbf{f}_j(\mathbf{x}(t-1))=\mathbf{x}(t)}P\{\mathbf{F}=\mathbf{f}_j\} \tag{3.34}$$

暂态随机 PBN 中，每个瞬时网络实现的选择相互独立。于是，在长度为 $T+1$ 的所有可能的时间序列上，联合分布可以表示为

$$\begin{aligned}&P\{\mathbf{X}(0)=\mathbf{x}(0),\cdots,\mathbf{X}(T)=\mathbf{x}(T)\}\\&=P\{\mathbf{X}(0)=\mathbf{x}(0)\}\prod_{t=1}^{T}A(\mathbf{x}(t-1),\mathbf{x}(t))\end{aligned} \tag{3.35}$$

式中，$P\{\mathbf{X}(0)=\mathbf{x}(0)\}$ 表示第一个状态的分布。

现在我们研究独立 PBN，并改写其状态转移概率 $A(\mathbf{x}(t-1),\mathbf{x}(t))$，有关非独立 PBN 的情况参见相关文献（Lähdesmäki et al.，2006）。设 $(\mathbf{x}(t))_i(1\leqslant i\leqslant n)$ 表示 $\mathbf{x}(t)$ 的第 i 个元素，$A(\mathbf{x}(t-1),(\mathbf{x}(t))_i)$ 表示当前状态为 $\mathbf{x}(t-1)$ 的情况下网络经过一步运行后 $\mathbf{x}(t)$ 的第 i 个元素为 $(\mathbf{x}(t))_i$ 的概率。由于假定所有节点之间相互独立，因而它们的更新也相互独立，式（3.34）可以写为

$$A(\mathbf{x}(t-1),\mathbf{x}(t))=\prod_{i=1}^{n}A(\mathbf{x}(t-1),(\mathbf{x}(t))_i) \tag{3.36}$$

根据式（3.35）和式（3.36），长度为 $T+1$ 的所有时间序列的联合分布可以表示为

$$\begin{aligned}&P\{\mathbf{X}(0)=\mathbf{x}(0),\cdots,\mathbf{X}(T)=\mathbf{x}(T)\}\\&=P\{\mathbf{X}(0)=\mathbf{x}(0)\}\prod_{t=1}^{T}\prod_{i=1}^{n}A(\mathbf{x}(t-1),(\mathbf{x}(t))_i)\end{aligned} \tag{3.37}$$

独立 PBN 和 DBN 之间的关系

为了建立 PBN 和 DBN 之间的关系，在 PBN 的定义中增加一个额外的特征。假定 PBN 的起始状态 $\mathbf{X}(0)$ 与式（3.35）和式（3.37）一样，可以有任意的联合概率分布。也就是说，假定 $\mathbf{X}(0)$ 与 DBN 中第一个时间所定义的 B_0 具有相同的分布。与 3.1 节类似，对于遗传调控网络建模，可将这种起始分布设为相应马尔可夫链的平稳分布。需要强调的是在此仅限于对二值 DBN 的讨论。正如 Lähdesmäki 等（2006）所说，这一要求可以进一步放宽。

首先说明如何将一个独立 PBN $G(V,F)$ 表示为一个 DBN (B_0,B_1)。对于一个独立 PBN $G(V,F)$，G_0 和 G_1 中的节点必须与 PBN 中的节点对应。为了区分两种模型的节点，将 PBN 中的节点表示为 $X_i(1\leqslant i\leqslant n)$，DBN 中对应的节点表示为 $\hat{X}_i$（向量随机变量 $\mathbf{X}$ 和 $\hat{\mathbf{X}}$ 也是类似）。PBN 中的 X_i 和 $\mathbf{X}$ 分别与 DBN 中的 $\hat{X}_i$ 和 $\hat{\mathbf{X}}$ 对应。注意为了建立这些关系，必须将 PBN 的节点（或基因）视为随机变量，用大写字母表示。

因为起始贝叶斯网络 B_0 能够表示节点间的任何联合概率分布，因而 PBN 的起始状态分布 $P\{\mathbf{X}(0)\}$ 也可以由 B_0 来表示。容易看出，PBN 和 DBN 都服从一阶马尔可夫性质。因此，当把一个 PBN 表示为一个 DBN 时，只需要考虑一步转移概率 $P\{\mathbf{X}(t)\mid\mathbf{X}(t-1)\}$。进而，我们发现 PBN 和 DBN 节点的联合概率也可按照同样的方式分解。因此

对于转移贝叶斯网络 B_1 的构建，我们仅需要考虑其中的一个节点，如 X_i，其他节点的构造方法与它类似。设 $\mathbf{X}_j^{(i)}(t-1)\subseteq \mathbf{X}(t-1)$ 表示 t 时刻基因 X_i 的预测器 $f_j^{(i)}$ 的变量集合，则

$$\mathrm{Pa}(X_i(t))=\bigcup_{j=1}^{l(i)}\mathbf{X}_j^{(i)}(t-1) \tag{3.38}$$

表示基因 X_i 的所有变量集合。通过增加“虚假”变量的方式将 F_i 中所有预测器函数的变量域扩增为 $\mathrm{Pa}(X_i(t))$。于是，我们将 $B_1=(G_1,\Theta_1)$ 定义为：图 G_1 有从 $\hat{\mathbf{X}}(t-1)$ 到 $\hat{\mathbf{X}}(t)$ 的有向边。这样，$\hat{X}_i(t)$ 的父节点就与式（3.38）中的节点等价。给定节点 X_i 的预测器变量的分布 D_i［表示为 $\mathrm{Pa}(X_i)\sim D_i$］，式（3.33）可以理解为 $P\{X_i(t)=1\,|\,\mathrm{Pa}(X_i(t))\sim D_i\}$。因此，一旦 D_i 确定，它就决定了一个预测器节点构型 $\mathrm{Pa}(X_i(t))=\mathbf{z}$。也就是说，当 $\mathbf{x}=\mathbf{z}$ 时，$D_i(\mathbf{x})=1$；否则，$D_i(\mathbf{x})=0$。于是，我们得到

$$P\{X_i(t)=1\,|\,\mathrm{Pa}(X_i(t))=\mathbf{z}\}\sum_{j=1}^{l(i)}f_j^{(i)}(\mathbf{z})c_j^{(i)} \tag{3.39}$$

对每个节点，由 DBN 的 G_1 导出的局部条件概率分布集合 Θ_1［离散情况称为条件概率表（CPT 表）］与式（3.39）完全等价。因此，任何一个 PBN 都可表示为一个二值 DBN。

反过来，现在讨论如何将一个二值 DBN (B_0,B_1) 表示为一个独立 PBN $G(V,F)$。给定一个 DBN (B_0,B_1)，顶点集 V 必须完全与图 G_0 和 G_1 中的节点对应，且 PBN 的第一个状态 $\mathbf{X}(0)$ 必须和 DBN 有相同的分布。

类似于上面的推理，构建一个 PBN 时，仅需要考虑其中一个节点 X_i 在两个连续时间 $t-1$ 和 t 之间的预测器函数。假定 Θ_1 中的局部条件概率表的形式为 CPT，第 i 个节点的双亲数量为 $q=|\mathrm{Pa}(\hat{X}_i(t)|$。于是，我们可用三元组 $(z_l,\mathbf{y}_l,p_l)$ 枚举 CPT 表中有关第 i 个节点的所有项，其中 $z_l\in\{0,1\},\mathbf{y}_l\in\{0,1\}^q$，有

$$p_l=P\{\hat{X}_i(t)=z_l\mid \mathrm{Pa}(\hat{X}_i(t))=\mathbf{y}_l\}$$

并且 $1\leqslant l\leqslant 2^{q+1}$。假设三元组的枚举方式是：前 $r=2^q$ 个三元组的 $z_l=1$，并且按 p_l 的升序排列，即满足 $1\leqslant k<l\leqslant r\Rightarrow p_k\leqslant p_l$。设 $\mathbf{y}_l=y_{l_1}y_{l_2}\cdots y_{l_q}$，符号序列 $\mathbf{x}_l=x_{l_1}^{y_{l_1}}x_{l_2}^{y_{l_2}}\cdots x_{l_q}^{y_{l_q}}$ 可理解为一种“与”的关系，其中当 $y_{l_i}=1,x_{l_i}^{y_{l_i}}=x_{l_i}$；当 $y_{l_i}=0,x_{l_i}^{y_{l_i}}=\bar{x}_{l_i}$。“与”序列的变量与 PBN 的变量 $\{X_{l_1},\cdots,X_{l_q}\}$ 集合对应，即它们表示 $\mathrm{Pa}(\hat{X}_i(t))$ 在 PBN 中的对应项。

对于 PBN 中的第 i 个节点，函数集 $F_i=\{f_1^{(i)},\cdots,f_r^{(i)},f_{r+1}^{(i)}\}$ 中的每个函数可表示为如下的析取范式

$$f_l^{(i)}=\mathbf{x}_l\vee\mathbf{x}_{l+1}\vee\cdots\vee\mathbf{x}_r,\text{其中 }1\leqslant l\leqslant r。 \tag{3.40}$$

$f_{r+1}^{(i)}$ 是一个 0 函数，即对所有的 $\mathbf{x}\in\{0,1\}^q$ 和 $r=2^q$ 都有 $f_{r+1}^{(i)}\equiv 0$。注意，$f_1^{(i)}$ 实质上是全 1 函数。此外，式（3.40）中的某些布尔表达式可能还有更紧凑的表示形式。函数选择概率的构造方法为 $c_1^{(i)}=p_1,c_l^{(i)}=p_l-p_{l-1}(2\leqslant l\leqslant r)$ 及 $c_{r+1}^{(i)}=1-p_r$。如果某些 $c_j^{(i)}$ 的值碰巧为 0，则可从 F_i 中删除相应的函数 $f_j^{(i)}$。根据式（3.39），可以证实上述构造过程确实给出了一个与给定的 DBN 等价的 PBN。现在，计算当父节点的值为 $\mathbf{y}_l,X_i(t)=1$ 的一步预测概率

$$P\{X_i(t)=1\,|\,\mathrm{Pa}(X_i(t)=\mathbf{y}_l\} = \sum_{j=1}^{r+1} f_j^{(i)}(\mathbf{y}_l)c_j^{(i)}$$

$$= \sum_{j=1}^{l} f_j^{(i)}(\mathbf{y}_l)c_j^{(i)} = p_1 + \sum_{j=2}^{l}(p_j - p_{j-1}) = p_l$$

上面第二个等式利用了函数 $f_1^{(i)},\cdots,f_l^{(i)}$ 中均包含 $\mathbf{x}_l$ 的合取这一事实 [式 (3.40)]，即仅当 $1\leqslant j\leqslant l$ 时，有 $f_j^{(i)}(\mathbf{y}_l)=1$。显然对应的互补事件 $P\{X_i(t)=1\,|\,0\mathrm{Pa}(X_i(t)=\mathbf{y}_l\}$ 的概率为 $1-p_l$。于是，一个二值 DBN 可以用一个独立 PBN 来表示。

定理 3.11 假定二值 DBN (B_0,B_1) 的起始贝叶斯网络 B_0 仅有内部连接，而转移贝叶斯网络仅有两个连续时间片上的连接，则该 DBN (B_0,B_1) 与独立 PBN $G(V,F)$ 均可表示它们在公共变量域上有相同的联合分布。

需要注意的是从一个二值 DBN 到一个独立 PBN 的映射并不唯一，实际上多个不同 PBN 可以表示相同的概率结构。我们通过一个简单的例子说明。假定基因 X_1 由基因 X_2 调控，并且基因 X_1 的 CPT 表中所有的值都为 0.5。那么下面两个函数集有相同的条件概率：① $F_1=\{f_1^{(1)},f_2^{(1)}\}, c_1^{(1)}=c_2^{(1)}=0.5, f_1^{(1)}=0, f_2^{(1)}=1$；② $F_{1'}=\{f_{1'}^{(1)},f_{2'}^{(1)}\}, c_{1'}^{(1)}=c_{2'}^{(1)}=0.5, f_{1'}^{(1)}=x_2, f_{2'}^{(1)}=\bar{x}_2$。因此，两个完全不同的函数集可能具有相同的概率结构。如果父节点的数目很多，情况就更加复杂。实际应用中，我们通常希望 PBN 中每个节点预测器函数的变量尽可能少，或者预测器函数本身的数目能够最小。

首先，我们讨论减少预测器函数变量的方法。上述构造过程产生的预测器函数的变量最多。某些情况下，如果 CPT 表是"可分的"，就可在保持原先条件概率的条件下减少预测器函数的变量。例如，假设节点 X_1 由一组节点 $X_2,\cdots,X_n$ 调控，假定第一个父节点 X_2 对节点 X_1 有渠化作用，使得 CPT 表中 $X_1=1$ 且 $X_2=0$ 的值为 0.9。为了简单起见，进一步假设其他情况（$X_1=1$ 且 $X_2=0$）的值小于 0.9，并且其中的最大值为 0.8。现在不是完全按照前面的方法生成 X_1 的预测器函数，而是将 CPT 表的具体形式考虑进来。虽然第一个函数可以按照上述方法构造，然而由于 X_2 的渠化作用，可以将其简化为一个单变量函数 $f^{(1)}=x_2, c^{(1)}=0.9-0.8=0.1$。如果无法构建上述的单变量函数，那么，可以考虑二变量、三变量等变量的组合形式。例如，当 CPT 表中有 $X_1=1$、$X_2=1$ 和 $X_3=1$ 的等值情况，则可以定义一个形如 $f^{(1)}=x_2x_3$ 的二变量函数。

上述预测器变量的搜索是基于原先的条件概率表。此外，对得到的预测器函数还可以进一步优化。也就是说，每个函数 F_i 应该有某种最优的形式。首先应该去除函数中的"虚假"变量，这样可以大大减少输入变量的数量。此外，也可利用著名的 Quine-McCluskey 算法最小化析取范式中的项数，并进一步优化实际布尔函数的表达式。然而，除了函数的最优表示形式之外，上述这些方法无法提供最优的预测器函数构造方法。下面介绍一种最优预测器函数数目的构造方法。

最坏的情况是：预测器函数的最小个数由 CPT 表中不同值的个数来决定。上面的构造方法会自动选择预测器的个数（再加上一个可能的 0 函数），某些特殊情况下还可以进一步减少。我们以节点 X_i 的三元组 $(z_l,\mathbf{y}_l,p_l)$ 为例，并且仅讨论 $z_l=1$ 的情况。由此，得到一个概率集合 $p_1,\cdots,p_r$，其中 $r=2^q$。优化准则可叙述为：求一个最小集合 $\{c_1^{(i)},\cdots,c_m^{(i)}\}$，使得每个 p_l 可以写为

$$p_l = \sum_{j \in I_l} c_j^{(i)} \tag{3.41}$$

其中 $c_j^{(i)} \in [0,1]$，$\sum_{j=1}^{m} c_j^{(i)} = 1$，$1 \leqslant l \leqslant r$，$I_l \subseteq \{1,\cdots,m\}$。设 $J_j = \{l \mid j \in I_l\} \subseteq \{1,\cdots,2^q\}$ 表示式（3.41）中选择概率 $c_j^{(i)}$ 的下标集合。于是，函数集 $F_i = \{f_1^{(i)},\cdots,f_m^{(i)}\}$ 可定义为

$$f_j^{(i)} = \bigvee_{l \in J_j} \mathbf{x}_l$$

由于仅当函数 $f_j^{(i)}$ 包含 $\mathbf{x}_l$ 的析取时，下式第二行 $f_j^{(i)}(\mathbf{y}_l) = 1$ 成立，即 $l \in J_j$，我们可以检验预测器函数及其对应的选择概率的准确性

$$\begin{aligned} P\{X_i(t) = 1 \mid \mathrm{Pa}(X_i(t) = \mathbf{y}_l\} &= \sum_{j=1}^{m} f_j^{(i)}(\mathbf{y}_l) c_j^{(i)} \\ &= \sum_{j:f_j^{(i)}(\mathbf{y}_l)=1} c_j^{(i)} = \sum_{j:l \in J_j} c_j^{(i)} = \sum_{j \in I_l} c_j^{(i)} = p_l \end{aligned}$$

倒数第二个等式由 $l \in J_j \Leftrightarrow j \in I_l$ 得到，最后一个等式利用式（3.41）。最后注意，最优函数集可能并不唯一。

如上文所述，通过去除“虚假”变量及应用 Quine-McCluskey 优化算法，还可对函数 F_i 作进一步的改进。搜索最优函数集的有效算法仍然有待进一步的研究，幸运的是，当基因的父变量很少时，搜索问题通常并不是太复杂。

定理 3.11 说明两种模型有可能表示相同的概率行为。然而，统计上一个 DBN 通常有多个等价的 PBN 与其对应。因此，从概率的角度，PBN 方法是冗余的。另外，从函数的角度，PBN 表示的信息更丰富。与 DBN 中的条件概率相比，函数形式更能详细地揭示不同基因集合的调控功能。这方面的详细讨论，包括独立 PBN 及离散 DBN 等，参见相关文献（Lähdesmäki et al.，2006）。

评论：现在似乎应该讨论一下模型的复杂度。人们总是就变量、变量间的关系及值域空间等讨论模型的复杂性。回到本书的序言，其实最重要的还是模型预测未来结果的能力。增加复杂度可能有益也可能有害，这主要取决于它对变量的变换方式，可用的数据以及计算资源等是否是必需的。这种争论大部分情况下都没有意义。例如，虽然随机微分方程可能是对系统的完美描述，但是，也可能用一个离散模型达到令人满意的近似（Ivanov and Dougherty，2006）。至于哪个更好，将取决于具体的环境。和信号处理一样，关于量化水平也有类似的结论。后面有关分类的讨论，我们将会看到复杂模型可能并不好，并且可以量化这种过复杂性。以上这些讨论属于认识论的范畴，特别是计算生物学的认识论（Dougherty and Braga-Neto，2006）。

3.2.6 基于种子基因的子网络的生长

遗传调控网络可能在多个层次或尺度发挥功能，多尺度模拟的基本思想是：一个系统或对象的信息可能同时体现在多个层次。也就是说，遗传网络中基因之间可能形成一些小的群体或簇，在这些群体或簇内部基因之间存在密切的相互作用，其中的某些群体或簇还可相互作用形成更大的“元簇”（metal cluster），而且这种“元簇”之间也可以相互作用。最后，上述这种过程可能发生在多个不同的尺度或层次。

如何发现网络中那些规模相对较小、功能几乎独立的子网络是一个非常重要的工作。这种子网络通常可能仅需很少或者有时根本不需要任何“外部”信息，我们可从一个或多个已知功能的“种子”基因开始，根据影响力或确定性系数方法不断加入新的基因，并且最大限度的维持子网络的“自治性”。Hashimoto 等（2004）提出了这种基于“种子”基因的子网络生长的算法。

子网络的构建过程既要不断增强内部基因间的连接强度，又要同时限制与外部基因的连接强度。以图 3.11 为例，假定当前的子网络为 **S**,Y 为将要加入的候选基因，那么我们希望 **S** 中的基因对 Y 的强度和 Y 对 **S** 中的基因的强度都很高。也就是说，**S** 中的基因和 Y 具有紧密的内部依赖关系。同时，为了维持子网络自身的自治性或自确定性(self-determinacy)，外部的其他基因对 Y 的影响应该很小或微不足道，即它们对 Y 的总强度应该很小。为了确保网络具有最大的自治性或自确定性，每次仅加入一个新基因。自治性的综合指标就是上述三种强度的组合，这也是子网络生长算法中的目标函数(Hashimoto et al., 2004)。最后，确定性系数或者影响力都可表示这种强度。图 3.12 和图 3.13 是两个子网络的例子，网络生长的“种子”基因是胰岛素样生长因子结合蛋白 2（IGFBP2）或血管内皮生长因子（VEGF）。这两个神经胶质瘤的子网络中，连接强度指标均是影响力，具体大小见图中弧线上的数字。

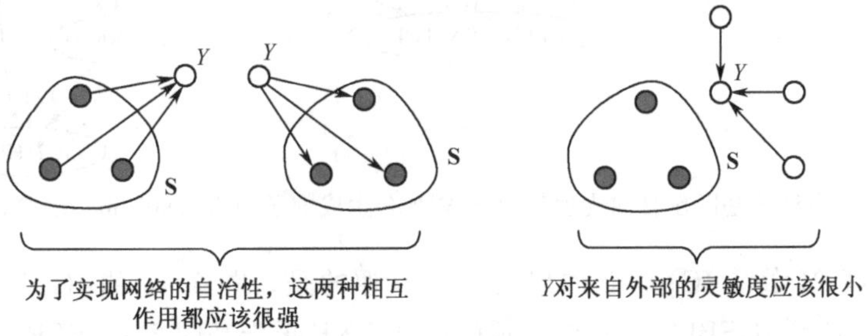

图 3.11 为了确保子网络 **S** 的自治性，**S** 中的基因对即将加入的基因 Y 应该具有很强的作用。反过来，基因 Y 对 **S** 中的基因也应该具有很强的作用，从而保持子网络内部的高度依赖性。同时，来自子网络外部的基因对 Y 的作用应该很小

基于先验知识和实验结果的子网络的解释及验证

利用基因表达数据，按照上述“种子”基因生长算法即可构建如图 3.12 和图 3.13 所示的子网络。这时，我们还希望利用先验知识解释构造的子网络，并通过独立的实验结果验证构造网络的正确性。有关基因 IGFBP2 和 VEGF 的文献很多，人们对它们的特性已经非常清楚。与其他类型的神经胶质瘤相比，在恶性神经胶质瘤和多形恶性神经胶质瘤（GBM）中（Kleihues and Cavenee, 2000)，这两个基因通常都处于过表达状态(Fuller et al., 1999)。而且，这一发现已经被两个独立的研究证实（Sallinen et al., 2000；Elmlinger et al., 2001)。

已有的研究表明在基因 IGFBP2 稳定过表达的细胞中，基因 NFκB 通常处于激活状态。这一结论通过连接到 NFκB 结合位点的启动子元件上的萤光素酶报告基因得到证实。分析 IGFBP2 的启动子序列，发现其中存在多个 NFκB 的结合位点，从而说明 NFκB 可能转录调控 IGFBP2。有一篇综述文献指出，Cazals 等（1999）的确发现肺泡

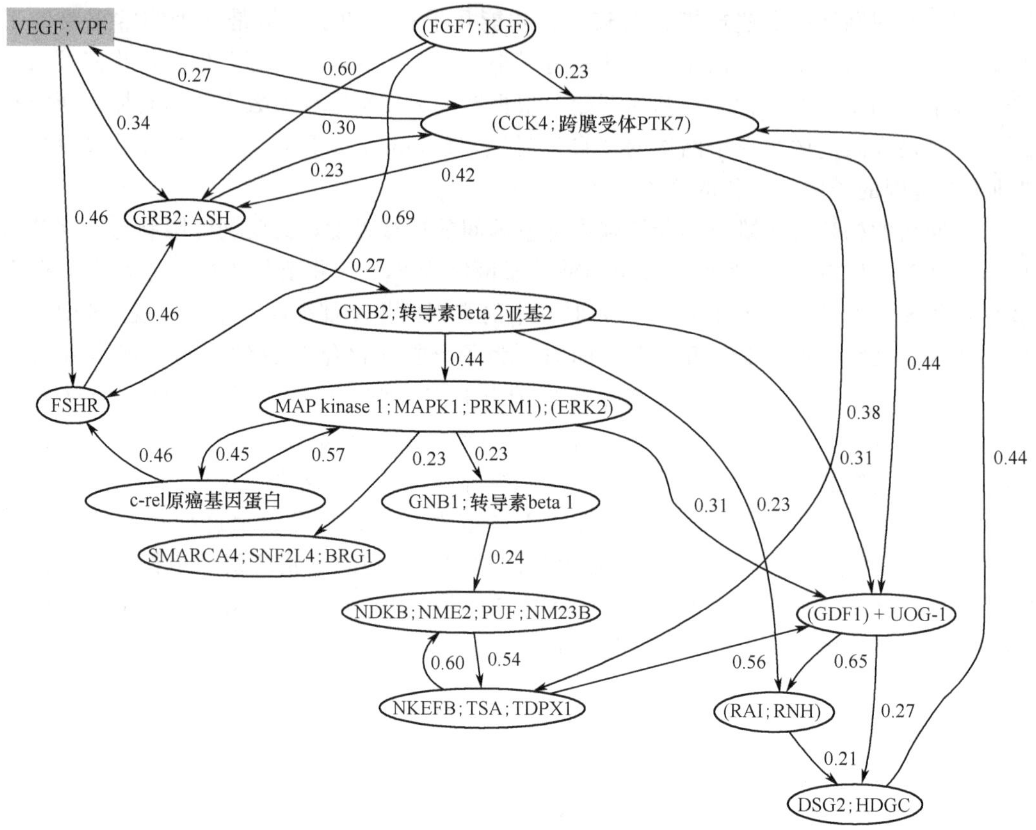

图 3.12　由种子基因血管内皮生长因子 VEGF 生成的子网络（Hashimoto 等，2004）

上皮细胞中 NFκB 激活 IGFBP2 的启动子。有趣的是，图 3.13 的 IGFBP2 子网络中，有一个从 NFκB3 到 IGFBP2 的箭头，而且经过 TNF 报告基因 2（TNFR2）和整联蛋白连接激酶（ILK），还分别有一个从 IGFBP2 到 NFκB 的两步连接。我们的研究合作伙伴——M. D. 癌症研究中心癌症基因组实验室主任 Wei Zhang 的实验也证实了这一发现。NFκB 出现在 IGFBP2 启动子的结合位点说明它对后者的一种直接影响。尽管在 IGFBP2 过表达的细胞中 NFκB 的活性也很高，但是体外转染带有 NFκB 启动子报告基因的 IGFBP2 表达载体却并没有发现 NFκB 的活性。这说明 IGFBP2 间接影响 NFκB，而且这种影响需要一定的时间。事实上，直到基于 PBN 的子网络和实验结果联系在一起，这种间接影响才得以发现。IGFBP2 子网络还包含一个 RGD 域，说明它与整联蛋白分子的相互作用，而整联蛋白连接激酶位于整联蛋白的信号转导路径。图 3.12 的 VEGF 子网络给出了更加令人信服的结果和证据。

与其他肿瘤类似，神经胶质瘤也具有异常活跃的血管发育，这反映了癌症组织对营养的需求。为了满足这一需要，通常需要提高血管内皮生长因子 VEGF 基因的表达。VEGF 的蛋白质渗透到细胞外并与内皮细胞上的受体结合，从而促进癌症细胞的生长（Folkman，1995）。因此，阻隔 VEGF 的路径已经成为癌症治疗领域一个非常活跃的研究方向（Bikfalvi and Bicknell，2002）。仔细观察图 3.12 的 VEGF 网络能够得到一些与生化实验完全一致的有趣发现。下面我们详细说明，由图 3.12 可知，VEGF、纤维原

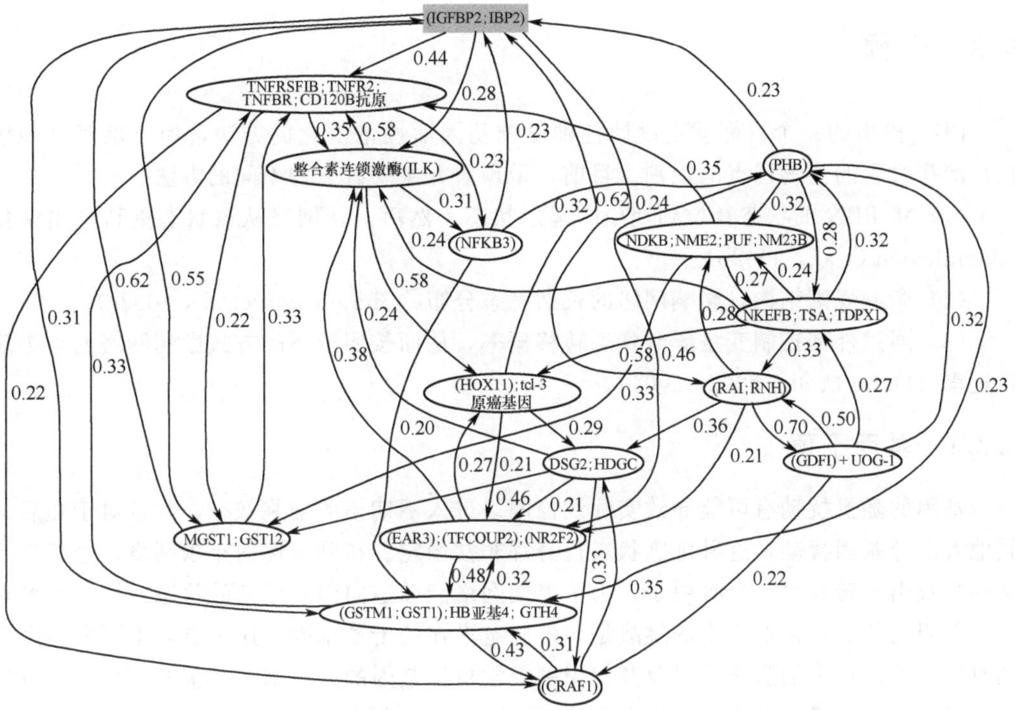

图 3.13 由种子基因胰岛素样生长因子结合蛋白 2 生成的子网络

细胞生长因子家族成员 FGF7（Rubin et al.，1989）、促卵泡素受体 FSHR、酪氨酸激酶受体 PTK7（Banga et al.，1997）等均影响 Grb2。这 4 个基因的蛋白质产物共同参与表面酪氨酸激酶受体的信号转导路径。当这些受体被激活后，它们将利用很多接头蛋白把信号转导到下游分子。已经证实，Grb2 是其中一个最关键的接头蛋白（Stoletov et al.，2002）。由于连接包括 VEGF、EGF、FGF、PDGF 在内的多个信号转导路径（Wei et al.，2003），Grb2 已成为癌症干预的一个目标基因。因此，VEGF 子网络中上述 5 个基因之间的转录关系似乎反映了它们在细胞内已知的或可能的功能物理关系。已有的分子研究进一步证实：酪氨酸激酶受体-Grb2 复合体的激活能够进一步激活 ras-MAP 激酶-NFκB 的路径，从而实现信号由细胞外传入细胞核（Bancroft et al.，2001）。尽管 VEGF 子网络中并没有 ras，但是，ras 的家族成员 GNB2 或转导素 β2 直接受 Grb2 的影响。然后，GNB2 影响 MAP 激酶 1 或者 REK2，而 MAP 激酶 1 或者 REK2 则接着影响 NFkB 组件 c-rel（Pearson et al.，2001）。

在图 3.12 的 VEGF 子网络中，还能观察到一些可能的反馈回路。例如，c-rel 影响 FSHR，FSHR 又影响 Grb2-GNB2-MAPK1，然后回过来又影响 c-rel。这种反馈调控可能是生物调控系统维持细胞体内平衡的一个重要原因。当然，还存在其他反馈调控。rel-A（另外一种 NFκB 组件）相关抑制子 RAI（Yang et al.，1999）影响距离 c-rel 仅两步远的 GNB2，RAI 还通过 GDF1 与 PTK7 连接，反映了另外一种可能的反馈调控机制。这些关系是否是负反馈机制还需实验验证。总之，网络模型的确为实验提供了一种非常有价值的理论指导。

3.3 干预

PBN 模拟的一个目标就是设计各种影响基因活性谱演化的方法，用于疾病（如癌症）治疗过程的药物靶点的识别。目前，干预研究主要有三种不同的方法。

（1）将 PBN 的状态复位到期望的起始状态，然后，让网络从该状态重新开始演化（Shmulevich et al.，2002b）。

（2）微调规则结构，影响网络的长期稳态分布（Shmulevich et al.，2002c）。

（3）通过外部控制变量影响状态转移概率，从而按照期望的方式影响网络的动态演化过程（Datta et al.，2003，2004）。

3.3.1 基因干预

基因的随机扰动有可能导致实际调控网络进入不期望的细胞状态，并且对于随后的其他大部分基因扰动，这种细胞状态自身都非常稳定。在确定性的布尔网络，这相当于从一个吸引子转到另一个吸引子。为了迫使网络能够逆向回到原来的状态或转移到另外一个期望的状态，人们面临的挑战是如何确定潜在的干预基因。这一点对于研究基因扰动对网络长期行为的影响，以及开发识别干预目标基因的方法都非常重要。尽管有目的的基因干预与随机扰动不同，但在 PBN 模型下二者是同一回事。同时，我们将把扰动（干预）分为暂态和持久两种形式。对于前者，网络自身可能恢复到原来的状态；而后者则是不可变的或固定的。这里我们主要研究暂态扰动或干预，后面也会讨论持久干预的部分内容。

基因干预的概述

现在我们研究通过干预有意影响一个基因的后果，PBN 模拟的一个主要目标就是确定可能的目标基因，即使不能强制，但也能够“劝说”网络转移到一个期望的状态（集）。假定布尔网络中吸引子对应细胞的功能状态（Huang，1999），而暂态随机 PBN 中则是不可约子链。当扰动概率 p 为 0，PBN 无法逃逸出不可约子链，也就是其对应的细胞状态不可改变。当扰动概率 p 大于 0 时，当前状态总有可能转换到另外一个细胞状态。显然，有些基因的扰动比其他基因更容易实现这一目的。这里借用 Huang 的术语（1999），我们的目标就是发现那些最具影响潜力的“支点”。根据需要改变它们的值（0 或者 1），就能够实现对网络行为的干预。此外，在实现这一目标的同时，我们还希望干预的基因尽可能少。下面通过例子说明这一思想。

以图 3.5 为例，预测器的选择概率见例 3.1，4 个网络实现的概率分别为：$p_1 = 0.3, p_2 = 0.3, p_3 = 0.2, p_4 = 0.2$。假定当前状态为（111），最终期望的目标状态为（000），随机扰动概率为 $0(p = 0)$。现在的问题是应该干预三个基因 x_1、x_2、x_3 中的哪一个，使得网络最终停留在状态（000）的概率最大？由图 3.5 的状态转移图可以发现，如果 $x_1 = 0$，则转移到目标状态（000）的概率为 $p_4 = 0.2$；而如果 $x_2 = 0$ 或者 $x_3 = 0$，则永远也不可能到达目标状态，并以概率 1 最终返回到出发状态（111）。换句话说，网络具有抵抗第二个或第三个基因扰动的能力，并且最终将维持原来的状态。因此，对于这个简单问题只有干扰基因 x_1 才有机会达到目标状态。对于一般情况，我们还需要研究新的方法。

由命题 3.3 可知，当 $p>0$ 时，整个马尔可夫链是各态遍历的，每个状态最终都有被访问的机会。这时，干预问题就变为如何快速到达目标状态。上例中如果 p 很小，并且当前状态为（111），那么到达状态（000）将需要很长时间。但是如果设置 $x_1=0$，则能较快地到达状态（000）。这种情况下我们感兴趣的是：从状态 $\mathbf{x}$ 出发，PBN 在时刻 k 首次经过某状态 $\mathbf{y}$ 的概率 $F_k(\mathbf{x},\mathbf{y})$。这就是常说的从状态 $\mathbf{x}$ 到状态 $\mathbf{y}$ 的首次经过时间（first passage time）。另外一个相关的测度是从状态 $\mathbf{x}$ 到状态 $\mathbf{y}$ 的平均首次经过时间（mean first-passage time），其定义为

$$M(\mathbf{x},\mathbf{y})=\sum_k kF_k(\mathbf{x},\mathbf{y}) \tag{3.42}$$

它表示从状态 $\mathbf{x}$ 到状态 $\mathbf{y}$ 需要花费的平均时间。

显然当 $k=1$ 时，$F_k(\mathbf{x},\mathbf{y})=A(\mathbf{x},\mathbf{y})$，即从 $\mathbf{x}$ 到 $\mathbf{y}$ 的转移概率。当 $k\geqslant 2$ 时，容易看出 $F_k(\mathbf{x},\mathbf{y})$ 满足（Cinlar，1997）

$$F_k(\mathbf{x},\mathbf{y})=\sum_{\mathbf{z}\in\{0,1\}^n-\{\mathbf{y}\}} A(\mathbf{x},\mathbf{z})F_{k-1}(\mathbf{z},\mathbf{y}) \tag{3.43}$$

根据定理 3.4 可直接计算出矩阵 $\mathbf{A}$。现在，以上面的例子说明这个计算过程。

和前面一样假定 $p=0.01$，则稳态分布为 [0.0752 0.0028 0.0371 0.0076 0.0367 0.0424 0.0672 0.7310]，其中第一元素对应状态（000），最后一个元素对应状态（111）。正如预期的那样，PBN 在状态（111）的时间最多，有超过 70%的时间都在这个状态。设出发状态 $\mathbf{x}$ 为（111），目标状态 $\mathbf{y}$ 为（000）。现在的问题是我们应该干预 x_1、x_2 或 x_3 中的哪一个基因？换句话说，就是要计算 $F_k((011),(000))$，$F_k((101),(000))$，$F_k((110),(000))$。对于状态 $\mathbf{x}$ 和足够大的 k_0，通过绘制曲线

$$H_{k_0}(\mathbf{x},\mathbf{y})=\sum_{k=1}^{k_0}F_k(\mathbf{x},\mathbf{y})$$

我们就可以评价最终的结果。这里隐含的假设是对于不同的 k，事件｛从 $\mathbf{x}$ 到 $\mathbf{y}$ 的首次到达时间为 k｝是不相交的。因此，$k=1,\cdots,k_0$ 的概率之和就是在时间 k_0 之前网络从 $\mathbf{x}$ 出发到达 $\mathbf{y}$ 的概率。作为特例，当 $k_0=\infty$ 时，它就等于网络从 $\mathbf{x}$ 出发曾经访问 $\mathbf{y}$ 的概率。如果 $p>0$，由于网络是各态遍历的，这个概率之和当然为 1。图 3.14 为 $k=1,\cdots,20$ 时，（011）、（101）和（110）三个状态对应的 $H_{k_0}(\mathbf{x},\mathbf{y})$ 曲线图。

由图 3.14 可知，从状态（011）出发将能够最早进入状态（000）。例如，在前 20 个时间步，从状态（011）出发将有 25%的概率进入状态（000）。而从状态（110）或状态（101）出发，则仅有 5%的概率。因此，我们应该干预基因 x_1，而不是 x_2 或 x_3。当然，对于这个例子，从图 3.5 也可直接看到这一点。但是，这种方法为大规模网络提供了一个解决此类问题的工具。

生物学中普遍存在这样的情况：一个基因或蛋白质的激活（抑制）可能比其他基因或蛋白质更容易导致一个特定的细胞功能状态或显型的产生。对于一个稳定的癌症细胞，如果没有任何干预它将保持增生状态。现在假定我们的目标是将细胞推向程序性细胞死亡（凋亡），并且两个候选的干预基因分别是 p53 基因和端粒酶基因。p53 是一个熟知的肿瘤抑制基因，它编码的蛋白质调节一些基因的表达，如 Bax 和 Fas/APO1 是促使细胞凋亡的基因（Miyashita and Reed，1995；Owen-Schaub et al.，1995），而 p21/

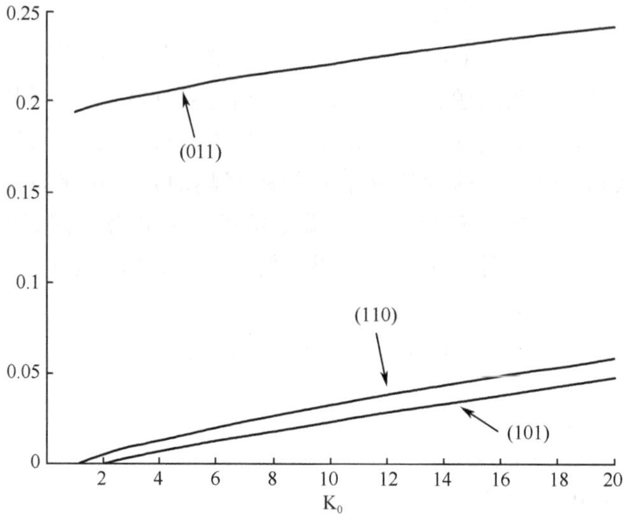

图 3.14 当 $k_0=1,\cdots,20$ 时，与对第一个、第二个和第三个基因扰动对应的三个状态（011）、（101）和（110）的 $H_{k_0}(\mathbf{x}^{(i)},\mathbf{y})$ 曲线图

WAF1 是阻止细胞生长的基因（El-Deiry et al., 1993）。端粒酶基因编码端粒酶，主要是维持生殖细胞染色体末端的完整性。就像正常细胞周期中前体细胞负责补充新细胞一样，生殖细胞主要负责将完整的遗传物质传给下一代。体细胞中由于端粒酶基因处于关闭状态，从而导致每次细胞分裂染色体末端就会缩短——这是正常细胞寿命有限的主要原因（Harley，1991）。大多数肿瘤细胞中端粒酶处于激活状态，这是导致肿瘤细胞寿命更长的主要原因（Kim et al., 1994），并且增大了对癌症患者预后诊断（病情发展结果的预测）的难度（Hiyama et al., 1995；Zhang et al., 1996）。大量实验结果表明：当 p53 被放射作用激活，细胞的快速增长就会得到抑制，并在几个小时内凋亡（Lowe, 1993；Kobayashi et al., 1998）。类似地，端粒酶基因的抑制也能够导致细胞生长的抑制、分化、死亡。不同的是这种方法需要经过很多次的细胞分裂（使得端粒酶削短染色体的末端），因而花费的时间比 p53 更长。

另外一个计算工具是式（3.42）的平均首次到达时间。直觉上，最佳候选基因到达目标状态的平均首次经过时间应该最少。上例中的 x_1、x_2 和 x_3 三个基因的平均首次经过时间分别是 337.51、424.14 和 419.20。因为第一个最小，这再次印证了 x_1 是最佳的干预基因。

总之，对基因施加扰动就可产生不同的状态 $\mathbf{x}^{(i)}=\mathbf{x}\oplus\mathbf{e}_i, i=1,\cdots,n$，其中 $\mathbf{e}_i$ 是在第 i 位为 1 的二进制单位向量。然后，对于目标状态 $\mathbf{y}$ 和常数 k_0，计算相应的 $H_{k_0}(\mathbf{x}^{(i)},\mathbf{y})$，最佳干预基因就是使 $H_{k_0}(\mathbf{x}^{(i)},\mathbf{y})$ 最大的那个基因。也就是说，最佳基因 $x_{i_{\mathrm{opt}}}$ 满足

$$i_{\mathrm{opt}}=\arg\max_i H_{k_0}(\mathbf{x}^{(i)},\mathbf{y}) \tag{3.44}$$

或者平均首次经过时间最小

$$i_{\mathrm{opt}}=\arg\min_i M(\mathbf{x}^{(i)},\mathbf{y}) \tag{3.45}$$

另外一种方法是首先固定概率 h_0，直到其中某个 $H_{k_0}(\mathbf{x}^{(i)},\mathbf{y})$ 首次到达这一概率。由于状态的各向可遍历性，对每个状态 $\mathbf{x}^{(i)}$，总存在一个足够大的 $k_0^{(i)}$ 满足 $H_{k_0^{(i)}}(\mathbf{x}^{(i)},\mathbf{y})>h_0$。

因此，最佳的干预基因 $x_{i_{\text{opt}}}$ 满足

$$i_{\text{opt}} = \arg\min_{i} \min_{k_0^{(i)}} \{k_0^{(i)} : H_{k_0^{(i)}}(\mathbf{x}^{(i)}, \mathbf{y}) > h_0\} \tag{3.46}$$

初看起来，式（3.44）和式（3.46）的答案似乎应该相同，因为图 3.14 好像表明这些曲线之间不会相交；并且，如果某个曲线在 k_0 达到最大，那么此后对任意的 h_0，它将总是第一个到达。当 k_0 足够大时，这些曲线的确不会相交。但当 k_0 较小时，这一点并不总是正确。

式（3.44）和式（3.46）有本质的区别。前者是在固定时间之前最大化网络到达目标状态的概率；后者则是给定一个概率值，最小化到达某个状态的时间。两种方法相互补充，可以联合使用。最后，式（3.45）的最小平均首次经过时间是另外一种可供选择的方法。后面讨论 PBN 灵敏度时，还将讨论平均首次经过时间。

状态集、状态的避免和持久干预

我们已经讨论了单个起始状态和单个目标状态的干预概念。然而，我们可能更感兴趣的是状态集的干预问题。例如，两个不同的状态集可能对应不同的功能细胞状态，如增生或者静止，它们与标准布尔网络的吸引子作用相同（Huang，1999）。对于 PBN，没有扰动（$p=0$）的情况下，不可约子链就充当这一角色。换句话说，一旦系统进入不可约子链（如吸引子），它就无法逃离这一状态。当扰动概率为正，就没有不可约子链（命题 3.3）。但是，$p=0$ 时的不可约子链对应的状态集仍然可以代表生物体的功能状态，只不过此时存在一个随机扰动引起的逃逸概率，我们称这种状态集为隐不可约（implicitly irreducible）子链，它们本质上是一些“状态岛”，扰动概率控制这些“岛”之间“桥梁”的数量。当 $p=0$ 时，没有任何“桥梁”，p 越大，“状态岛”之间就越容易遍历。

这时，干预问题可以定义为：假定当前状态集为 X，期望状态集为 Y，哪个基因是最佳的干预基因？这个问题同样可以按照式（3.44）、式（3.45）或者式（3.46）的方式提出。庆幸的是，对于状态集，基本的数学框架没有发生任何变化。如果 $X=\{\mathbf{x}\}$ 仅有一个状态，而 Y 是由很多状态组成的集合。那么，可以定义 $H_{k_0}(\mathbf{x},Y)=\sum_{\mathbf{y}\in Y}F_k(\mathbf{x},\mathbf{y})$，即对所有可能的状态 $\mathbf{y}\in Y$，累加首次经过概率 $F_k(\mathbf{x},\mathbf{y})$。于是，上面讨论的方法就可以直接使用。

当 X 由很多状态组成时，在概念上情况就有点复杂。由于起始状态集已经不是一个状态，就网络当前的状况而言，它表示的是一种不确定性。也就是并不知道网络当前究竟在哪个状态，而仅知道它在某个状态集。从实验的角度，我们通常很难知道网络当前的准确状态；更重要的是，我们也不希望仅限于一个状态，而是一个与当前功能细胞状态对应的完整的状态集 X。

这时，对于 X 中的某个状态，一个基因可能是最佳候选干扰基因；而对于 X 中另一个状态，它可能并非如此。因此，我们最好按照各个状态出现概率的权重，综合考虑所有 $\mathbf{x}\in X$ 的结果。权重可以设为稳态概率 π_x。换句话说，可以定义

$$F_k(X,Y) = \frac{\sum_{\mathbf{x}\in X}\sum_{\mathbf{y}\in Y}F_k(\mathbf{x},\mathbf{y})\cdot\pi_{\mathbf{x}}}{\sum_{\mathbf{x}\in X}\pi_{\mathbf{x}}} \tag{3.47}$$

为从状态集 X 到状态集 Y 的首次经过概率。

除了到达期望的状态或状态集，有时也可能希望避免某个状态或状态集。一种自然的想法就是对网络加以“诱导”，使其避免进入不期望的功能细胞状态（如增生）所对应的状态集。这个目标与前面以某个概率尽早或在某个时间之前尽快到达期望状态是互补的。例如，在式（3.45），我们的目标是最小化到达目标状态的平均首次经过时间。为了避免一个目标状态，只要最大化目标状态的平均首次经过时间即可。因此，它们的基本原理相似，不再举例说明。需要强调的是，不管是希望到达或是避免一个状态或状态集，有时不作任何干预可能是最佳的选择，即按照式（3.44）、式（3.45）、式（3.46），根据网络本身的情况以及起始和目标状态或状态集，不对任何基因干预可能恰恰就是最优的选择。

到目前为止，所有讨论都是关于基因表达状态的干预和扰动，这是一种瞬态现象。因此，可以将其命名为暂态（transient）干预或扰动。也就是说，不管是随机扰动还是强制干预，对一个基因的影响仅限于当前时间点，随后的状态则是由网络自身来决定。因此，这种影响有可能被网络本身翻转过来。例如，在图 3.5 中，假如当前状态为（111），而第二个基因的值发生了改变，可能导致下一时刻网络的状态为（101）。不管网络转移到状态（110）还是状态（111），第二个基因总是又返回原来的值。由于这个例子中状态（111）是一个吸引状态，网络最终将返回它。不管是扰动还是干预，网络自身最终将“补偿”它们的影响。和布尔网络一样，在 PBN 中这种内在的抗扰动性是稳定性和鲁棒性的一个主要因素。

对于持久干预或扰动，基因的状态一旦发生改变，将永远保持不变。遗传学上，基因治疗中的基因“敲除”或“移植”就是持久干预的一种形式。从网络的角度，一个基因的持久干预或扰动本质上将导致状态空间减半，因为所有与该基因当前值不相等的状态将不可能出现。此时，网络中其他基因的预测布尔函数及其选择概率 $c_j^{(i)}$ 都保持不变。而“固定”基因的布尔函数是选择概率为 1 的恒等函数（值为 0 或者 1）。

基因操纵是人类或自然界实现持久干预的一种基本方式，也是产生变异或者修正变异（治疗）的有效方式。病毒感染可能就是自然界干预的一个最好例子，猿猴病毒 40（SV40）发现于 20 世纪 50 年代开发脊髓灰质炎病毒疫苗的研究（Carbone et al.，1997）。如果将其注入啮齿目动物，这种病毒能够感染猴的肾细胞并发展为肿瘤（Abrahams and van der Eb，1975）。SV40 在人类细胞中不会引起肿瘤，但是，近年来在有些患者的脑肿瘤中发现了 SV40 DNA（Kouhata et al.，2001）。这说明尽管潜伏期很长，SV40 在人体中也可能有致瘤性。

为了搞清 SV40 在老鼠细胞中如何致癌，人们开展了大量的研究工作。尽管 SV40 的基因组规模不大，它编码的一个非常重要的蛋白质是大 T 抗原。大 T 抗原与宿主细胞中的分子相互作用引发一系列事件，这些事件对宿主细胞有害，却有利于病毒的复制。例如，T 抗原抑制了 p53 的功能（Zhu et al.，1991；Bargonetti et al.，1992），这可能是 SV40 的 T 抗原具有致癌性的主要机制。应该指出，这种抗原也可与其他分子相互作用，如视网膜母细胞瘤蛋白（Rb），这种蛋白质的激活能够抑制 DNA 的合成（DeCaprio et al.，1988）。从网络的角度，T 抗原引起的持久变异可能永久地改变网络的动力学，导致它进入与致癌相关的状态集。为了进一步证实 T 抗体本身具有足够的致癌性，通过一个组织特异性的转基因老鼠模型（人造事件），将 T 抗体移植到老鼠的大脑。正如预期的那样，很多转基因小鼠都出现了脑肿瘤（Brinster et al.，1984）。由于某些人脑肿瘤中也检测到 SV40 DNA，人们推测它也可能引起人脑肿瘤。

从人工干预的观点，到达期望状态集的唯一途径可能是持久干预而不是暂态干预。也就是说，由于网络本身对于基因的暂态干预具有抗干扰性，到达或避免期望状态的可能性几乎为 0。由于能够引起网络的持久变化，持久干预并不是我们最期望的干预方法。但是，它却是唯一最有可能到达一个目标状态集的方法。那么，现在的问题还是哪些基因最有可能成为控制网络全局特性的“支点”。

根据已有的知识，p53 就是这样一种基因。这是由于它的敲除或变异（持久扰动）是癌症治疗中最频繁的一种遗传方法（Hollstein et al.，1991）。利用胚胎干细胞基因敲除技术除掉小鼠中的 p53 基因，研究人员得到了 p53 敲除小鼠。这种老鼠可以正常出生并发育到成年，但是到大约 4 个半月时大多数老鼠体内都出现了癌症（Donehower et al.，1992）。因此，p53 可能是一个重要的调节动态平衡的杠杆基因，即细胞的生长和死亡之间一种微妙的平衡。正是基于这样的认识，p53 经常被选为持久干预的治疗靶点。在培养细胞中，重新将 p53 引入 p53 敲除细胞中，将导致细胞生长的抑制或死亡（El-Deiry et al.，1993）。因此，一个正确选择的杠杆基因能够导致网络进入特定的隐不可约子链（标准布尔网络中的吸引子）。基因治疗也用到 p53，这时靶基因（p53）被克隆到一个病毒向量（腺病毒是一种常见的病毒向量）。这种修饰后的病毒可以作为一种转运工具，将 p53 转入到肿瘤细胞，进而产生持久干预（Swisher et al.，1999；Bouvet et al.，1998）。

平稳分布对基因扰动的灵敏度

现在解决随机基因扰动情况下平稳分布的灵敏度，它刻画了扰动对网络长期行为的影响。显然，不论灵敏度如何定义，它与随机扰动概率 p 的大小有关。现在的问题是如果对转移概率施加扰动，平稳分布或极限概率将如何变化？随机矩阵扰动理论已基本解决这一问题，最早可追溯到 1968 年的文献（Schweitzer，1968）。如果 $\mathbf{A}$ 和 $\bar{\mathbf{A}}=\mathbf{A}-\mathbf{E}$ 分别是初始和扰动后的马尔可夫矩阵，其中 $\mathbf{E}$ 表示扰动，π 和 $\tilde{\pi}$ 分别是它们的平稳分布。那么，大多数结论的形式为

$$\|\tilde{\pi}-\pi\|\leqslant\kappa\|\mathbf{E}\| \text{或} \left|\frac{\tilde{\pi}_j-\pi_j}{\pi_j}\right|\leqslant\kappa_j\|\mathbf{E}\|$$

$\|\cdot\|$ 为某种矩阵范数，κ,κ_j 称为条件数，通常可作为灵敏度的测度。最近，Cho 和 Meyer（2000）根据平均首次经过时间，提出了一个新的度量马尔可夫链对扰动的灵敏度的方法，其优点是不需要计算或估计条件数。

定理 3.12（Cho and Meyer，2000） 设 $\mathbf{A}$ 和 $\bar{\mathbf{A}}=\mathbf{A}-\mathbf{E}$ 是两个不可约马尔可夫链的转移概率矩阵，它们的平稳分布分别为 π 和 $\tilde{\pi}$。$\|\mathbf{E}\|_\infty$ 表示 $\mathbf{E}$ 的无穷范数，即对矩阵各行求和 $\left(\sum_j|\mathbf{E}(i,j)|\right)$ 的最大值。设 $M(\mathbf{x},\mathbf{y})=\sum_k kF_k(\mathbf{x},\mathbf{y})$ 表示 $\mathbf{A}$ 链中从状态 $\mathbf{x}$ 到状态 $\mathbf{y}$ 的平均首次经过时间。那么，状态 $\mathbf{y}$ 极限概率的相对变化为

$$\left|\frac{\pi_y-\tilde{\pi}_y}{\pi_y}\right|\leqslant\frac{1}{2}\|\mathbf{E}\|_\infty \quad \max_{\mathbf{x}\neq\mathbf{y}}M(\mathbf{x},\mathbf{y})$$

Cho 和 Meyer（2000）同时了证明这是一个紧致上限，即总存在一个扰动 $\mathbf{E}$ 能够到达这一极限。现在研究随机基因扰动的情形。

定理 3.13 给定一个具有稳态分布的 PBN $G(V,F)$，设 π_y 是 $p=0$（无扰动）时状态 $\mathbf{y}$ 的极限概率，$\tilde{\pi}_y$ 是 $0 \leqslant p \leqslant 1/2$ 时状态 $\mathbf{y}$ 的极限概率。那么

$$\left|\frac{\pi_{\mathbf{y}}-\tilde{\pi}_{\mathbf{y}}}{\pi_{\mathbf{y}}}\right| \leqslant (1-(1-p)^n) \max_{\mathbf{x}\neq\mathbf{y}} M(\mathbf{x},\mathbf{y})$$

证明：根据定理 3.4，定理 3.12 中的扰动矩阵 $\mathbf{E}$ 可直接表示为如下形式。设 $\mathbf{E}(\mathbf{x},\mathbf{x}')$ 表示矩阵 $\mathbf{E}$ 中从状态 $\mathbf{x}$ 到 $\mathbf{x}'$ 的转移概率，$\mathbf{x},\mathbf{x}' \in \{0,1\}^n$，回忆一下，

$$A(\mathbf{x},\mathbf{x}') = \sum_{i=1}^{s_0} p_i \left[\prod_{j=1}^{n} (1 - | f_{\mathbf{K}_{ij}}^{(j)}(x_1,\cdots,x_n) - x_j' | \right]$$

表示 $p=0$ 时的转移概率。$\widetilde{A}$（$\mathbf{x}$，$\mathbf{x}'$）表示定理 3.4 中扰动概率不为 0 时的转移概率，即

$$\widetilde{A}(\mathbf{x},\mathbf{x}') = A(\mathbf{x},\mathbf{x}') \times (1-p)^n + p^{\eta(\mathbf{x},\mathbf{x}')} \times (1-p)^{n-\eta(\mathbf{x},\mathbf{x}')} \times 1_{[\mathbf{x}\neq\mathbf{x}']} \tag{3.48}$$

假定 $\mathbf{E}(\mathbf{x},\mathbf{x}') = A(\mathbf{x},\mathbf{x}') - \widetilde{A}(\mathbf{x},\mathbf{x}')$，且对 $\mathbf{E}$ 的每一行，都有

$$\begin{aligned}
&\sum_{\mathbf{x}'} |\mathbf{E}(\mathbf{x},\mathbf{x}')| \\
&= \sum_{\mathbf{x}'} |\mathbf{A}(\mathbf{x},\mathbf{x}') \times (1-(1-p)^n) - p^{\eta(\mathbf{x},\mathbf{x}')} \times (1-p)^{n-\eta(\mathbf{x},\mathbf{x}')} \times 1_{[\mathbf{x}\neq\mathbf{x}']}| \\
&\leqslant \sum_{\mathbf{x}'} (|\mathbf{A}(\mathbf{x},\mathbf{x}') \times (1-(1-p)^n)| + |p^{\eta}(\mathbf{x},\mathbf{x}') \times (1-p)^{n-\eta(\mathbf{x},\mathbf{x}')} \times 1_{[\mathbf{x}\neq\mathbf{x}']}|)
\end{aligned} \tag{3.49}$$

首先，因为 $\sum_{\mathbf{x}'} A(\mathbf{x},\mathbf{x}') = 1$，式（3.49）的第一项等于 $[(1-(1-p)^n)]$。接下来，由于每个求和项都是正数，因而可以去掉绝对值符号

$$\sum_{\mathbf{x}'} |p^{\eta(\mathbf{x},\mathbf{x}')} \times (1-p)^{n-\eta(\mathbf{x},\mathbf{x}')} \times 1_{[\mathbf{x}\neq\mathbf{x}']}| = \sum_{\mathbf{x}'\neq\mathbf{x}} p^{\eta(\mathbf{x},\mathbf{x}')} \times (1-p)^{n-\eta(\mathbf{x},\mathbf{x}')} \tag{3.50}$$

由于式（3.50）是对除 $\mathbf{x}=\mathbf{x}'$ 之外的所有状态求和，于是汉明距离 $\eta(\mathbf{x},\mathbf{x}')$ 的范围为 $1 \sim n$。因为共有 $\binom{n}{k}$ 个与 $\mathbf{x}$ 的汉明距离为 k 的状态 $\mathbf{x}'$（如 $|\{x' : \eta(\mathbf{x},\mathbf{x}')\} = k| = \binom{n}{k}$），式（3.50）可以重写为

$$\sum_{\mathbf{x}'\neq\mathbf{x}} p^{\eta(\mathbf{x},\mathbf{x}')} \times (1-p)^{n-\eta(\mathbf{x},\mathbf{x}')} = \sum_{k=1}^{n} \binom{n}{k} p^k (1-p)^{n-k} = 1-(1-p)^n \tag{3.51}$$

因此，矩阵 $\mathbf{E}$ 的每行满足

$$\sum_{\mathbf{x}'} \mathbf{E}(\mathbf{x},\mathbf{x}') \leqslant 2(1-(1-p)^n)$$

于是也有

$$\|\mathbf{E}\|_{\infty} \leqslant 2(1-(1-p)^n) \tag{3.52}$$

由式（3.52）和定理 3.12 即可得到期望的结果。

对于基因的随机扰动，定理 3.13 给出了 PBN 中任意状态极限概率灵敏度的上限。平均首次经过时间 $M(\mathbf{x},\mathbf{y})$ 可以由式（3.43）递归计算。类似地，上述分析还可用于两个扰动概率不同的 PBN，如 $p_1 < p_2$，则极限概率的相对灵敏度可表示为 p_1 函数、p_2 函数，平均首次经过时间也是一样。定理 3.13 的一个重要推论是：如果 PBN 的一个状态可以很容易经由其他状态到达，那么它的平均首次经过时间就很小，进而它的稳态概率

将不易受到扰动的影响。如果它们对应某些细胞功能状态，随机基因扰动对这种状态集合的影响就很小。

其他评论

遗传调控网络中各个元素之间的复杂相互作用说明，单个元素或元素集合可以影响整个网络，并且这种影响的大小与元素之间相互作用的性质及网络的状态有关。我们已经解决了其中的两个相关问题：给定一个随机基因扰动概率，它对网络长期行为的影响程度如何；或者，为了增加到达期望行为的可能性，哪个基因是最佳的候选干预基因。

对于第一个问题，根据布尔函数及扰动概率即可建立状态转移概率的表达式，然后由定理 3.13 推导出稳态概率的上限。直觉上，这个定理有一个有趣的推论：根据平均首次经过时间，那些经由其他状态容易到达的状态的稳态概率对于基因的随机扰动具有更强的适应性。这样，首次经过时间与第二个问题便建立了一种概念上的联系，它们为我们提供了寻找最佳候选干预基因的方法。

3.3.2 结构干预

上述暂时改变一个基因状态的暂态干预方式对网络动力学的模拟非常有用，但是它无法改变网络的基本结构，因此也就无法改变网络的平稳分布。肿瘤形成的特征是某些状态集合之间的不平衡。从网络调控的角度，基因之间“连接”的变异能够引起这种不平衡，导致状态转移结构的永久改变，并最终影响网络的长期行为。

因此，明智的做法就是在尽量保持原有结构的条件下，研究改变某个状态或状态集稳态概率的方法。这一动机源于这些状态可能代表不同的显型或细胞功能状态，如细胞入侵或静止。我们希望减少不期望状态的概率，增加期望状态的概率。实现这一目标的方法就是改变 PBN 中某些布尔函数的结构，并且我们希望这种改变尽可能小。这些对调控规则的改变可以通过引入调控因子或药物来实现，下面举例说明。

女性在绝经后可能会加快衰老，发达国家中女性通常在绝经后使用雌激素酮来改变这一趋势。然而，摄入雌激素酮的剂量非常重要，使用过量可能导致乳腺癌或卵巢癌。尽管人们还不清楚其中的机理，这种现象无疑有其基因调控的基础。雌激素酮与其受体结合形成的复合体转入到细胞核后，会与其目标基因的增强子结合，并像转录因子一样影响一些基因，如前脑啡肽原（PENK）（Vasudevan et al.，2001）。有趣的是，有几个不同的雌激素酮受体，它们之间相互竞争与雌激素酮的结合。共活化剂是雌激素酮进行有效转录调控所必需的一种物质，这些受体与共活化剂的结合也同样具有竞争性（Zhang and Teng，2001）。可以想象，雌激素酮与其中一个受体结合比另一个好，而其复合体与 DNA 和共活化剂的结合效率则不高。也就是，复合体 C1 与 DNA 的结合比复合体 C2 好，但是复合体 C2 和共活化剂的结合比复合体 C1 好。当雌激素酮的浓度很低，它与 DNA 结合的竞争性就很低。那么，将有足够多的复合体 C2 结合到 DNA 上并开启下游的目标基因。然而，当雌激素酮的浓度很高，两种复合体的浓度都很高。这时，结合了大部分共活化剂的复合体 C2 与 DNA 结合的机会就很少，从而导致容易与 DNA 结合的复合体 C1 缺乏所需的共活化剂来激活目标基因。假如这个基因对肿瘤的抑制过程具有重要作用，那么，就能解释为什么雌激素酮浓度高时具有致瘤性。因此，通过改变雌激素酮的浓度，人们可以利用复合体 C1 和复合体 C2 改变基因的规则。

例如，当雌激素酮处于低浓度的条件下，设定所有基因的当前布尔值，基因 PENK 的规则可以表示为 PENK＝C1∨C2（∨表示逻辑或）。也就是说，至少一个复合体（C1 或 C2）的出现将足以开启基因 PENK。然而，当雌激素酮浓度高时，按照上面的遏制作用，PENK＝C1⊕C 2（⊕表示异或）。也就是说，当复合体 C1 或复合体 C2 是单个出现时，彼此没有竞争，PENK 开启；但是，当复合体 C1 和复合体 C2 同时出现时，PENK 关闭。这种改变规则的能力至少部分地提供了一种控制网络稳态行为的手段，Shmulevich 等（2002c）给出了解决这类问题的形式化方法及其算法。

问题的提出

考虑两个状态集 $A,B\in\{0,1\}^n$，每个状态 $\mathbf{x}\in\{0,1\}^n$ 都有一个正的稳态概率 $\pi(\mathbf{x})$。于是，可以定义 $\pi(A)=\sum_{\mathbf{x}\in A}\pi(\mathbf{x})$，$\pi(\mathrm{B})$ 的定义类似。假定我们希望改变这两个状态集的稳态概率，使得 A 的稳态概率减少，而 B 的稳态概率增加，其中增加或减少的量为 $0<\lambda<1$。该问题的一般形式为：分别指定 A 和 B 的稳态概率，并要求它们的概率之和小于或等于 1。实际上，该问题的计算就是采用这种方式。如前文所述，这两个状态集可能表示两种不同的细胞功能状态或显型。

假设为了达到上述目标将函数 $f_{j_0}^{(i_0)}$ 改变为 $g_{j_0}^{(i_0)}$，由于要求 $\sum_{j=1}^{l(i)}c_j^{(i)}=1$，这两个函数对应的选择概率 $c_{j_0}^{(i_0)}$ 必须相等。于是，我们得到一个新的 PBN，它的平稳分布可以表示为 μ。改变后的 PBN 中，设 $\mu(A)$ 和 $\mu(B)$ 分别表示 A 和 B 的稳态概率。优化问题可叙述为：给定集合 A 和集合 B，预测器函数 $f_j^{(i)}$ 及其选择概率 $c_j^{(i)}$，$i=1,\cdots,n$，$j=1,\cdots,l(i)$，$\lambda\in(0,1)$。选择 i_0，j_0，并用函数 $g_{j_0}^{(i_0)}$ 代替 $f_{j_0}^{(i_0)}$，使得

$$\varepsilon(\pi(A)-\lambda,\mu(A)) \tag{3.53}$$

和

$$\varepsilon(\pi(B)+\lambda,\mu(B)) \tag{3.54}$$

是所有 $i,j,g_j^{(i)}$ 的最小值。因为式（3.53）和式（3.54）均为最小，可以构造一个单目标函数同时包含这两个要求。例如，直接求两个函数的和。这里，$\varepsilon(a,b)$ 表示某种误差函数，如绝对误差 $[\varepsilon(a,b)=|a-b|]$。另外一个可能的约束是 $g_{j_0}^{(i_0)}$ 的变量不大于 $f_{j_0}^{(i_0)}$。这里我们仅允许改变其中一个预测器函数。一般情况下，可以事先选定多个将要改变的预测器函数。

下面以例 3.1 为例，没有扰动时的状态转移图见图 3.5，该图中状态（000）和状态（111）是吸收状态，假定状态（111）对应细胞入侵（和快速增生），状态（000）对应细胞静止。设扰动概率为 $p=0.01$，分析概率转移矩阵可以得出状态（000）和状态（111）的稳态概率分别为 0.0752 和 0.7310。因此，从长远看，网络将有 7%的时间处于静止状态，73%的时间处于增生状态。假定现在希望改变这种不平衡，使得状态（000）和状态（111）的稳态概率都为 0.4，其他 6 个状态被访问的概率仅为 20%。该优化问题的一种条件可表示为 $A=\{(111)\}$，$B=\{(000)\}$，$\pi(A)=0.7310$，$\pi(B)=0.0752$，$\mu(A)=\mu(B)=0.4$，$\lambda=0.3279$。最后，假定仅希望改变一个预测器函数。也就是说仅改变真值表中的一列，但其对应的选择概率 $c_j^{(i)}$ 保持不变。因此，真值表中有 5 列（预测器）可供选择，而每列又有 256 种可能的函数形式。

对于这个问题共产生了 $5\times256=1280$ 个可能的改变，对于每种情况，计算并绘制

其对应的稳态概率 $\mu(000)$ 和 $\mu(111)$，最终结果见图 3.15。误差函数为 $\varepsilon(a,b)=|a-b|$，图中箭头所指对应于 $\mu(000)$ 和 $\mu(111)$ 的最优值，目标函数为

$$|\mu(000)-0.4|+|\mu(111)-0.4| \tag{3.55}$$

即式（3.53）和式（3.54）中的两个目标函数之和。图中的标记类型表示被改变的预测器。例如，正方形表示 $f_1^{(1)}$ 发生了变异。

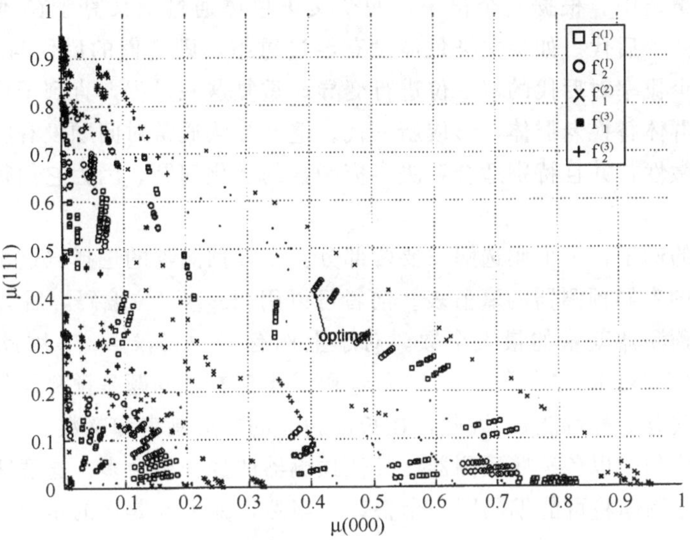

图 3.15　图中的每一点代表了预测器的 1280 种可能的变异，x 轴表示 $\mu(000)$，y 轴 $\mu(111)$。最佳选择在图中由箭头标出，因为它对应的两个稳态分布都接近 0.4。点的标记类型代表变异的函数（见图标）（Shmulevich et al.，2002c）

本例中，最优预测器是改变基因 1 的第二个预测器 $f_2^{(1)}$（例 3.1 真值表的第二列），最优预测器的真值表为 $(00010101)^T$。这个预测器能够实现稳态概率 $\mu(000)=0.4068$ 和 $\mu(111)=0.4128$，非常接近期望的概率。图 3.15 中点的分布有一个非常有趣的现象：两个稳态概率呈现一定的规律性，它们在不同的方向上线性地聚集在一起。实际上，很多例子中都发现这种现象，而且高维情况也是如此。

这种规律性似乎说明最优预测器的变异搜索过程，有望避免蛮力搜索这种方式，即我们可以同时考察很多方向，然后，选择最有希望的方向做进一步的探索。这就是遗传算法的主要特征，它已成功地应用于解决很多优化问题（Goldberg，1989）。下面讨论基于遗传算法的求解。

通过遗传算法求解

遗传算法（GA）是对生物进化过程的简化。在遗传算法中，一个染色体群体按照自然选择的策略，如交叉和变异，进化为一个新的染色体群体。通常，染色体用二进制向量表示（如预测器的真值表）。有些染色体被选择并允许产生后代，适应度越高，其产生的后代就越多。重组由交叉算子实现，它对两个染色体的局部位置进行交换。变异可以随机改变染色体上的某些位置或等位基因，它与 PBN 中的扰动非常相似。

染色体通常用来编码优化问题的可能解。在搜索过程的每一步，染色体的选择取决

于前一步的搜索结果。也就是说，如果父染色体表示搜索空间不同区域的期望解，那么通过重组，它们的后代也可能产生期望解。一个解（染色体）的质量由适应度表示，对于优化问题就是目标函数的值，如式（3.55）所示。

遗传算法的一般步骤如下。首先，产生一个初始的染色体群体（用特定长度的二进制向量表示），并计算每个染色体的适应度。其次，选择一对父染色体，使适应度高的染色体更容易被选中。根据一个概率，两个父染色体通过交叉算子在随机位点进行重组，然后产生两个后代。如果父染色体没有经过重组，则它们的后代与父代完全一样。最后，根据一个概率对后代的每一位进行变异。重复这一过程，直到子代的数量与父代相同为止，新群体替换老群体，形成新一代。遗产算法通常对问题没有特别的要求，如连续性或者可微性，并且特别适合解决多模函数的优化问题，因为它们很少会陷入局部最优。

对于上面的例子，一个候选解需要两部分：变异预测器的选择（这里，共有 $s_0=5$ 种选择）和新的变异预测器的真值表。前者可以用 $\lceil \log_2 s_0 \rceil$ 位编码，后者则需要 2^k 位编码，其中 k 是预测器变量的最大个数。对于上例有 $s_0=5, k=3$。因此，每个候选解（染色体）总共需要 $\lceil \log_2 5 \rceil + 2^3 = 11$ 位编码。本例有个问题是预测器的编码数大于所需要的个数（共有 5 种可能）。因此，在长度为 3 的二进制串和整数 1，…，5 之间的映射应该尽可能均匀，以免某些预测器比其他预测器的选择机会多。这意味着几个不同的长度为 3 的二进制串将可能编码同一个整数。当然，如果 s_0 是 2 的幂次，就不存在这一问题。

根据上述编码模式和式（3.55）给出的适应度函数，即可利用遗传算法求解这个问题。通常需要大约 300 次适应度函数的计算，就能得到正确的解 $[f_2^{(1)} = (00010101)^T]$（Shmulevich et al.，2002c）。因此，即使对于这样一个很小的例子，和蛮力搜索相比仅需总计算量的 300/1280≈23％。这一收益并不小，考虑到每个适应度函数的计算需要重新计算整个状态转移矩阵，并计算其左特征向量求得稳态概率。当基因数量和每个基因的预测器的个数增大时，遗传算法的优势将显得尤为突出。Shmulevich 等（2002c）的仿真实验也证实了这一点，在总的搜索空间为 210 亿个可能的情况下，应用遗传算法仅需 200 步（适应度函数的计算）就找到问题的最优解（结构变异）。遗传算法具有如此高效的原因是它能够搜索 PBN 的整个嵌入式结构。应该注意的是从进化的角度，遗传算法也用于生物系统本身布尔网络结构的修改（Stern，1999；Bornholdt and Sneppen，2000）。

其他评论

上述结构干预方法是一种通用形式，其中的目标函数、状态数以及将要变异的预测器的数目等都可以根据具体问题加以指定。对遗传调控网络自身而言，结构的改变应该尽可能小，也就是说应该对同时变异的预测器的个数加以限制。显然，这与优化目标背道而驰——选择的余地越小，对网络长期行为改变的能力也就越小。因此，过度限制变异预测器的个数，可能会导致某些不可行解。然而，在实际中我们仅对近似解感兴趣。例如，如果希望某个状态的稳态概率为 0，我们认为当它的解趋近于 0 时即可满足要求。这样，就可能存在很多近似最优解。遗传算法并不保证总是找到全局最优，但是它可以找到很多次优解，原因是它遍历了搜索空间中大部分的潜在解区域。

此外，也许我们只希望预测器属于某种类型的布尔函数，如渠化函数或者限定输入变量的个数。甚至要求变异前后预测器必须使用相同的变量。在遗传算法的优化过程，这些约束都可以直接被包含进来。

3.3.3 外部控制

上述各种基因干预和结构干预方法，无法有效地从外部引导网络向期望的状态演化。如果把可能的外部干预作为控制输入，就可应用最优控制论研究马尔可夫基因调控网络，特别是 PBN 的一般最优干预理论。这种策略通常利用动态规划方法，将干预代价或收益融入一个性能指数，该指数也可对网络的最终状态设置一个罚分。辅助变量的思想源于生物学的实际情况。例如，像癌症这样的疾病，可以利用辅助治疗，如放射、化学治疗等，使得网络的状态概率分布向量离开失控的细胞增生或明显减缓的凋亡状态。辅助变量还可包括网络中所有基因的主导调控因子。为了与 PBN 中基因表达水平的二值性一致，这里我们假定辅助变量（控制输入）的取值也为 0 或 1。在引导网络的过程中，单个控制输入的值可随时间变化。对于有限时间域的暂态随机 PBN，Datta 等分别研究了全信息（Datta et al.，2003）和部分信息（Datta et al.，2004）情况下的干预方法，下面仅介绍讨论全信息的干预情况。

最优控制问题

为了设计控制策略，设 $\mathbf{x}(k)=[x_1(k),x_2(k),\cdots,x_n(k)]$ 表示网络的 n 个基因在第 k 步的状态向量（基因活性谱），它实际上是一个 n 位的二进制数，与其对应的十进制数为

$$z(k)=1+\sum_{j=1}^{n}2^{n-1}x_j(k)$$

由于 $\mathbf{x}(k)$ 的范围为 000…0～111…1，$z(k)$ 的值就为 1～ 2^n。$\mathbf{x}(k)$ 和 $z(k)$ 之间一一对应，因此是一个可逆映射。实际计算中，我们使用状态向量的十进制表示形式 $z(k)$。

假定 PBN 有 m 个控制输入 $u_1,\cdots,u_m$，于是，行向量 $\mathbf{u}(k)=[u_1(k),\cdots,u_m(k)]$ 表示任意时间步 k 所有控制输入的状态。显然，$\mathbf{u}(k)$ 的二进制值范围为 000…0～111…1，与其对应的十进制数为

$$v(k)=1+\sum_{i=1}^{m}2^{m-1}u_i(k)$$

由于 $\mathbf{u}(k)$ 的范围为 000…0～111…1，$v(k)$ 的取值为 1～ 2^m。因此，$v(k)$ 也可表示 PBN 在时间步 k 的所有控制输入状态。

对于有控制输入的 PBN，Datta 等（2003）将概率分布向量的一步演化表示为

$$\mathbf{w}(k+1)=\mathbf{w}(k)\mathbf{A}(v(k)) \tag{3.56}$$

式中，$\mathbf{w}(k)$ 表示维数为 2^n 的状态概率分布向量；$\mathbf{A}(v(k))$ 表示一个与控制输入有关的 $2^n\times 2^n$ 的转移概率矩阵。由于转移概率矩阵是控制输入的函数，PBN 概率分布向量的演化不仅与初始分布向量有关，而且与各个时间步的控制输入有关。

式（3.56）在控制领域称为受控马尔可夫链（controlled Markov chain）（Bertsekas，1976）。给定控制马尔可夫链，目标是在允许的控制策略类中求解一个具有最小代价的控制输入序列，即控制策略（control strategy）。为了得到有意义的解，代价函数

必须体现控制的代价和收益。代价函数的设计与具体的应用问题有关，并且需要大量的专业知识。对于像癌症这样的疾病，治疗过程通常是一个有限时间域。例如，患者可能是在一个固定的时间段上接受放射治疗。然后，停止治疗一段时间评价治疗的效果。随后，也可能再次接受放射。这里要注意的是，每个阶段通常都是一个有限时间治疗窗。因此，我们感兴趣的是有限域（finite horizon）的控制问题。

假定控制输入作用的时间步数为 m_0，我们希望在时间步 $k=0,1,2,\cdots,m_0$ 上控制 PBN 的行为。$C_k(z(k),v(k))$ 表示在状态 $z(k)$ 应用控制 $v(k)$ 所花费的代价。于是，整个治疗域上控制代价的期望为

$$E\Big[\sum_{k=0}^{M-1} C_k(z(k),v(k))\,|\,z(0)\Big] \tag{3.57}$$

由于式（3.56）演化过程的随机性，即使网络从一个给定的初始状态 $z(0)$ 开始，随后的状态演化也将是一个随机过程。因此，式（3.57）代价的定义必须使用期望值，该式仅给出了有限域代价的一个方面，即控制代价。

现在考虑代价的另一个方面，控制行为 $v(0),v(1),\cdots,v(m_0-1)$ 的最终结果是 PBN 将按照式（3.56）运行，并最终到达状态 $z(m_0)$。由于演化过程的随机性，最终状态 $z(m_0)$ 是一个随机变量，它可以取 $1,2,\cdots,2^n$ 中的任何值。因此，我们需要为每个可能的终点状态指定罚分或代价 $C_{m_0}(z(m_0))$。可以根据对状态的喜好将其划分为不同的类型，越不希望的状态其终点代价越高。例如，快速细胞增生的状态容易导致癌症，其罚分应该高；而正常状态，其罚分则应该低。这里，假定已经设定终态罚分 $C_{m_0}(z(m_0))$，它是最终状态的函数，这就是代价函数的第二个方面。由于 $C_{m_0}(z(m_0))$ 也是一个随机变量，定义最小代价函数时也必须取它的期望。由式（3.57），要最小化的有限域代价应该为

$$E\Big[\sum_{k=0}^{m_0-1} C_k(z(k),v(k)) + C_{m_0}(z(m_0))\,|\,z(0)\Big]$$

进一步假定时间 k 的控制输入 $v(k)$ 是当前状态 $z(k)$ 的函数，即 $v(k)=\mu_k(z(k))$。最优控制问题现在可以叙述为：给定初始状态 $z(0)$，寻找一个能够最小化代价函数

$$J_\pi(z(0)) = E\Big[\sum_{k=0}^{m_0-1} C_k(z(k),\mu_k(z(k))) + C_{m_0}(z(m_0))\,|\,z(0)\Big]$$

的控制方法 $\pi=[\mu_0,\mu_1,\cdots,\mu_{m_0-1}]$，并且要满足概率约束

$$P[z(k+1)=j\,|\,z(k)=i]=a_{ij}(v(k))$$

式中，$a_{ij}(v(k))$ 表示矩阵 $\mathbf{A}(v(k))$ 第 i 行、第 j 列的元素。以上两式定义的优化问题可以利用动态规划（dynamic programming）方法解决，这是 Bellman 在 20 世纪 60 年代提出的一种技术。这里，我们不再讨论求解过程，想了解该问题完整解的读者可以参考相关文献（Datta et al.，2003）。下面我们介绍一个具体的应用实例（Datta et al.，2003）。

转移性黑素瘤中基因 WNT5A 的控制

在转移性黑素瘤表达谱的研究中，人们发现基因 WNT5A 的 mRNA 的丰度在转移竞争性高的细胞中和转移竞争性低的细胞中具有明显的不同（Bittner et al.，2000；Weeraratna et al.，2002）。体外检测结果表明，应用遗传工程的方法增加黑素瘤细胞线分

泌的 Wnt5a 蛋白质的水平可以直接改变细胞的竞争性。另外一个有趣的发现是，利用 Wnt5a 蛋白质与抗体的结合可以阻碍其受体的激活，从而明显降低 Wnt5a 导致转移性细胞显型的能力。因此，有必要研究改变基因 WNT5A 对生物调控过程的影响，原因是现有数据表明，消除这种影响能够降低一个黑素瘤细胞发生转移的机会，而这正是我们期望的结果。

在一个包括基因 WNT5A 在内的 10 个基因的小型网络中，每个基因的状态有三种可能：−1（负调控)、0（不变）和 1（正调控)。其中基因的选择方法及其作用规则的情况详见相关文献（Kim et al., 2002)。尽管这是一个三值网络而不是二值网络，前面介绍的控制理论可以直接推广到这种三值情形。实际上，应用文献（Datta et al., 2003）的控制算法并不需要构建一个 PBN，我们只需各种控制方法的状态转移概率即可。对于刚刚提到的例子，根据确定性系数分析方法，其中基因的个数还可以进一步由 10 个缩减为 7 个，最终的多变量调控关系见图 3.16。

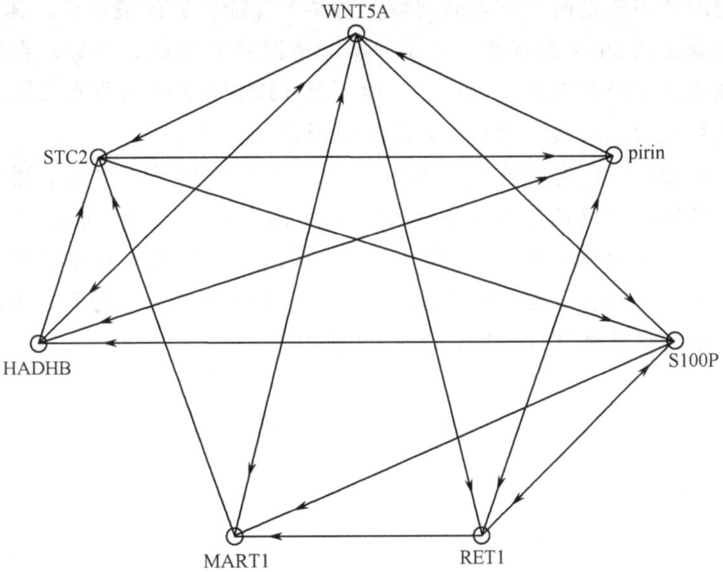

图 3.16

对于这个有 7 个基因的网络，我们的控制目标是从外部对基因 WNT5A 进行负调控。原因是生物学上已经知道该基因停止负调控状态预示着转移性的启动。对于网络中的每个基因，我们可以得到它的最佳二基因预测器及其对应的 CoDs，根据这些 CoDs 可以构建出一个表示网络动态演化行为的 7×7 的转移概率矩阵。

于是，最优控制问题就是选择：①干预时间窗；②最终状态的惩罚；③控制的类型及其相关代价等。关于干预时间窗，我们随意选择干预步长为 5，即控制输入仅在时间步 0、1、2、3、4 发生作用。关于第 5 步的终态罚分的选择如下：因为我们的目标是确保基因 WNT5A 是负调控状态，所有表示 WNT5A 为−1 的状态的罚分为 0；所有表示 WNT5A 为 0 的状态的罚分为 3；所有表示 WNT5A 为 1 的状态的罚分为 6。这里 3 和 6 为任意选定，我们只是希望有这样一个直观上的认识：与状态 0 相比，我们更不希望 WNT5A 的状态为 1。文献（Datta et al., 2003）中介绍了两种控制方法，这里仅介绍其中一个通过转录因子 pirin 控制基因 WNT5A 的状态。

我们的控制目标是保持 WNT5A 为负调控状态。控制方法可以是强制保持 pirin 的状态为 −1；或者使它保持原来的状态，并且将前者的控制代价设为 1。利用算法得到的最优控制策略，我们研究了在有控制和没有控制的情况下状态概率分布向量的演化过程。对每个可能的初始状态，最终的仿真结果表明，有控制时终态 WNT5A 为−1 的概率总是比没有控制时高。然而，终态 WNT5A 为−1 的概率通常并不为 1。这一点其实并不奇怪，原因是我们是利用其他基因控制 WNT5A 的表达，而且控制步长 5 可能并不足以能够实现如此高的一个概率。即使是这样，当网络的起始状态为 STC2＝−1，HADHB＝0，MART1＝0，RET1＝0，S100P＝−1，pirin＝1，WNT5A＝1，在最优控制策略的作用下，WNT5A 最终为−1 的概率仍然达到 0.673 521。如果没有任何控制，WNT5A 最终为−1 的概率将为 0。从这一点上讲，这种控制的效果已经相当不错。

其他评论

上述控制问题主要是研究有限时间域上对某个性能指标的最小化，其基本的假设前提是我们可以观察到 PBN 的状态。然而，实际情况并非如此。例如，在癌症治疗中我们往往仅能观察到部分基因的表达状态，而不是 PBN 网络中的所有基因。出现这种情况的原因可能是代价、可及性或其他方面的原因。

对于仅有部分状态信息的情况，Datta 等（2004）提出了一种基于测量值的反馈信息控制策略。虽然这些反馈信息并不完全等同于内部状态，但在概率上它们还是相关的。最后针对上下文敏感网络，Pal 等（2005）提出了一种基于外部控制变量的干预方法。虽然本书主要讨论有限时间域的控制策略，但为了影响稳态分布，无限时间域的控制策略的研究最近也已展开（Pal et al.，2005）。

参考文献

Abrahams PJ, Van der Eb AJ. (1975) In vitro transformation of rat and mouse cells by DNA from simian virus 40. *J Virol* 16(1):206–9.

Albert R, Othmer HG. (2003) The topology of the regulatory interactions predicts the expression pattern of the segment polarity genes in *Drosophila melanogaster*. *J Theor Biol* 223(1):1–18.

Arsura M, Wu M, Sonenshein GE. (1996) TGF beta 1 inhibits NF-kappa B/Rel activity inducing apoptosis of B cells: transcriptional activation of I kappa B alpha. *Immunity* 5(1):31–40.

Bancroft CC, Chen Z, Dong G, Sunwoo JB, Yeh N, Park C, Van Waes C. (2001) Coexpression of proangiogenic factors IL-8 and VEGF by human head and neck squamous cell carcinoma involves coactivation by MEK-MAPK and IKK-NF-kappaB signal pathways. *Clin Cancer Res*. 7(2):435–42.

Banga SS, Ozer HL, Park SK, Lee ST. (1997) Assignment of PTK7 encoding a receptor protein tyrosine kinase-like molecule to human chromosome 6p21.1→p12.2 by fluorescence in situ hybridization. *Cytogenet Cell Genet* 76(1–2):43–4.

Bargonetti J, Reynisdottir I, Friedman PN, Prives C. (1992) Site-specific binding of wild-type p53 to cellular DNA is inhibited by SV40 T antigen and mutant p53. *Genes Dev* 6(10):1886–98.

Bernard A, Hartemink AJ. (2005) Informative structure priors: joint learning of dynamic regulatory networks from multiple types of data. *Pac Symp Biocomput* 2005:459–70.

Bertsekas DP. (1976) *Dynamic Programming and Stochastic Control*, Academic Press, New York.

Bikfalvi A, Bicknell R. (2002) Recent advances in angiogenesis, antiangiogenesis and vascular targeting. *Trends Pharmacol Sci* 23(12):576–82.

Bittner M, Meltzer P, Chen Y, Jiang Y, Seftor E, Hendrix M, Radmacher M, Simon R, Yakhini Z, Ben-Dor A, Sampas N, Dougherty E, Wang E, Marincola F, Gooden C, Lueders J, Glatfelter A, Pollock P, Carpten J, Gillanders E, Leja D, Dietrich K, Beaudry C, Berens M, Alberts D, Sondak V. (2000) Molecular classification of cutaneous malignant melanoma by gene expression profiling. *Nature* 406(6795):536–40.

Bornholdt S, Sneppen K. (2000) Robustness as an evolutionary principle. *Proc Biol Sci* 267(1459):2281–6.

Bouvet M, Bold RJ, Lee J, Evans DB, Abbruzzese JL, Chiao PJ, McConkey DJ, Chandra J, Chada S, Fang B, Roth JA. (1998) Adenovirus-mediated wild-type p53 tumor suppressor gene therapy induces apoptosis and suppresses growth of human pancreatic cancer. *Ann Surg Oncol* 5(8):681–8.

Brinster RL, Chen HY, Messing A, van Dyke T, Levine AJ, Palmiter RD. (1984) Transgenic mice harboring SV40 T-antigen genes develop characteristic brain tumors. *Cell* 37(2):367–79.

Brun M, Dougherty ER, Shmulevich I. (2005) Steady-state probabilities for attractors in probabilistic boolean networks. *Signal Process* 85(4):1993–2013.

Carbone M, Rizzo P, Pass HI. (1997) Simian virus 40, poliovaccines and human tumors: a review of recent developments. *Oncogene* 15(16):1877–8.

Cazals V, Nabeyrat E, Corroyer S, de Keyzer Y, Clement A. (1999) Role for NF-kappa B in mediating the effects of hyperoxia on IGF-binding protein 2 promoter activity in lung alveolar epithelial cells. *Biochim Biophys Acta* 1448(3):349–62.

Chen Y, Dougherty ER, Bittner M. (1997) Ratio-based decisions and the quantitative analysis of cDNA microarray images. *J Biomed Opt* 2(4):364–74.

Cheng SY, Huang HJ, Nagane M, Ji XD, Wang D, Shih CC, Arap W, Huang CM, Cavenee WK. (1996) Suppression of glioblastoma angiogenicity and tumorigenicity by inhibition of endogenous expression of vascular endothelial growth factor. *Proc Natl Acad Sci USA* 93(16):8502–7.

Chickering DM. (1996) Learning Bayesian networks is NP-complete. In *Learning from Data: Artificial Intelligence and Statistics V*, Fisher D, Lenz HJ, eds., Springer-Verlag, New York.

Cho GE, Meyer CD. (2000) Markov chain sensitivity measured by mean first passage times. *Linear Algebra Appl* 316:21–8.

Çınlar E. (1997) *Introduction to Stochastic Processes*, Prentice Hall, Englewood Cliffs, NJ.

Cowles MK, Carlin BP. (1996) Markov chain Monte Carlo convergence diagnostics: a comparative study. *J Am Stat Assoc* 91:883–904.

Datta A, Choudhary A, Bittner M, Dougherty ER. (2003) External control in Markovian genetic regulatory networks. *Mach Learning* 52:169–81.

Datta A, Choudhary A, Bittner ML, Dougherty ER. (2004) External control in Markovian genetic regulatory networks: the imperfect information case. *Bioinformatics* 20(6):924–30.

DeCaprio JA, Ludlow JW, Figge J, Shew JY, Huang CM, Lee WH, Marsilio E, Paucha E, Livingston DM. (1988) SV40 large tumor antigen forms a specific complex with the product of the retinoblastoma susceptibility gene. *Cell* 54(2):275–83.

Donehower LA, Harvey M, Slagle BL, McArthur MJ, Montgomery CA Jr, Butel JS, Bradley A. (1992) Mice deficient for p53 are developmentally normal but susceptible to spontaneous tumours. *Nature* 356(6366):215–21.

Dougherty ER, Braga-Neto U. (2006) Epistemology of computational biology: mathematical models and experimental prediction as the basis of their validity. *J Biol Syst* 14(1):65–90.

Efron B, Tibshirani R. (1993) *An Introduction to the Bootstrap*. Chapman & Hall, New York.

Elmlinger MW, Deininger MH, Schuett BS, Meyermann R, Duffner F, Grote EH, Ranke MB. (2001) In vivo expression of insulin-like growth factor-binding protein-2 in human gliomas increases with the tumor grade. *Endocrinology* 142(4):1652–8.

el-Deiry WS, Tokino T, Velculescu VE, Levy DB, Parsons R, Trent JM, Lin D, Mercer WE, Kinzler KW, Vogelstein B. (1993) WAF1, a potential mediator of p53 tumor suppression. *Cell* 75(4):817–25.

Folkman J. (1995) Angiogenesis in cancer, vascular, rheumatoid and other disease. *Nat Med* 1(1):27–31.

Friedman N, Murphy K, Russell S. (1998) Learning the structure of dynamic probabilistic networks. *Proceedings of the 14th Conference on Uncertainty in Artificial Intelligence*, Madison, WI, pp. 139–147.

Friedman N, Nachman I, Pe'er D. (1999) Learning Bayesian network structure from massive datasets: the "sparse candidate" algorithm. *Proceedings of the 15th Conference on Uncertainty in Artificial Intelligence*, Stockholm, Sweden, pp. 196–205.

Friedman N, Linial M, Nachman I, Pe'er D. (2000) Using a Bayesian network to analyze expression data. *J Comput Biol* 7(3–4):601–20.

Friedman N, Koller D. (2000) Being Bayesian about network structure. *Proceedings of the 16th Conference on Uncertainty in Artificial Intelligence*, Stanford, CA, pp. 201–10.

Fuller GN, Rhee CH, Hess KR, Caskey LS, Wang R, Bruner JM, Yung WK, Zhang W. (1999) Reactivation of insulin-like growth factor binding protein 2 expression in glioblastoma multiforme: a revelation by parallel gene expression profiling. *Cancer Res* 59(17):4228–32.

Gartel AL, Tyner AL. (1999) Transcriptional regulation of the p21((WAF1/CIP1)) gene. *Exp Cell Res* 246(2):280–9.

Goldberg D. (1989) *Genetic Algorithms in Search, Optimization, and Machine Learning*, Addison-Wesley, Reading, MA.

Goutsias J, Kim S. (2004) A nonlinear discrete dynamical model for transcriptional regulation: construction and properties. *Biophys J* 86(4):1922–45.

Harley CB. (1991) Telomere loss: mitotic clock or genetic time bomb? *Mutat Res* 256(2–6):271–82.

Hartemink AJ, Gifford DK, Jaakkola TS, Young RA. (2002) Combining location and expression data for principled discovery of genetic regulatory network models. *Pac Symp Biocomput* 2002:437–49.

Hashimoto RF, Dougherty E, Brun M, Zhou ZZ, Bittner ML, Trent JM. (2003) Efficient selection of feature sets possessing high coefficients of determination based on incremental determinations. *Signal Process* 83(4):695–712.

Hashimoto RF, Kim S, Shmulevich I, Zhang W, Bittner ML, Dougherty ER. (2004) Growing genetic regulatory networks from seed genes. *Bioinformatics* 20(8): 1241–7.

Hayashi S, Yamamoto M, Ueno Y, Ikeda K, Ohshima K, Soma G, Fukushima T. (2001) Expression of nuclear factor-kappa B, tumor necrosis factor receptor type 1, and c-Myc in human astrocytomas. *Neurol Med Chir (Tokyo)* 41(4):187–95.

Heckerman D. (1998) A tutorial on learning with Bayesian networks. In *Learning in Graphical Models*, Jordan MI, ed., Kluwer, Dordrecht, Netherlands.

Hiyama E, Hiyama K, Yokoyama T, Matsuura Y, Piatyszek MA, Shay JW. (1995) Correlating telomerase activity levels with human neuroblastoma outcomes. *Nat Med* 1(3):249–55.

Hollstein M, Sidransky D, Vogelstein B, Harris CC. (1991) p53 mutations in human cancers. *Science* 253(5015):49–53.

Huang S. (1999) Gene expression profiling, genetic networks, and cellular states: an integrating concept for tumorigenesis and drug discovery. *J Mol Med* 77(6): 469–80.

Huang S. (2001) Genomics, complexity and drug discovery: insights from Boolean network models of cellular regulation. *Pharmacogenomics* 2(3):203–22.

Huang S, Ingber DE. (2000) Shape-dependent control of cell growth, differentiation, and apoptosis: switching between attractors in cell regulatory networks. *Exp Cell Res* 261(1):91–103.

Imoto S, Higuchi T, Goto T, Tashiro K, Kuhara S, Miyano S. (2004) Combining microarrays and biological knowledge for estimating gene networks via Bayesian networks. *J Bioinform Comput Biol* 2(1):77–98.

Ito T, Chiba T, Ozawa R, Yoshida M, Hattori M, Sakaki Y. (2001) A comprehensive two-hybrid analysis to explore the yeast protein interactome. *Proc Natl Acad Sci USA* 98(8):4569–74.

Ivanov I, Dougherty ER. (2006) Modeling genetic regulatory networks: continuous or discrete? *J Biol Syst* 14(2):1–11.

Jensen FV. (2001) *Bayesian Networks and Decision Graphs.* Springer-Verlag, New York.

Kahn J, Kalai G, Linial N. (1988) The influence of variables on Boolean functions. *29th Annual Symposium on Foundations of Computer Science*, IEEE Washington, DC, pp. 68–80.

Kauffman SA, Levin S. (1987) Towards a general theory of adaptive walks on rugged landscapes. *J Theor Biol* 128:11–45.

Kauffman SA. (1993) *The Origins of Order: Self-organization and Selection in Evolution*, Oxford University Press, New York.

Kim NW, Piatyszek MA, Prowse KR, Harley CB, West MD, Ho PL, Coviello GM, Wright WE, Weinrich SL, Shay JW. (1994) Specific association of human telomerase activity with immortal cells and cancer. *Science* 266(5193):2011–5.

Kim S, Dougherty ER, Chen Y, Sivakumar K, Meltzer P, Trent JM, Bittner M. (2000) Multivariate measurement of gene expression relationships. *Genomics* 67(2):201–9.

Kim S, Li H, Dougherty ER, Cao N, Chen Y, Bittner M, Suh EB. (2002) Can Markov chain models mimic biological regulation? *J. Biol. Syst* 10(4):431–45.

Kim SY, Imoto S, Miyano S. (2003) Inferring gene networks from time series microarray data using dynamic Bayesian networks. *Brief Bioinform* 4(3):228–35.

Kleihues P, Cavenee WK, eds. (2000) *Pathology and Genetics—Tumours of the Nervous System.* Oxford University Press, Oxford, UK.

Kobayashi T, Ruan S, Jabbur JR, Consoli U, Clodi K, Shiku H, Owen-Schaub LB, Andreeff M, Reed JC, Zhang W. (1998) Differential p53 phosphorylation and activation of apoptosis-promoting genes Bax and Fas/APO-1 by irradiation and ara-C treatment. *Cell Death Differ* 5(7):584-91.

Kouhata T, Fukuyama K, Hagihara N, Tabuchi K. (2001) Detection of simian virus 40 DNA sequence in human primary glioblastomas multiforme. *J Neurosurg* 95(1):96–101.

Lähdesmäki H, Hautaniemi S, Shmulevich I, Yli-Harja O. (2005) Relationships between probabilistic Boolean networks and dynamic Bayesian networks as models of gene regulatory networks. *Signal Process* 86(4):814–34.

Lauritzen S. (1996) *Graphical Models.* Oxford University Press, Oxford, UK.

Lowe SW, Schmitt EM, Smith SW, Osborne BA, Jacks T. (1993) p53 is required for radiation-induced apoptosis in mouse thymocytes. *Nature* 362(6423):847–9.

Miyashita T, Reed JC. (1995) Tumor suppressor p53 is a direct transcriptional activator of the human bax gene. *Cell* 80(2):293–9.

Murphy K, Mian S. (1999) *Modelling Gene Expression Data Using Dynamic Bayesian Networks*, Technical Report, University of California, Berkeley.

Owen-Schaub LB, Zhang W, Cusack JC, Angelo LS, Santee SM, Fujiwara T, Roth JA, Deisseroth AB, Zhang WW, Kruzel E, Radinsky R. (1995) Wild-type human p53 and a temperature-sensitive mutant induce Fas/APO-1 expression. *Mol Cell Biol* 15(6):3032–40.

Pal R, Datta A, Bittner ML, Dougherty ER. (2005) Intervention in context-sensitive probabilistic Boolean networks. *Bioinformatics* 21(7):1211–8.

Pal R, Datta A, Dougherty ER. (2006) Optimal infinite horizon control for probabilistic Boolean networks. *IEEE Trans Sig Proc* 54(6): 2375–87.

Pearl J. (1988) *Probabilistic Reasoning in Intelligent Systems: Networks of Plausible Inference*. Morgan Kaufmann, San Mateo, CA.

Pearl J. (2000) *Casuality: Models, Reasoning, and Inference*, Cambridge University Press, Cambridge, UK.

Pearson G, English JM, White MA, Cobb MH. (2001) ERK5 and ERK2 cooperate to regulate NF-kappaB and cell transformation. *J Biol Chem* 276(11):7927–31.

Pe'er D, Regev A, Tanay A. (2002) Minreg: inferring an active regulator set. *Bioinformatics* 18 Suppl 1:S258–67.

Perrin BE, Ralaivola L, Mazurie A, Bottani S, Mallet J, D'Alche-Buc F. (2003) Gene networks inference using dynamic Bayesian networks. *Bioinformatics* 19 Suppl 2:II138–48.

Pournara I, Wernisch L. (2004) Reconstruction of gene networks using Bayesian learning and manipulation experiments. *Bioinformatics* 20(17):2934–42.

Raftery AE, Lewis S. (1992) How many iterations in the Gibbs sampler? In *Bayesian Statistics 4*, Berger JO. et al., eds., Oxford University Press, New York, pp. 763–73.

Robert CP. (1995) Convergence control techniques for Markov chain Monte Carlo algorithms. *Stat. Sci* 10(3):231–53.

Robert CP, Casella G. (1999) *Monte Carlo Statistical Methods*, Springer, New York.

Rosenthal JS. (1995) Minorization conditions and convergence rates for Markov chain Monte Carlo. *J. Am. Stat. Assoc* 90(430):558–66.

Rubin JS, Osada H, Finch PW, Taylor WG, Rudikoff S, Aaronson SA. (1989) Purification and characterization of a newly identified growth factor specific for epithelial cells. *Proc Natl Acad Sci USA* 86(3):802–6.

Sallinen SL, Sallinen PK, Haapasalo HK, Helin HJ, Helen PT, Schraml P, Kallioniemi OP, Kononen J. (2000) Identification of differentially expressed genes in human gliomas by DNA microarray and tissue chip techniques. *Cancer Res* 60(23):6617–22.

Sato TN, Qin Y, Kozak CA, Audus KL. (1993) Tie-1 and tie-2 define another class of putative receptor tyrosine kinase genes expressed in early embryonic vascular system. *Proc Natl Acad Sci USA* 90(20):9355–8.

Schweitzer PJ. (1968) Perturbation theory and finite Markov chains. *J Appl Probab* 5:401–13.

Segal E, Shapira M, Regev A, Pe'er D, Botstein D, Koller D, Friedman N. (2003) Module networks: identifying regulatory modules and their condition-specific regulators from gene expression data. *Nat Genet* 34(2):166–76.

Shmulevich I, Dougherty ER, Kim S, Zhang W. (2002a) Probabilistic Boolean networks: a rule-based uncertainty model for gene regulatory networks. *Bioinformatics* 18(2):261–74.

Shmulevich I, Dougherty ER, Zhang W. (2002b) Gene perturbation and intervention in probabilistic Boolean networks. *Bioinformatics* 18(10):1319–31.

Shmulevich I, Dougherty ER, Zhang W. (2002c) Control of stationary behavior in probabilistic Boolean networks by means of structural intervention. *J Biol Syst* 10(4):431–45.

Shmulevich, I, Dougherty ER, Zhang W. (2002d) From Boolean to probabilistic Boolean networks as models of genetic regulatory networks. *Proc IEEE* 90(11):1778–92.

Shmulevich I, Gluhovsky I, Hashimoto R, Dougherty ER, Zhang W. (2003) Steady-state analysis of probabilistic Boolean networks. *Comp Funct Genomics* 4(6): 601–8.

Somogyi R, Sniegoski C. (1996) Modeling the complexity of gene networks: understanding multigenic and pleiotropic regulation. *Complexity* 1:45–63.

Spellman PT, Sherlock G, Zhang MQ, Iyer VR, Anders K, Eisen MB, Brown PO, Botstein D, Futcher B. (1998) Comprehensive identification of cell cycle-regulated genes of the yeast *Saccharomyces cerevisiae* by microarray hybridization. *Mol Biol Cell* 9(12):3273–97.

Spirtes P, Glymour C, Scheines R. (2001) *Causation, Prediction, and Search*, 2nd ed., MIT Press, Cambridge, MA.

Stern MD. (1999) Emergence of homeostasis and "noise imprinting" in an evolution model. *Proc Natl Acad Sci USA* 96(19):10746–51.

Stewart WJ. (1994) *Introduction to the Numerical Solution of Markov Chains*, Princeton University Press, Princeton, NJ.

Stoletov KV, Ratcliffe KE, Terman BI. (2002) Fibroblast growth factor receptor substrate 2 participates in vascular endothelial growth factor-induced signaling. *FASEB J* 16(10):1283–5.

Strauch ED, Yamaguchi J, Bass BL, Wang JY. (2003) Bile salts regulate intestinal epithelial cell migration by nuclear factor–kappa B-induced expression of transforming growth factor–beta. *J Am Coll Surg* 197(6):974–84.

Swisher SG, Roth JA, Nemunaitis J, Lawrence DD, Kemp BL, Carrasco CH, Connors DG, El-Naggar AK, Fossella F, Glisson BS, Hong WK, Khuri FR, Kurie JM, Lee JJ, Lee JS, Mack M, Merritt JA, Nguyen DM, Nesbitt JC, Perez-Soler R, Pisters KM, Putnam JB Jr, Richli WR, Savin M, Schrump DS, Shin DM, Shulkin A, Walsh GL, Wait J, Weill D, Waugh MK. (1999) Adenovirus-mediated p53 gene transfer in advanced non-small-cell lung cancer. *J Natl Cancer Inst* 91(9):763–71.

Uetz P, Giot L, Cagney G, Mansfield TA, Judson RS, Knight JR, Lockshon D, Narayan V, Srinivasan M, Pochart P, Qureshi-Emili A, Li Y, Godwin B, Conover D, Kalbfleisch T, Vijayadamodar G, Yang M, Johnston M, Fields S, Rothberg JM. (2000) A comprehensive analysis of protein-protein interactions in *Saccharomyces cerevisiae*. *Nature* 403(6770):623–7.

Vasudevan N, Zhu YS, Daniel S, Koibuchi N, Chin WW, Pfaff D. (2001) Crosstalk between oestrogen receptors and thyroid hormone receptor isoforms results in differential regulation of the preproenkephalin gene. *J Neuroendocrinol* 13(9):779–90.

von Dassow G, Meir E, Munro EM, Odell GM. (2000) The segment polarity network is a robust developmental module. *Nature* 406(6792):188–92.

von Mering C, Krause R, Snel B, Cornell M, Oliver SG, Fields S, Bork P. (2002) Comparative assessment of large-scale data sets of protein-protein interactions. *Nature* 417(6887):399–403.

Weeraratna AT, Jiang Y, Hostetter G, Rosenblatt K, Duray P, Bittner M, Trent JM. (2002) Wnt5a signaling directly affects cell motility and invasion of metastatic melanoma. *Cancer Cell* 1(3):279–88.

Wei CQ, Gao Y, Lee K, Guo R, Li B, Zhang M, Yang D, Burke TR Jr. (2003) Macrocyclization in the design of Grb2 SH2 domain-binding ligands exhibiting high potency in whole-cell systems. *J Med Chem* 46(2):244–54.

Winkler G. (1995) *Image Analysis, Random Fields and Dynamic Monte Carlo Methods: A Mathematical Introduction*, Springer Verlag, New York.

Yang JP, Hori M, Sanda T, Okamoto T. (1999) Identification of a novel inhibitor of nuclear factor-kappaB, RelA-associated inhibitor. *J Biol Chem* 274(22):15662–70.

Zhang W, Piatyszek MA, Kobayashi T, Estey E, Andreeff M, Deisseroth AB, Wright WE, Shay JW. (1996) Telomerase activity in human acute myelogenous leukemia: inhibition of telomerase activity by differentiation-inducing agents. *Clin Cancer Res* 2(5):799–803.

Zhang Z, Teng CT. (2001) Estrogen receptor alpha and estrogen receptor-related receptor alpha-1 compete for binding and coactivator. *Mol Cell Endocrinol* 172(1–2):223–33.

Zhou X, Wang X, Dougherty ER. (2003) Construction of genomic networks using mutual-information clustering and reversible-jump Markov-chain-Monte-Carlo predictor design. *Signal Process* 83(4):745–61.

Zhou X, Wang X, Pal R, Ivanov I, Bittner M, Dougherty ER. (2004) A Bayesian connectivity-based approach to constructing probabilistic gene regulatory networks. *Bioinformatics* 20(17):2918–27.

Zhu JY, Abate M, Rice PW, Cole CN. (1991) The ability of simian virus 40 large T antigen to immortalize primary mouse embryo fibroblasts cosegregates with its ability to bind p53. *J Virol* 65(12):6872–80.

Zou M, Conzen SD. (2005) A new dynamic Bayesian network (DBN) approach for identifying gene regulatory networks from time course microarray data. *Bioinformatics* 21(1):71–9.

第4章　分　类

在基因组信号分析方面，模式分类发挥着重要的作用。例如，cDNA 微阵列能够快速地提供数以千计基因的表达量，而对不同的表达模式进行分类就是其中一个关键问题。因此需要设计一个分类器（决策函数），其输入为一个基因表达向量，输出则为该向量的预测类标号。分类可用于分析不同种类的癌症、肿瘤的各个发展阶段及其他类似的差异。根据基因表达向量样本设计分类器，首先，利用微阵列测定不同组织中 RNA 的表达量，确定分类器的输入变量（基因）；其次，应用某个准则，根据微阵列数据样本设计分类器。由于生物和实验过程的多变性，基因的表达量通常具有随机性。因此，分类器的设计、性能评估及其应用都必须考虑这种随机性。主要问题有三个。第一，给定一个变量集，如何根据样本数据设计一个总体性能好的分类器？第二，当数据有限时，如何估计分类器的误差？第三，当变量集很大时，如微阵列数据，如何选择一组变量作为分类器的输入向量？误差估计在很大程度上影响变量的选择，误差估计可能是无偏的，但是其方差很大，由此导致误差估计常常很低（很高）。此时可能存在大量的基因（变量集）和分类器，并且分类器的误差估计低（高）。

微阵列数据分类的特点：可能的变量集（基因表达数）很大而样本的规模（微阵列数）很小。小样本导致分类器的精度、误差估计和特征选择性能很差，从而使得基因表达的分类问题非常困难（Dougherty，2001）。本章涵盖了分类的基本理论，但不会详述所有的分类技术，主要阐述分类器的复杂性、精确性、样本规模和误差估计等方面的基本问题，尤其是针对小样本的情况。

4.1　贝叶斯分类器

模式分类问题包括：由随机变量［特征（feature）］组成的 d 维欧氏空间 R^d 上的特征向量（feature vector）$\mathbf{X}=(X_1,X_2,\cdots,X_d)$、二值随机变量 Y 以及预测 Y 的分类器（classifier）Ψ：$\Re^d\to\{0,1\}$，即 Y 通过分类器 $\Psi(\mathbf{X})$预测得到。Y 的值为 0 或 1，表示分类器的类别标号（label）。误差 $\varepsilon[\Psi]$是由分类器 Ψ 导致的错误分类的概率，即 $\varepsilon[\Psi]=P(\Psi(\mathbf{X})\neq Y)$。它等于真实类标号与预测类标号之差的绝对值的期望 $E[|Y-\Psi(X)|]$。因为 $\Psi(\mathbf{X})$和 Y 都是二值的，所以它也等于均方差（mean-square error，MSE）。X_1，X_2，…，X_d 可以是离散的或连续的。最优分类器 Ψ_d 对应 R^d 上所有的二值函数中误差 ε_d 最小的分类器，即它是 Y 的最优均方误差预测器。Ψ_d 和 ε_d 分别称为贝叶斯分类器（Bayes classifier）和贝叶斯误差（Bayes error）。分类的精度取决于特征-标号对$(\mathbf{X},Y)$的概率分布。

X 的后验分布定义为 $\eta(\mathbf{x})=f_{\mathbf{X},Y}(\mathbf{X},1)/f_{\mathbf{X}}(\mathbf{x})$，式中，$f_{\mathbf{X},Y}(\mathbf{x},y)$和 $f_{\mathbf{X}}(\mathbf{x})$分别表示$(\mathbf{X},Y)$和 $\mathbf{X}$ 的概率密度函数（可能为广义函数）。$\eta(\mathbf{x})$是 $\mathbf{X}=\mathbf{x}$ 时 $Y=1$ 的概率，$\eta(\mathbf{x})=E[Y|\mathbf{x}]$是给定 $\mathbf{x}$ 时 Y 的条件期望。分类器的误差可以表示为

$$\varepsilon[\Psi] = \int_{\{\mathbf{X}:\Psi(\mathbf{x})=0\}} \eta(\mathbf{x}) f_{\mathbf{X}}(\mathbf{x}) d\mathbf{x} + \int_{\{\mathbf{X}:\Psi(\mathbf{x})=1\}} (1-\eta(\mathbf{x})) f_{\mathbf{X}}(\mathbf{x}) d\mathbf{x} \tag{4.1}$$

实际上，

$$\begin{aligned} P(\Psi(\mathbf{X}) \neq Y) &= P(Y=1,\Psi(\mathbf{X})=0) + P(Y=0,\Psi(\mathbf{X})=1) \\ &= \int_{\{(\mathbf{x},y):\Psi(\mathbf{x})=0,y=1)\}} f_{\mathbf{X},Y}(\mathbf{x},y) d\mathbf{x}dy + \int_{\{(\mathbf{x},y):\Psi(\mathbf{x})=1,y=0)\}} f_{\mathbf{X},Y}(\mathbf{x},y) d\mathbf{x}dy \\ &= \int_{\{\mathbf{x}:\Psi(\mathbf{x})=0\}} f_{\mathbf{X},Y}(\mathbf{x},1) d\mathbf{x} + \int_{\{\mathbf{x}:\Psi(\mathbf{x})=1\}} f_{\mathbf{X},Y}(\mathbf{x},0) d\mathbf{x} \end{aligned} \tag{4.2}$$

根据 $\eta(\mathbf{x})$的定义，式（4.2）简化为式（4.1）的右端项。因为 $0 \leqslant \eta(\mathbf{x}) \leqslant 1$，式（4.1）右侧最小化的条件为

$$\Psi_d(\mathbf{x}) = \begin{cases} 0, 当\ \eta(\mathbf{x}) \leqslant 1/2 \\ 1, 当\ \eta(\mathbf{x}) > 1/2 \end{cases} \tag{4.3}$$

这就是贝叶斯分类器的定义。$\eta(\mathbf{X})$是一个与 $f_{\mathrm{X}}(\mathbf{X})$有关的随机变量。给定 $\mathbf{x}$，Y 的类条件概率（class conditional probability）为 $P(Y=1|\mathbf{x}) = \eta(\mathbf{x})$，式（4.3）可以直观地写为

$$\Psi_d(\mathbf{x}) = \begin{cases} 0, 当\ P(Y=1|\mathbf{x}) \leqslant 1/2 \\ 1, 当\ P(Y=1|\mathbf{x}) > 1/2 \end{cases} \tag{4.4}$$

根据给定 $\mathbf{x}$ 时 Y 为 1 的概率，可以确定 $\Psi_d(\mathbf{x})$的值为 0 或 1。

由式（4.1）和式（4.3）可得，贝叶斯误差为

$$\varepsilon_d = \int_{\{\mathbf{x}:\eta(\mathbf{x})<1/2\}} \eta(\mathbf{x}) f_{\mathbf{X}}(\mathbf{x}) d\mathbf{x} + \int_{\{\mathbf{x}:\eta(\mathbf{x})\geqslant 1/2\}} (1-\eta(\mathbf{x})) f_{\mathbf{X}}(\mathbf{x}) d\mathbf{x} \tag{4.5}$$

根据两个积分域可知，积分式的第一项可统一表示为 $\min(\eta(\mathbf{x}), 1-\eta(\mathbf{x}))$。于是式（4.5）可以合并为

$$\varepsilon_d = E[\min(\eta(\mathbf{x}), 1-\eta(\mathbf{x}))] = \int_{\Re^d} \min\{\eta(\mathbf{x}), 1-\eta(\mathbf{x})\} f_{\mathbf{X}}(\mathbf{x}) d\mathbf{x} \tag{4.6}$$

上式第一个表达式中的期望与 $\mathbf{X}$ 的分布有关。根据恒等式

$$\min(a,b) = \frac{a+b-|a-b|}{2} \tag{4.7}$$

得到误差表达式为

$$\varepsilon_d = \frac{1}{2}(1 - E[\,|2\eta(\mathbf{X}) - 1|\,]) \tag{4.8}$$

4.2 分类规则

贝叶斯分类器的问题在于我们通常不知道类条件概率，因此，必须根据样本设计分类器。一个直接的方法是根据样本估计条件概率，但是通常没有足够的数据来获得好的估计。然而，即使没有足够的数据来估计满意的密度函数，也能得到好的分类器。

4.2.1 一致分类器设计

根据随机样本

$$S_n = \{(\mathbf{X}_1, Y_1), (\mathbf{X}_2, Y_2), \cdots, (\mathbf{X}_n, Y_n)\} \tag{4.9}$$

设计分类器 Ψ_n 时，需要一个分类规则（classification rule）。分类规则是形式为 $\Psi_n:[\mathrm{R}^d \times \{0,1\}]^n \to \mathcal{F}$ 的映射，其中 $\mathcal{F}$ 是 R^d 上的函数类，值域为 $\{0,1\}$。给定样本 S_n，根据规则 Ψ_n 可以设计分类器 $\Psi_n = \Psi_n(\mathbf{X})$。$\Psi_n(\mathbf{X})$ 的完整表示应为 $\Psi(S_n;\mathbf{X})$，但是，我们将采用前一种简单的表示形式。这里要记住，Ψ_n 是将分类规则应用于特征-标号样本对的产物。同时，分类规则实际上是与 n 有关的规则序列。

贝叶斯误差 ε_d 通常根据分类器 Ψ_n 的误差 ε_n 估计。于是，就产生了一个设计误差（design cost）

$$\Delta_n = \varepsilon_n - \varepsilon_d \tag{4.10}$$

式中，ε_n 和 Δ_n 均表示与样本有关的随机变量。设计误差的期望 $E[\Delta_n]$ 是相对于所有可能的样本。因此，Ψ_n 的误差的期望可以分解为

$$E[\varepsilon_n] = \varepsilon_d + E[\Delta_n] \tag{4.11}$$

分类规则的渐近性分析是基于大样本（$n \to \infty$）的情况。如果 $n \to \infty$ 时，有 $E[\Delta_n] \to 0$，则认为该规则与$(\mathbf{X},Y)$的分布是一致的（consistent）。因为对所有的 n，有 $\Delta_n \leqslant 1$。因此，均值收敛到 0 就等价于概率收敛到 0：对任意 $\tau > 0$，当 $n \to \infty$时，$P(\Delta_n > \tau) \to 0$。也就是说，当 $n \to \infty$时，$P(\Delta_n \leqslant \tau) \to 1$。当数据足够多时，一致性规则的设计误差的期望可以为无穷小。模式识别中，很难得到分布的满意估计。因此，我们更希望得到收敛性与分布无关的规则。对（$\mathbf{X}$,Y）的任意分布，若有 $\Delta_n \to 0$，则称该分类规则是普遍一致的（universally consistent）。

对于式（4.3）定义的贝叶斯分类器，若 $\eta_n(\mathbf{x})$ 是由样本 S_n 对 $\eta(\mathbf{x})$的估计，则根据 $\Psi_n(\mathbf{X})$ 的定义，用 $\eta_n(\mathbf{x})$ 代替 $\eta(\mathbf{x})$即可得到相应的分类规则。这种方法称为插入规则（plug-in rule）。使用该规则，我们有

$$\Delta_n = \int_{\{\mathbf{x}:\Psi_n(\mathbf{x}) \neq \Psi_d(\mathbf{x})\}} |2\eta(\mathbf{x}) - 1| f_{\mathbf{x}}(\mathbf{x}) d\mathbf{x} \tag{4.12}$$

注意到 $\Psi_d(\mathbf{x}) \neq \Psi_n(\mathbf{x})$，有 $|\eta(\mathbf{x}) - \eta_n(\mathbf{x})| \geqslant |\eta(\mathbf{x}) - 1/2|$。在 R^d 上积分，可以得到设计误差的一个 L_1 界，

$$\Delta_n \leqslant 2\int_{\Re^d} |\eta(\mathbf{x}) - \eta_n(\mathbf{x})| f_{\mathbf{X}}(\mathbf{x}) d\mathbf{x} = 2E[|\eta(\mathbf{X}) - \eta_n(\mathbf{X})|] \tag{4.13}$$

应用 Schwarz 不等式，可得到对应的 L_2 界，

$$\Delta_n \leqslant 2E[|\eta(\mathbf{X}) - \eta_n(\mathbf{X})|^2]^{1/2} \tag{4.14}$$

因此，如果 $n \to \infty$时，$E[|\eta(\mathbf{X}) - \eta_n(\mathbf{X})|]$或 $E[|\eta(\mathbf{X}) - \eta_n(\mathbf{X})|^2]$以概率收敛到 0，则称插入规则是一致的。对 L_1 界，以概率收敛意味着：对任意 $\tau > 0$，有

$$\lim_{n \to \infty} P(E[|\eta(\mathbf{X}) - \eta_n(\mathbf{X})|] > \tau) = 0 \tag{4.15}$$

其中概率是对样本的分布而言。该结论对 L_2 界同样成立。

式（4.14）的右边为一个常数，在不等式两边取期望得到

$$E[\Delta_n] \leqslant 2E[|\eta(\mathbf{X}) - \eta_n(\mathbf{X})|^2]^{1/2} \tag{4.16}$$

因此，如果 η_n 在 L_2 的情况下收敛到 η（η_n 是密度函数 η 的一致估计器），则插入分类器是一致的。这样，一致的密度估计得出了一致的分类器估计。然而，正如下面的定理所示，它不是紧致界。事实上，$E[\Delta_n]$比$E[|\eta(\mathbf{X}) - \eta_n(\mathbf{X})|^2]^{1/2}$ 收敛得更快。这反过来

说明，分类比密度估计更容易，因为它需要的数据更少。

定理 4.1 (Devroye et al.,1996)　当 $n\to\infty$ 时，有 $E[|\eta(\mathbf{X})-\eta_n(\mathbf{X})|^2]\to 0$，则对插入规则，有

$$\lim_{n\to\infty}\frac{E[\Delta_n]}{E[|\eta(\mathbf{X})-\eta_n(\mathbf{X})|^2]^{1/2}}=0 \tag{4.17}$$

在大样本的情况下，普遍一致性非常有用。而在小样本情况下，它的用处则不大。那么，就出现了一个问题：对于特定的 n，设计误差 $E[\Delta_n]$是否总是很小？答案是否定的，因为对于$(\mathbf{X},Y)$的某些极其不规则的分布而言，n 可能不够大。

定理 4.2 (Devroye, 1982)　对任意的 $\tau>0$，给定 n 和设计分类器 Ψ_n，存在$(\mathbf{X},Y)$的分布，使得 $\varepsilon_d=0$ 且

$$E[\varepsilon_n]>\frac{1}{2}-\tau \tag{4.18}$$

即使分类器是普遍一致的，实际应用中 $E[\Delta_n]\to 0$ 的速率还是至关重要的。如果我们要使分类器的误差的期望在贝叶斯误差的允许范围内，仅有一致性是不够的。因此，我们关心的是下述陈述是否成立：对于任意 $\tau>0$，存在 $n(\tau)$，使得对$(\mathbf{X},Y)$的任意分布都有 $E[\Delta_{n(\tau)}]<\varepsilon$。下面的定理表明这个结论不可能成立。即使 Ψ_n 是普遍一致的，对于所有可能的分布，设计误差收敛到零的速率也可能非常缓慢。

定理 4.3 (Devroye, 1982)　设 $\{a_n\}$ 为递减的正数序列，其中 $a_1\leqslant 1/16$。对分类器 Ψ_n 的任意序列，存在$(\mathbf{X},Y)$的一个分布，使得 $\varepsilon_d=0$ 且 $E[\varepsilon_n]>a_n$。

根据一个大的规则类将 R^d 划分为不相交的单元格。然后，分类器 $\Psi_n(\mathbf{x})$根据 $\mathbf{x}$ 所在单元格中多数元素的类标号取 0 或 1。单元格的数目可能随 n 的大小变化，也可能与具体的样本点有关，但是与标号无关。将该问题简化为一个插入一致性问题，并将其应用于 L_1 界，就可以获得某些单元的一致性。为了得到分布$(\mathbf{X},Y)$的一致性，划分必须满足两个必要条件：①划分的粒度能够反映总体分布的局部结构；②每个单元格应有足够多的标号，从而保证多数表决能够反映基于后验分布的理论决策。实际上，这两个条件也是充分的。给定一个点 $\mathbf{x}$，设$U_n(\mathbf{x})$为包含 $\mathbf{x}$ 的单元，$N_n(\mathbf{x})$为单元$U_n(\mathbf{x})$中的样本点数。对任意单元 U，定义 U 的直径 $\mathrm{diam}[U]$为其中所有样本点之间距离的上确界。

定理 4.4 (Devroye et al.,1996)　对于分布$(\mathbf{X},Y)$，基于划分的分类规则是一致的，仅当：①随着 $n\to\infty$，$\mathrm{diam}[U_n(\mathbf{X})]$以概率趋近于 0；②随着 $n\to\infty$，$N_n(\mathbf{X})$以概率趋近于∞。

定理中隐含了单元 $U_n(\mathbf{X})$是随机的，它与 $\mathbf{X}$ 的输出有关。第一个条件是指对任意 $\varepsilon>0$，随着 $n\to\infty$，有 $P(\mathrm{diam}[U_n(\mathbf{X})]>\varepsilon)\to 0$，其中概率是针对 $\mathbf{X}$ 的分布而言的。第二个条件是指无论 k 多大，随着 $n\to\infty$，有 $P(N_n(\mathbf{X})<k)\to 0$。定理的证明表明，$E[|\eta(\mathbf{X})-\eta_n(\mathbf{X})|]$以概率趋近于 0，其中

$$\eta_n(\mathbf{x})=\frac{1}{N_n(\mathbf{x})}\sum_{\{i:\mathbf{x}_i\in U_n(\mathbf{x})\}}Y_i \tag{4.19}$$

如果上述条件对$(\mathbf{X},Y)$的任意分布都成立，则该定理就得到普遍一致性。

以立方体直方图规则（cubic histogram rule）为例来说明该定理，R^d 被划分成边长为r_n 的立方体。对于每个点 $\mathbf{x}\in R^d$，分类器 $\Psi_n(\mathbf{x})$根据 $\mathbf{x}$ 所在单元格多数元素的类标

号取 0 或 1。如果立方体的定义满足：当 $n \to \infty$ 时，有 $r_n \to 0$ 且 $nr_n^d \to \infty$ 。则对$(\mathbf{X},Y)$的任意分布，定理 4.4 的条件都成立，于是该规则具有普遍一致性（Gordon and Olshen，1978；Devroye et al.,1996)。当 $n \to \infty$ 时，虽然立方体会变小，但 n 与立方体体积的乘积则会趋于无穷大。

对基于后验分布的一般加权平均估计器，插入 L_2 界可以得到普遍一致性定理。参考式（4.9)，对样本 S_n ，定义其估计器为

$$\eta_n(\mathbf{x}) = \sum_{i=1}^{n} W_{ni}(\mathbf{x}) Y_i \tag{4.20}$$

其中非负权重 $W_{ni}(\mathbf{x})$ 取决于样本点，且对任意的 n 权重和为 1。由于越接近 $\mathbf{x}$ 的样本点权重越大，因此 $\eta_n(\mathbf{x})$给出了一个局部加权平均规则（local weighted-average rule)，并且分类器 $\Psi_n(\mathbf{x})$由局部加权的多数表决方式确定。如果权重满足三个条件，则局部加权平均规则是一致的。第一个条件是以 $\mathbf{x}$ 为中心的某个半径之外的点的总权重为 0。也就是说，对任意的 $\delta>0$，有

$$\lim_{n\to\infty} E\Big[\sum_{\{i:\ \|\mathbf{x}-\mathbf{x}_i\| > \delta\}} W_{ni}(\mathbf{X})\Big] = 0 \tag{4.21}$$

第二个条件是最大权重的期望必须趋于 0，

$$\lim_{n\to\infty} E[\max\{W_{n1}(\mathbf{X}), W_{n2}(\mathbf{X}), \cdots, W_{nn}(\mathbf{X})\}] = 0 \tag{4.22}$$

第三个条件是要证明：存在常数 c，使每一个非负可测函数 g（其期望值 $E[g(\mathbf{x})]$ 是存在的）满足

$$E\Big[\sum_{i=1}^{n} W_{ni}(\mathbf{X}) g(\mathbf{X}_i)\Big] \leqslant cE[g(\mathbf{X})] \tag{4.23}$$

定理 4.5 (Stone，1977) *对 $\mathbf{X}$ 的任意分布，若局部加权平均规则的权重满足上述三个条件，则该规则是普遍一致的。*

对$(\mathbf{X},Y)$的一个分布，若随着 $n \to \infty$ ，几乎都有 $\Delta_n \to 0$ ，也就是说如果 Δ_n 以概率 1 趋近于 0，则称这个分类规则是强一致的（strongly consistent)。特别地，除了训练集 S 之外，对于每一个训练集序列$\{S_1, S_2, \cdots\}$，随着 $n\to\infty$，有 $\Delta_n\to 0$，既然所有的收敛是指以概率收敛，那么强一致性就包含了一致性。若对$(\mathbf{X},Y)$的任意分布，几乎都有 $\Delta_n\to 0$，则这个规则就是普遍强一致的（universally strongly consistent)。因此，一个结论可能同时满足一致性和强一致性。根据 Borel-Cantelli 引理，若对任意 $\tau>0$，有

$$\sum_{n=1}^{\infty} P(\Delta_n > \tau) < \infty \tag{4.24}$$

则 $\Delta_n \to 0$ 。累加和的收敛是指随着 $n \to \infty$ ，有 $P(\Delta_n > \tau) \to 0$ 。该引理适用于 $P(\Delta_n > \tau)$ 的有界可加序列，但是，这一点通常很难做到。

4.2.2 分类规则实例

如果立方体满足：随着 $n \to \infty$ ，有 $r_n \to 0$ 且 $nr_n^d \to \infty$ ，则立方体直方图规则是普遍一致的。在相同的约束条件下，对 $(\mathbf{X},Y)$ 的任意分布和任意的 $\tau>0$，存在整数$n(\tau)$，使得当 $n>n(\tau)$时，有

$$P(\Delta_n > \tau) \leqslant 2e^{-n\tau^2/32} \tag{4.25}$$

Borel-Cantelli 引理表明 $\Delta_n \to 0$ 几乎总是满足的。因为 $n(\tau)$ 与$(\mathbf{X},Y)$ 的分布有关，故该结果给出的是强一致性，而不是普遍强一致性。对于离散数据，若立方体足够小，由于此时立方体中至多包含一个样本点，立方体直方图规则就简化为插入规则。多数表决意味着选择标号数多的标号为该点的标号，这相当于应用相对频率来估计 $\eta(\mathbf{x})$，因而可以应用式（4.3）来得到 $\mathbf{X}$ 的标号。

在最近邻法（nearest-neighbor，NN）中，分类器 Ψ_n 定义为：对每一个 $x \in R^d$，$\Psi_n(\mathbf{x})$为距 $\mathbf{x}$ 最近的样本点的标号。最近邻法的误差与$(\mathbf{X},Y)$的分布无关，满足

$$\varepsilon_d \leqslant \lim_{n\to\infty} E[\varepsilon_n] = E[2\eta(\mathbf{X})(1-\eta(\mathbf{X}))] \leqslant 2\varepsilon_d(1-\varepsilon_d) \leqslant 2\varepsilon_d \tag{4.26}$$

（Cover and Hart，1967；Stone，1977），从而有 $\lim_{n\to\infty} E[\Delta_n] \leqslant \varepsilon_d$ 。因此，如果贝叶斯误差较小，则渐近误差的期望也较小。但是，该结果不具有一致性。

k 最近邻法（k-nearest-neighbor，kNN）中，选择距 $\mathbf{x}$ 最近的 k 个点并根据这些点的大多数标号来定义 $\Psi_n(\mathbf{x})$为 0 或 1（k 通常为奇数）。当 $k=1$ 时，它就是最近邻法。一般不考虑 k 为偶数的情况。随着 $n\to\infty$，$E[\varepsilon_n]$的极限有解析式，且有多个上界的解析式。我们给出一个简单的上界（Devroye et al.,1996）：

$$\varepsilon_d \leqslant \lim_{n\to\infty} E[\varepsilon_n] \leqslant \varepsilon_d + \frac{1}{\sqrt{ke}} \tag{4.27}$$

从而有

$$\lim_{n\to\infty} E[\Delta_n] \leqslant (ke)^{-1/2} \tag{4.28}$$

这个结果不满足一致性，但它表明，随着 $n \to \infty$ 且 k 足够大时，设计误差会变得足够小。如果 $\mathbf{X}_i$ 是 $\mathbf{X}$ 的第 k 个近邻，定义 $W_{ni}(\mathbf{X}) = 1/k$ ，否则 $W_{ni}(\mathbf{X}) = 0$ ，则 kNN 规则可视为一个局部加权平均规则。当 $n\to\infty$，且 k 足够大时，有 $k/n\to 0$。应用定理 4.5 可知，k 最近邻法具有普遍一致性（Stone，1977）。

与最近邻法和 k 最近邻法不同，滑动窗口规则（moving-window rule）预先设定一个距离，然后选择与 $\mathbf{x}$ 的距离小于该距离的所有样本点的多数标号作为 $\mathbf{x}$ 的标号。对距 $\mathbf{x}$ 越近的样本点赋予更大的权重，可以“平滑”滑动窗口规则。基于多数 0 和 1 标号的直方图规则等价于中位数标号，当两个类标号数相同时取 0。对于加权中的位数规则，更一般的情况是分别计算 0 标号和 1 标号的权重，然后根据加权和的大小决定标号。将基于距离的加权核和平滑因子结合起来，就得到核规则（kernel rule）。Gaussian 核的定义为

$$K_h(\mathbf{x}) = e^{-\|\mathbf{x}/h\|^2} \tag{4.29}$$

Epanechnikov 核的定义为：若$\|\mathbf{x}\| \leqslant h$，则

$$K_h(\mathbf{x}) = 1 - \|\mathbf{x}/h\|^2 \tag{4.30}$$

并且当$\|\mathbf{x}\| > h$，则 $K_h(\mathbf{x}) = 0$ 。若 $\mathbf{x}$ 位于分类器的定义范围内，且 $\mathbf{x}_k$ 是一个样本点，则它的权重为 $K_h(\mathbf{x}-\mathbf{x}_k)$ 。由于 Gaussian 核不可能为 0，因此所有样本点都有权重。而对于 Epanechnikov 核，当样本点与 $\mathbf{x}$ 的距离大于 h 时其权重为 0。因此，这一点与滑动窗口法一样，仅在某一半径内的样本影响 $\Psi_n(\mathbf{x})$的定义。滑动窗口法是核方法在某一半径内权重为 1 的特例。

若核 K 是非负的，且存在以原点为中心、半径为 r 的球 B_r 以及常数 $\delta>0$，使得在

B_r 上有 $K \geqslant \delta$ 且

$$\int_{\Re^d} \sup_{\mathbf{y} \in \mathbf{x}+B_r} K(\mathbf{y}) d\mathbf{x} < \infty \tag{4.31}$$

则称该核是正则的（regular）。

前面提到的三个都是正则核。下面的定理中，利用 Borel-Cantelli 引理可得：正则核规则是强普遍一致的。

定理 4.6（Devroye and Krzyzak，1989） *假设 K 是一个正则核，若 $h \to \infty$，使得当 $n \to \infty$ 时 $nh^d \to \infty$，则存在一个与维数有关的常数 ρ 和正则核 K，使得对($\mathbf{X}$,Y)的任意分布和每个 $\tau > 0$，总存在整数 n_0 满足 $n \geqslant n_0$。这就隐含有*

$$P(\Delta_n > \tau) \leqslant 2e^{-n\tau^2/32\rho^2} \tag{4.32}$$

4.3 有约束的分类器

前面我们提到，满足一致性划分所必需的两个条件。对于定理 4.4 是：①相对于特征-标号分布的局部结构，划分应该足够细；②每个单元中应有足够多的标号数，使得多数表决能够反映基于后验分布的理论决策。在小样本情况下，一个关键问题是：若划分太细，第二个条件就无法满足；并且还会导致一种极端的情况：每个单元至多包含一个点。即使构造规则能够将空单元与其邻近的非空单元合并，最终的划分还是每个单元至多包含一个点。这样，多数表决就没有意义了。此外，合并还有可能导致决策边界的复杂化。相对于特征-标号的分布，已有的样本数据不支持这种复杂决策，这就是过拟合（overfitting）问题。这种情况下，分类器对样本数据的误差可能很小，但对整个特征-标号的分布，误差却可能很大。因此，最好采用粗粒度的划分方式。允许分类器对样本数据分类时存在一定的误差，但是在整个分布上，粗划分的误差比细划分的误差小。一般认为，相对可用的样本数据而言，分类规则对于样本空间的划分不应过于复杂。

图 4.1 是过拟合的例子，它们是对两个等方差环形 Gaussian 类条件分布应用 3NN 规则得到的结果。图 4.1(a)和(b)是两组 30 个样本的 3NN 分类器；图 4.1(c)和(d)是两组 90 个样本的 3NN 分类器。可以看出，30 个样本的过拟合程度很大，与 90 个样本的分类器相比，后者更接近竖线表示的贝叶斯分类器。

仅仅通过误差估计评判分类器的性能未必能减轻过拟合问题。这是因为仅有少量数据的情况下，误差估计通常不够精确，尤其是分类规则过于复杂时，情况更为糟糕。因此，小样本的情况下，采用复杂分类器来降低误差估计，并不能克服设计误差的期望过大的问题。根据可用的数据量，我们必须对分类规则进行必要的约束。为此，需要引入一个度量分类器划分特征空间能力的准则。

对分类器的设计加以限制是指限定其允许的函数类别 $\mathcal{C}$。于是，分类问题就变为寻找一个误差为 $\varepsilon_{\mathcal{C}}$ 的最优约束（constrained）分类器 $\Psi_{\mathcal{C}} \in \mathcal{C}$。这种约束可以减少设计误差的期望，其代价是增大了（可能的）最优分类器的误差。由于类 $\mathcal{C}$ 其实是分类器空间的一个子类，因而 $\Psi_{\mathcal{C}}$ 上的误差 $\varepsilon_{\mathcal{C}}$ 通常比贝叶斯误差要大，除非贝叶斯分类器恰好也在 $\mathcal{C}$ 上。约束（近似）误差［cost of constraint (approximation)］为

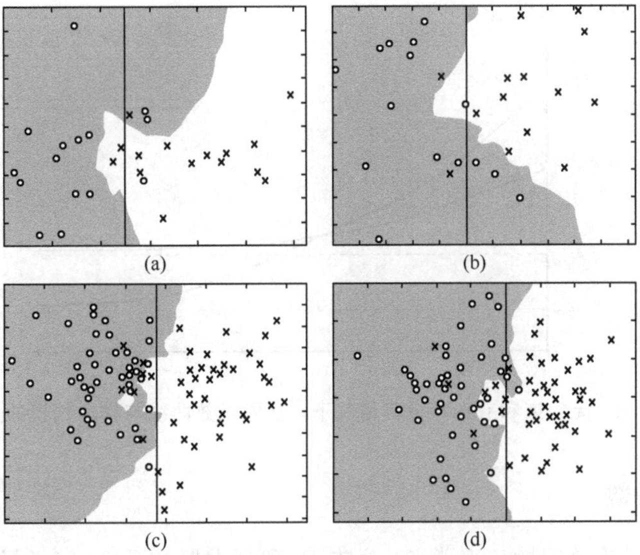

图 4.1 3NN 分类在两个等方差环形 Gaussian 类条件分布的应用：(a) 表示一组 30 个点的样本；(b) 表示另一组 30 个点的样本；(c) 表示一组 90 个点的样本；(d) 表示另一组 90 个点的样本 (Dougherty et al.，2005b)

$$\Delta_{\mathcal{C}} = \varepsilon_{\mathcal{C}} - \varepsilon_d \tag{4.33}$$

这样类 $\mathcal{C}$ 上的一个分类规则产生的分类器为 $\Psi_{n,\mathcal{C}} \in \mathcal{C}$，其误差为 $\varepsilon_{n,\mathcal{C}}$，且 $\varepsilon_{n,\mathcal{C}} \geqslant \varepsilon_{\mathcal{C}} \geqslant \varepsilon_d$。约束分类器的设计误差为

$$\Delta_{n,\mathcal{C}} = \varepsilon_{n,\mathcal{C}} - \varepsilon_{\mathcal{C}} \tag{4.34}$$

小样本情况下，这个误差将比 Δ_n 小得多，具体大小与类 $\mathcal{C}$ 及分类规则有关。约束分类器的误差可以分解为

$$\varepsilon_{n,\mathcal{C}} = \varepsilon_d + \Delta_{\mathcal{C}} + \Delta_{n,\mathcal{C}} \tag{4.35}$$

设计误差的期望可以分解为

$$E[\varepsilon_{n,\mathcal{C}}] = \varepsilon_d + \Delta_{\mathcal{C}} + E[\Delta_{n,\mathcal{C}}] \tag{4.36}$$

当且仅当 $E[\varepsilon_{n,\mathcal{C}}] < E[\varepsilon_n]$ 时，约束是有利的，也就是说

$$\Delta_{\mathcal{C}} < E[\Delta_n] - E[\Delta_{n,\mathcal{C}}] \tag{4.37}$$

即若约束误差小于设计误差期望的减少量，则 $\Psi_{n,\mathcal{C}}$ 的误差的期望小于 Ψ_n 的误差的期望。这是一个两难问题：强约束减少 $E[\Delta_{n,\mathcal{C}}]$ 的代价是增加了 $\varepsilon_{\mathcal{C}}$。

我们以图 4.2 来说明这个问题。对离散数据而言，插入规则和立方体直方图规则的 $E[\Delta_n]$ 是非递增的，即 $E[\Delta_{n+1}] \leqslant E[\Delta_n]$。也就是说，设计误差的期望永远不会随着样本规模的增大而增大。这一点适用于任何特征-标号分布。我们称这种分类规则是聪明 (smart) 的，它与我们对样本规模递增情况的直观认识一致。最近邻规则是不聪明的，因为 $E[\Delta_{n+1}] \leqslant E[\Delta_n]$ 并不是对所有的 n 都成立。下面我们考虑约束和分布都满足 $E[\Delta_{n+1}] \leqslant E[\Delta_n]$ 及 $E[\Delta_{n+1,\mathcal{C}}] \leqslant E[\Delta_{n,\mathscr{C}}]$ 的一致性规则。如图 4.2 所示，两个坐标轴分别表示样本规模和误差。水平虚线表示 $\varepsilon_{\mathcal{C}}$ 和 ε_d，递减的实线表示 $E[\varepsilon_{n,\mathcal{C}}]$ 和 $E[\varepsilon_n]$。当 n 足够大，有 $E[\varepsilon_n] < E[\varepsilon_{n,\mathcal{C}}]$；相反，当 n 足够小，有 $E[\varepsilon_n] > E[\varepsilon_{n,\mathcal{C}}]$。二者的分界点为 N_0：当 $n > N_0$ 时，约束是有害的；当 $n < N_0$，约束是有利的。若 $n < N_0$，约束的

收益是两条递减实线之间的差。

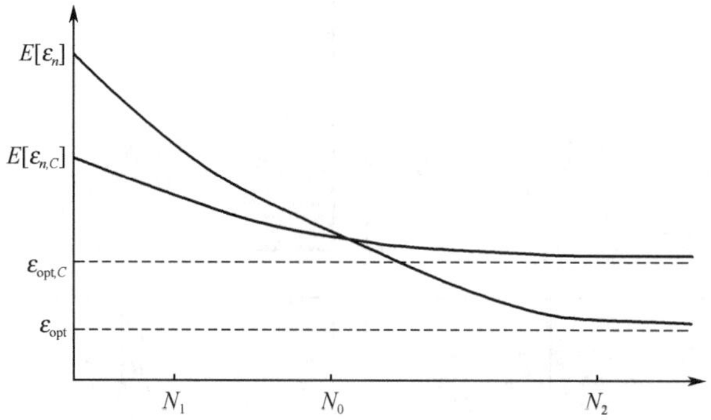

图 4.2　无约束和有约束分类情况下，误差函数曲线与样本规模的关系

4.3.1　分散系数

为了进一步讨论该问题，对类 $\mathcal{C}$、样本 S_n 和分类器 $\Psi\in\mathcal{C}$，定义经验误差（empirical error）$\hat{\varepsilon}_n[\Psi]$为样本中 $\Psi(\mathbf{X}_i)\neq Y_i$ 的比例，其中$(\mathbf{X}_i, Y_i)\in S_n$，经验误差是样本的误差率。$S_n$ 是分布$(\mathbf{X},Y)$的一个随机样本，其经验误差的估计为 $P(\Psi(\mathbf{X})\neq Y)$。经验误差规则分类器（empirical-error-rule classifier）$\hat{\Psi}_{n,\mathcal{C}}$是 $\mathcal{C}$ 上具有最小经验误差的分类器。由于 $\Psi_{\mathcal{C}}$ 是 $\mathcal{C}$ 上概率 $P(\Psi(\mathbf{X})\neq Y)$最小的分类器，$\hat{\varepsilon}_n[\Psi]$是它的估计。因此，选择具有最小经验误差的分类器就相当于选择一个与 $\mathcal{C}$ 相关的最优的分类规则。实际上，经验误差规则分类器的优劣取决于其对样本点的划分能力。经验误差规则分类器在样本上的经验误差为$\hat{\varepsilon}_n[\hat{\Psi}_{n,\mathcal{C}}]$，其误差为$\hat{\varepsilon}_{n,\mathcal{C}}=\hat{\varepsilon}[\hat{\Psi}_{n,\mathcal{C}}]$。用$\hat{\varepsilon}_{n,\mathcal{C}}$和$\hat{\Delta}_{n,\mathcal{C}}$分别代替 $\varepsilon_{n,\mathcal{C}}$和 $\Delta_{n,\mathcal{C}}$，式（4.34）～式（4.36）仍然成立。

如果 $\mathcal{C}$是基为$|\mathcal{C}|$的有限集，其中包含误差为 0 的贝叶斯分类器，即 $\varepsilon_{\mathcal{C}}=\varepsilon_d=0$，则$\hat{\varepsilon}_{n,\mathcal{C}}=\hat{\Delta}_{n,\mathcal{C}}$存在简单界：对任意的 n 和 $\tau>0$，有

$$P(\hat{\varepsilon}_{n,\mathcal{C}}>\tau)\leqslant|\mathcal{C}|e^{-n\tau} \tag{4.38}$$

和

$$E[\hat{\varepsilon}_{n,\mathcal{C}}]\leqslant\frac{1+\log|\mathcal{C}|}{n} \tag{4.39}$$

（Vapnik and Chervonenkis，1974）。由上式可知：当 $n\to\infty$，有$\hat{\Delta}_{n,\mathcal{C}}\to 0$（以概率）。

由经验误差不等式还可以得到更强的结果。对所有的 $\Psi\in\mathcal{C}$，有$\hat{\varepsilon}_n[\hat{\Psi}_{n,\mathcal{C}}]\leqslant\hat{\varepsilon}_n[\Psi]$成立，因此

$$\hat{\varepsilon}_n[\hat{\Psi}_{n,\mathcal{C}}]-\varepsilon_{\mathcal{C}}\leqslant\sup_{\Psi\in\mathcal{C}}|\hat{\varepsilon}_n[\Psi]-\varepsilon[\Psi]| \tag{4.40}$$

因为$\hat{\Psi}_{n,\mathcal{C}}\in\mathcal{C}$，$\hat{\varepsilon}_{n,\mathcal{C}}-\hat{\varepsilon}_n[\hat{\Psi}_{n,\mathcal{C}}]$也具有相同的上界。而且，由于

$$\hat{\varepsilon}_{n,\mathcal{C}}-\hat{\varepsilon}_n[\hat{\Psi}_{n,\mathcal{C}}]=\varepsilon[\hat{\Psi}_{n,\mathcal{C}}]-\hat{\varepsilon}_n[\hat{\Psi}_{n,\mathcal{C}}] \tag{4.41}$$

等式右边也具有相同的上界。由三角不等式，可得（Vapnik and Chervonenkis，1974）

$$\begin{aligned}\hat{\Delta}_{n,\mathcal{C}}&=\hat{\varepsilon}_{n,\mathcal{C}}-\hat{\varepsilon}_n[\hat{\Psi}_{n,\mathcal{C}}]+\hat{\varepsilon}_n[\hat{\Psi}_{n,\mathcal{C}}]-\varepsilon_{\mathcal{C}}\\&\leqslant 2\sup_{\Psi\in\mathcal{C}}|\hat{\varepsilon}_n[\Psi]-\varepsilon[\Psi]|\end{aligned} \tag{4.42}$$

对任何可测集 $A\subset\mathcal{R}^d\times\{0,1\}$，设 $\nu[A]=P((\mathbf{X},Y)\in A)$，则

$$\begin{aligned}\varepsilon[\Psi] &= \nu[\{(\mathbf{x},y):\Psi(\mathbf{x})\neq y\}]\\ &= \nu[(\mathcal{K}[\Psi]\times\{0\})\cup(\mathcal{K}[\Psi]^c\times\{1\})]\end{aligned} \tag{4.43}$$

其中 $\mathcal{K}[\Psi]=\{\mathbf{x}:\Psi(\mathbf{x})=1\}$ 称为 Ψ 的核。设经验测度 $\nu_n[A]$ 为 A 的样本点属于 S_n 的比例。对经验误差 $\hat{\varepsilon}[\Psi]$，用 ν_n 代替 ν 可以得与式（4.43）相似的表达式。因此，

$$\sup_{\Psi\in\mathcal{C}}|\hat{\varepsilon}_n[\Psi]-\varepsilon[\Psi]|\leqslant\sup_{A\in\mathcal{A}_{\mathcal{C}}}|\nu_n[A]-\nu[A]| \tag{4.44}$$

其中

$$\begin{aligned}\mathcal{A}_{\mathcal{C}} &= \{\{(\mathbf{x},y):\Psi(\mathbf{x})\neq y\}:\Psi\in\mathcal{C}\}\\ &= \{(\mathcal{K}[\Psi]\times\{0\})\cup(\mathcal{K}[\Psi]^C\times\{1\}):\Psi\in\mathcal{C}\}\end{aligned} \tag{4.45}$$

式（4.44）右边的上确界适用于任意可测集类 $\mathcal{A}$，并且记为 $\hat{\Delta}_n(\mathcal{A})$。对于 $\mathcal{A}_{\mathcal{C}}$，我们简记为 $\hat{\Delta}_n(\mathcal{C})$。结合不等式（4.42）和不等式（4.44）可得 $\hat{\Delta}_{n,\mathcal{C}}\leqslant 2\,\hat{\Delta}_n(\mathcal{C})$，且

$$P(\hat{\Delta}_{n,\mathcal{C}}>\tau)\leqslant P(\hat{\Delta}_n(\mathcal{C})>\tau/2) \tag{4.46}$$

因此，只要知道 $P(\hat{\Delta}_n(\mathcal{C})>\tau/2)$ 的界，就可以知道 $P(\hat{\Delta}_{n,\mathcal{C}}>\tau)$ 的界。

设 $\mathcal{A}$ 为 R^d 上的任意可测集类。若 $\{\mathbf{z}_1,\mathbf{z}_z,\cdots,\mathbf{z}_n\}$ 是 R^d 上的点集，令

$$N_{\mathcal{A}}(\mathbf{z}_1,\mathbf{z}_2,\cdots,\mathbf{z}_n)=|\{\{\mathbf{z}_1,\mathbf{z}_2,\cdots,\mathbf{z}_n\}\cap A:A\in\mathcal{A}\}| \tag{4.47}$$

是 $\{\mathbf{z}_1,\mathbf{z}_2,\cdots,\mathbf{z}_n\}$ 的子集类与 $\mathcal{A}$ 中的任一集合的交集的势。$\mathcal{A}$ 的第 n 个分散系数的定义为

$$\xi(\mathcal{A},n)=\max_{\mathbf{z}_1,\mathbf{z}_2,\cdots,\mathbf{z}_n}N_{\mathcal{A}}(\mathbf{z}_1,\mathbf{z}_2,\cdots,\mathbf{z}_n) \tag{4.48}$$

当 $\xi(\mathcal{A},n)=2^n$ 时，称 $\mathcal{A}$ 分散 $\{\mathbf{z}_1,\mathbf{z}_2,\cdots,\mathbf{z}_n\}$。若 $\xi(\mathcal{A},n)<2^n$，则对 $j>n$，有 $\xi(\mathcal{A},j)<2^j$。

下面举例说明，考虑 R^1 上的射线集合 $\mathcal{A}$。对于一个具有 n 个点的集合，射线的起点要么比其中的任意一点都小，要么比其中的任意一点都大，要么位于两个相邻点之间。每种情况都会产生一个不同的子集。因此，$\xi(\mathcal{A},n)=n+1$。再假定 $\mathcal{A}$ 是 R^1 上的区间集，式（4.47）中与区间端点的交集可能为空、一个点或者多个点。这三种情况分别产生 1、n 和 $\mathcal{C}(n,2)$ 个集合，因此有 $\xi(\mathcal{A},n)=1+n+\mathcal{C}(n,2)$。

定理 4.7（Vapnik and Chervonenkis，1971） 对任意概率测量值 v、集合类 $\mathcal{A}$、n 和 $\tau>0$，有

$$P(\hat{\Delta}_n(\mathcal{A})>\tau)\leqslant 8\xi(\mathcal{A},n)e^{-n\tau^2/8} \tag{4.49}$$

根据上式可以定义分类器类 $\mathcal{C}$ 上的分散系数 $\Xi(\mathcal{C},n)=\xi(\mathcal{A}_{\mathcal{C}},n)$。由式（4.46），有

$$P(\hat{\Delta}_{n,\mathcal{C}}>\tau)\leqslant P(\hat{\Delta}_n(\mathcal{C})>\tau/2)\leqslant 8\Xi(\mathcal{C},n)e^{-n\tau^2/32} \tag{4.50}$$

通常，对常数 c 和 $\tau>0$，若 Z 是一个满足 $P(Z>\tau)\leqslant ce^{-2n\tau^2}$ 的非负随机变量，则有 $E[Z]\leqslant\sqrt{(\log ce)/2n}$。于是，很容易得到 Vapnik-Chervonenkis 定理的一个推论

$$E[\hat{\Delta}_{n,\mathcal{C}}]\leqslant 8\sqrt{\frac{\log(8e\Xi(\mathcal{C},n))}{2n}} \tag{4.51}$$

不难发现 $\mathcal{C}$ 上的分散系数可通过核 $\Xi(\mathcal{C},n)=\xi(\mathcal{K}_{\mathcal{C}},n)$ 来表示，其中 $\mathcal{K}_{\mathcal{C}}$ 是 $\mathcal{C}$ 上分类器的所有核的类（Devroye et al.,1996）。这里主要强调与核类对应的分类器类分离点的能力。因为 $\mathcal{K}_{\mathcal{C}}$ 和 $\mathcal{C}$ 之间的一一对应关系，上述结论也在意料之中。

4.3.2 VC 维数

集合类的分散系数度量的是它能够分离点集的程度。满足 $\xi(\mathcal{A},n)=2^n$ 的最大整数 n 称为集合类 $\mathcal{A}$ 的 VC 维数（Vapnik-Chervonenkis dimension），记为 $V_{\mathcal{A}}$。若对所有的 n，$\xi(\mathcal{A},n)=2^n$ 成立，则 $V_{\mathcal{A}}=\infty$。若 VC 维数是有限的，则称 $\mathcal{A}$ 为 VC 类。若 $\mathcal{A}$ 是有限的，则 $\xi(\mathcal{A},k)\leqslant|\mathcal{A}|$ 且 $V_{\mathcal{A}}\leqslant\log_2|\mathcal{A}|$。

回忆一下，R^1 上的射线集合 $\mathcal{A}$ 的分散系数 $\xi(\mathcal{A},n)=n+1$。当 $n=1$，有 $\xi(\mathcal{A},1)=2^1$；对任意 $n>1$，有 $\xi(\mathcal{A},n)<2^n$，因此 $V_{\mathcal{A}}=1$。对 R^1 上的区间集合 $\mathcal{A}$，$\xi(\mathcal{A},n)=1+n+C(n,2)$。对于 $n=2$，有 $\xi(\mathcal{A},2)=2^2$；对于任意 $n>2$，有 $\xi(\mathcal{A},n)<2^n$，因此 $V_{\mathcal{A}}=2$。

要证明 $V_{\mathcal{A}}=n$，只需证明存在一组 n 个点的集合能够被 $\mathcal{A}$ 分散，并且不存在 $n+1$ 个点的集合能够被 $\mathcal{A}$ 分散。通过该方法可以证明：R^d 上的四分之一圆和矩形类的 VC 维数分别是 d 和 2d。为了便于讨论，假设 d=2，但是该结论很容易扩展到 d 更大的情况。四分之一圆类 Q 中的集合形式为$[-\infty,x_1]\times[-\infty,x_2]$。两个点$(-1,1)$和$(1,-1)$被四分之一圆 $(x_1,x_2)=(2,2)$、$(0,0)$、$(2,0)$ 和 $(0,2)$ 分离。为了说明没有三个点被 Q 分离，设 $\mathbf{z}_1$ 为第一个坐标的最大值点，$\mathbf{z}_2$ 为第二个坐标的最大值点，并且注意到任何包含 $\mathbf{z}_1$ 和 $\mathbf{z}_2$ 的四分之一圆必定包含第三个点。对矩形类 R，很容易看到点$(-1,-1)$、点$(1,1)$、点$(1,-1)$和点$(-1,1)$能够被 R 分离。对于 5 个点的集合，设 $\mathbf{z}_1$ 为第一个分量最大值的点，$\mathbf{z}_2$ 为第二个分量最大值的点，$\mathbf{z}_3$ 为第一个分量最小值的点，$\mathbf{z}_4$ 为第二个分量最小值的点。任何包含 $\mathbf{z}_1$、$\mathbf{z}_2$、$\mathbf{z}_3$ 和 $\mathbf{z}_4$ 的矩形必定包含第五个点。

分散系数的各种界可用 VC 维数的形式给出。例如，对任意的 n，有

$$\xi(\mathcal{A},n)\leqslant\sum_{i=1}^{V_{\mathcal{A}}}\binom{n}{i}\tag{4.52}$$

(Vapnik and Chervonenkis, 1974)。然后，得出 $\xi(\mathcal{A},n)\leqslant(n+1)^{V_{\mathcal{A}}}$。还可以证明 $\xi(\mathcal{A},n)\leqslant n^{V_{\mathcal{A}}}+1$，并且对 $V_{\mathcal{A}}>2$，有 $\xi(\mathcal{A},n)\leqslant n^{V_{\mathcal{A}}}$。从分类器的观点来看，后者可表示为

$$\Xi(\mathcal{C},n)\leqslant n^{V_{\mathcal{C}}}\tag{4.53}$$

因而，分类器的分散系数可以通过类的 VC 维数来定界。约束分类器类的目标就是要降低 VC 维数。

根据式（4.51）和式（4.42），对有限的 $V_{\mathcal{C}}>2$，有

$$E[\hat{\Delta}_{n,\mathcal{C}}]\leqslant 8\sqrt{\frac{V_{\mathcal{C}}\log n+4}{2n}}\tag{4.54}$$

因此，

$$E[\hat{\Delta}_{n,\mathcal{C}}]=O\left(\sqrt{\frac{V_{\mathcal{C}}\log n}{n}}\right)\tag{4.55}$$

实际上，可以证明当 $n\tau^2\geqslant 64$ 时，有

$$E[\hat{\Delta}_{n,\mathcal{C}}]\leqslant\frac{8+32\sqrt{2V_{\mathcal{C}}\log(2^{12}V_{\mathcal{C}})}}{\sqrt{n}}\tag{4.56}$$

(Alexander, 1984)。不考虑 $O(\sqrt{V_{\mathcal{C}}\log n/n})$ 中的 $V_{\mathcal{C}}$，可得 $E[\hat{\Delta}_{n,\mathcal{C}}]=O(\sqrt{\log n/n})$，然

而式（4.56）表明 $E[\hat{\Delta}_{n,\mathcal{C}}]=O(\sqrt{1/n})$。我们应用 $O(\sqrt{V_{\mathcal{C}}\log n/n})$ 的收敛性有两个原因：首先，它反映了 VC 维数的作用。其次，式（4.56）的系数太大，直接应用它比应用式（4.54）的效果更差。

尽管和 VC 类的设计误差的减少相比，$E[\hat{\Delta}_{n,\mathcal{C}}]$ 的 $O(\sqrt{V_{\mathcal{C}}\log n/n})$ 收敛更为重要，但是还有另一个问题：VC 类的约束误差。结合定理 4.2 和式（4.34），以及式（4.54）的界，可以得到：对任意的 $\tau>0$，存在$(\mathbf{X},Y)$的一个分布，使得贝叶斯误差为 0，且

$$\frac{1}{2}-\frac{\tau}{2}-\varepsilon_{\mathcal{C}}\leqslant E[\hat{\Delta}_{n,\mathcal{C}}]\leqslant 8\sqrt{\frac{V_{\mathcal{C}}\log n+4}{2n}} \tag{4.57}$$

当 n 足够大时，右边将比 $\tau/2$ 小，此时可得 $\varepsilon_{\mathcal{C}}\geqslant 1/2-\tau$。因此，任意 VC 类的性能可能会非常差。

VC 维数不仅给出了设计误差期望的上界，从而保证了其性能；此外，VC 维数还可以给出误差的下界。这时，极大、极小下界表明了一类分布超过某个下界的最差性能。

定理 4.8 (Devroye and Lugosi，1995)　*假设 $\mathcal{C}$ 有一个大于 1 的有限 VC 维，$0<\varepsilon_0<1/2$，$\mathcal{D}$ 是$(\mathbf{X},Y)$的所有满足 $\varepsilon_{\mathcal{C}}=\varepsilon_0$ 的分布类。则对任意的分类规则，若 $n\geqslant(V_{\mathcal{C}}-1)/2\varepsilon_0\times\max(9,1/(1-2\varepsilon_0)^2)$，有*

$$\sup_{(\mathbf{X},Y)\in\mathcal{D}}E[\hat{\Delta}_{n,\mathcal{C}}]\geqslant\sqrt{\frac{\varepsilon_0(V_{\mathcal{C}}-1)}{24e^{16}n}} \tag{4.58}$$

该定理表明 $E[\hat{\Delta}_{n,\mathcal{C}}]$ 的极小极大下界为 $n^{-1/2}$ 的常数倍，同时 $E[\hat{\Delta}_{n,\mathcal{C}}]=O(n^{-1/2})$。同时，为了确保良好的分类性能（与分布无关），样本规模必须远远大于 VC 维数。

目前存在各种分散系数和类的 VC 维数的界，其中一些如下。对于两个类的并集，有

$$\xi(\mathcal{A}_1\cup\mathcal{A}_2,n)\leqslant\xi(\mathcal{A}_1,n)+\xi(\mathcal{A}_2,n) \tag{4.59}$$

对任意类 $\mathcal{A}$，其补类定义为 $\mathcal{A}^c=\{A^c:A\in\mathcal{A}\}$，则 $\xi(\mathcal{A}^c,n)=\xi(\mathcal{A},n)$。对类 $\mathcal{A}_1$ 和类 $\mathcal{A}_2$，二元集合运算符 $*$ 定义的类 $<\mathcal{A}_1*\mathcal{A}_2>=\{A_1*A_2:A_k\in\mathcal{A}_k\}$。在并、交和笛卡儿积运算下有

$$\xi(\langle\mathcal{A}_1*\mathcal{A}_2\rangle,n)\leqslant\xi(\mathcal{A}_1,n)\xi(\mathcal{A}_2,n) \tag{4.60}$$

没有一种可行的计算方法能够通过经验误差从 $\mathcal{C}$ 中选择一个分类器，因此，只能利用某些算法得到近似最佳的经验误差分类器。一般地，对分类器 $\Psi:\Re^d\to\{0,1\}$，假定近似算法得到一个估计分类器的序列 $\{\hat{\phi}_{n,\mathcal{C}}\}$，其中$\{\tau_n\}$和$\{\delta_n\}$为正数数列，且随着 $n\to\infty$，有 $\tau_n\to 0$ 和 $\delta_n\to 0$。这时，$\{\hat{\phi}_{n,\mathcal{C}}\}$ 的经验误差将逼近最优经验误差分类器的误差，在概率上有

$$P(\hat{\varepsilon}_n[\hat{\phi}_{n,\mathcal{C}}]-\hat{\varepsilon}_{n,\mathcal{C}}\leqslant\tau_n)\geqslant 1-\delta_n \tag{4.61}$$

则 Vapnik-Chervonenkis 定理可以修正为（Devroye，et al.,1996)

$$P(\varepsilon[\hat{\phi}_{n,\mathcal{C}}]-\varepsilon_{\mathcal{C}}>\tau)\leqslant\delta_n+8\Xi(\mathcal{C},n)e^{-n(\tau-\tau_n)^2/128} \tag{4.62}$$

4.4　线性分类

一种典型的构造分类器的方法是参数表示法。这种方法假定分类器的函数形式为

$\Psi(x_1,x_2,\cdots,x_d;a_0,a_1,\cdots,a_r)$，其中参数 a_0，a_1，…，a_r 由对样本的某种估计来确定。参数法中，假定标号为−1 和 1。大多数函数的基本形式为观察分量的线性组合。二值函数通过阈值定义，线性分类器（linear classifier）的形式为

$$\Psi(\mathbf{x}) = \mathrm{T}\left[a_0 + \sum_{i=1}^{d} a_i x_i\right] \tag{4.63}$$

其中 $\mathbf{x} = (x_1,x_2,\cdots,x_d)$，阈值函数 T 以 0 为界限分别取值−1 或 1。线性分类器通过参数 $a_1,a_2,\cdots,a_d$ 确定的超平面将整个空间分成两个半空间。利用点积 $\mathbf{a}\cdot\mathbf{x}$（上式中除 a_0 之外的求和项），超平面可定义为 $\mathbf{a}\cdot\mathbf{x} = -a_0$。于是，分类器的核由超平面确定。线性分类器类的 VC 维数就等于这种半空间类的 VC 维数。该结论适用于下面的定理。

定理 4.9（Cover，1965） 设 $\mathcal{G}$ 是 $\Re^d$ 上的 m 个实函数 g_1，g_2，…，g_m 生成的线性空间，定义 $\mathbf{g}=(g_1,g_2,\cdots,g_m)$，并设 $\mathcal{A}$ 是 $\mathcal{G}$ 中的 0 阈值函数集类，即$\{\mathbf{z}: g(\mathbf{z})\geqslant 0\}$，$g\in\mathcal{G}$。如果存在一个点集$\{\mathbf{z}_1,\mathbf{z}_2,\cdots,\mathbf{z}_n\}\subset\Re^d$，使得$\{\mathbf{g}(\mathbf{z}_1),\mathbf{g}(\mathbf{z}_2),\cdots,\mathbf{g}(\mathbf{z}_n)\}$中的每个 m 阶子集都线性无关，那么

$$\xi(\mathcal{A},n) = 2\sum_{i=1}^{m-1}\binom{n-1}{i} \tag{4.64}$$

在定理中令 $n=m$ 和 $m+1$，则分别有 $\xi(\mathcal{A},m) = 2^m$ 和 $\xi(\mathcal{A},m+1) = 2^{m+1}-2$。这样，可得到 $V_{\mathcal{A}} = m$。更一般地，

$$\xi(\mathcal{A},n) \leqslant 2(n-1)^{m-1} + 2 \tag{4.65}$$

设 $g_i(\mathbf{x}) = x_i$，$i = 1,2,\cdots,d$，$g_{d+1}(\mathbf{x}) = 1$。当且仅当 g 是线性分类器的线性组合时有 $g\in\mathcal{G}$，且定理 4.9 的阈值集包括分类器的核类。设 $\mathcal{L}$ 为线性分类器类，用 d 代替式(4.64) 中的 $m-1$，$\Xi(\mathcal{L},n)$ 满足不等式

$$\Xi(\mathcal{L},n) \leqslant 2(n-1)^d + 2 \tag{4.66}$$

且 $V_{\mathcal{L}} = d+1$。当 $d>1$ 时，有 $\Xi(\mathcal{L},n)\leqslant n^{d+1}$。根据 Vapnik-Chervonenkis 定理有

$$P(\hat{\Delta}_{n,\mathcal{L}} > \tau) \leqslant 8n^{d+1}e^{-n\tau^2/32} \tag{4.67}$$

关于线性分类器，人们已经提出了大量分类规则。每种方法都试图寻找最佳的参数，使得由其设计的分类器的设计误差接近最优误差。有时，设计过程的分析主要取决于样本数据是否是线性可分的（linearly separable）；也就是说，是否存在一个超平面，使得类标号为−1 的点在超平面的一侧，而类标号为 1 的点在超平面的另一侧。各种算法都声称与其他方法相比，自己具有某些优势。这里，介绍 4 种方法。详情可以参考相关的文献（Duda et al.，2001）。

在考虑具体的分类规则之前，我们以乳腺肿瘤为例说明线性分类，考虑乳腺肿瘤患者或者携带 BRCA1/BRCA2 的易感染基因突变，或者带有偶发的遗传性易感染基因突变。对于 BRCA1 和 BRCA2，从病理和遗传的角度看，二者的差异似乎并不一致，但二者的功能是一致的。早期的分类研究表明，基于 cDNA 微阵列的基因表达谱的差异可以用来判别正突变乳腺癌的 BRCA1 和 BRCA2（Hedenfalk et al.，2001）。基于上述研究数据，图 4.3 表明：使用基因 KRT8 和 DRPLA，BRCA1 肿瘤（BRCA1 tumor）与 BRCA2 肿瘤（BRCA2 tumor）及偶发肿瘤的样本线性可分。通过肿瘤的分类，我们可以看出分类并不是一件简单的事情，其中涉及选择特征 KRT8 和 DRPLA 的方法、构造线性分界线的规则、误差的评估以及相对于特征-标号的分布、估计误差与真实误差

之间的关系等问题。

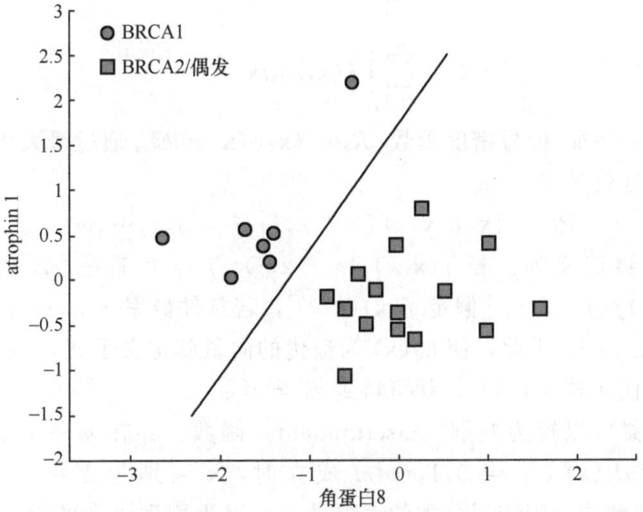

图 4.3　BRCA1 与 BRCA2 和偶发性肿瘤的线性分类器（Dougherty et al.,2005b.）

4.4.1　Rosenblatt 感知器

对于线性可分样本，经典的 Rosenblatt 感知器算法（Rosenblatt perceptron algorithm）采用迭代过程寻找分类超平面（Rosenblatt，1962）。设 $\{(\mathbf{x}^1,y^1),(\mathbf{x}^2,y^2),\cdots,(\mathbf{x}^n,y^n)\}$ 为样本集，$\mathbf{a}$ 是定义线性分类器的参数向量，称为感知器（perceptron）。$\{(\mathbf{x}_t,y_t)\}$ 是重复访问数据得到的观察-标号对序列。迭代计算得到参数序列 $\mathbf{a}(0),\mathbf{a}(1),\mathbf{a}(2),\cdots$，设 $\mathbf{a}(0)=(0,0,\cdots,0)$。给定 $\mathbf{a}(t)$，$\mathbf{a}(t+1)$ 定义为

$$\mathbf{a}(t+1)=\begin{cases}\mathbf{a}(t), & \text{当 } \Psi_t(\mathbf{x}_{t+1})=y_{t+1}\\ \mathbf{a}(t)+y_{t+1}\mathbf{x}_{t+1}, & \text{当 } \Psi_t(\mathbf{x}_{t+1})\neq y_{t+1}\end{cases} \tag{4.68}$$

式中，Ψ_t 表示使用参数向量 $\mathbf{a}(t)$构造的感知器。当且仅当在 $t+1$ 时刻观察使用 t 时刻的观察向量得不到正确的标号时，参数向量才发生变化。在有限的时间内，该过程可以产生一个能够正确分离样本的超平面。时间的长短与观察向量的最大范数及 0/1 标号向量分离的程度有关。对于非线性可分的数据集，需要用其他方法来估计最优感知器。通常，梯度法可以得到一致的设计。

4.4.2　线性及二次判别分析

到目前为止，我们仅讨论二元分类的情况，即 $Y=0$ 和 $Y=1$ 的分类情况。本节和下一节我们将讨论基于矩阵论的多分类方法，而且这些方法无需修改就可以直接应用到二元分类的情形。

二元分类器的误差是指错误分类的概率。直接推广到值域为 $\{0,1,\cdots,m\}$ 的多元分类器 Ψ，其误差定义为

$$\varepsilon[\Psi]=\sum_{k=0}^{m}P(Y=k,\xi(\mathbf{X})\neq k)$$

$$= 1 - \sum_{k=0}^{m} P(Y = k, \xi(\mathbf{X}) = k)$$

$$= 1 - \sum_{k=0}^{m} \int_{R_k} f(\mathbf{x}, k) d\mathbf{x} \tag{4.69}$$

式中，$f(\mathbf{x},k)$ 表示特征-标号密度函数；$R_k = \{\mathbf{x}: \psi(\mathbf{x}) = k\}$。通过最大化上式的求和项可求得最小误差，这就要求

$$R_k = \{\mathbf{x}: f(\mathbf{x},k) \geqslant f(\mathbf{x},j), j = 0,1,\cdots,m\} \tag{4.70}$$

因此，最优分类器定义为：若 $f(\mathbf{x},k) \geqslant f(\mathbf{x},j)$，$j = 0,1,\cdots,m$，则 $\psi_d(\mathbf{x}) = k$。由 $f(j|\mathbf{x}) = f(\mathbf{x}|j)f(j)/f(\mathbf{x})$［假定 $f(\mathbf{x}) \neq 0$］，若条件概率 $f(k|\mathbf{x}) \geqslant f(j|\mathbf{x})$，$j = 0, 1,\cdots,m$，则 $\psi_d(\mathbf{x}) = k$。因此，使 $\psi_d(\mathbf{x})$ 为最优的向量就定义了 $\Re^d$ 上的决策边界。将式（4.70）中的 R_k 代入式（4.69），就可得到 $\varepsilon_d = \varepsilon[\psi_d]$。

通常，分类器可以视为判别（discriminant）函数：存在 $m+1$ 个函数 $d_0, d_1, \cdots, d_m$，当 $d_k(\mathbf{x}) \geqslant d_j(\mathbf{x})$，$j = 0,1,\cdots,m$ 成立时，$\mathbf{x}$ 判别为 $Y=k$。若令 $f(\mathbf{x},k) = f(\mathbf{x}|k)f(k)$ 为判别式，则错误分类的误差最小。因为判别函数的次序不受任何严格递增函数的影响，对判别式两边取对数即可得到等价的判别式

$$d_k(\mathbf{x}) = \log f(\mathbf{x}|k) + \log f(k) \tag{4.71}$$

若对 $k = 0,1,\cdots,m$，条件密度函数 $f(\mathbf{x}|0), f(\mathbf{x}|1), \cdots, f(\mathbf{x}|m)$ 服从正态分布，则 $f(\mathbf{x}|k)$ 具有以下形式，

$$f(\mathbf{x}|k) = \frac{1}{\sqrt{(2\pi)^n \det[\mathbf{K}_k]}} \exp\left[-\frac{1}{2}(\mathbf{x} - \mathbf{u}_k)^t \mathbf{K}_k^{-1} (\mathbf{x} - \mathbf{u}_k)\right] \tag{4.72}$$

式中，$\mathbf{K}_k$ 和 $\mathbf{u}_k$ 分别表示协方差矩阵和均值向量。将 $f(\mathbf{x}|\mathrm{k})$代入式（4.71），消掉常数项并乘以因子 2（这对判别式没有影响）可得

$$d_k(\mathbf{x}) = -(\mathbf{x} - \mathbf{u}_k)^t \mathbf{K}_k^{-1} (\mathbf{x} - \mathbf{u}_k) - \log(\det[\mathbf{K}_k]) + 2\log f(k) \tag{4.73}$$

这一形式表明，决策边界 $d_k(\mathbf{x}) = d_j(\mathbf{x})$ 是二次的，且该等式代表的是二次判别分析（quadratic discriminant analysis，QDA）。

若所有的条件密度函数都有相同的协方差矩阵 $\mathbf{K}$，那么可以从 $d_k(\mathbf{x})$ 中消掉 $\log(\det[\mathbf{K}_k])$，得到

$$d_k(\mathbf{x}) = -(\mathbf{x} - \mathbf{u}_k)^t \mathbf{K}^{-1} (\mathbf{x} - \mathbf{u}_k) + 2\log f(k) \tag{4.74}$$

这是一个关于 $\mathbf{x}$ 的线性函数，它将产生超平面决策边界。该判别式代表的是线性判别分析（linear discriminant analysis，LDA）。

除了相同的协方差矩阵之外，假定条件随机向量相互独立，其协方差矩阵 $\mathbf{K}=\sigma^2\mathbf{I}$，那么上式可简化为

$$d_k(\mathbf{x}) = -\sigma^{-2} \|\mathbf{x} - \mathbf{u}_k\| + 2\log f(k) \tag{4.75}$$

这个形式不要求估计协方差矩阵；然而，相互独立是一个强假设。再进一步假定各类具有相同的先验概率 $f(k)$，那么对数项也可以去掉，式（4.75）可进一步简化为 $d_k(\mathbf{x}) = -\sigma^{-2}\|\mathbf{x} - \mathbf{u}_k\|$。于是，当 $\mathbf{x}$ 与 $f(\mathbf{x}|k)$ 的均值向量的距离最小时，$\mathbf{x}$ 属于 $Y=k$ 类。

关于二次和线性判别分析，式（4.73）和式（4.74）是在高斯分布的假设下推导出来的。实际上，只要类条件密度函数与高斯分布接近，且有足够的数据能够很好地估计协方差矩阵，分类效果就很好。QDA 和 LDA 分类规则的主要问题是计算样本的协方

差矩阵和样本均值。因为 QDA 比 LDA 需要估计更多的参数，小样本情况下最好使用 LDA。而且在上述的基本假设下，LDA 比 QDA 更健壮（Wald and Kronmal，1977）。

4.4.3 基于最小二乘误差的线性判别式

当条件密度函数不服从高斯分布或特征向量的协方差矩阵不相同时，另一种线性判别分析是最小二乘法。通常，有 $m+1$ 个形如

$$d_k(\mathbf{x}) = \sum_{i=0}^{d} a_{ki} x_i \tag{4.76}$$

的判别函数，其中 $\mathbf{x} = (x_0, x_1, \cdots, x_n)^t$，令 $x_0 = 1$ 可得非齐次形式。设

$$\mathbf{A} = \begin{pmatrix} a_{00} & a_{01} & \cdots & a_{0d} \\ a_{10} & a_{11} & \cdots & a_{1d} \\ \cdots & \cdots & \ddots & \vdots \\ a_{m0} & a_{m1} & \cdots & a_{md} \end{pmatrix} \tag{4.77}$$

且 $\mathbf{d}(\mathbf{x}) = (d_0(\mathbf{x}), d_1(\mathbf{x}), \cdots, d_m(\mathbf{x}))^t$，则判别函数可表示为

$$\mathbf{d}(\mathbf{x}) = \mathbf{A}\mathbf{x} \tag{4.78}$$

如果 $d_k(\mathbf{x})$ 是判别式中值最大的一个，那么观察向量 $\mathbf{x}$ 就指派为 $Y=k$ 类。

我们不是要找出分类误差最小的权重矩阵 $\mathbf{A}$，而是根据判别函数的目标值计算误差的平方和，并选择平方和误差最小的 $\mathbf{A}$。因为当 $d_k(\mathbf{x})$ 的值最大时，$\mathbf{x}$ 将被判别为$Y=k$ 类。对于 d_k，$k=1,2,\cdots,m$，选择 $b_{k1}, b_{k2}, \cdots, b_{kn}$ 为样本对 $(\mathbf{x}_1, y_1), (\mathbf{x}_2, y_2), \cdots, (\mathbf{x}_n, y_n)$ 的目标值。当 $j = k$ 时，$b_{kj} = 1$；当 $j \neq k$ 时，$b_{kj} = 0$。这恰好反映了当 $j = k$ 时，$d_k(\mathbf{x}_j) = 1$；当 $j \neq k$ 时，$d_k(\mathbf{x}_j) = 0$ 的目标。定义平方和误差（sum-of-squares error）为

$$\begin{aligned} e &= \sum_{k=0}^{m} \sum_{j=1}^{n} | d_k(\mathbf{x}_j) - b_{kj} |^2 \\ &= \sum_{k=0}^{m} \sum_{j=1}^{n} \Big(\sum_{i=0}^{d} a_{ki} x_{ji} - b_{kj} \Big)^2 \end{aligned} \tag{4.79}$$

$\mathbf{x}_j = (x_{j0}, x_{j1}, \cdots, x_{jn})^t$，且 $x_{j0} = 1$。要使 e 最小，对 a_{ki} 求偏导，并令 $\partial e / \partial a_{ki} = 0$ 得到等式

$$\sum_{j=1}^{n} \Big(\sum_{l=0}^{d} a_{kl} x_{jl} - b_{kj} \Big) x_{ji} = 0 \tag{4.80}$$

其中 $k = 0, 1, \cdots, m$，且 $i = 0, 1, \cdots, d$。设

$$\mathbf{H} = \begin{pmatrix} x_{10} & x_{11} & \cdots & x_{1d} \\ x_{20} & x_{21} & \cdots & x_{2d} \\ \cdots & \cdots & \ddots & \vdots \\ x_{n0} & x_{n1} & \cdots & x_{nd} \end{pmatrix} \tag{4.81}$$

$$\mathbf{B} = \begin{pmatrix} b_{01} & b_{02} & \cdots & b_{0n} \\ b_{11} & b_{12} & \cdots & b_{1n} \\ \cdots & \cdots & \ddots & \vdots \\ b_{m1} & b_{m2} & \cdots & b_{mn} \end{pmatrix} \tag{4.82}$$

式（4.80）可以表示为

$$\mathbf{H}^t\mathbf{H}\mathbf{A}^t = \mathbf{H}^t\mathbf{B}^t \tag{4.83}$$

这样最小二乘法权重由 $\mathbf{H}$ 的伪逆矩阵确定

$$\mathbf{A}^t = \mathbf{H}^+ \mathbf{B}^t = (\mathbf{H}'\mathbf{H})^{-1}\mathbf{H}^t\mathbf{B}^t \tag{4.84}$$

若 $\mathbf{H}^t\mathbf{H}$ 可逆（或 $\mathbf{H}$ 的列向量线性无关），则伪逆矩阵 $\mathbf{H}^+$ 存在。当样本足够大使得 n 远大于 d 时，那么可认为 $\mathbf{H}$ 的列向量线性无关。如果 $\mathbf{H}$ 是方阵，那么 $\mathbf{H}^+=\mathbf{H}^{-1}$，且式（4.84）简化为 $\mathbf{A}^t=\mathbf{H}^{-1}\mathbf{B}^t$ 或 $\mathbf{B}^t=\mathbf{H}\mathbf{A}^t$。记为分量形式

$$b_{kj} = \sum_{i=0}^{d} a_{ki}x_{ji} \tag{4.85}$$

且 $e = 0$。如果 $\mathbf{H}$ 是奇异方阵，或者 $r < n$，那么最小二乘法没有唯一解，且存在一个系数矩阵类满足误差的平方和为零。由于缺乏足够的训练数据，再加上可逆的条件，此时很难得到满意解。

在二元分类问题中，将式（4.1）的误差表示为均方误差

$$\varepsilon[\psi] = E[|Y - \psi(\mathbf{X})|^2] \tag{4.86}$$

则最小二乘法的解可视为 Wiener 过滤器。应用 Wiener 过滤器理论，Y 的最优非齐次均方差线性估计器由权重向量 $\mathbf{a} = (a_0, a_1, \cdots, a_d)^t$ 给出，这个向量由增广向量 $\mathbf{X}^{(1)} = (1, \mathbf{X}^t)^t$ 的自相关矩阵 $\mathbf{X}^{(1)}$ 和 Y 的互相关向量所确定。它们分别为 $\mathbf{R}_{\mathbf{X}^{(1)}} = E[\mathbf{X}^{(1)}(\mathbf{X}^{(1)})^t]$ 和 $E[\mathbf{X}^{(1)}Y]$。根据 Wiener 理论，如果 $\mathbf{R}_{\mathbf{X}^{(1)}}$ 是非奇异的（我们假定），那么最优权重向量为 $\mathbf{a} = \mathbf{R}_{\mathbf{X}^{(1)}}^{-1} E[\mathbf{X}^{(1)}Y]$。线性分类器定义为 $\mathrm{T}[\mathbf{a}^t\mathbf{X}^{(1)}]$，其中 T 是 0 阈值函数。

实际应用中，需要估计自相关矩阵和互相关向量。最常用的估计是样本自相关矩阵 $\hat{\mathbf{R}}_{\mathbf{X}^{(1)}}$ 和样本互相关向量 $\hat{E}[\mathbf{X}^{(1)}Y]$，它们分别为

$$\hat{\mathbf{R}}_{\mathbf{X}^{(1)}} = \frac{1}{n}\mathbf{H}^t\mathbf{H} \tag{4.87}$$

$$\hat{E}[\mathbf{X}^{(1)}Y] = \frac{1}{n}\mathbf{H}^t\mathbf{y} \tag{4.88}$$

其中 $\mathbf{y} = (y_1, y_2, \cdots, y_n)^t$。因此，Wiener 过滤器的系数向量为

$$\mathbf{a} = \mathbf{H}^+ \mathbf{y} \tag{4.89}$$

二值的情况下，式（4.84）可表示为

$$\mathbf{A}^t = \mathbf{H}^+(\mathbf{b}_0, \mathbf{b}_1) \tag{4.90}$$

其中 $(\mathbf{b}_0, \mathbf{b}_1)$ 是由 $\mathbf{B}^t$ 的前两列构成的矩阵。用向量 $\mathbf{h}_0$，$\mathbf{h}_1$，…，$\mathbf{h}_d$ 来表示 $\mathbf{H}^+$，得到

$$\mathbf{H}^+ = \begin{pmatrix} \mathbf{h}_0^t \\ \mathbf{h}_1^t \\ \vdots \\ \mathbf{h}_d^t \end{pmatrix} \tag{4.91}$$

如果按照阈值 Wiener 过滤器设计分类器 ψ_w，则对 $\mathbf{x} = (x_0, x_1, \cdots, x_n)^t$，当且仅当

$$\sum_{k=0}^{d} \mathbf{h}_k^t \mathbf{y} x_k > 0 \tag{4.92}$$

成立，有 $\psi_w(\mathbf{x}) = 1$。若 ψ_d 是根据最小二乘法设计的，当且仅当

$$\sum_{k=0}^{d} \mathbf{h}_k^t(\mathbf{b}_1 - \mathbf{b}_0)x_k > 0 \tag{4.93}$$

成立，则 $\psi_d(\mathbf{x}) = 1$。因为 $\mathbf{y} = \mathbf{b}_1 - \mathbf{b}_0$，所以这两个分类器等价。

4.4.4 支持向量机

支持向量机（support vector machine，SVM）是另一种设计线性分类器的方法（Vapnik，1998）。图 4.4 表示一个线性可分数据集和三个超平面（直线）。外面的两条线通过样本点，第三条线称为最大间隔超平面（maximal-margin hyperplane，MMH），它与外面两条线等距。最大间隔超平面与两类样本（1-标号样本和-1-标号样本）的最近距离相等。离最大间隔超平面最近的点，即外面两条线经过的点就称为支持向量（support vector）。MMH 到任何支持向量的距离称为间隔（margin）。可以看出，由超平面 $\mathbf{u}\cdot\mathbf{x}=c$ 可以识别不同的标号集，其中 $\mathbf{u}$ 是单位向量，c 是常数。因此，这个问题可以描述为：若 $\mathbf{u}\cdot\mathbf{x}_k>c$，则 $y_k=1$；若 $\mathbf{u}\cdot\mathbf{x}_k<c$，则 $y_k=-1$。对任意单位向量 $\mathbf{u}$，间隔的定义为

$$\rho(\mathbf{u}) = \frac{1}{2}\left(\min_{\{\mathbf{x}_k : y_k=1\}} \mathbf{u}\cdot\mathbf{x}_k - \max_{\{\mathbf{x}_k : y_k=-1\}} \mathbf{u}\cdot\mathbf{x}_k\right) \tag{4.94}$$

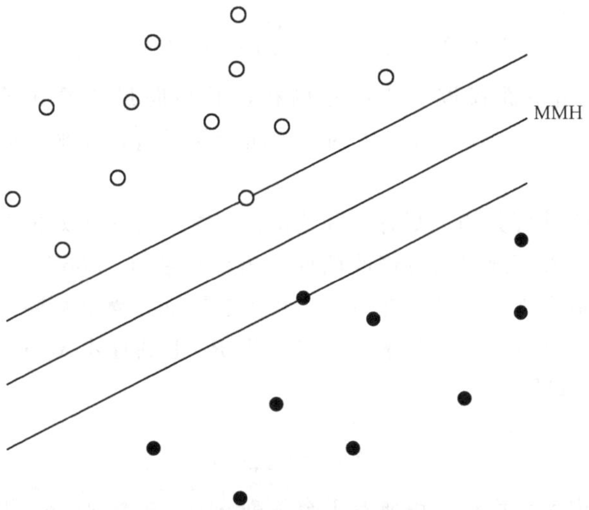

图 4.4 支持向量超平面（Dougherty and Attoor，2002）

最大间隔超平面（MMH）可通过求解下面的二次优化问题得到，并且它是唯一的。对于向量 $\mathbf{v}$，存在一个常数 b，使得

$$\begin{aligned} &\mathbf{v}\cdot\mathbf{x}_k + b \geqslant 1, \quad \text{当 } y_k = 1 \\ &\mathbf{v}\cdot\mathbf{x}_k + b \leqslant -1, \quad \text{当 } y_k = -1 \end{aligned} \tag{4.95}$$

求满足上述条件的最小范数向量 $\|\mathbf{v}\|$。若 $\mathbf{v}_0$ 为问题的解，那么，所得的 MMH 向量和间隔分别为 $\mathbf{u}_0=\mathbf{v}_0/\|\mathbf{v}_0\|$ 和 $\rho(\mathbf{u}_0)=\|\mathbf{v}_0\|^{-1}$。

这种优化问题可以通过拉格朗日乘子方法解决。式（4.95）可以改写为

$$y_k(\mathbf{v}\cdot\mathbf{x}_k + b) \geqslant 1 \tag{4.96}$$

其中 $k = 1,2,\cdots,d$。于是，MMH 就是满足式（4.96）约束的最小二次型 $\|V_0\|^2$。利用拉格朗日乘子，最小化就是求解下面的拉格朗日函数的鞍点

$$L(\mathbf{v},b,\mathbf{a}) = \frac{\|\mathbf{v}\|^2}{2} - \sum_{k=1}^{n} a_k [y_k(\mathbf{v} \cdot \mathbf{x}_k + b) - 1] \tag{4.97}$$

其中 $\mathbf{a} = (a_1, a_2, \cdots, a_n)$ 是（非负的）拉格朗日乘子向量。对 $\mathbf{v}$ 和 b 求偏导，并令其为 0，即

$$\mathbf{v} = \sum_{k=1}^{n} y^k a_k \mathbf{x}_k \tag{4.98}$$

$$\sum_{k=1}^{n} y^k a_k = 0 \tag{4.99}$$

代入 $L(\mathbf{v},b,\mathbf{a})$ 得到函数

$$L(\mathbf{a}) = \sum_{k=1}^{n} a_k + \frac{1}{2}\sum_{i,j=1}^{n} y_i y_j a_i a_j (\mathbf{x}_i \cdot \mathbf{x}_j) \tag{4.100}$$

这样，L 就简化为 $\mathbf{a}$ 的函数。因此，求 $L(\mathbf{a})$ 的最大值可得到解

$$\mathbf{v}_0 = \sum_{k=1}^{n} y_k a_k^0 \mathbf{x}_k \tag{4.101}$$

通过最大化间隔可以得到最优值 $a_1^0, a_2^0, \cdots, a_n^0$ 和 b_0。于是，最优超平面定义为

$$0 = \mathbf{x} \cdot \mathbf{v}_0 + b_0 = \sum_{k=1}^{n} y^k a_k^0 \mathbf{x} \cdot \mathbf{x}_k + b_0 \tag{4.102}$$

可以看到，$L(\mathbf{a})$ 和超平面仅取决于向量内积，而与向量本身无关。此外，由于 a_1^0，$a_2^0, \cdots, a_n^0$ 中的非零值与 $\mathbf{x}_1, \mathbf{x}_2, \cdots, \mathbf{x}_n$ 中的支持向量相对应，超平面的形式还可以进一步简化。

如果样本不是线性可分的，则有两种选择：尽量设计一个好的线性分类器或者一个非线性分类器。第一种情况可通过修改前面的方法解决（Vapnik，1998）。第二种情况是将样本点映射到更高维的空间，在该空间找到超平面，然后再映射回原来的空间。现在我们集中讨论第二种方法。其基本思想是：把 R^d 上的样本 $\mathbf{x}_1, \mathbf{x}_2, \cdots, \mathbf{x}_n$ 映射到 Hibert 空间 l_2 上，该空间使得

$$\|\mathbf{w}\|^2 = \sum_{k=1}^{\infty} w_k^2 \tag{4.103}$$

有穷的（这里只考虑实数序列）由所有无穷数列 $\mathbf{w} = \{w_1, w_2, \cdots\}$ 组成，内积的定义为

$$\mathbf{w}_1 \cdot \mathbf{w}_2 = \sum_{k=1}^{\infty} w_{1k} w_{2k} \tag{4.104}$$

具体的映射过程由 Mercer 定理确定。

定理 4.10（Mercer） *若 $K(\mathbf{u},\mathbf{v})$ 为紧致集 $C \times C \subset \mathcal{R}^{2d}$ 上的连续实值对称函数，对所有函数 $g \in L_2(C)$，有*

$$\iint_{C\,C} K(\mathbf{u},\mathbf{v}) g(\mathbf{u}) g(\mathbf{v}) d\mathbf{u} d\mathbf{v} > 0 \tag{4.105}$$

则存在定义在 C 上的函数 $z_1, z_2, \cdots$ 和非负常数 $c_1, c_2, \cdots$ 满足

$$K(\mathbf{u},\mathbf{v}) = \sum_{k=1}^{\infty} c_k z_k(\mathbf{u}) z_k(\mathbf{v}) \tag{4.106}$$

假设 $\mathbf{x}_1, \mathbf{x}_2, \cdots, \mathbf{x}_n \in C$，则映射 $C \to l_2$ 的定义为

$$z(\mathbf{u}) = (\sqrt{c_1}\,\mathbf{z}_1(\mathbf{u}), \sqrt{c_2}\,\mathbf{z}_2(\mathbf{u}), \sqrt{c_3}\,\mathbf{z}_3(\mathbf{u}), \cdots) \tag{4.107}$$

根据 l_2 上内积的定义，对任意 $\mathbf{u},\mathbf{v}\in C$，有

$$z(\mathbf{u})\cdot z(\mathbf{v})=K(\mathbf{u},\mathbf{v}) \tag{4.108}$$

从而，将样本映射到 $z(\mathbf{x}_1),z(\mathbf{x}_2),\cdots,z(\mathbf{x}_n)\in l_2$ 上，新的特征-标号集合为 $\{(z(\mathbf{x}_1),y_1),(z(\mathbf{x}_2),y_2),\cdots,(z(\mathbf{x}_n),y_n)\}$，其中的标号与原样本点的标号一致。如果在 l_2 中这些点线性可分，则应用原来的方法就可找出分类超平面。由于用 $z(\mathbf{x}_i)\cdot z(\mathbf{x}_j)$ 代替了式(4.100) 中的内积 $\mathbf{x}_i\cdot\mathbf{x}_j$，原优化问题的形式就变为

$$L(\mathbf{a})=\sum_{k=1}^{n}a_k+\frac{1}{2}\sum_{i,j=1}^{n}y_iy_ja_ia_jK(\mathbf{x}_i,\mathbf{x}_j) \tag{4.109}$$

l_2 中的分类超平面在 R^d 中定义了一个非线性决策边界。如果 l_2 中的点不可分，则可应用非线性可分过程。

核 $K(u,\mathbf{v})$ 的选择至关重要，且有多种不同的选择。最常用的是多项式支持向量机(polynomial support vector machine)，此时有

$$K(\mathbf{u},\mathbf{v})=[(\mathbf{u}\cdot\mathbf{v})+1]^d \tag{4.110}$$

对多项式 *SVM*，映射 $z(\mathbf{u})$ 的坐标由 $\mathbf{u}$ 的所有坐标的乘积 $u_{i_1}u_{i_2}\cdots u_{i_d}$ 组成。

4.4.5 线性判别式的设计误差的表示

人们曾经对二次和线性判别分析的样本规模和维数问题进行了深入的研究（El-Sheikh and Wacker，1980；Raudys and Pikelis，1980）。下面，我们讨论基于参数表示的 C 的设计误差 $\Delta_{n,C}$ 的近似分析表达式，并且重点讨论线性判别分析（Fukunaga and Hayes，1989）。

考虑形为 $\psi(\mathbf{x};\mathbf{a})$ 的分类器，其中 $\mathbf{a}=(a_1,a_2,\cdots,a_r)^t$ 是参数向量。设计分类器的形式为 $\psi(\mathbf{x};\hat{\mathbf{a}})$，其中 $\hat{\mathbf{a}}=(\hat{a}_1,\hat{a}_2,\cdots,\hat{a}_r)^t$ 为估计的参数向量。设最优分类器的系数向量为 $\mathbf{a}_d$，则 $\Delta_{n,C}$ 与 $\Delta\mathbf{a}=\hat{\mathbf{a}}-\mathbf{a}_d$ 有关，这其中也隐含与样本的规模 n。由傅里叶变换，近似表达式为

$$E[\Delta_{n,C}]\approx\frac{1}{4\pi}\int_{-\infty}^{\infty}\int_{\mathfrak{R}^d}\sum_{i=1}^{r}\sum_{k=1}^{r}\left(\frac{\partial^2\psi(\mathbf{x};\mathbf{a})}{\partial a_i\,\partial a_k}+j\omega\frac{\partial\psi(\mathbf{x};\mathbf{a})}{\partial a_i}\frac{\partial\psi(\mathbf{x};\mathbf{a})}{\partial a_k}\right)\times E[\Delta a_i\Delta a_k]e^{j\omega\psi(\mathbf{x};\mathbf{a})}[f(\mathbf{x},0)-f(\mathbf{x},1)]d\mathbf{x}d\omega \tag{4.111}$$

式中，$f(\mathbf{x},y)$ 表示特征-标号密度的函数；$E[\Delta a_i\Delta a_k]$ 表示样本规模的影响。积分号内的表达式与分类器的形式和分类规则有关。仅当偏差 $|a_i-\hat{a}_i|$ 较小时，这种近似才有效。因此，小样本估计并不符合这一假设。

对于高斯条件分布 $N(\mathbf{0},\mathbf{I})$ 和 $N(\mathbf{m},\mathbf{I})$ 的线性判别分析，利用等标号概率和样本距估计，其偏导数可直接近似为

$$E[\Delta_{n,C}]\approx\frac{1}{n}\frac{e^{-\mathbf{m}^t\mathbf{m}/8}}{4\sqrt{2\pi\mathbf{m}^t\mathbf{m}}}\left[d^2+\left(1+\frac{\mathbf{m}^t\mathbf{m}}{2}\right)d+\left(\frac{(\mathbf{m}^t\mathbf{m})^2}{16}-\frac{\mathbf{m}^t\mathbf{m}}{2}-1\right)\right] \tag{4.112}$$

该表达式的精度取决于样本规模和特征数。由于 $E[\Delta_{n,C}]$ 的阶近似为 d^2/n，随着特征数 d 的增加，样本规模必须远远大于特征数的平方。从定量分析的角度，可以近似认为 $E[\Delta_{n,C}]\approx O(d^2/n)$。这与 VC 维数非常一致，此时 VC 维数为 d。实际上，根据式(4.54) 有 $E[\hat{\Delta}_{n,C}]=O(\sqrt{d\log n/n})$，且当 n 足够大时，

$$\frac{d^2}{n} \leqslant \frac{d\log n}{n} = \sqrt{\frac{d\log n}{n}}\sqrt{\frac{d\log n}{n}} \leqslant \sqrt{\frac{d\log n}{n}} \tag{4.113}$$

$O(d^2/n)$ 不仅以 $O(\sqrt{d\log n/n})$ 为界，而且在这种情况下收敛得很快，有

$$\lim_{n\to\infty} \frac{d^2/n}{\sqrt{d\log n/n}} = 0 \tag{4.114}$$

这说明与服从高斯分布的简单混合模型的收敛性相比，自由分布 VC 的界的松弛性。

4.4.6 基于样本 QDA 判别式的分布

二次判别分析的类决策取决于式（4.73）定义的判别式。对于先验概率相等（$f(0)=f(1)=0.5$）的二元分类问题，两个判别式 d_0 和 d_1 可以合并为一个判别式

$$Q(\mathbf{x}) = (\mathbf{x}-\mathbf{u}_0)^t\mathbf{K}_0^{-1}(\mathbf{x}-\mathbf{u}_0) - (\mathbf{x}-\mathbf{u}_1)^t\mathbf{K}_1^{-1}(\mathbf{x}-\mathbf{u}_1) + \log\frac{\det\mathbf{K}_0}{\det\mathbf{K}_1} \tag{4.115}$$

若 $Q(\mathbf{x})>0$，$\mathbf{x}$ 则判为类 1。应用参数估计，将随机样本的均值和协方差矩阵分别带入上式，即可得到 Q 的估计量 $\hat{Q}$。大样本情况下，这种估计的无偏性确保了估计的有效性，但对小样本则不适用。小样本情况下，了解 $\hat{Q}$ 的分布将有助于估计的有效性，其中包括样本中每个类的个数 n_0 和 n_1，以及模型参数 $\mathbf{u}_0$、$\mathbf{u}_1$、$\mathbf{K}_0$ 和 $\mathbf{K}_1$。

关于 $\hat{Q}$ 分布的定理涉及很多相互独立的随机变量：X_0 和 X_1 分别服从自由度为 n_0-d 和 n_1-d 的卡方分布；$Z_{01},Z_{02},\cdots,Z_{0d},Z_{11},Z_{12},\cdots,Z_{1d}$ 服从标准正态分布；$F_1,F_2,\cdots,F_{d-1}$ 服从 F 分布，其中 F_k 的自由度为 (n_0-k,n_1-k)。

此外还包括很多参数，分解矩阵 $\mathbf{K}_0^{-1/2}\mathbf{K}_1\mathbf{K}_0^{-1/2}$ 可得

$$\mathbf{K}_0^{-1/2}\mathbf{K}_1\mathbf{K}_0^{-1/2} = \mathbf{HDH}^t \tag{4.116}$$

式中，$\mathbf{H}$ 表示正交矩阵；$\mathbf{D}$ 表示以 $\mathbf{K}_0^{-1}\mathbf{K}_1$ 的特征值 $\lambda_1,\lambda_2,\cdots,\lambda_n$ 为主对角线的对角矩阵。定义列向量

$$\mathbf{u} = (u_1,u_2,\cdots,u_d)^t = \mathbf{H}^t\mathbf{K}_0^{-1/2}(\mathbf{u}_1-\mathbf{u}_0) \tag{4.117}$$

对 $k=1,2,\cdots,d$，定义参数

$$\begin{aligned}
w_{0k} &= \left(\frac{n_0n_1}{(n_0+1)(n_1+\lambda_k)}\right)^{1/2}\\
w_{1k} &= \left(\frac{n_0n_1\lambda_k}{(\lambda_kn_0+1)(n_1+1)}\right)^{1/2}\\
c_{0k} &= (1+\lambda_kn_1^{-1})^{-1/2}u_k\\
c_{1k} &= (\lambda_k+n_0^{-1})^{-1/2}u_k
\end{aligned} \tag{4.118}$$

和随机变量

$$\begin{aligned}
V_1 &= \frac{(n_1-1)(n_1+1)}{n_1X_1}\\
V_{1k} &= \frac{(n_0-1)(\lambda_k+n_0^{-1})}{X_0}\\
V_0 &= \frac{(n_0-1)(n_0+1)}{n_0X_0}\\
V_{0k} &= \frac{(n_1-1)(\lambda_k^{-1}+n_1^{-1})}{X_1}
\end{aligned} \tag{4.119}$$

分别给定 $Y=0$ 和 $Y=1$ 时，$\hat{Q}$ 的条件分布（随机变量 $\hat{Q}_0$ 和 $\hat{Q}_1$）的表达式见下面的定理。

定理 4.11（McFarland and Richards，2002） *根据前面的 QDA 判别式，估计判别式可以表示为*

$$\hat{Q}_1=\sum_{k=1}^{d}[V_{1k}(w_{1k}Z_{1k}+(1-w_{1k}^2)^{1/2}Z_{0k}+c_{1k})^2-V_1Z_{1k}^2]$$
$$+\log\frac{(n_1-1)^dX_0}{(n_0-1)^dX_1}-\log(\det\mathbf{K}_0^{-1}\mathbf{K}_1)+\sum_{k=1}^{d-1}\log\left(\frac{n_0-k}{n_1-k}F_k\right) \tag{4.120}$$

$$\hat{Q}_0=\sum_{k=1}^{d}[V_0Z_{1k}^2-V_{0k}(w_{0k}Z_{1k}+(1-w_{0k}^2)^{1/2}Z_{0k}+c_{0k})^2]$$
$$+\log\frac{(n_1-1)^dX_0}{(n_0-1)^dX_1}-\log(\det\mathbf{K}_0^{-1}\mathbf{K}_1)+\sum_{k=1}^{d-1}\log\left(\frac{n_0-k}{n_1-k}F_k\right) \tag{4.121}$$

$\hat{Q}$ 的分类误差为

$$\varepsilon[\hat{Q}]=\frac{1}{2}[P(\hat{Q}(\mathbf{X})\leqslant 0\mid\mathbf{X}\in\mathcal{C}_1)+P(\hat{Q}(\mathbf{X})>0\mid\mathbf{X}\in\mathcal{C}_0)] \tag{4.122}$$

该式的值可以通过蒙特卡罗模拟进行估计。

4.5 神经网络分类器

作为一种分类方法，神经网络分类器是普遍强一致的。但是，如果要接近贝叶斯分类器的分类效果，就必须有大量的神经元，而这又需要大规模的样本。一个（前馈的）二层神经网络（neural network）分类器的形式为

$$\psi(\mathbf{x})=\mathrm{T}\Big[c_0+\sum_{i=1}^{k}c_i\sigma[\psi_i(\mathbf{x})]\Big] \tag{4.123}$$

其中 T 的阈值为 1/2，σ 是一个 sigmoid 函数，且

$$\psi_i(\mathbf{x})=a_{i0}+\sum_{j=1}^{d}a_{ij}x_j \tag{4.124}$$

sigmoid 函数是一个非递减函数，在 $-\infty$ 和 ∞ 的极限分别为 -1 和 $+1$。式（4.123）中求和部分的每项表示一个神经元（neuron）。这些神经元构成了隐层（hidden layer）。我们考虑具有 sigmoid 阈值函数（当 $x\leqslant 0$ 时，$\sigma(x)=-1$；当 $x>0$ 时，$\sigma(x)=1$）的神经网络。$\mathcal{N}_k$ 表示这个类。$\mathcal{L}_k$ 表示形如式（4.123）的函数类，下面我们重点讨论误差分解

$$\hat{\varepsilon}_{n,\mathcal{N}_k}=\varepsilon_d+\Delta_{\mathcal{N}_k}+\hat{\Delta}_{n,\mathcal{N}_k} \tag{4.125}$$

首先讨论约束误差 $\Delta_{\mathcal{N}_k}$ 的收敛性。通常，给定 $\mathcal{R}^d$ 上的一个实函数类 $\mathcal{F}_k$，按照阈值可以形成一个分类器类的序列 $\mathcal{C}_k$。只有 $\mathcal{F}_k$ 满足一定的条件，才能确保 $\Delta_{\mathcal{C}_k}$ 随着 $k\to\infty$ 收敛。在更大的函数空间，$\mathcal{F}_k$ 的 L_1 和 L_∞ 范数的稠密性是关键。由定义，如果对所有的 $g\in\mathcal{H}$，有

$$\lim_{k\to\infty}\inf_{\phi\in\mathcal{F}_k}\|g-\phi\|=0 \tag{4.126}$$

则 $\mathcal{F}_k$ 在范数空间 $\mathcal{H}$ 中就是稠密的。

首先考虑 L_1 范数，当 $\psi=\mathrm{T}(\phi)$时，由式（4.13）可得

$$\varepsilon[\psi]-\varepsilon_d \leqslant 2E[\,|\psi(\mathbf{x})-\eta(\mathbf{x})|\,]=2\int_{\Re^d}|\psi(\mathbf{x})-\eta(\mathbf{x})|f_{\mathbf{X}}(\mathbf{x})\mathrm{d}\mathbf{x} \tag{4.127}$$

因此，若 $\mathbf{F}_k$ 中存在序列$\{\phi_k\}$满足当 $k\to\infty$，有 $2E[\,|\phi_k(\mathbf{x})-\eta(\mathbf{x})|\,]\to 0$，则随着 $k\to\infty$，$\Delta_{C_k}\to 0$。如果 $L_1[f_x]$ 中的类 $\mathcal{F}_k$ 是稠密的，则上述结论成立。事实上，对 $L_1[f_x]$ 中的 $\mathbf{X}$ 的任意分布，产生神经网络类 $\mathcal{N}_k$ 的函数类 $\mathcal{L}_k$ 的确是稠密的。因此可推断随着 $k\to\infty$，有 $\Delta_{N_k}\to 0$ (Hornik，1991)。

对 L_∞ 范数，在任意立方体$[\mathbf{a},\mathbf{b}]^d$ 上的连续函数空间 $C([\mathbf{a},\mathbf{b}]^d)$ 中，若类 $\mathcal{F}_k$ 是稠密的，则不难证明：对 $(\mathbf{X},Y)$ 的任意分布，随着 $k\to\infty$，有 $\Delta_{c_k}\to 0$。当 $\delta>0$ 时，存在立方体$[\mathbf{a},\mathbf{b}]^d$ 使得

$$P(\mathbf{X}\notin[\mathbf{a},\mathbf{b}]^d)\leqslant\delta \tag{4.128}$$

且存在 $\gamma\in C([\mathbf{a},\mathbf{b}]^d)$ 满足 $|\gamma|\leqslant 1$，使得

$$E[\,|\gamma(\mathbf{x})-\eta(\mathbf{x})|\,]<\delta \tag{4.129}$$

因为 $\mathcal{F}_k$ 在 $C([\mathbf{a},\mathbf{b}]^d)$ 上是稠密的，所以存在 k 和 $\phi\in\mathcal{F}_k$ 使得$\|\phi-\gamma\|_\infty<\delta$。当 $\psi=\mathrm{T}(\phi)$时，根据式（4.13）和三角不等式有

$$\begin{aligned}\varepsilon[\psi]-\varepsilon_d &\leqslant 2E[\,|\gamma(\mathbf{X})-\eta(\mathbf{X})|I_{\{\mathbf{X}\in[\mathbf{a},\mathbf{b}]^d\}}]+2\delta\\ &\leqslant 2E[\,|\gamma(\mathbf{X})-\phi(\mathbf{X})|I_{\{\mathbf{X}\in[\mathbf{a},\mathbf{b}]^d\}}]+2E[\,|\phi(\mathbf{X})-\eta(\mathbf{X})|I_{\{\mathbf{X}\in[\mathbf{a},\mathbf{b}]^d\}}]+2\delta\\ &\leqslant 2\|\phi-\gamma\|_\infty+2E[\,|\phi(\mathbf{X})-\eta(\mathbf{X})|I_{\{\mathbf{X}\in[\mathbf{a},\mathbf{b}]^d\}}]+2\delta<6\delta\end{aligned} \tag{4.130}$$

由 Stone-Weierstrass 的近似定理可证明：在 $\mathcal{R}^d$ 上的任意立方体 $[\mathbf{a},\mathbf{b}]^d$ 上的连续函数空间，函数类 $\mathcal{L}_k$ 的 L_∞ 范数是稠密的。因此，对 $(\mathbf{X},Y)$ 的任意分布，随着 $k\to\infty$，有 $\Delta_{\mathcal{N}_k}\to 0$ (Cybenko，1989；Funahashi，1989；Hornik，et al.，1989)。

关于误差估计，当 k 为偶数时，$\mathcal{N}_k$ 的 VC 维数上界为 dk；当 k 为奇数时，其上界为 $d(k+1)$ (Baum，1988)。因此要获得好的独立于分布的误差性能，样本规模必须远大于 kd。增加变量和神经元往往适得其反，因为这样增加了对样本规模的要求。例如，若 $d=k=10$，则 VC 维数上界为 100。再假定式（4.54）中，当 $V_C=100$ 和 $n=5000$，可得到一个大于 1 的上界。事实上，VC 维数的上界和下界可以表示为

$$d\min\left(k,\frac{2^d}{d^2/2+d+1}\right)+1\leqslant V_{\mathcal{N}_k}\leqslant 2(kd+2k+1)\log_2[e(kd+2k+1)] \tag{4.131}$$

(Bartlett，1993)。由约束误差的收敛性及上式可得强普遍一致性。

定理 4.12 (Farago and Lugosi，1993) 设 $\hat{\psi}_{n,\mathcal{N}_k}$ 是具有最小经验误差的 k-节点神经网络，其激活函数为阈值 sigmoid 函数。若 $k\to\infty$ 使得当 $n\to\infty$ 时$(k\log n)/n\to 0$，则 $\hat{\psi}_{n,\mathcal{N}_k}$ 是强普遍一致的，即对 $(\mathbf{X},Y)$ 的所有分布，以概率 1 有 $\hat{\varepsilon}_{n,\mathcal{N}_k}\to\varepsilon_d$。

证明：由式（4.125）的误差分解，得到对 $(\mathbf{X},Y)$ 的任意分布，当 $k\to\infty$，有 $\Delta_{\mathcal{N}_k}\to 0$。根据 Vapnik-Chervonenkis 定理和式（4.131），有

$$P(\hat{\Delta}_{n,N_k}>\tau)\leqslant 8\Xi(\mathcal{N}_k,n)e^{-n\tau^2/32}\leqslant 8n^{2(kd+2k+1)\log_2[e(kd+2k+1)]}e^{-n\tau^2/32} \tag{4.132}$$

假设 $(k\log n)/n$ 收敛，则表达式的右边是可加的，由 Borel-Cantelli 引理，该定理得证。

前面的结论都是基于阈值 sigmoid 函数。事实上，存在一个 sigmoid 函数，它是单调递增且连续的；该函数在 $(0,\infty)$ 上是凹的，在 $(-\infty,0)$ 上是凸的，并且当 $k\geqslant 8$ 时，$\mathcal{N}_k$ 的 VC 维数是有限的（Devroye，et al.,1996）。

理论上，基于 L_1 和 L_∞ 的神经网络类的稠密性非常重要。但是，它的实际应用存在各种局限。我们不仅不知道需要近似的函数，而且即使知道这个函数及如何找到所要的系数，非常逼近可能还需要大量的模型参数。随着模型参数的增多，无论是从模型参数的计算还是统计估计的角度，过滤器的设计将变得越来越不可能。神经网络的结构确定后，主要任务就是最优权重的估计。由于隐单元的数量必须相对较小，因此既不可能保证最优的神经网络非常逼近贝叶斯分类器，也不必知道次优逼近的程度。在任何情况下，当给定了神经网络的形式，一个算法都需要根据数据来估计参数。

4.6 分类树

立方体直方图规则对空间的划分过程并没有考虑实际数据的分布情况。因此，可以考虑一种基于数据的划分方法，至于标号则可以考虑也可以不考虑。分类树是一种常见的基于数据的划分方法。由于任何树都可以转换成二叉树，在此我们仅讨论二叉分类树。树是基于某种规则的递归结构。设 S 是所有数据的集合，则根据某个规则可以将其划分为 $S=S_1\cup S_2$。这时，存在 4 种可能性：① S_1 划分为 $S_1=S_{11}\cup S_{12}$，且 S_2 划分为 $S_2=S_{21}\cup S_{22}$；② S_1 划分为 $S_1=S_{11}\cup S_{12}$，且 S_2 划分结束；③ S_2 划分为 $S_2=S_{21}\cup S_{22}$，且 S_1 划分结束；④ S_1 和 S_2 都划分结束。最后一种情况表示划分过程结束，至于其他情况则继续递归过程直到所有分支结束。这时，叶子上的结点表示对空间的划分。最后，对于每个单元（子集），分类器定义为 0 或 1 是根据该单元内大多数结点的标号值确定。

下面以中值树（median tree）为例讨论分类树。选取其中一个坐标，不妨取第一个坐标，根据样本中所选坐标的中值把观察向量划分为两组。当用的是第一个坐标，则中值 $\tilde{x}_1$ 将 x_1 轴分为两部分，数据划分为 $S=S_1\cup S_2$；对于数据 $\mathbf{x}=(x_1,x_2,\cdots,x_d)\in S$，若 $x_1\leqslant\tilde{x}_1$，则 $\mathbf{x}\in S_1$；若 $x_1>\tilde{x}_1$，则 $\mathbf{x}\in S_2$。对于第二层，分别根据 S_1 和 S_2 中点的第二个坐标的中值继续划分 S_1 和 S_2，这时第一层已选的点就不再考虑。这个过程一直继续到某个选定的层 k。如果当前层数超过了空间的维数 d，则循环进行坐标划分。注意中值树的划分过程与样本的标号无关。若 $k\to\infty$，有 $n/k2^k\to\infty$，则仅当 $\mathbf{X}$ 有密度，中值树分类器就是一致的［Devroye et al.,1996］。

通过垂直划分可以得到不同的分类树，其叶子是 $\Re^d$ 上的矩形。设 $\mathbf{X}_j=(X_1^j,X_2^j,\cdots,X_d^j)$是矩形 R 中的一个样本点，每次根据形为 $X_i^j\leqslant\alpha$ 的坐标划分矩形 R。在每一次划分过程中，存在两个矩形集合 $\mathcal{R}_0$ 和 $\mathcal{R}_1$。根据标号的众数表决，当且仅当 R 中大部分点的标号为 1 时，$R\in\mathcal{R}_1$。0 和 1 的判定域分别由 $\mathcal{R}_0$ 和 $\mathcal{R}_1$ 中矩形域的并集确定。最终的分类树（分类器）取决于划分准则、α 的选择和终止准则。终止准则的两个必要条件是：①叶子结点数（矩形）应尽量小，以使得分类器不太复杂；②矩形中 0、1 标号的数目不等，以增大矩形区域中多数标号准确标记的可能性。对于某个特定样本，如果矩形中所有点的标号相同，则称这个矩形为纯的（pure）。

4.6.1 分类与回归树

鉴于上述考虑，人们提出了一种称为分类与回归树（classification and regression-tree，CART）的属性分裂方法，该方法基于“不纯度”（impurity）函数的概念。对任意矩形 R，设 $N_0(R)$ 和 $N_1(R)$ 分别为 R 中 0 和 1 标号的点数，则在 R 中，

$$N(R) = N_0(R) + N_1(R) \tag{4.133}$$

为 R 中的总点数。R 的不纯度定义为

$$\kappa(R) = \psi(p_R, 1 - p_R), \tag{4.134}$$

其中 $p_R = N_0(R)/N(R)$ 是 R 中 0 标号的比例，非负函数 $\psi(p, 1-p)$ 满足：

(1) $\psi(0.5, 0.5) \geqslant \psi(p, 1-p)$，其中 $p \in [0,1]$。

(2) $\psi(0,1) = \psi(1,0) = 0$。

(3) 作为 p 的函数，$\psi(p, 1-p)$ 在 $p \in [0, 0.5]$ 区间递增，而在 $p \in [0.5, 1]$ 区间递减。

由 ψ 的定义可得：①当 R 中 0 标号和 1 标号的比例相等时，$\kappa(R)$ 最大（对应不纯度最大）；②若 R 是纯的，则 $\kappa(R) = 0$ ；③不纯度越大，$\kappa(R)$ 就越大。

ψ 函数有三种可能的定义：

(1) $\psi_e(p, 1-p) = -p\log p - (1-p)\log(1-p)$（熵不纯度）。

(2) $\psi_g(p, 1-p) = p(1-p)$（Gini 不纯度）。

(3) $\psi_m(p, 1-p) = \min(p, 1-p)$（误分类不纯度）。

这些“不纯度”是对 $\kappa(R)$ 的不同定义：$\psi_e(p, 1-p)$ 是基于熵的估计，$\psi_g(p, 1-p)$ 是基于二项分布的方差估计，而 $\psi_m(p, 1-p)$ 是基于误分类率的估计。

划分过程取决于不纯度的整体降低程度。设 i 为一个坐标轴，α 为实数，R 为将在第 i 个坐标上划分的矩形，$R^i_{\alpha,-}$ 表示第 i 个坐标上小于或等于 α 的所得的子矩形，$R^i_{\alpha,+}$ 表示第 i 个坐标上大于 α 的所得的子矩形。不纯度的衰减（impurity decrement）定义为

$$\Delta_i(R, \alpha) = \kappa(R) - \frac{N(R^i_{\alpha,-})}{N(R)}\kappa(R^i_{\alpha,-}) - \frac{N(R^i_{\alpha,+})}{N(R)}\kappa(R^i_{\alpha,+}) \tag{4.135}$$

合理的划分将降低子矩阵的不纯度。在 $\Delta_i(R, \alpha)$ 的计算式中，新不纯度的权重为该子矩形中点的比例。当 $\alpha = \hat{\alpha}$ 时，$\Delta_i(R, \alpha)$ 达到最大值，则 CART 会在第 i 个坐标上迭代地划分矩形。有两种划分策略：①固定坐标 i，求满足 $\Delta_i(R, \alpha)$ 最大的 α 和 R ；②不固定坐标 i，求满足 $\Delta_i(R, \alpha)$ 最大的 i 、α 和 R。停止准则可以有各种方法，如当 $\Delta_i(R, \alpha)$ 的最大值小于预定义的阈值，也可以先构建分类树直到所有的叶节点都是纯的，然后再剪枝。

此外，对于有些分布，基于不纯度的划分过程无法得到一致性的划分规则，此时，*CART* 就存在问题。考虑两个变量的特征-标号分布，其 0 和 1 标号分别在如下的区间上均匀分布

$$T_1 = [-1, 0] \times [0, 1] \cup [0, 1] \times [0, -1] \tag{4.136}$$

$$T_2 = [-1, 0] \times [-1, 0] \cup [0, 1] \times [0, 1] \tag{4.137}$$

且它们的总分布为 $T_1 \cup T_2$ 上的均匀分布（Devroye et al.,1996）。大样本情况下，经验概率 p 实质上等于分布概率。因此，无论怎样划分（无论从哪个坐标开始），总有 $p =$

$1-p=0.5$。

4.6.2 基于数据划分的强一致规则

上面讨论了 CART，我们知道存在很多构建二叉分类树的方法。下面介绍一个适用于基于数据划分的分类规则的普遍一致性定理，然后说明如何应用到二叉分类树。

介绍定理之前，首先介绍几个与划分有关的概念。若 $\mathcal{P}$ 中任意两个集合的交集为空，所有集合的并集为 $\mathcal{R}^d$，则称 $\mathcal{P}=\{A_1,A_2,\cdots\}$ 是 $\mathcal{R}^d$ 上可数的划分。对任意 $\tau>0$，设 $\mathcal{P}^{(\tau)}$ 为 $\mathcal{P}$ 在以原点为中心、以 τ 为半径的封闭球体 B_τ 内的一个划分

$$\mathcal{P}^{(\tau)}=\{A_1\cap B_\tau,A_2\cap B_\tau,\cdots\} \tag{4.138}$$

对任意 $\tau<\infty$，假定 $\mathcal{P}^{(\tau)}$ 中的集合是有限集。那么，$\mathcal{R}^d$ 上的集合 $A(\mathcal{P}^{(\tau)})$ 就是有限集。现在假设 $\mathcal{F}$ 是一个（可能是无限的）划分集，且设 $\mathcal{F}^{(\tau)}$ 是 $\mathcal{P}\in\mathcal{F}$ 上 $\mathcal{P}^{(\tau)}$ 的划分集。最后，对某个 $\mathcal{P}_\tau\in\mathcal{F}_\tau$（等价地有 $\mathcal{P}\in\mathcal{F}$），设 $\mathcal{D}(\mathcal{F}^{(\tau)})$ 是 $\mathcal{A}(\mathcal{P}^{(\tau)})$ 中所有集合的集合。当且仅当存在一个划分 $\mathcal{P}_A\in F$，其中 A 是 $\mathcal{P}_A^{(\tau)}$ 中集合的并集，则有 $A\in\mathcal{D}(\mathcal{F}^{(\tau)})$。下面我们主要讨论分散系数 $\xi(\mathcal{D}(\mathcal{F}^{(\tau)}),n)$。

现在讨论基于数据划分的一般方法。利用随机样本 S_n，由规则 π_n 得到一个随机划分 $\mathcal{P}_n=\pi_n(S_n)$，以及一个多数表决分类器。由此，规则 π_n 生成了一组由所有随机划分组成的划分类 $\mathcal{F}_n$（它们本身也是由随机样本的所有实现方式得到）。根据多数表决，由划分规则序列 $\{\pi_n\}$ 就可以得到分类器 ψ_n。下面的定理给出了在两个条件下的强一致性。

定理 4.13（Lugosi and Nobel，1996） 设 $\mathbf{X}_1,\mathbf{X}_2,\cdots$ 是 R^d 上独立同分布的随机向量，分布（概率）为 μ，$\{\pi_n\}$ 是划分规则序列，F_n 是由 π_n 生成的划分类。假设对任意 $\tau<\infty$，有

$$\lim_{n\to\infty}\frac{\log\xi(\mathcal{D}(\mathcal{F}_n^{(\tau)}))}{n}=0 \tag{4.139}$$

并且对任意球体 B_τ 和 $\gamma>0$，有

$$\lim_{n\to\infty}\mu(\{\mathbf{x}:\mathrm{diam}(A_n(\mathbf{x})\cap B_\tau)>\gamma\})=0(\text{概率 }1) \tag{4.140}$$

其中 $A_n(\mathbf{x})$ 是 $\mathcal{D}(\mathcal{F}_n^{(\tau)})$ 中包含 $\mathbf{x}$ 的集合，则与 $\{\pi_n\}$ 相关的分类规则是强一致的。

第一个条件从样本规模方面限制了划分规则的分散能力，第二个条件从概率分布方面确保了多数表决的作用是局部的。这个定理可直接应用于二叉分类树，使得每个结点可以通过一个超平面划分其相关集合。

定理 4.14（Lugosi and Nobel，1996） 若划分超平面形成的二叉树分类器的每个单元至少包含 k_n 个点，随着 $n\to\infty$，有 $k_n/\log n\to\infty$，并且定理 4.13 的第二个条件成立，则这个分类规则是强一致的。

证明：这个证明说明了划分过程中，如何使用分散系数的第一个条件。首先，超平面将 n 个点划分为两个集合的方式至多有 n^{d+1} 种。其次，既然每个单元至少包含 k_n 个点，那么划分超平面的个数至多为 n/k_n。因此，划分 n 个点的划分方式至多有 $(n^{d+1})^{n/k_n+1}=2^{(d+1)(n/k_n+1)\log n}$ 种。于是

$$\xi(\mathcal{D}(\mathcal{F}_n^{(\tau)}))\leqslant 2^{n/k_n+1}2^{(d+1)(n/k_n+1)\log n} \tag{4.141}$$

并且随着 $n\to\infty$，$k_n/\log n\to\infty$ 时有

$$\frac{\log\xi(\mathcal{D}(\mathcal{F}_n^{(\tau)}))}{n} \leqslant \frac{n/k_n+1}{n} + \frac{(d+1)(n/k_n+1)\log n}{n}$$
$$= \left(\frac{1}{k_n}+\frac{1}{n}\right) + \frac{(d+1)\log n}{n} + \frac{\log n}{k_n} \to 0 \quad (4.142)$$

4.7 误差估计

对于分类而言，误差估计是至关重要的，因为分类器的误差决定了它的性能。因此，误差估计的准确与否非常关键。事实上，从认识论的角度来看，可以认为它是分类中最为重要的问题（Dougherty and Braga-Neto，2006）。误差估计非常复杂，因为误差估计器的精度取决于分类规则、特征-标号分布、特征个数以及样本规模等。在有关基因表达的分类方面，通常样本规模很小，分类性能很差，因此误差估计的问题尤为重要。

若分类器 ψ_n 由随机样本 S_n 设计，则相对于样本，分类器的误差为

$$\varepsilon_n = E_F[\,|Y-\psi_n(\mathbf{X})|\,] \quad (4.143)$$

其中，期望是相对于特征-标号的分布 F（式中的 E_F）。当样本规模为 n 时，分类器的期望误差为

$$E[\varepsilon_n] = E_{F_n}E_F[\,|Y-\psi_n(\mathbf{X})|\,] \quad (4.144)$$

其中外层的期望是对样本 S_n 的联合分布。实际上，特征-标号的分布未知，因此必须估计误差的期望。

当样本数据足够多时，可将其分为训练（training）数据和测试（test）数据。根据训练数据设计分类器，估计误差为测试数据上错误分类的比率。用 $\tilde{\varepsilon}_{n,m}$ 表示测试数据的误差估计，其中 m 是测试数据中样本对的个数。由于 $E[\tilde{\varepsilon}_{n,m}|S_n]=\varepsilon_n$，在某种意义上这种误差估计可以认为是无偏的。而且对给定的 S_n，$m\tilde{\varepsilon}_{n,m}$ 的条件分布是参数为 m 和 ε_n 的二项分布。因此，$m\tilde{\varepsilon}_{n,m}$ 的条件方差为

$$E[(m\tilde{\varepsilon}_{n,m}-m\varepsilon_n)^2|S_n] = m\varepsilon_n(1-\varepsilon_n) \quad (4.145)$$

将上式左边的 m 提取出来有

$$E[(\tilde{\varepsilon}_{n,m}-\varepsilon_n)^2|S_n] = \frac{\varepsilon_n(1-\varepsilon_n)}{m} \leqslant \frac{1}{4m} \quad (4.146)$$

当 $m\to\infty$，上式趋于 0。现在的问题是，人们希望使用整个数据集来设计分类器，尤其是在小样本的情况下。因此，我们讨论使用相同数据集训练（设计）和测试分类器的情况。

4.7.1 重代入法

一种方法是使用所有的样本设计分类器 ψ_n，并在该数据集上估计 ψ_n 的误差 $\bar{\varepsilon}_n$。重代入误差估计（resubstitution estimate）$\bar{\varepsilon}_n$ 是 ψ_n 在样本（训练）数据上错误分类的比率，

$$\bar{\varepsilon}_n = \frac{1}{n}\sum_{i=1}^{n}|Y_i-\psi_n(\mathbf{X}_i)| \quad (4.147)$$

为了理解重代入方法，首先讨论离散数据的插入规则。对任意向量 $\mathbf{x}$，设 $n(\mathbf{x})$ $\mathbf{x}$ 在

样本中出现的次数，$n(Y=1|\mathbf{x})$ 表示样本中 $\mathbf{x}$ 取标号 1 的个数，于是 $P_n(Y=1|\mathbf{x})=n(Y=1|\mathbf{x})/n(\mathbf{x})$。存在三种情况：①$\mathbf{x}$ 在训练数据中，当 $n(Y=1|\mathbf{x})>n(\mathbf{x})/2$，有 $P_n(Y=1|\mathbf{x})>1/2$，且 $\psi_n(\mathbf{x})=1$；②$\mathbf{x}$ 在训练数据中，当 $n(Y=1|\mathbf{x})\leqslant n(\mathbf{x})/2$，有 $P_n(Y=1|\mathbf{x})\leqslant 1/2$，且 $\psi_n(\mathbf{x})=0$；③$\mathbf{x}$ 不在训练数据中，$\psi_n(\mathbf{x})$ 根据某种约定定义。第一种情况 $\mathbf{x}$ 产生的误差为 $n(Y=0|\mathbf{x})$。第二种情况 $\mathbf{x}$ 产生的误差为 $n(Y=1|\mathbf{x})$。小样本情况下，没有在样本中出现的点 $\mathbf{x}$ 对 $\bar{\varepsilon}_n$ 没有贡献，但可能对 ε_n 的影响很大。而且，对于第一种和第二种情况，很多向量可能仅出现一次。不难发现，对于分量范围为 $\{0,1,\cdots,r\}$ 的多类判别（multinomial discrimination），由于 $E[\bar{\varepsilon}_n]\leqslant\varepsilon_d$，于是有

$$E[\bar{\varepsilon}_n]\leqslant\varepsilon_d\leqslant E[\varepsilon_n] \tag{4.148}$$

对于固定划分直方图规则，重代入误差是低偏差（bias）的，即 $E[\bar{\varepsilon}_n]\leqslant E[\varepsilon_n]$；并且其方差的上限取决于样本规模，即 $\mathrm{Var}[\bar{\varepsilon}_n]\leqslant 1/n$。小样本情况下，偏差会很大。增大样本规模，偏差程度通常会改善。实际上，对于与样本规模和数据都无关的固定划分，$E[\bar{\varepsilon}_n]$ 单调递增。下面的定理给出了重代入误差估计中的均方差上限。

定理 4.15（Deveroye et al.,1996） *对于至多有 q 个单元的固定划分直方图规则，有*

$$E[|\bar{\varepsilon}_n-\varepsilon_n|^2]\leqslant\frac{6q}{n} \tag{4.149}$$

上述不等式说明：若单元数不是太大就可以获得满意的性能。然而，下面的定理则说明：若单元数太大，则即使是固定划分，情况也可能会很糟。

定理 4.16（Devroye and Wagner，1976） *对每个 n，存在一个固定划分规则和特征-标号分布，使得*

$$E[|\bar{\varepsilon}_n-\varepsilon_n|^2]\geqslant\frac{1}{4} \tag{4.150}$$

虽然我们主要讨论重代入误差估计的低偏差情况，但是值得注意的是，对于一致的分类规则和分布，也存在高偏差的情况，即 $E[\bar{\varepsilon}_n]\geqslant E[\varepsilon_n]\geqslant\varepsilon_d$。

4.7.2 交叉验证

应用交叉验证方法，首先根据部分样本设计分类器，然后应用剩余数据进行测试，最后用多个分类器的平均误差估计 ε_n。在 k 重交叉验证（k-fold cross-validation）中，将 S_n 等分为 k 个不相交的组 $S_{(i)}$，$i=1,2,\cdots,k$。为简单起见，假定 k 可整除 n。构造分类器时，每次留下一组数据用于测试，其余数据作为训练数据，误差估计为 k 个分类器的误差均值

$$\hat{\varepsilon}_{n,k}=\frac{1}{n}\sum_{i=1}^{k}\sum_{j=1}^{n/k}|Y_j^{(i)}-\psi_{n,i}(\mathbf{X}_j^{(i)})| \tag{4.151}$$

式中，$\psi_{n,i}$ 表示基于样本 $S_n-S_{(i)}$ 设计的分类器；$(\mathbf{X}_j^{(i)},Y_j^{(i)})$ 表示 $S_{(i)}$ 中的样本点。实际操作中，可以将数据集按照不同的规模进行等分，然后重复上述过程，最后对这些计算结果取均值作为最终的误差估计。分层（stratified）交叉验证方法中，每组数据中各类的分布与其在原始数据中的比率相同。k 重交叉验证估计是 $E[\varepsilon_{n-n/k}]$ 的一个无偏估计，即 $E[\hat{\varepsilon}_{n,k}]=E[\varepsilon_{n-n/k}]$。

在留一估计法（leave-one-out estimation）或 n 重交叉验证法中，仅留出一个观察数据，然后利用其余样本设计分类器。这样，总共可以设计 n 个分类器，留一估计法的误差 $\hat{\varepsilon}_n^{\text{loo}}$ 为 n 个分类器总误差数的 $1/n$。$\hat{\varepsilon}_n^{\text{loo}}$ 是 $E[\varepsilon_{n-1}]$ 的无偏估计，即 $E[\hat{\varepsilon}_n^{\text{loo}}]=E[\varepsilon_{n-1}]$。虽然无偏性的程度非常重要，但是当 n 较小时，误差估计的方差更为关键。其实，分类器的最终性能与分类规则有关。

定理 4.17（Rodgers and Wagner，1978） *k 最近邻法（kNN）满足*

$$E[|\hat{\varepsilon}_n^{\text{loo}}-\varepsilon_n|^2]\leqslant\frac{6k+1}{n}\tag{4.152}$$

给定 ε_n 的近似无偏估计 $\hat{\varepsilon}_n^{\text{loo}}$，上述不等式给出了 $\hat{\varepsilon}_n^{\text{loo}}-\varepsilon_n$ 的方差的上限。上限给出了最坏的情况，分析它的数量级可以指导分类器的设计。当 $k=1$ 和 $n=175$ 时，对上式取平方根，得到的上限仅保证 $\hat{\varepsilon}_n-\varepsilon_n$ 的标准差小于 0.2。利用 Chebyshey 不等式，由式（4.152）可得到概率收敛的上界

$$P(|\hat{\varepsilon}_n^{\text{loo}}-\varepsilon_n|>\delta)\leqslant\frac{6k+1}{n\delta^2}\tag{4.153}$$

定理 4.18（Devroye et al.，1996） *固定划分直方图规则满足*

$$\mathrm{E}[|\hat{\varepsilon}_n^{\text{loo}}-\varepsilon_n|^2]\leqslant\frac{1+6e^{-1}}{n}+\frac{6}{\sqrt{\pi(n-1)}}\tag{4.154}$$

比较定理 4.15 中分母的 n 与定理 4.18 中分母的 $\sqrt{n-1}$ 可知：对固定划分直方图规则，留一估计法的 $\hat{\varepsilon}_n^{\text{loo}}$ 的方差更大。该上限具有一定的紧致性。对任意划分，存在满足下式的分布

$$\mathrm{E}[|\hat{\varepsilon}_n^{\text{loo}}-\varepsilon_n|^2]\geqslant\frac{1}{e^{1/2}4\sqrt{2\pi n}}\tag{4.155}$$

因此，当 n 较小时，估计的性能可能非常差。结合式（4.153）可知：无偏性往往导致方差增大。

为了理解留一估计法上限所固有的困难，对其进行简化以便进行精确的估计。如果降低上限，则可以改善式（4.154）中 $\hat{\varepsilon}_n^{\text{loo}}$ 的估计性能。比式（4.154）更低的一个上限是 $(1.8)/\sqrt{n-1}$。当 $n=50$ 和 100 时，对应的标准差分别大于 0.5 和 0.435。这种估计基本上没有什么实际价值。如果下限更低，则可以改善式（4.155）的最差情况。比它更低的一个下限是 $(0.35)/\sqrt{n}$。当 $n=50$ 和 100 时，对应的标准差分别大于 0.11 和 0.09。

在微阵列的相关文献中，交叉验证可能是最常用的一种误差估计方法。遗憾的是，小样本情况下应用这种方法极不合理，很多文献也常常忽略其严重的缺陷。主要原因是小样本情况下误差估计的方差太大，从而导致应用该方法存在问题。由留一估计法的无偏性，即 $E[\hat{\varepsilon}_n^{\text{loo}}]=E[\varepsilon_{n-1}]$，可得 $E[\hat{\varepsilon}_n^{\text{loo}}-\varepsilon_n]\approx 0$。因此，误差估计和真实误差之间差的期望近似等于 0。但是这并不是我们感兴趣的，我们希望知道误差估计的精确性，即误差估计偏差的期望 $E[|\hat{\varepsilon}_n^{\text{loo}}-\varepsilon_n|]$。除非交叉验证的方差很小（小规模样本情况下是不成立的），否则这种偏差的期望将可能很大。我们将会说明：在一些误差估计的偏差分布中，小样本情况下交叉验证方法的性能通常并不理想（Braga-Neto and Dougherty，2004a）。

图 4.5 给出了由 CART 方法得到的决策区域，从中可以看出交叉验证的困难或问题。最上面的图表示根据样本数据设计的分类器，其余部分表示留出一个样本点（圆点）后所设计的几个替代（surrogate）分类器，可以看出原分类器与这些替代分类器之间的差别很大。留一法的估计是所有替代分类器的重代入误差的平均，而其中的大部分替代分类器与真实的分类器几乎没有任何关系。尽管在小样本情况下，交叉验证方法的效果不理想。但是，对于中等规模的样本，为了得到可能的最佳分类器，使用所有的样本数据将有助于分类器的设计。对于更大规模的样本，交叉验证方法的方差将会变小，从而获得更好的性能。

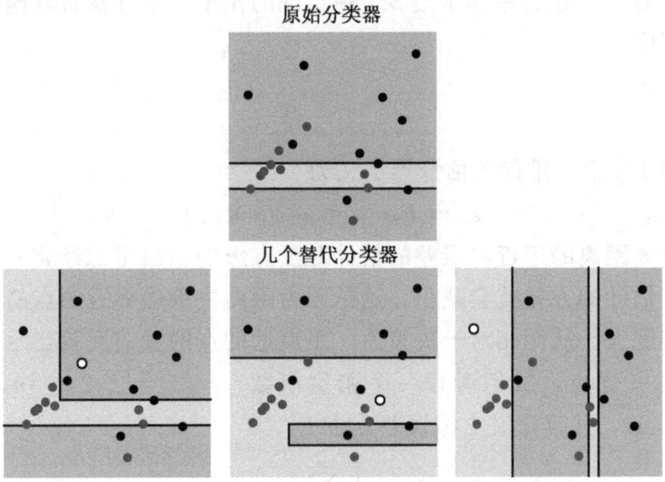

图 4.5　CART 分类器和一些留一估计法的替代分类器

4.7.3　自举法

在误差估计中，自举法（bootstrap）是一个通用的基于经验分布 F^* 的重抽样方法（Efron，1979）。自举抽样（bootstrap sample）S_n^* 是由从初始样本 S_n 中以等概率有放回地取出的 n 个样本组成。一次抽样中，有些点可能出现多次，而有些点可能不出现。一个样本点不出现在 S_n^* 中的概率为 $(1-1/n)^n \approx e^{-1}$。因此，在规模为 n 的自举样本中，平均包含 $(1-e^{-1})n \approx (0.632)n$ 个原始样本。基本的自举估计器是自举零估计器（bootstrap zero estimator）（Efron，1983），模仿式（4.143），该经验分布下的误差估计的定义为

$$\hat{\varepsilon}_n^b = E_{F^*}\left[\,|Y-\psi_n^*(\mathbf{X})| : (\mathbf{X},Y)\in S_n - S_n^*\,\right] \tag{4.156}$$

其中 S_n 是固定的。分类器根据自举样本设计，误差由其余的点估计。实际中，期望的误差估计来自 B 次独立重复实验的样本集 $S_{n,b}^*$ 的均值，其中 $b=1,2,\cdots,B$，

$$\hat{\varepsilon}_n^b = \frac{\sum_{b=1}^{B}\sum_{i=1}^{n} |Y_i - \psi_{n,b}^*(\mathbf{X}_i)|\, I_{(\mathbf{X}_i,Y_i)\in S_n - S_{n,b}^*}}{\sum_{b=1}^{B}\sum_{i=1}^{n} I_{(\mathbf{X}_i,Y_i)\in S_n - S_{n,b}^*}} \tag{4.157}$$

B 的值为 25～200。通常会用到一个称为平衡自举重抽样（Chernick，1999）的方差减小技术，它要求每个样本在计算中恰好出现 B 次。

因为设计中可用的平均点数为 0.632n，自举零估计方法的 $E[\varepsilon_n]$ 通常偏差很高。为了修正这种高偏差，.632 自举估计器（bootstrap estimator）采用自举零估计方法和重代入估计法的加权平均（Efron，1983），

$$\hat{\varepsilon}_n^{b632} = (1-0.632)\bar{\varepsilon}_n + 0.632\,\hat{\varepsilon}_n^{b} \tag{4.158}$$

偏差修正自举估计器（bias-corrected bootstrap estimator）则是对重代入的偏差进行修正，其定义为

$$\hat{\varepsilon}_n^{b632,\mathrm{cor}} = \bar{\varepsilon}_n + \frac{1}{B}\sum_{b=1}^{B}\sum_{i=1}^{n}\left(\frac{1}{n} - P_{i,b}^{*}\right)\left|Y_i - \psi_{n,b}^{*}(\mathbf{X}_i)\right| \tag{4.159}$$

式中，$P_{i,b}^{*}$ 表示$(\mathbf{X}_i, Y_i)$ 在自举样本集 $S_{n,b}^{*}$ 中出现的比率。估计器将其偏差的自举估计加到重代入估计器中。

4.7.4 支撑

在经验分布 F^* 上，重代入估计器定义为

$$\bar{\varepsilon}_n = E_{F^*}\left[\left|Y-\psi_n(\mathbf{X})\right|\right] \tag{4.160}$$

样本点与决策边界距离的远近对误差的估计并没有影响。当考虑经验分布上每一点的概率密度时，误差估计的方差就会减小。这是因为距离决策边界近的点的概率密度比距离远的点的概率密度大。从而相对于决策面，距离远的点的置信度就比距离近的点大。

为了利用这一优点，我们考虑一个密度函数 $f_i^{\diamond}$，$i=1,2,\cdots,n$，称其为支撑核（bolstering kernel），并且定义支撑误差分布 $F^{\diamond}$ 为

$$F^{\diamond}(\mathbf{x}) = \frac{1}{n}\sum_{i=1}^{n} f_i^{\diamond}(\mathbf{x}-\mathbf{x}_i) \tag{4.161}$$

用 $F^{\diamond}$ 代替式（4.160）中的 F^* 可得到支撑重代入（bolsteredresubstitution）估计器：

$$\bar{\varepsilon}_n^{\diamond} = E_{F^{\diamond}}\left[\left|Y-\psi_n(\mathbf{X})\right|\right] \tag{4.162}$$

（Braga-Neto and Dougherty，2004b）。

支撑（bolstering）法的思想与线性判别分析中的平滑技术有些相似，平滑的基本思想是通过平滑函数来减小误差计数估计的方差。这里，支撑核的作用与平滑函数的作用类似（Glick，1978；Snapinn and Knoke，1985）。在某些特殊的情况下，支撑误差估计可视为平滑估计。然而，由于平滑技术在几何学上没有一个直观的解释，且其在多分类问题中的表示非常繁琐，这种方法很难推广到除了线性判别分析之外的其他分类器（Tutz，1985；Devroye et al.,1996）。

支撑重代入估计的计算表达式为

$$\bar{\varepsilon}_n^{\diamond} = \frac{1}{n}\sum_{i=1}^{n} \mathrm{I}_{y_i=0}\int_{\{\mathbf{x}:\psi_n(\mathbf{x})=1\}} f_i^{\diamond}(\mathbf{x}-\mathbf{x}_i)d\mathbf{x} + I_{y_i=1}\int_{\{\mathbf{x}:\psi_n(\mathbf{x})=0\}} f_i^{\diamond}(\mathbf{x}-\mathbf{x}_i)d\mathbf{x} \tag{4.163}$$

上面的积分表示数据点对误差的贡献。支撑重代入估计等于所有误差之和除以总点数。若分类器是线性的，则决策边界是一个超平面，并且可以得到积分的解析式，如对高斯支撑核。否则，可用蒙特卡罗方法求解。图 4.6 是当支撑核服从均匀圆形分布的线性分类的误差。

一个关键问题是支撑点个数的选取。由于支撑点的目的在于改善小样本情况下的误差估计，我们没有必要使用推导过程复杂的支撑核。因此，我们考虑零均值和协方差矩

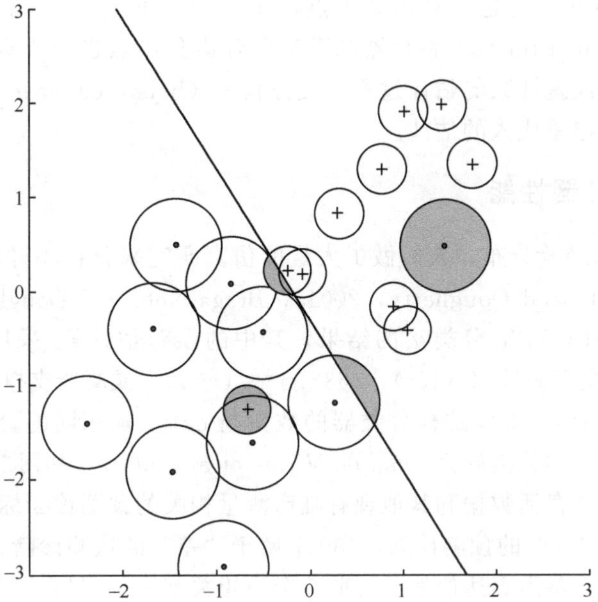

图 4.6　线性分类器的支撑误差

阵形式为 $\sigma_i \mathbf{I}$ 的球形支撑核。参数 $\sigma_1, \sigma_2, \cdots, \sigma_n$ 决定对应的支撑估计的方差和偏差性质。若 $\sigma_1 = \sigma_2 = \cdots = \sigma_n = 0$，则没有支撑，这时支撑估计退化为原先的估计。一般来说，σ_i 越大，估计的方差越小，但是到达一定值后，偏差的增大将抵消原先的优点。$\sigma_1, \sigma_2, \cdots, \sigma_n$ 的选取有多种方法，下面主要讨论小样本情况下，一个基于样本的简单无参数的选择方法。

我们希望选取的 $\sigma_1, \sigma_2, \cdots, \sigma_n$ 能够使得支撑重代入估计器近似无偏。可将式(4.143) 中的 $(\mathbf{X}, Y)$ 看作随机测试点。当给定 $Y = y$ 时，测试点的误差可以视为它距类 $Y = y$ 的所有样本点的"真实平均距离" $\delta(y)$。重代入通常有偏的一个原因是测试点与数据集的距离全为零。$\sigma_1, \sigma_2, \cdots, \sigma_n$ 的选择可以视为使测试数据尽可能接近真实的平均距离所需的"扩展范围"。真实的平均距离可通过样本估计：

$$\hat{\delta}(y) = \frac{\sum_{i=1}^{n} \min_{j \neq i} \{ \| \mathbf{x}_i - \mathbf{x}_j \| \} I_{y_i = y}}{\sum_{i=1}^{n} I_{y_i = y}} \tag{4.164}$$

该估计就是类 $Y = y$ 中各点之间的平均最小距离。

为了估计 $\sigma_1, \sigma_2, \cdots, \sigma_n$，设 D_i 为随机变量，表示从单位方差支撑核随机选择一个点到原点的距离，并设 F_i 为 D_i 的概率分布函数。对于类 $Y = y$，选取 σ_y 使得测试点到原点的中间距离等于平均距离的估计值，从而使得一半测试点距中心的距离比 $\hat{\delta}(y)$ 远，另一半比 $\hat{\delta}(y)$ 近。这样，σ_y 是方程 $\sigma_y F_i^{-1}(0.5) = \hat{\delta}(y)$ 的解，并且支撑核的估计标准差为

$$\sigma_i = \frac{\hat{\delta}(y_i)}{F_i^{-1}(0.5)} \tag{4.165}$$

该值与变量的个数有关，且随着样本规模的增加 σ_i 逐渐减小，从而偏差修正会更小。

当重代入法出现严重低偏差时，由于这将会导致误差估计过小（低偏差），"扩展"

错分类数据点可能并不合适。对错分类点，使 $\sigma_i=0$ 可以减少偏差。半支撑重代入 (semibolstered-resubstitution) 估计器源于没有对错分类点进行支撑（或扩展）。支撑机制可应用于任何误差计数的估计过程。支撑留一 (bolstered leave-one-out) 估计就是替代分类器上的支撑重代入的估计。

4.7.5 误差估计器性能

有关 $\hat{\varepsilon}_n-\varepsilon_n$ 的经验分布，人们做了大量的仿真研究来分析小样本情况下的误差估计性能 (Braga-Neto and Dougherty, 2004a; Braga-Neto and Dougherty, 2004b)。这里列举一些 3NN 和 CART 分类法的结果，其中的误差估计 $\hat{\varepsilon}_n$ 采用重代入 (resub)、10 次迭代的 10 重交叉验证 (cv10r)、.632 自举 (b632) 或高斯支撑核的支撑重代入等方法。自举样本数 $B=100$，这样分类器的数量与 cv10r 是相同的。仿真数据来自 295 名乳腺瘤患者的微阵列分类研究 (van de Vijver et al., 2002)。利用 70 个基因的预测诊断谱，提出了与患者存活数据和其他现有临床测量相关的预测诊断标记。在 295 个微阵列中，115 个属于“好”的预测诊断，180 个属于“差”的预测诊断。

下面的讨论中，基因表达值表示与前 5 个最相关基因的对数比 (van't Veer et al., 2002)。每种情况下，从 295 个微阵列中独立地取出规模为 $n=20$ 和 $n=40$ 的样本的 1000 个观察值。因为有一半的样本点分别来自于两个预测诊断类，在某种意义上这是一种分层抽样。每个规模为 n 的观察值的真实误差由预留法 (holdout) 估计，即用剩下的 $295-n$ 个样本点作为测试集（若给定的测试样本很大，则结果就会是一个好的估计）。这样就可以计算误差估计的经验偏差分布。由于观察值并非相互独立，因而计算方差的分布时存在一定的不精确性。但是，当从 295 个样本点中抽取规模为 $n=20$ 和 $n=40$ 的样本时，样本间的重叠数很小。图 4.7 和图 4.8 分别给出了用 β 密度拟合原始数据后得到的 LDA 和 CART 的经验偏差分布。形状越窄且中心越接近 0 的分布，性能就越好。

在所有实验中，不仅限于上面给出的这些结果，自举法和支撑法通常比重代入法、留一法，以及 10 重交叉验证法的性能好。与自举法相比，支撑重代入法非常具有竞争优势，在某些情况下支撑重代入法比自举法更好。对于 LDA，最好的估计方法是支撑

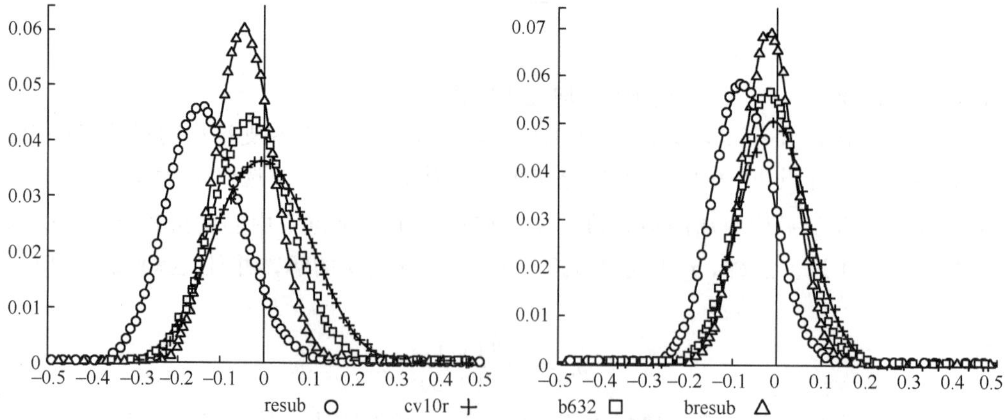

图 4.7 3NN 的误差偏量分布

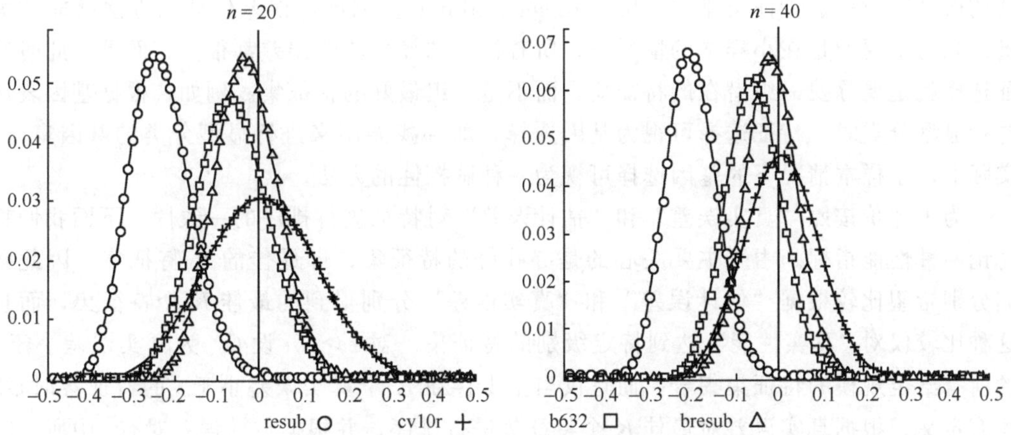

图 4.8 CART 的误差偏量分布

重代入。对于小样本情况下会产生过拟合的 3NN 和 CART，自举法和支撑重代入法基本相当。尽管支撑重代入法的方差很小，3NN 对于 d=5 的情况下无法修正重代入的偏差。对于 CART，自举法会受到重代入导致的严重的低偏差的影响。这种情况下，支撑重代入法效果不错。但是，总体来说，最好的估计器是半支撑重代入法。随着样本规模的增大，所有估计器的性能都会得到改善。但是，总的相对趋势仍然保持不变。对于这些结果，最终还是分类规则决定性能优势。

误差估计中，所需的计算时间也至关重要，特别是当有成千上万个潜在的特征集时。重代入法的速度最快。留一法在小样本情况下很快，但是随着样本数的增加，其速度迅速降低。10 重交叉验证和自举估计器最慢。支撑重代入法要比自举法快几百倍。

进行误差估计的比较时，必须非常谨慎。普遍认为，交叉验证总是比重代入更优。实际上，这并不一定成立。在多项式判别的直方图规则中，重代入法和留一交叉验证法的均方差 $E[|\hat{\varepsilon}_n-\varepsilon_n|^2]$ 都存在确切的分析表达式。由这些表达式可知：当单元数较少时，重代入法的性能更好（Braga-Neto and Dougherty，2005）。最初的研究不仅给出了各种分布的一些实例，根据一个服从幂率离散分布的参数 $Zipf$ 模型（其参数决定分类的难度），可以将均方根作为不同参数下真实误差的期望的函数。例如，对于 $n=40$ 和 $b=8$ 的单元，当 $E[\varepsilon_n]\leqslant 0.3$ 时，它们的性能几乎是相同的（重代入法稍好些）。这就意味，在可接受的判定下，它们的性能相当。对于 $b=4$，在整个误差范围内重代入法比留一法更优。对于 $b=16$，与样本规模相比，模型的复杂度导致重代入法具有很低的偏差，而留一法的性能更好。若给定一个适当的误差期望 $E[\varepsilon_n]=0.2$，则对于 $b\leqslant 7$、$b\leqslant 8$ 及 $b\leqslant 9$，分别有 $n=20$、$n=40$ 和 $n=60$，重代入法比留一法更优。对于基因调控的布尔模型，$b=2$、4、8 和 16 则分别对应连通度为 1、2、3 和 4。实际上，连通度常常小于等于 3。在三个预测基因的情况下，两种方法误差估计性能相当，而在一个和两个预测基因的情况下，重代入法则优于留一法。除此之外，当误差估计的函数达到成千上万时，重代入法可以节省巨大的计算量。

4.7.6 特征集排序

当选择一组特征进行分类时，分类器的误差估计非常关键。因而，有必要按照分类器的误分率对所选特征集排序（feature-set ranking）。因此，误差估计的方法就非常关键。尤为重要的是在小样本的情况下，所有特征选择算法的误差都很大。而且，此时特征选择就是要寻找一组潜在的特征集，而不是一组最好的特征集。例如，根据基因表达进行显型分类时，特征选择可视为基因选择，即寻找能用来进行显型分类的基因集合。实际上，小样本情况下的基因选择可视为一种试探性的方法。

为了评价按照“真实误差”和“估计误差”对特征进行排序的一致性，下面我们将讨论两种性能指标。由于主要关心的是寻找好的特征集，即最佳的 K 特征集，因此我们分别希望比较根据“估计误差”和“真实误差”分别得到的最佳 K 个特征集，而且这种比较仅对“真实性能”达到特定级别的特征集。对 $t>0$，设 G_t^K 为真实误差小于 t 的所有给定规模的特征集集合，而且仅当至少存在 K 个真实误差小于 t 的特征集时 G_t^K 才有定义。根据真实误差对最佳 K 个特征集进行排序，并根据估计误差对 G_t^K 中所有特征集进行排序，其中级别 1 对应最小的误差。于是，对于每个 K 最佳特征集将会有两个排序：k（真实的）和 k^*（估计的）。对于相差不大的排列，级别等于所有排列的均值。使用参数 t 可以反映两个问题：①真正好的特征集如何排序（Braga-Neto et al.，2004）；②在没有任何特征集质量的先验知识的情况下，如何基于误差估计进行特征集的排序（Sima et al.，2005）。

特征发现的一个关键问题是：基于误差的估计是否能够发现那些确实重要的特征。这些特征列表是通过数据分析得到的，并且分类的性能取决于这些确实好的特征集。第一个性能统计量为：在由误差估计得到的前 K 个特征集中，前 K 个真实特征的误差估计器

$$R_1^K(t) = \sum_{k=1}^{K} I_{k^* \leqslant K} \tag{4.166}$$

式中，I_A 表示示性函数，其值越大越好。由于 k^* 是第 k 个真实排序特征集的估计特征集排序，并且我们仅考虑 G_t^K 中的特征集，因而 t 越大，k^* 的排序集合就越大。这样，错误的特征集出现在前 K 个特征集的概率就越大，进而导致 $R_1^K(t)$ 的值就越小。随着 t 的增大，$R_1^K(t)$ 的曲线会变得越来越平滑。这反映了如下的事实：随着那些更差的特征的加入，它们对重要特征的影响变得可以忽略不计。原因是它们引起的不准确不足以混淆最好特征集的排序。

第二个性能度量指标是 K 个最佳特征集的排序的平均绝对偏差

$$R_2^K(t) = \sum_{k=1}^{K} |k - k^*| \tag{4.167}$$

该值越小越好。与 $R_1^K(t)$ 类似，t 越大，k^* 的排序集合就越大，k 和 k^* 可能的偏差就越大。与 $R_1^K(t)$ 相同，随着 t 的增大，$R_2^K(t)$ 的曲线会变得越来越平滑。

以均值分别为 $\delta\mathbf{a}$ 和 $-\delta\mathbf{a}$ 的 20 维单位方差球形高斯类条件分布为例，应用上述两个指标，其中 $\mathbf{a}=(a_1,a_2,\cdots,a_n)$，$|\mathbf{a}|=1$，且 $\delta>0$ 是一个分离参数。贝叶斯分类器是垂直于均值连线的超平面，规模为 k 的最佳特征集对应 $\{a_1,a_2,\cdots,a_n\}$ 中的前 k 个最大的参数。以 $k=3$、样本规模 30 为例，分别设计 LDA、3NN 和 CART 分类器，且根据分布计算每个分类器的真实误差，且估计基于重代入、交叉验证、自举法和支撑的误差（Sima et al.，2005）。图 4.9 的曲线为多个样本的均值。这些例子表明，交叉验证

通常比 .632 自举法差得多，而支撑估计器则一般会更好。

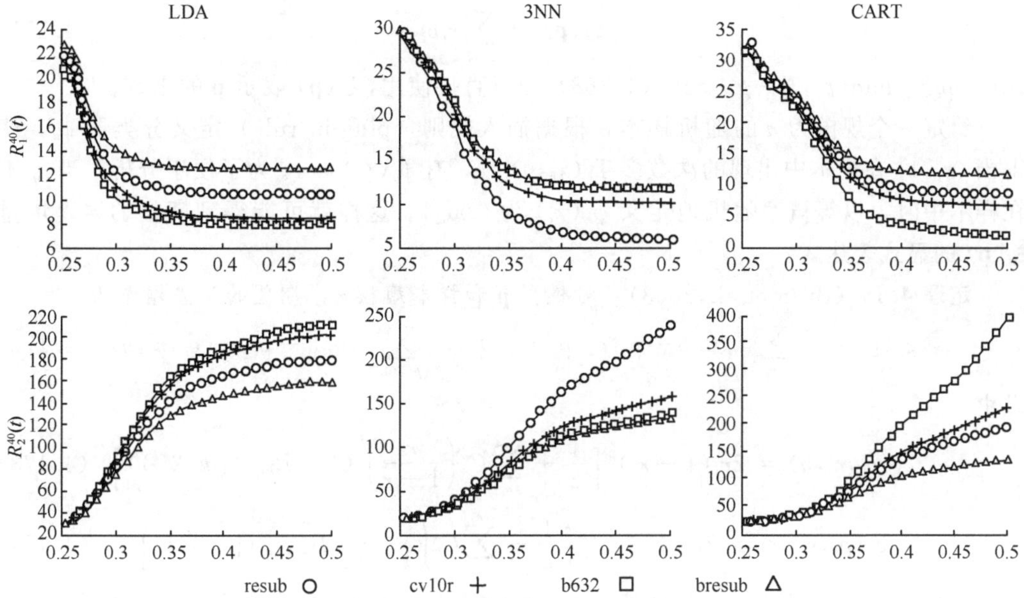

图 4.9　特征级等级性能曲线

4.8　误差校正

如果我们关心的是特征集的分类能力，就应考虑贝叶斯误差，而不仅是所设计的分类器的误差。因为如果有足够的数据，就可以估计贝叶斯分类器及其误差。本节介绍从设计的分类器误差中减去误差修正，得到更准确的贝叶斯误差估计。该误差修正适用于二项分类器，由于二项分类器类似于布尔预测器，它也适用于二值的确定性系数及其在 PBNs 中的应用。该误差修正的关键是它的保守性，即修正后的期望误差比修正之前小，但仍大于贝叶斯误差。修正是针对实际误差，而不是误差估计。

重写式（4.36）为

$$E[\varepsilon_n] = \varepsilon_d + \xi_n \tag{4.168}$$

式中，ε_n 表示设计的分类器的误差（与有无约束无关）；ξ_n 表示约束误差（其值可能为空）和期望的设计误差之和。由于我们感兴趣的是贝叶斯误差，这就启发我们寻找一个修正项 τ_n，然后用下式近似 ε_d

$$\omega_n = E[\varepsilon_n] - \tau_n \tag{4.169}$$

若 $\tau_n > 0$，则 $\omega_n < E[\varepsilon_n]$，估计的正偏差降低。这种修正的保守性（$\omega_n > \varepsilon_d$）非常重要，否则我们可能会认为贝叶斯误差比实际误差小。因此，希望修正因子 τ_n 满足 $0 \leqslant \tau_n \leqslant \xi_n$。

对于二元 d 维向量空间上的布尔函数 $\psi:\{0,1\}^d \rightarrow \{0,1\}$，设 $\{\mathbf{x}_1, \mathbf{x}_2, \cdots, \mathbf{x}_m\}$ 是所有二元 d 维向量的集合，其中 $m = 2^d$。给定二值特征-标号分布 $(\mathbf{X}, Y)$，设 r_i 是观察到 $\mathbf{x}_i$ 的概率且 $p_i = P(Y=1|\mathbf{x}_i)$，$i = 1, 2, \cdots, m$。分布可以由概率向量确定：

$$\mathbf{p} = (r_1, r_2, \cdots, r_m, p_1, p_2, \cdots, p_m)^t \tag{4.170}$$

贝叶斯误差为

$$\varepsilon_d(\mathbf{p}) = \sum_{i=1}^{m} r_i \rho_i \tag{4.171}$$

式中，$\rho_i = \min\{p_i, 1 - p_i\}$。式（4.168）可以直接使用，$\xi_n(\mathbf{p})$ 表示 $\mathbf{p}$ 的函数。

给定一个规模为 n 的随机样本，根据插入规则（plug-in rule）定义分类器 ψ_n，使得当 $(\mathbf{x}_i, 1)$ 在样本中出现的次数多于 $(\mathbf{x}_i, 0)$ 时，有 $\psi_n(\mathbf{x}_i) = 1$。为了便于分析，当 $\mathbf{x}_i$ 不在样本中时，以等概率随机地定义 $\psi_n(\mathbf{x}_i)$ 为 0 或 1。这样就可能得到期望的误差增量 $\xi_n(\mathbf{p})$ 的显式表达式。

定理 4.19（Brun et al.，2003） *对模型 $\mathbf{p}$ 和样本规模 n，期望的误差增量为*

$$\xi_n(\mathbf{p}) = \sum_{\{i: p_i < 0.5\}} (0.5 - \rho_i) c_1(\rho_i, r_i, n) + \sum_{\{i: p_i \geq 0.5\}} (0.5 - \rho_i) c_2(\rho_i, r_i, n) \tag{4.172}$$

式中

$$c_1(\rho_i, r_i, n) = 2r_i(1 - r_i)^n \left[\frac{1}{2} + \sum_{k=1}^{n} C_k^n \left(\frac{r}{1-r}\right)^k (1 - B_{k,\rho_i}(\lfloor k/2 \rfloor))\right] \tag{4.173}$$

$$c_2(\rho_i, r_i, n) = 2r_i(1 - r_i)^n \left[\frac{1}{2} + \sum_{k=1}^{n} C_k^n \left(\frac{r}{1-r}\right)^k B_{k,1-\rho_i}(\lfloor k/2 \rfloor)\right] \tag{4.174}$$

式（4.173）和式（4.174）中的 C_k^n、$B_{k,\rho}$ 和 $\lfloor a \rfloor$ 分别表示二项式系数、实验次数为 k 成功概率为 ρ 的二项分布的概率分布函数和小于 a 的最大整数。

式（4.173）中的系数 c_1 和 c_2 仅取决于概率 r_i 和误差分布 ρ_i。求和中是用 c_1 还是 c_2，取决于 p_i 是小于还是大于 0.5。这样，我们可以找出 $\xi_n(\mathbf{p})$ 的一个更低的下限 $\tau_n(\mathbf{p})$，它仅与 r_i 和 ρ_i 有关。因此，与贝叶斯分类器 ψ_d 是 $\psi_d(\mathbf{x}_i)=0$ 还是 $\psi_d(\mathbf{x}_i)=1$ 无关。由于要求 $\xi_n(\mathbf{p})$ 的下限，对每个 x_i 可选择 c_1 和 c_2 中的较小值。设

$$c(\rho_i, r_i, n) = \min\{c_1(\rho_i, r_i, n), c_2(\rho_i, r_i, n)\} \tag{4.175}$$

定义参数（模型）$\mathbf{p}$ 的修正因子为

$$\tau_n(\mathbf{p}) = \sum_{i=1}^{m} (0.5 - \rho_i) c(\rho_i, r_i, n) \tag{4.176}$$

则 $\tau_n(\mathbf{p}) \leqslant \xi_n(\mathbf{p})$ 且 $\omega_n(\mathbf{p}) \geqslant \varepsilon_d$。因此，修正估计是保守的。

下限的紧致性与 c_1 和 c_2 之间的差有关。如果差值很大，则下限是松弛的；反之亦然。当 n 和 ρ_i 都比较小时，c_1 和 c_2 之间的差值也较小，此时，下限接近于 $\xi_n(\mathbf{p})$ 的真实值。

为了计算式（4.176）中的 $\tau_n(\mathbf{p})$，必须知道 r_i 和 ρ_i，$i = 1, 2, \cdots, m$。因此，需要估计 $2m$ 个参数。小样本情况下应该采用参数更少的模型。假设概率 r_i 是归一化的随机变量，其分布由形状参数 κ（变化的）和尺度参数 $\beta=1$ 确定的 Gamma 分布决定，并且有 $\rho_i = \rho (i = 1, 2, \cdots, m)$，由规范化得

$$r_1 + r_2 + \cdots + r_m = 1 \tag{4.177}$$

由此得到一个多元 Dirichlet 分布（Wilks，1962）。模型参数为误差分布 ρ 和形状参数 κ。该模型可简化为 $\rho_i=\rho$，$i = 1, 2, \cdots, m$，且

$$r_i = s_i \left(\sum_{i=1}^{m} s_i\right)^{-1} \tag{4.178}$$

式中，s_i 表示参数为 κ 和 1 的 γ 分布（$i = 1, 2, \cdots, m$），模型对应于式（4.170）中 $\mathbf{p}$ 所

确定的分布类。概率 $r_1, r_2, \cdots, r_m$ 由式（4.178）确定，条件概率 $p_1, p_2, \cdots, p_m$ 根据$p_i = \rho$ 或 $p_i = 1-\rho$ 确定。

对任意 κ，概率 r_i 可以取不同的值，因此，$\tau_n(\mathbf{p})$和 $c(\rho_i, r_i, n)$ 为随机变量。将 $\tau_n(\rho,\kappa)$定义为相对于分布 $r_1, r_2, \cdots, r_m$ 的 $\tau_n(\mathbf{p})$的期望值。根据式（4.176），得

$$\tau_n(\rho,\kappa) = \sum_{i=1}^{m}(0.5-\rho_i)E[c(\rho_i, r_i, n)] \tag{4.179}$$

因为该修正是模型的函数，与分布无关，式（4.169）的最优分类器误差修正估计为

$$\omega_n(\mathbf{p}) = E[\varepsilon_n](\mathbf{p}) - \tau_n(\rho,\kappa) \tag{4.180}$$

式中，$\tau_n(\rho,\kappa)$可用蒙特卡罗模拟求得。

关于这种修正因子，还有几个问题需要解决。首先，它是否过于保守？也就是说它能否给出明显的修正？仿真结果表明，即使由于 ρ 和 κ 的不确定性（它们的估计也是一个主要问题），小样本情况下减小修正因子也能够给出明显的修正。其次，虽然相对于 ε_n 的期望该修正是保守的，但是，对于 ε_n 的一个合理方差范围，该修正的保守性能否保证贝叶斯误差的估计偏低仅偶尔发生？最后一个重要问题是：如何与误差估计结合进行修正？关于这些问题请参考相关文献（Brun et al.,2003）。

4.9 鲁棒分类器

关于分类器的一个基本问题是：当应用环境与训练数据的分布不同时，其性能的退化程度如何。从定性的角度，对于接近训练数据分布的数据，分类的性能仍然在可接受的范围，则称该分类器是鲁棒的（robust）。实际应用中鲁棒性至关重要，因为分类器的应用环境通常与其训练数据的分布不同。

在信号处理领域，鲁棒滤波器的设计问题是：假设设计最优滤波器的联合分布不确定，即它可能处于不同的状态，则应该选择在哪个状态进行优化，从而使得滤波器具有最佳的性能？因此，在整个状态（参数）空间上必须确定一个优化准则。最优鲁棒分类器的设计最初是利用极小极大的思想（不需任何状态分布的信息）：在整个状态空间寻找最坏情况下，具有最好性能的分类器（Kuznetsov，1976；Kassam and Lim，1977；Poor，1980；Verdu and Poor，1984）。假设已知状态先验分布的情况下，可以利用贝叶斯框架下的有关理论解决这一问题，并且鲁棒性分析与先验分布有关（Grygorian and Dougherty，2001a，2001b）。

除了最优鲁棒滤波器的设计，稳健统计学的研究已有很长的历史（Huber，1981）。特别是影响函数，它度量一个点上的无穷小噪声对估计器的影响（Hempel et al.，1986）。在信号处理领域，它还用于衡量无穷小噪声对过滤器输出分布的影响（Peltonen et al.，2001）。这里我们关心的是如何定义分类器的最优标准，而不是衡量由于设计和实际应用数据的分布之间的差别的影响，当然我们也会考虑这种区别。例如，参数噪声导致参数分布的差异，这种情况也适用于这里讨论的通用框架。

在分析鲁棒性时，假设全概率分布已知。事实上，在基于样本的分类器设计中，鲁棒性非常重要，尤其在小样本的情况下，次优分类器的设计是一个核心问题。这里我们仅考虑基本的理论，有关基于样本的分析请参考相关文献（Dougherty et al.,2005a）。

4.9.1 最优鲁棒分类器

要定义鲁棒性，首先必须考虑参数化的特征-标号分布 $F_{\mathbf{a}}(\mathbf{x},Y)$，其中状态 **a** 是一个表示分布不确定性的参数向量。分类与两个类条件分布 $F_{\mathbf{a}}(\mathbf{x}|0)$ 和 $F_{\mathbf{a}}(\mathbf{x}|1)$ 有关。分类器 ψ 的误差为 $\varepsilon_{\mathbf{a}}[\psi]=P_{\mathbf{a}}(\psi(\mathbf{X})\neq Y)$，下标表示误差与状态有关。若 $\psi_{\mathbf{b}}$ 是分布 $F_{\mathbf{b}}$ 下的最优分类器，则有 $\varepsilon_{\mathbf{a}}[\psi_{\mathbf{b}}]\geqslant\varepsilon_{\mathbf{a}}[\psi_{\mathbf{a}}]$。原因是在分布 $F_{\mathbf{a}}$ 下，$\psi_{\mathbf{b}}$ 并不比分布 $F_{\mathbf{a}}$ 下的最优分类器 $\psi_{\mathbf{a}}$ 更好。如果分类器是鲁棒的，则当 **b** 接近 **a** 时，上述不等式两边的误差不应相差太大。对于分布 $F_{\mathbf{a}}$，最优分类器 $\psi_{\mathbf{b}}$ 的鲁棒性（robustness）定义为

$$\kappa(\mathbf{a};\mathbf{b})=\varepsilon_{\mathbf{a}}[\psi_{\mathbf{b}}]-\varepsilon_{\mathbf{a}}[\psi_{\mathbf{a}}] \tag{4.181}$$

显然有 $\kappa(\mathbf{b};\mathbf{a})\geqslant 0$ 且 $\kappa(\mathbf{a};\mathbf{a})=0$。鲁棒性是一个二元函数，通过固定其中任意一个参数，可以从两个不同的角度来理解它。若 **a** 固定，它用于度量在 $F_{\mathbf{a}}$ 上使用由 $F_{\mathbf{b}}$ 所设计的分类器所引起的误差的增加。若 **b** 固定，它用于度量由 $F_{\mathbf{b}}$ 设计的分类器应用于分布 $F_{\mathbf{a}}$ 时所引起的误差的增加。这两个参数 $\kappa(\mathbf{b};\mathbf{a})$是不对称的，因为大部分情况下都有 $\kappa(\mathbf{b};\mathbf{a})\neq\kappa(\mathbf{a};\mathbf{b})$。当 $\mathbf{a}=a$ 是单变量的特殊情况下，$\kappa(b;a)$ 定义了一个沿着对角线 $b=a$ 且鲁棒性为 0 的平面。与鲁棒滤波器的准则类似，我们定义三种鲁棒分类器。

在极小极大鲁棒性分析中，假设状态集合 A 的概率结构未知。极小极大方法的思想是：对于类 C 上的所有分类器，最佳分类器是指在状态集合 A 上，所有最差性能分类器中的最好分类器。因此，极小极大鲁棒分类器（minimax robust classifier）的定义为

$$\psi_0\in\arg\inf_{\psi\in C}\sup_{\mathbf{a}\in A}\varepsilon_{\mathbf{a}}[\psi] \tag{4.182}$$

一般地，上式不能保证有解。假设存在一个状态 $\underline{\mathbf{a}}\in\mathcal{A}$，使得

$$\varepsilon_{\underline{\mathbf{a}}}[\psi_{\underline{\mathbf{a}}}]=\max_{\mathbf{a}\in A}\varepsilon_{\mathbf{a}}[\psi_{\mathbf{a}}] \tag{4.183}$$

若与每个状态对应的所有最优分类器在分布 $F_{\underline{\mathbf{a}}}$上的误差为最大，那么称 $F_{\underline{\mathbf{a}}}$为最不利分布（least favorable distribution）。若对所有的$\underline{\mathbf{a}}\in A$ 和 $\psi\in C$ 有

$$\varepsilon_{\mathbf{a}}[\psi_{\underline{\mathbf{a}}}]\leqslant\varepsilon_{\underline{\mathbf{a}}}[\psi_{\underline{\mathbf{a}}}]\leqslant\varepsilon_{\underline{\mathbf{a}}}[\psi] \tag{4.184}$$

则最不利分布就是式（4.182）的一个最优鞍点解（saddle-point solution）。上式右边的不等式成立的原因是 $\psi_{\underline{\mathbf{a}}}$为 $F_{\underline{\mathbf{a}}}$上的最优分类器。而左边的不等式说明 $\psi_{\underline{\mathbf{a}}}$在任何分布的性能至少与其在 $F_{\underline{\mathbf{a}}}$上的性能相同，原因与前面一样。由左边的不等式可知，若最不利分布是鞍点解，则 $\psi_{\underline{\mathbf{a}}}$是极小极大鲁棒分类器。对于这一点，式（4.182）的上确界是 $\varepsilon_{\underline{\mathbf{a}}}[\psi_{\underline{\mathbf{a}}}]$。同时，根据右边的不等式，式（4.182）在 $\psi_{\underline{\mathbf{a}}}$时到达下确界。这样，极小极大鲁棒分类器问题就简化为寻找一个具有鞍点解的最不利分布。对于极小极大鲁棒性，除了求解困难之外，一个基本问题就是它的保守性和利用未知的参数向量分布。通过对那些性能很差的分类器状态赋予很大的权值，可以使得这些状态发生的概率很小。

按照贝叶斯方法，最优分类器 $\psi_{\underline{\mathbf{b}}}$代替最优分类器 $\psi_{\mathbf{a}}$ 所导致的误差增加的期望就是 $\kappa(\mathbf{a};\mathbf{b})$关于随机向量 **a** 的概率密度函数 $f(\mathbf{a})$ 的期望：

$$\kappa(\mathbf{b})=E_{\mathbf{a}}[\kappa(\mathbf{a};\mathbf{b})]=\int_{-\infty}^{\infty}\int_{-\infty}^{\infty}\cdots\int_{-\infty}^{\infty}\kappa(\mathbf{a};\mathbf{b})f(\mathbf{a})d\mathbf{a} \tag{4.185}$$

式中，$E_{\mathbf{a}}$ 表示相对于状态的期望。$\kappa(\mathbf{b})$定义的是平均鲁棒性（mean robustness），且 **b**

的任意一个极小值都是一个极大鲁棒状态（maximally robust state）。由 $\psi_{\mathbf{b}}$ 引起的误差的期望为

$$\varepsilon(\mathbf{b}) = E_{\mathbf{a}}[\varepsilon_{\mathbf{a}}[\psi_{\mathbf{b}}]] = E_{\mathbf{a}}[\kappa(\mathbf{a};\mathbf{b}) + \varepsilon_{\mathbf{a}}[\psi_{\mathbf{a}}]] = \kappa(\mathbf{b}) + E_{\mathbf{a}}[\varepsilon_{\mathbf{a}}[\psi_{\mathbf{a}}]] \tag{4.186}$$

式中，$E_{\mathbf{a}}[\varepsilon_{\mathbf{a}}[\psi_{\mathbf{a}}]]$表示最优分类器 $\psi_{\mathbf{a}}$ 的误差的期望。若 $\mathbf{b}^*$ 是最大的鲁棒状态，则与状态 $\mathbf{b}^*$ 对应的最优分类器在整个状态空间的性能最佳，称其为贝叶斯鲁棒分类器（Bayesian robust classifier）。因此，我们希望设计一个与最大鲁棒状态对应的分类器，或者至少是接近 $k(\mathbf{b})$ 最小值的状态所对应的分类器。

我们还可以定义一个基于参数分布的全局分类器（global classifier）。一种简单的方法就是使用与状态均值 $E[\mathbf{a}]$ 对应的最优分类器。这种朴素的方法是设计一个在“平均状态”最优的分类器。通常 $E[\mathbf{a}]$ 并不是最鲁棒的状态，当然也有可能是。这种平均考虑了参数分布，而这并不是决定最优分类器的因素。这里我们考虑这些特性的期望，如果特征-标号分布可通过参数刻画，如均值向量和协方差矩阵，或者约束分类器仅与特征-标号分布的某些特性有关，则式（4.181）可以写为

$$\kappa(\mathbf{a};\mathbf{b}) = \varepsilon[Q_{X,Y,\mathbf{a}};\psi_{\mathbf{b}}] - \varepsilon[Q_{X,Y,\mathbf{a}};\psi_{\mathbf{a}}] \tag{4.187}$$

式中，函数 $Q_{X,Y,\mathbf{a}}$ 表示相关的特性；$\varepsilon[Q_{X,Y,\mathbf{a}};\psi_{\mathbf{a}}]$ 表示分类器误差。对函数 $Q_{X,Y,\mathbf{a}}$ 取平均可得到平均特征函数

$$Q_{X,Y;\cdot} = \int_{-\infty}^{\infty} Q_{X,Y;\mathbf{a}} f(\mathbf{a}) d\mathbf{a} \tag{4.188}$$

从而全局分类器是相对于 $Q_{X,Y;\cdot}$ 定义的最优分类器。全局分类器 $\psi_{\cdot}$ 不可能超过分布 $F_{\mathbf{a}}$ 上对应的最优分类器 $\psi_{\mathbf{a}}$。$\kappa(\mathbf{a};\bullet)$表示用 $\psi_{\cdot}$ 代替 $\psi_{\mathbf{a}}$ 产生的误差增量。全局分类器产生的误差增量的期望为常数

$$\kappa(\bullet) = E[\kappa(\mathbf{a};\bullet)] = \int_{-\infty}^{\infty} \kappa(\mathbf{a};\bullet) f(\mathbf{a}) d\mathbf{a} \tag{4.189}$$

4.9.2 鲁棒分类器的性能比较

以球形 10 维（10 特征）高斯类条件分布 $N(\mathbf{0},\sum_0)$ 和 $N(\mathbf{1},\sum_1)$ 为例分析鲁棒性，其均值分别为 $\mathbf{0}=(0,0,\cdots,0)$ 和 $\mathbf{1}=(1,1,\cdots,1)$，标准差分别为 σ_0 和 σ_1。我们考虑三种情况：① $\sigma_0=\sigma_1$，$N(\mathbf{1},\sum_1)$ 的第一个变量的均值未确定；② $\sigma_0\neq\sigma_1$ 时，$N(\mathbf{1},\sum_1)$ 的第一个变量的均值未确定；③已知均值 $\mathbf{0}$ 和 $\mathbf{1}$，而方差未确定。在这三种情况下，偏差（状态变量）b 在区间 $[-1,1]$ 上均匀分布。对每种情况，我们画出 6 个状态函数的误差曲线：① $\varepsilon_b[\psi_b]$：与状态 b 对应的最优分类器在状态 b 上的误差；② $E_a[\varepsilon_a[\psi_b]]$：与状态 b 对应的最优分类器在所有状态上的误差的期望；③ $[\psi_{b^*}]$：贝叶斯鲁棒分类器在状态 b 上的误差；④ $\varepsilon_b[\psi_{\cdot}]$：全局分类器在状态 b 上的误差；⑤ $E_a[\varepsilon_a[\psi_{b^*}]]$：贝叶斯鲁棒分类器在所有状态上的误差的期望；⑥ $E_a[\varepsilon_a[\psi_{\cdot}]]$：全局分类器在所有状态上的误差的期望。当偏差分布 $\mu_b=0$ 时，全局分类器就是没有未知变量情况下的最优分类器。当偏差分布的均值不为 0 时，这个结论是不成立的。

对于具有 $\sigma_0=\sigma_1=1$ 的第一变量均值的偏差，最优分类器可由 LDA 确定。图 4.10

和图 4.11 分别为误差 $\varepsilon_a[\psi_b]$ 和鲁棒面 $\kappa(a;b)$。图 4.12 为误差曲线，可以看到 $E[b]=0$，且最大鲁棒状态为 -0.10。当状态 $b=-1$ 时，与该状态对应的最优分类器误差 $\varepsilon_b[\psi_b]$ 最大为 0.5，且该误差单调递减，当 $b=1$ 时几乎为 0。这反映了类条件分布在状态 $b=-1$ 下的完全同一性，并且随着 b 增大分裂逐渐增加。误差的期望 $E_a[\varepsilon_a[\psi_b]]$ 在状态 -1 附近下降很快，且随着条件分布开始分离，在最大鲁棒状态达到一个最小值，然后开始增加。

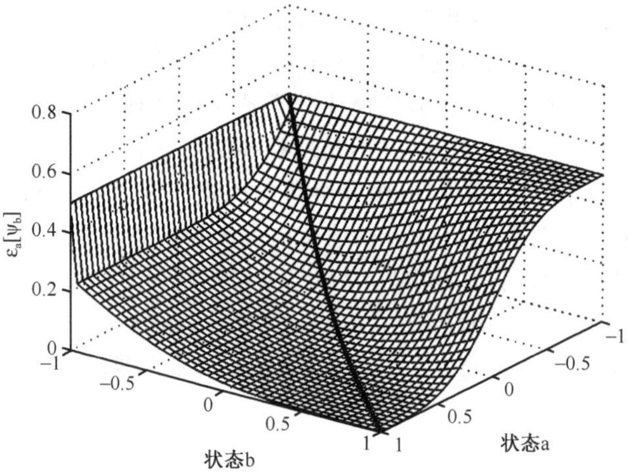

图 4.10　LDA 均值不确定性：$\varepsilon_a[\psi_b]$ (Dougherty et al.,2005a)

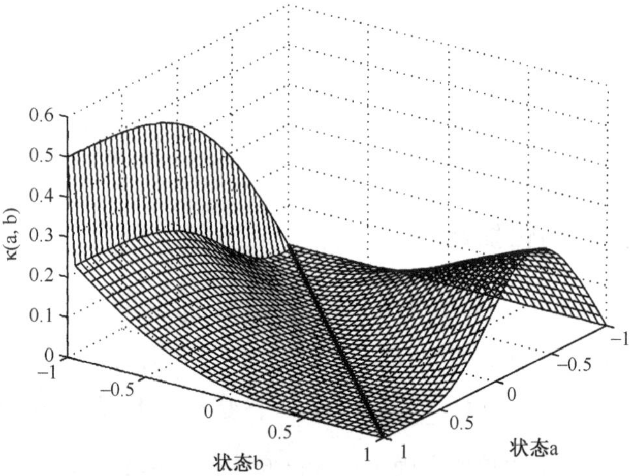

图 4.11　LDA 均值不确定性：$\kappa(a,b)$ (Dougherty et al.,2005a)

比较误差 $\varepsilon_b[\psi_{b^*}]$ 与 $\varepsilon_b[\psi_b]$，可得到 $\varepsilon_b[\psi_b]\leqslant\varepsilon_b[\psi_{b^*}]$，这是必然的结果。因此，若状态已知，则最好使用对应该状态的最优分类器。给定状态 b，应用贝叶斯鲁棒分类器的代价为 $\varepsilon_b[\psi_{b^*}]-\varepsilon_b[\psi_b]$；然而，在状态不确定的情况下，应用贝叶斯鲁棒分类器的增益则为 $E_a[\varepsilon_a[\psi_b]]-E_a[\varepsilon_a[\psi_{b^*}]]$。该增益总是正值，并且对于那些远离最大鲁棒状态的状态具有很大的价值。贝叶斯鲁棒滤波器的性能通常优于全局滤波器，而且对某些状态有明显的优势。

极小极大滤波器的缺点也是显而易见的。特别是当所有状态的最优分类器都是线

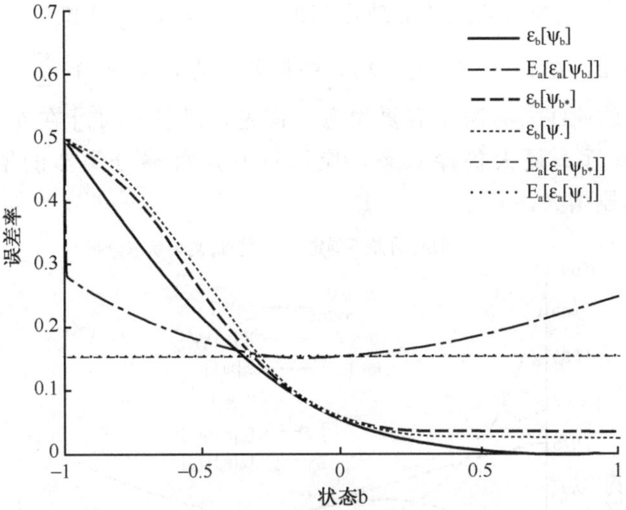

图 4.12　LDA 均值不确定性误差曲线（Dougherty et al.,2005a）

性，并且不管分类器是根据哪个状态设计的，最大误差 0.5 均发生在状态 $b=-1$ 处。因此，这就完全否定了首先应用极小极大分类器的理由。

下面考虑在 $\sigma_0=1$ 和 $\sigma_1=2$ 时第一个变量均值未确定的情况。由于两个协方差矩阵并不相等，因此最优分类器由 QDA 确定。对应的 6 条曲线如图 4.13 所示，图 4.12 中关于 LDA 的许多结论在此也适用。当然，也有某些值得注意的区别。当 $b=-1$ 时，均值完全相同，除了贝叶斯鲁棒分类器和全局滤波器的误差期望外，误差的方差相等且为 0.5。但是，当 $\sigma_0=1$ 和 $\sigma_1=2$ 时，这些误差要小得多，并且彼此不相等。这是因为 $N(\mathbf{1},\sum_1)$ 的分布在均值附近的集中度不如 $N(\mathbf{1},\sum_0)$。对鲁棒性最为关键的误差的期望 $E_a[\varepsilon_a[\psi_b]]$ 在 $b\leqslant 0.2$ 时几乎是平的，且最大鲁棒状态为 $b=-0.2$。但是，对任意 $b\leqslant 0.2$ 的状态，所设计分类器的性能基本都差不多。特别是在平均状态 $b=0$ 时，设计的分类器的鲁棒性很高。

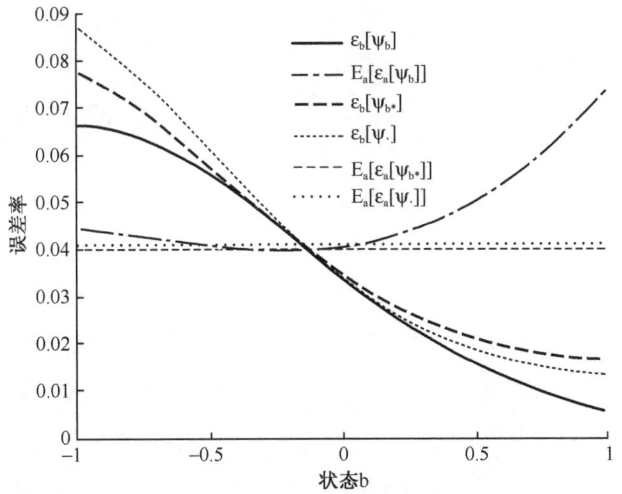

图 4.13　QDA 均值不确定性误差曲线（Dougherty et al.,2005a）

最后，考虑协方差为对角矩阵的球形高斯分布 $N\left(\mathbf{0},\sum_{0}\right)$ 和 $N\left(\mathbf{1},\sum_{1}\right)$，其方差分别为 $\sigma_0^2=1$ 和 $\sigma_1^2=2$。在 $[-1,1]$ 上，均方差偏差 b 的分布 $N\left(\mathbf{1},\sum_{1}\right)$ 的方差未知。结果如图 4.14 所示的曲线。有两点需要注意：首先，误差 $\varepsilon_b[\psi_b]$ 在 $b=-0.4$ 时有最大值。其次，随着 b 远离最大鲁棒状态，应用贝叶斯鲁棒分类器的增益 $E_a[\varepsilon_a[\psi_b]]-E_a[\varepsilon_a[\psi_{b^*}]]$ 会急剧增大。

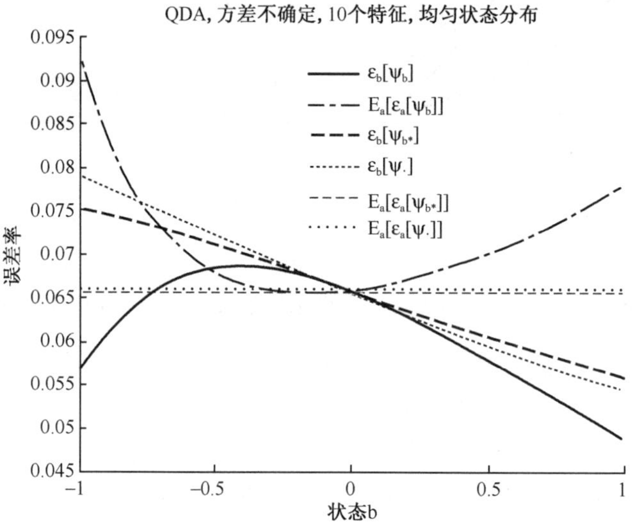

图 4.14　QDA 方差不确定性误差曲线（Dougherty et al.，2005a）

参考文献

Alexander K. (1984) Probability inequalities for empirical processes and a law of the iterated logarithm. *Ann Probab* 4: 1041–67.

Bartlett P. (1993) Lower bounds on the Vapnik-Chervonenkis dimension of multilayer threshold networks, *Proceeding of the Sixth Annual ACM Conference on Computational Learning Theory*, Association for Computing Machinery, New York, pp. 144–50.

Baum E. (1988) On the capabilities of multilayer perceptrons. *Complexity*, 4: 193–215.

Braga-Neto UM, Hashimoto R, Dougherty ER, Nguyen DV, Carroll RJ. (2004) Is cross-validation better than resubstitution for ranking Genes? *Bioinformatics* 20(2): 253–58.

Braga-Neto UM, Dougherty ER. (2004a) Is cross-validation valid for small-sample microarray classification? *Bioinformatics* 20(3): 374–80.

Braga-Neto UM, Dougherty ER. (2004b) Bolstered error estimation. *Pattern Recognition* 37(6): 1267–81.

Braga-Neto U, Dougherty ER. (2005) Exact performance measures and distributions of error estimators for discrete classifiers. *Pattern Recognition* 38(11): 1799–814.

Brun M, Sabbagh D, Kim S, Dougherty ER. (2003) Corrected small-sample estimation of the Bayes error. *Bioinformatics* 19(8): 944–51.

Chernick M. (1999) *Bootstrap Methods: A Practitioner's Guide*, John Wiley & Sons, New York.

Cover T. (1965) Geometrical and statistical properties of systems of linear inequalities with applications in pattern recognition. *IEEE Trans Electron Comput* 14: 326–34.

Cover T, Hart P. (1967) Nearest-neighbor pattern classification. *IEEE Trans Inform. Theory* 13: 21–7.

Cybenko G. (1989) Approximation by superposition of sigmoidal functions. *Math Control Signals Systems* 2: 303–14.

Devroye L. (1982) Necessary and sufficient conditions for the almost everywhere convergence of nearest neighbor regression function estimates. *Zeitschrift fur Wahrscheinlichkeitstheorie und verwandte Gebiete* 61: 467–81.

Devroye L, Wagner T. (1976) A Distribution-free performance bound on error estimation. *IEEE Trans Inform Theory* 22: 586–7.

Devroye L, Lugosi G. (1995) Lower bounds in pattern recognition and learning. *Pattern Recognition* 28: 1011–8.

Devroye L, Gyorfi L, Lugosi G. (1996) *A Probabilistic Theory of Pattern Recognition*, Springer-Verlag, New York.

Devroye L, Krzyzak A. (1989) An equivalence theorem for L_1 convergence of the kernel regression estimate. *Stat Planning Inference* 23: 71–82.

Dougherty ER. (2001) Small sample issues for microarray-based classification. *Comp Funct Genomics* 2: 28–34.

Dougherty ER, Attoor SN. (2002) Design issues and comparison of methods for microarray-based classification. *Computational and Statistical Approaches to Genomics*. Zhang W, Shmulevich I, eds., Kluwer Academic Publishers, New York.

Dougherty ER, Braga-Neto U. (2006) Epistemology of computational biology: mathematical models and experimental prediction as the basis of their validity. *Biol Syst* 14(1): 65–90.

Dougherty ER, Hua J, Xiong Z, Chen Y. (2005a) Optimal robust classifiers. *Pattern Recognition* 38: 1520-32.

Dougherty ER, Datta A, Sima C. (2005b) Research Issues in Genomic Signal Processing. *IEEE Signal Process Mag* 22(6): 46-68.

Duda RO, Hart PE, Stork DG. (2001) *Pattern Classification*, John Wiley & Sons, New York.

Efron B. (1979) Bootstrap methods: another look at the jacknife. *Ann Stat* 7: 1–26.

Efron B. (1983) *The Jacknife, the Bootstrap, and Other Resampling Plans*, SIAM NSF-CBMS, Monograph 38, SIAM, Philadelphia, PA.

El-Sheikh TS, Wacker AG. (1980) Effect of dimensionality and estimation on the performance of Gaussian classifiers. *Pattern Recognition* 12: 115–26.

Farago A, Lugosi G. (1993) Strong universal consistency of neural network classifiers. *IEEE Trans Inform Theory* 39: 1146–51.

Fukunaga K, Hayes RR. (1989) Effects of sample size in classifier design. *IEEE Trans Pattern Anal Mach Intell* 11(8): 873–85.

Funahashi K. (1989) On the approximate realization of continuous mappings by neural networks. *Neural Netw* 2: 183–92.

Glick N. (1978) Additive estimators for probabilities of correct classification. *Pattern Recognition* 10: 211–22.

Gordon L, Olshen R. (1978) Asymptotically efficient solutions to the classification problem. *Ann Stat* 6: 525-33.

Grygorian AM, Dougherty ER. (2001a) Design and analysis of robust optimal binary filters in the context of a prior distribution for the states of nature. *Math Imaging Vision* 11: 239–54.

Grygorian AM, Dougherty ER. (2001b) Bayesian robust optimal linear filters. *Signal Process* 81: 2503–21.

Hedenfalk I, Duggan D, Chen Y, Radmacher M, Bittner M, Simon R, Meltzer P, Gusterson B, Esteller M, Raffeld M, Yakhini Z, Ben-Dor A, Dougherty E, Kononen J, Bubendorf L, Fehrle W, Pittaluga S, Gruvverger S, Loman N, Johannsson O, Olsson H, Wifond B, Sauter G, Kallioniemi OP, Borg A, Trent J. (2001) Gene expression profiles in hereditary breast cancer. *N Engl J Med* 344(8): 539–48.

Hempel FR, Rousseeuw PJ, Ronchetti EM, Stahel WA. (1986) *Robust Statistics: The Approach Based on Influence Functions*, John Wiley & Sons, New York.

Hornik K. (1991) Approximation capabilities of multi-layer feed-forward networks. *Neural Netw* 4: 251–7.

Hornik K, Stinchombe M, White H. (1989) Multilayer feedforward networks are universal approximators. *Neural Netw* 2: 359–66.

Huber PJ. (1981) *Robust Statistics*, John Wiley & Sons, New York.

Kassam SA, Lim TI. (1977) Robust Wiener filters. *Franklin Institute* 304: 171-85.

Lugosi G, Nobel A. (1996) Consistency of data-driven histogram methods for density estimation and classification. *Ann Stat* 24: 687–706.

McFarland HR, Richards D. (2002) Exact misclassification probabilities for plug-in normal quadratic discriminant functions. II. The heterogeneous case. *Multivariate Anal* 82: 299–330.

Peltonen S, Kuosmanen P, Astola J. (2001) Output distributional influence function. *IEEE Trans Signal Proces* 49: 1953–60.

Poor HV. (1980) On robust Wiener filtering. *IEEE Trans Automat Control* 26: 531–6.

Raudys S, Pikelis V. (1980) On dimensionality, sample size, classification error, and complexity of classification algorithms in pattern recognition. *IEEE Trans Pattern Anal Mach Intell* 2(3): 242–52.

Rodgers W, Wagner T. (1978) A finite sample distribution-free performance bound for local discrimination rules. *Ann Stat* 6: 506–14.

Rosenblatt F. (1962) *Prinicples of Neurodynamics: Perceptrons and the Theory of Brain Mechanisms*, Spartan, Washington, DC.

Sima C, Braga-Neto U, Dougherty ER. (2005a) Superior feature-set ranking for small samples using bolstered error estimation. *Bioinformatics* 21(7): 1046–54.

Snapinn S, Knoke J. (1985) An evaluation of smoothed classification error-rate estimators. *Technometrics* 27(2) 199–206.

Stone C. (1977) Consistent nonparametric regression. *Ann Stat* 5: 595–645.

Tutz G. (1985) Smoothed additive estimators for non-error rates in multiple discrimination analysis. *Pattern Recognition* 18(2): 151–9.

van de Vijver MJ, He YD, van't Veer LJ, Dai H, Hart AAM, Voskuil DW, Schreiber GJ, Peterse JL, Roberts C, Marton MJ, et al. (2002) Gene expression signature as a predictor of survival in breast cancer. *N Engl J Med* 347: 1999–2009.

van't Veer LJ, Dai H, van de Vijver MJ, He YD, Hart AAM, Mao M, Peterse HL, van der Kooy K, Marton MJ, Witteveen AT, et al. (2002). Gene expression profiling predicts clinical outcome of breast cancer. *Nature* 415: 530–6.

Vapnik VN. (1998) *Statistical Learning Theory*, John Wiley & Sons, New York.

Vapnik VN, Chervonenkis A. (1974) *Theory of Pattern Recognition*, Nauka, Moscow.

Vapnik VN, Chervonenkis A. (1971) On the uniform convergence of relative frequencies of events to their probabilities. *Theory Probab Appl* 16: 264–80.

Verdu S, Poor HV. (1984) On minimax robustness: a general approach and applications. *IEEE Trans Inform Theory* 30: 328–40.

Wald PW, Kronmal RA. (1977) Discriminant functions when covariances are unequal and sample sizes are moderate. *Biometrics* 33: 479–84.

Wilks SS. (1962) *Mathematical Statistics*. John Wiley & Sons, New York.

第5章 正 则 化

到目前为止，我们讨论的都是在给定特征集和样本数据的情况下，对样本数据应用分类规则设计分类器，并根据样本数据估计该分类器的设计误差，其关键问题是分类规则和样本规模之间的关系。给定特征集合和样本数据后，设计者要做的就是选择分类规则。本章，我们换一个角度来研究分类问题。第一，特征集事先并没有给定，它可能来自于一个更大的特征集，或者是对原有特征的一种变换。第二，分类规则并不直接作用于原始的样本数据，而是作用于原始数据的增补或进一步的合成。第三，分类规则的选择不再与样本数据无关，相反，应当根据数据集从一个规则类自动选择合适的分类规则。实际上，所有这些修改解决的还是同样的设计问题——分类规则和样本规模之间的关系。特征的减少将限制分类器，数据的增补扩大了样本规模，分类规则的不确定性提供了一种数据驱动的自动调节机制，使得分类器的复杂度能够与样本的规模相适应。

5.1 数据正则化

小样本情况下，与其按照某个分类规则设计精确的分类器，不如对样本数据或估计参数正则化（regularize），这里的正则化是指对数据的更改或者参数估计规则的修改。

5.1.1 正则化判别分析

小样本情况下，即使是线性分类器，误差估计的期望 $E[\Delta_{n,c}]$ 也存在严重的问题。二次判别分析和线性判别分析的关键是协方差矩阵 $\hat{\mathrm{K}}_k$ 的估计，通常它就是样本的协方差矩阵。

小样本情况下，QDA 可以理解为协方差矩阵的谱分解

$$\mathbf{K}_k = \sum_{j=1}^{d} \lambda_{kj} \mathbf{v}_{kj} \mathbf{v}_{kj}^t \tag{5.1}$$

式中，$\lambda_{k1},\lambda_{k2},\cdots,\lambda_{kd}$ 表示 $\mathbf{K}_k$ 的特征值的降序排列；$\mathbf{v}_{kj}$ 表示与 λ_{kj} 对应的特征向量。于是，有

$$\mathbf{K}_k^{-1} = \sum_{j=1}^{d} \frac{\mathbf{v}_{kj} \mathbf{v}_{kj}^t}{\lambda_{kj}} \tag{5.2}$$

并且式（4.73）的二次判别式可写为

$$d_k(\mathbf{x}) = -\sum_{j=1}^{d} \frac{[\mathbf{v}_{kj}^t(\mathbf{x}-\mathbf{u}_k)]^2}{\lambda_{kj}} - \sum_{j=1}^{d} \log\lambda_{kj} + 2\log f(k) \tag{5.3}$$

显然，最小特征值对判别式的影响最大。这就产生了一个难题，因为样本协方差矩阵的特征值越大偏差就越大——在小样本情况下，这一问题更加突出。同时它也影响最小二乘线性判别式，因为它与样本自相关矩阵的逆有关。这一问题可以通过改进特征值的估计来解决（Haff，1980；Dey and Srmivasan，1985）。

对于二次判别分析，即使协方差矩阵不相等，有一种简单的正则化方法是使用LDA。也就是将所有的数据合在一起，然后估计协方差矩阵。这样，一方面减少了估计参数的个数，另一方面对于较小的参数集合，相当于增加了样本的规模。这种方法的实质是减少了分类规则的 VC 维数。正则化通常是以偏差为代价减少方差，目的是用可忽略的偏差获得方差的减少。

图 5.1 举例说明了对 QDA 的正则化，即用 LDA 代替 QDA。数据来源于二维球形高斯类条件分布，其中左边的图方差较小。图 5.1（a）和图 5.1（b）分别表示样本规模为 30 的 LDA 分类器和 QDA 分类器，图中二次曲线为全局最优 QDA 分类器。LDA 分类器比 QDA 分类器的误差更小，这恰好体现了正则化的优势。图 5.1（c）和图 5.1（d）的情况有所不同，它们分别表示样本规模为 90 的 LDA 分类器和 QDA 分类器。由于样本的增加提高了 QDA 分类器的设计精度。因而，产生的误差比 LDA 分类器小。

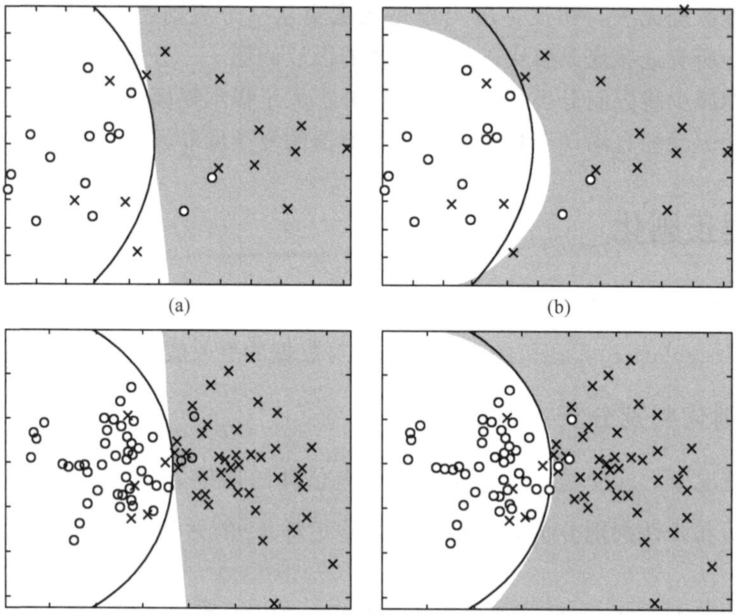

图 5.1　利用 LDA 对 QDA 正则化，图中的分布为两个方差不等的环形高斯类条件分布，二次曲线表示最优分类器：（a）30 个样本，LDA 的误差为 0.0998；（b）30 个样本，QDA 的误差为 0.0102；（c）90 个样本，LDA 的误差为 0.1036；（d）90 个样本，QDA 的误差为 0.0876

比起直接从 QDA 到 LDA，一种较缓和的方法是在总体估计方向上收缩单个协方差矩阵的估计。为此，引入一个介于 0 和 1 的参数 α，并以下式估计

$$\hat{\mathbf{K}}_k(\alpha)=\frac{n_k(1-\alpha)\hat{\mathbf{K}}_k+n\alpha\hat{\mathbf{K}}}{n_k(1-\alpha)+\alpha n} \tag{5.4}$$

式中，n_k 表示类别 $Y=k$ 的样本数；n 表示总样本数，$\hat{\mathbf{K}}$为协方差矩阵的总体估计。$\alpha=0$ 对应 QDA，$\alpha=1$ 对应 LDA，当 $0<\alpha<1$ 就得到不同程度的收缩（Titterington，1985）。为了减少方差，对 α 的选择要非常谨慎，尤其是协方差矩阵的差别很大时。

如果既要进行更多的正则化又要保持低偏差，可以在单位矩阵方向收缩正则化的样本协方差矩阵$\hat{\mathbf{K}}_k(\alpha)$，方法是给单位矩阵乘以$\hat{\mathbf{K}}_k(\alpha)$的平均特征值。这样就能减少大特征值，增加小特征值，从而抵消式（5.3）中偏差的影响（Friedman，1989）。因此，可以采用如下的估计

$$\hat{\mathbf{K}}_k(\alpha,\beta) = (1-\beta)\,\hat{\mathbf{K}}_k(\alpha) + \frac{\beta}{n}tr[\hat{\mathbf{K}}_k(\alpha)]\mathbf{I} \tag{5.5}$$

式中，$tr[\hat{\mathbf{K}}_k(\alpha)]$ 表示矩阵$\hat{\mathbf{K}}_k(\alpha)$ 的迹；$\mathbf{I}$ 表示单位矩阵，且 $0<\beta<1$。应用这种正则化判别分析（regularized discriminant analysis），$\hat{\mathbf{K}}_k(\alpha,\beta)$ 需要选择两个参数。模型的选择对于有益的正则化非常关键，但这一问题目前仍然很难解决。有人建议利用交叉验证误差估计方法选择式（5.5）中的两个参数 α 和 β。正如我们看到的，小样本情况下这种估计并不可靠，而这正是使用正则化的原因。然而，高斯条件分布的仿真结果表明，正则化能够改进各种协方差矩阵模型，甚至即使没有效果也不会引起误差的增加（Friedman，1989）。

5.1.2 噪声注入

与其对估计的协方差矩阵正则化，不如通过噪声注入（noise injection）来规范数据本身。基本思想是：根据每个样本数据产生合成数据，从而将原样本数据“扩展”为一个大的合成样本；然后，根据合成数据设计分类器，这种分类器降低了小样本数据集中某些敏感点的影响。例如，可以在每个样本点设置一个圆形高斯分布，由此分布产生一些随机点，然后再进行分类器的设计。这种方法并不限于某种特定的分类规则，对于线性分类可以通过矩阵运算进行理论分析，当特征集规模很大时，这一点尤为重要。我们以微阵列分类问题（其中的特征集规模巨大）为例，讨论最小二乘线性分类中噪声注入的解析解（Kim et al.，2002a）。

设$(\mathbf{U},\mathbf{V})$表示等可能输出样本数据(x_1,y_1)，(x_2,y_2)，…，(x_n,y_n)的随机向量，$\mathbf{Z}$为与（$\mathbf{U}$，$\mathbf{V}$）无关的 d 维零均值随机向量，则$(\mathbf{U}+\mathbf{Z},V)$可视为随机向量。由上述定义的$(\mathbf{U},\mathbf{V})$分布的样本数据，$\mathbf{U}^{(1)}=(1,\mathbf{U}^t)^t$ 的自相关矩阵和互相关向量分别为

$$\mathbf{R}_{\mathbf{U}^{(1)}} = \hat{\mathbf{R}}_{\mathbf{X}^{(1)}} \tag{5.6}$$

$$E[\mathbf{U}^{(1)}V] = \hat{E}[\mathbf{X}^{(1)}Y] \tag{5.7}$$

其中 $\mathbf{X}^{(1)}=(1,\mathbf{X}^t)^t$。因为

$$(\mathbf{U}+Z)^{(1)} = \mathbf{U}^{(1)} + \mathbf{Z}^{(0)} \tag{5.8}$$

其中 $\mathbf{Z}^{(0)}=(0,\mathbf{Z}^t)^t$，依据独立性

$$\mathbf{R}_{(\mathbf{U}+\mathbf{Z})^{(1)}} = \mathbf{R}_{\mathbf{U}^{(1)}} + \mathbf{R}_{\mathbf{Z}^{(0)}} = \hat{\mathbf{R}}_{\mathbf{X}^{(1)}} + \mathbf{R}_{\mathbf{Z}^{(1)}} \tag{5.9}$$

$$E[(\mathbf{U}+\mathbf{Z})^{(1)}V] = E[\mathbf{U}^{(1)}V] = \hat{E}[\mathbf{X}^{(1)}Y] \tag{5.10}$$

利用 $\mathbf{U}+\mathbf{Z}$, V 的最优非齐次线性估计的权向量为

$$\mathbf{a} = \mathbf{R}^{-1}_{(\mathbf{U}+\mathbf{V})^{(1)}}E[(\mathbf{U}+\mathbf{Z})^{(1)}V] = (\hat{\mathbf{R}}_{\mathbf{X}^{(1)}} + \mathbf{R}_{\mathbf{Z}^{(0)}})^{-1}\hat{E}[\mathbf{X}^{(1)}Y] \tag{5.11}$$

这就定义了一个解析的噪声注入正则化（analytic noise-injection regularization），由此得到的分类器称为 σ-分类器。

若要各向同性地（isotropically）扩展数据，则可使 $\mathbf{Z}$ 为满足 $\mathbf{R}_{\mathbf{Z}}=\sigma^2\mathbf{I}$ 的球形各向同性分布或者球形高斯分布。对于高斯扩展，式（5.9）可写为

$$\mathbf{R}_{(\mathbf{U}+\mathbf{Z})^{(1)}}(\sigma) = \hat{\mathrm{R}}_{\mathbf{X}^{(1)}} + \sigma^2 \begin{pmatrix} 0 & \mathbf{0} \\ \mathbf{0} & \mathbf{I} \end{pmatrix} \tag{5.12}$$

在更一般情况下，各向同性的散布点可以有不同的离散差，如每个点都可有一个关联度。这时，**Z** 的方差向量将不再相同。

对于噪声注入正则化，一种估计分类误差的方法是度量分类超平面一侧错分的 n 个点的质量分布。这种误差可以得到解析解，这一点对于大规模特征集非常重要。实际上，它是支撑误差估计的一个特例。

式（5.12）与式（5.5）非常相似，忽略增量项后（若是齐次优化将没有该项）式（5.12）将变为

$$\mathbf{R}_{\mathbf{U}+\mathbf{Z}}(\sigma) = \hat{\mathbf{R}}_{\mathbf{X}} + \sigma^2 \mathbf{I} \tag{5.13}$$

设 $\alpha=1$，则式（5.5）变为

$$\hat{\mathbf{K}}(\beta) = (1-\beta)\,\hat{\mathbf{K}} + \frac{\beta}{n} tr[\hat{\mathbf{K}}]\mathbf{I} \tag{5.14}$$

以上两种方法中，自相关或者协方差矩阵的补偿都是对单位矩阵的缩放。只不过式（5.14）中缩放的尺度是特征值的估计，而式（5.13）中则是噪声注入的几何方式。

现在我们以 597 个基因的微阵列表达数据为例，说明 σ-分类器的应用（Kim et al., 2002b）。神经胶质瘤是一种常见的衍生于神经上皮细胞的原发性恶性脑肿瘤，主要分为两种细胞线：星形胞瘤和少突神经胶质瘤。利用 25 个患者的测试数据集，对于 4 种神经胶质瘤：少突胶质细胞瘤（OL）、变性少突胶质细胞瘤（AO）、变性星形胞瘤（AA）和多种形式的神经胶母细胞瘤（GM）等，我们分别研究了单个、2～3 个基因的组合，并设计了用于识别 OL 类、AO 类、AA 类和 GM 类的各向同性高斯 σ-分类器。

如果使用 σ 分类器，最好使用（虽然并非必须）相同 σ 值的支撑误差估计，原因是 σ 分类器源于高斯扩展分布，而具有 $\sigma_1=\sigma_2=\cdots=\sigma_n=\sigma$ 的高斯支撑重代入法的误差估计正是针对这一分布（Kim et al., 2002a）。扩展 σ 的确定方法如下：对于特征向量 $\mathbf{X}=(X_1,X_2,\cdots,X_d)$，设 σ_{kj} 为第 k 类在分量 X_j 的标准差（σ_{kj} 由数据估计），$\sigma_{\max}$ 为 σ_{kj} 的最大值，其中 $k=0,1$ 且 $j=1,2,\cdots,d$。归一化扩展 σ_{nor} 可根据一个基于模型的方法确定，样本数据的扩展取值为 $\sigma=\sigma_{\text{nor}}\sigma_{\max}$。利用 $\sigma_{\max}$ 归一化可以得到分类误差的保守估计，对于神经胶质瘤数据，我们主要讨论 $\sigma_{\text{nor}}=0.6$ 的情况。

表 5.1 给出了最佳的单基因（5 个）、二基因集合（10 个）及部分三基因集合的列表，其中还有每个特征集的误差及最大收益。所列的三基因集合的误差至少比相应的最佳二基因集合的误差小 0.03。设置这种边缘收益（marginal gain）的目的是为了避免特征冗余（关于冗余的讨论见 5.3.4 节）。前三个最佳三基因集合（没有进行冗余校正）就是原表中的前三个，第四个最佳三基因集合｛PTGER4，TNFSF5，DNase1L1｝并未列在表中，原因是它的边缘收益只有 0.0275。

表 5.1　识别 AO 的分类器基因及其误差和边缘收益

基因 1	基因 2	基因 3	误差	收益
DNase X			0.1556	
TNFSF5			0.1658	

续表

基因 1	基因 2	基因 3	误差	收益
RAD50			0.1659	
HBEGF			0.1670	
NF45			0.1731	
DNase X	TNFSF5		0.0750	0.0806
DNase X	PTGER4		0.0784	0.0772
TNFSF5	GNA13		0.0826	0.0832
DNase X	HGF		0.0892	0.0664
TNFRSF5	PTGER4		0.0907	0.0947
TNFSF5	RAB5A		0.0909	0.0749
TNFSF5	SNF2L4		0.0950	0.0708
erbB4	PTGER4		0.1012	0.0841
DNase X	β-PPT		0.1013	0.0544
TNFSF5	MERLIN		0.1020	0.0638
DNase X	TNFSF5	RAB5A	0.0441	0.0309
DNase X	TNFSRF5	PTGER4	0.0454	0.0330
TNFSF5	RAB5A	GNA13	0.0464	0.0362
DNase X	PTGER4	SAP97	0.0476	0.0308
TNFSF5	GNA13	HGF	0.0526	0.0300
TNFSF5	β-PPT	PKA C-α	0.0529	0.0549
DNase X	β-PPT	RκB	0.0534	0.0479
TNFSF5	PKA C-α	LIG4	0.0591	0.0488
TNFSF5	LIG4	HBGF-1	0.0616	0.0474
TNFSF5	β-PPT	SMARCA4	0.0625	0.0325

式（5.9）～式（5.11）中的向量 **Z** 可采用蒙特卡罗方法求解，因而不需要它的解析解，在线性判别分析中已经尝试过这个方法（Skurichina et al.，2000）。噪声注入的优势是可以直接应用于数据驱动的迭代设计过程。此外，对于向量 **Z**，除了与数据点无关的均匀分布和零均值假设之外，就没有其他分布假设了，而且也不是必须用球形分布。实际上，已有研究表明基于样本点的最近邻点的噪声注入通常是有利的（Skurichina et al.,2000）。文献（Holmastaom and Koistinen，1992）中注入噪声的分布是高斯核密度估计。只要噪声选择正确，随着样本规模趋向于无穷大，这种设计方法具有渐近一致性。噪声注入可应用于任何分类规则，这方面已有大量深入的研究（Hua et al.，2006）。此外，噪声注入还可以有不同的形式，如对样本数据附加噪声。这个方法已用于神经网络的设计，特别是小样本中同一数据被重复使用的情况（Sietsma and Dow，1988；Matsuoka，1992；Bishop，1995）。

5.2 复杂度正则化

前面已经讲过，VC 类的性能有时可能非常糟糕。由于性能与分布有关，如果约束选择不当就存在风险。我们的目标是根据样本数据，找到一个尽可能接近贝叶斯误差的

分类器。因此，对于样本 S_n，我们关心的是在 C 类上设计的分类器与贝叶斯分类器之间的误差增量

$$\Delta_n^C = \varepsilon_{n,C} - \varepsilon_d \tag{5.15}$$

根据这个总代价，式（4.36）可改写为

$$E[\Delta_n^C] = \Delta_C + E[\Delta_{n,C}] \tag{5.16}$$

式（5.16）揭示了约束误差和估计误差之间的平衡。

5.2.1 误差正则化

与其考虑单个类，不如从 VC 类序列 $C^1, C^2, \cdots$，中找到每个类的最好分类器，然后选择适合样本规模的 VC 维数所对应的分类器。例如，可以假设有一个嵌套类序列 $C^1 \subset C^2 \subset \cdots$，当然这里并不做此假设。假定每个类都有一个类似式（5.16）的等式，选择满足下式的 k，

$$E[\Delta_n^{C^k}] = \inf_{j=1,2,\cdots} \{\Delta_{C^j} + E[\Delta_{n,C^j}]\} \tag{5.17}$$

由于式（5.16）仅考虑单个类，式（5.17）的结果比式（5.16）更好。当然，这些都是建立在样本及 C^k 上的某个估计的分类器的基础之上。此外，我们还不知道期望 $E[\Delta_{n,C^j}]$ 的值，可以假设它们具有一些紧致的界，如 $E[\Delta_{n,C^j}] \leqslant \lambda_{n,j}$。这样，可以找到某个分类器 ϕ，满足

$$\varepsilon[\phi] - \varepsilon_d \approx \inf_{j=1,2,\cdots} \{\lambda_{n,j} + \Delta_{C^j}\} \tag{5.18}$$

这里的主要思想是希望定义一个新的误差量，它同时考虑了误差估计及分类器所属类的复杂度——类越复杂，惩罚越重。对类 C，应用定理 4.7 和式（4.53）有

$$P(\hat{\Delta}_n(C) > \tau) \leqslant 8n^{V_C} e^{-n\tau^2/8} \tag{5.19}$$

类似于定理 4.7 的讨论，可得如下结论：

$$E[\hat{\Delta}_n(C)] \leqslant 8\sqrt{\frac{V_C \log(8en)}{2n}} \tag{5.20}$$

结合 $\hat{\Delta}_n(C)$ 的定义，由式（4.44）可得（Devroye et al.，1996）

$$E[|\hat{\varepsilon}[\hat{\psi}_{n,C}] - \varepsilon[\hat{\psi}_{n,C}]|] \leqslant E[\sup_{\psi \in C} |\hat{\varepsilon}_n[\psi] - \varepsilon[\psi]|] \leqslant 8\sqrt{\frac{V_C \log(8en)}{2n}} \tag{5.21}$$

因此，通常有

$$\varepsilon[\hat{\psi}_{n,C}] \leqslant \hat{\varepsilon}[\hat{\psi}_{n,C}] + 8\sqrt{\frac{V_C \log(8en)}{2n}} \tag{5.22}$$

相对于经验误差分类器的真实误差而言，上式的均方根项就是对经验误差的惩罚。类越复杂，使用经验误差低估真实误差的风险就越大。但是，惩罚项确保了真实误差总体上小于惩罚的经验误差。

鉴于上述考虑，我们定义一个新的惩罚误差（penalized error），它是经验误差和复杂度惩罚 $\rho(n)$ 之和：

$$\tilde{\varepsilon}_n[\psi] = \hat{\varepsilon}_n[\psi] + \rho(n) \tag{5.23}$$

由于式（5.22）的平方根项提供了一个上界，我们将复杂度的惩罚定义为

$$\rho(n) = \sqrt{\frac{8V_C\log(en)}{n}} \tag{5.24}$$

它给出了一个小于上界的惩罚，其确切形式的推导见下一个定理。

式（5.24）中VC维复杂度的惩罚正是源于前面的讨论，但是式（5.23）是一个通用公式，其中 ρ 可取各种不同的形式。相对于分类器的误差及基于VC维的复杂度而言，式（5.23）和式（5.24）定义了一种惩罚误差。进一步，可以将式（5.23）理解为误差和其他某种复杂度的函数。我们的目的是定义一个同时包含估计误差和分类器复杂度的测度，进而实现对分类器类别复杂度的正则化（complexity regularization）。换句话说，就是从分类器模型的集合选择一个最适合当前数据规模的模型。例如，最小描述长度（minimum-description-length）就是在误差的增加和模型复杂度的增加之间找到一种平衡。采用的策略是用总熵的最小化代替误差的最小化，在总熵中一项编码分类器的误差，另一项编码分类器的描述（Rissanen，1978；Rissanen，1986；Barron and Cover，1989）。后面VC维部分将进一步深入讨论这方面的问题，但是，比较这些模型范例的选择似乎并不容易（Kearns et al.，1997）。

5.2.2 结构风险最小化

对于类序列 $\mathcal{K}=\{C^1, C^2, \cdots\}$，结构风险最小化（structural risk minimization）是从每个类中选择一个具有最小经验误差的分类器，然后从这些分类器中选择惩罚误差最小的分类器，这里惩罚是针对分类器的类（Vapnik and Chevonenkis，1974；Vapnik，1982）。结构风险最小分类器（structural risk minimization classifier）的定义为 $\tilde{\psi}_{n,\mathcal{K}} = \tilde{\psi}_{n,C^k}$，其中

$$k = \underset{j=1,2,\cdots}{\arg\min}\ \hat{\varepsilon}[\hat{\psi}_{n,C^j}] + \rho_j(n) \tag{5.25}$$

$\rho_j(n)$ 是 C^j 的复杂度惩罚。总代价（误差估计与约束之和）为

$$\tilde{\Delta}_n^{\mathcal{K}} = \varepsilon[\tilde{\psi}_{n,\mathcal{K}}] - \varepsilon_d \tag{5.26}$$

下面的定理给出了强普遍一致性，其中使用了与 $\mathcal{K}$ 有关的常量

$$\gamma_{\mathcal{K}} = \sum_{j=1}^{\infty} e^{-V_{C^j}} \tag{5.27}$$

这里，若 $V_{C^{j+1}} > V_{C^j}$，则 $\gamma_{\mathcal{K}}$ 是有限的。

定理 5.1（Lugosi and Zeger，1996） *如果 $\mathcal{K}=\{C^1, C^2, \cdots\}$ 是一个使得 $\gamma_{\mathcal{K}}$ 有限的VC类序列，并且对任何特征-标记分布，随着 $j\to\infty$ 时，有 $\varepsilon_{C^j}\to\varepsilon_d$，则结构风险最小分类器是强普遍一致的。*

证明： 采取的方法是下式中的两部分均以概率1收敛到0

$$\tilde{\Delta}_n^{\mathcal{K}} = (\varepsilon[\tilde{\psi}_{n,\mathcal{K}}] - \tilde{\varepsilon}_n[\tilde{\psi}_{n,\mathcal{K}}]) + (\tilde{\varepsilon}_n[\tilde{\psi}_{n,\mathcal{K}}] - \varepsilon_d) \tag{5.28}$$

在此我们用 $\hat{\psi}_{n,j}$ 表示 C^j 上的经验误差分类器。由Vapnik-Chevonenkis定理（为了得到第四不等式）

$$\begin{aligned}
P(\varepsilon[\tilde{\psi}_{n,\mathcal{K}}] - \tilde{\varepsilon}_n[\tilde{\psi}_{n,\mathcal{K}}] > \tau) &\leq P(\sup_j(\varepsilon[\hat{\psi}_{n,j}] - \tilde{\varepsilon}_n[\hat{\psi}_{n,j}]) > \tau) \\
&\leq P(\sup_j(\varepsilon[\hat{\psi}_{n,j}] - \hat{\varepsilon}_n[\hat{\psi}_{n,j}]) > \tau + \rho_j(n)) \\
&= P\left(\bigcup_{j=1}^{\infty}[\varepsilon[\hat{\psi}_{n,j}] - \hat{\varepsilon}_n[\hat{\psi}_{n,j}] > \tau + \rho_j(n)]\right)
\end{aligned}$$

$$\leqslant \sum_{j=1}^{\infty} P(|\varepsilon[\hat{\psi}_{n,j}] - \hat{\varepsilon}_n[\hat{\psi}_{n,j}]| > \tau + \rho_j(n))$$

$$\leqslant \sum_{j=1}^{\infty} 8n^{V_{C^j}} e^{-n(\tau+\rho_j(n))^2/8} \leqslant 8e^{-n\tau^2/8} \sum_{j=1}^{\infty} n^{V_{C^j}} e^{-n\rho_j^2(n)/8}$$

$$= 8\gamma_K e^{-n\tau^2/8} \tag{5.29}$$

其中最后一个等式是利用复杂度惩罚的定义。根据 Borel-Cantelli 引理，当 $n \to \infty$ 时，$\varepsilon[\tilde{\psi}_{n,K}] - \tilde{\varepsilon}_n[\tilde{\psi}_{n,K}] \to 0$ 的概率为 1。至于第二部分，对于任何 $\tau > 0$，存在一个使得 $\varepsilon_{C^k} - \varepsilon_d < \tau$ 的 k。设 n 足够大，从而使得 $\rho_k(n) < \tau/2$。如果

$$\limsup_{n\to\infty} \tilde{\varepsilon}_n[\tilde{\psi}_{n,K}] - \varepsilon_{C^k} \leqslant 0 \tag{5.30}$$

以概率 1 成立，则定理就得证。再次应用 Vapnik-Chervonenkis 定理，

$$\begin{aligned} P(\tilde{\varepsilon}_n[\tilde{\psi}_{n,K}] - \varepsilon_{C^k} > \tau) &\leqslant P(\tilde{\varepsilon}_n[\hat{\psi}_{n,k}] - \varepsilon_{C^k} > \tau) \\ &= P(\hat{\varepsilon}_n[\hat{\psi}_{n,k}] + \rho_k(n) - \varepsilon_{C^k} > \tau) \\ &\leqslant P(\hat{\varepsilon}_n[\hat{\psi}_{n,k}] - \varepsilon_{C^k} > \tau/2) \\ &\leqslant P(\sup_{\psi\in C^k} |\hat{\varepsilon}_n[\psi] - \varepsilon[\psi]| > \tau/2) \\ &\leqslant 8n^{V_{C^k}} e^{-n\tau^2/32} \end{aligned} \tag{5.31}$$

当 $n \to \infty$ 时，上式趋向于 0，证明完毕。

尽管上述定理说明结构风险最小是普遍一致的，但是，对证明过程稍作修改还可以得到收敛速率的界。假设对于所有包含贝叶斯分类器的 VC 类 C^k，k 是其中的最小整数，代入式（5.28）有

$$\tilde{\Delta}_n^K = (\varepsilon[\tilde{\psi}_{n,K}] - \tilde{\varepsilon}[\tilde{\psi}_{n,K}]) + (\tilde{\varepsilon}_n[\tilde{\psi}_{n,K}] - \varepsilon_{C^k}) \tag{5.32}$$

由于

$$P(\tilde{\Delta}_n^K > \tau) \leqslant P(\varepsilon[\tilde{\psi}_{n,K}] - \tilde{\varepsilon}[\tilde{\psi}_{n,K}] > \tau/2) + P(\tilde{\varepsilon}_n[\tilde{\psi}_{n,K}] - \varepsilon_{C^k} > \tau/2) \tag{5.33}$$

与前面的方法一样，限定右边两个概率的界就可以限定左边的界。唯一不同的是概率的下限是 $\tau/2$ 而不是 τ，它将影响结果中的常量，也就是第二个被加数的界必须用 $\rho_k(n) < \tau/4$，而不是 $\rho_k(n) < \tau/2$。于是，有下面的定理。

定理 5.2（Lugosi and Zeger，1996） 设 $K = \{C^1, C^2, \cdots\}$ 是一个使得 γ_K 有限的 VC 类序列，对于所有包含贝叶斯分类器的 VC 类 C^k，k 是其中的最小整数，且 $\tau > 0$。如果 $V_{C^j} \log n < n\tau^2/128$，则

$$P(\tilde{\Delta}_n^K > \tau) \leqslant 8\gamma_K e^{-n\tau^2/32} + 8n^{V_{C^k}} e^{-n\tau^2/128} \tag{5.34}$$

再次仿照定理 4.7，存在一个与 K 无关的常数 α 和一个与 K 有关的整数 k，使得

$$E[\tilde{\Delta}_n^K] \leqslant \alpha \sqrt{\frac{V_{C^k} \log n}{n}} \tag{5.35}$$

因此，$E[\tilde{\Delta}_n^K] = O(\sqrt{\log n/n})$。由式（5.35）直接可得

$$E[\tilde{\Delta}_n^K] \leqslant \inf_{j=1,2,\cdots} \left(\alpha \sqrt{\frac{V_{C^j} \log n}{n}} + \Delta_{C^j}\right) \tag{5.36}$$

因为我们希望找到一个满足式（5.18）的分类器，只要式（5.36）的上界是紧致的，$\tilde{\psi}_{n,K}$ 就是一个候选分类器。

后面的附加条件实际上是该方法的缺点。虽然 VC 维的无分布性有助于式（5.36）上界的松弛性，但也同时导致惩罚项有可能对正确的分布做出不适当的惩罚。此外，尽管可以使用 VC 维的上界代替惩罚项中的 VC 维，但是这将进一步增大惩罚项和及其上界。

5.2.3 经验复杂度

要避免使用 VC 维的上界并减轻它的无分布特征，可以尝试用估计的经验复杂度代替基于 VC 维的惩罚项。下面简要介绍一种称为基于经验复杂度的自适应模型选择（adaptive model selection using empirical complexity，AMSEC）方法。实际使用中该方法还存在一些困难，具体细节可参考相关文献（Lugosi and Nobel，1999）。

首先，将样本 S_n 分成两个相等的子集 $S_{n,1}$ 和 $S_{n,2}$。利用数据集 $S_{n,1}$，对每个类 C^j 关联一个经验复杂度 $\kappa_{n,j}$ 和一个有限的近似子集 $\hat{C}^j$（这里近似是指 $\hat{C}^j$ 和 C^j 对于样本的误差而言）。然后，设 $\hat{\psi}^{n,j}$ 是从 $\hat{C}^j$ 由数据集 $S_{n,2}$ 得到的经验误差分类器，即对 $\hat{C}^j$ 中的所有分类器，$\hat{\psi}^{n,j}$ 在样本集 $S_{n,2}$ 上的经验误差最小，并将该经验误差记为 $\hat{\varepsilon}_{n,2}$。AMSEC 分类器的定义为 $\hat{\psi}_{n,K}=\hat{\psi}^{n,k}$，其中

$$k=\operatorname{argmin}\frac{2}{n}\hat{\varepsilon}_{n,2}[\hat{\psi}^{n,j}]+\kappa_{n,j} \tag{5.37}$$

而 $2\hat{\varepsilon}_{n,2}[\hat{\psi}^{n,j}]/n$ 是相对经验误差，可作为误差的估计。由式（5.25）和式（5.37）的相似性，式（5.26）可类似地定义为

$$\widetilde{\Delta}_n^K=\varepsilon[\hat{\psi}_{n,K}]-\varepsilon_d。 \tag{5.38}$$

对式（5.36）有如下定理。

定理 5.3（Lugosi and Nobel，1999） *对于类序列* $K=\{C^1,C^2,\cdots\}$ *有*

$$E[\widetilde{\Delta}_n^K]\leqslant\inf_{j=1,2,\cdots}\left(55\sqrt{\frac{V_{C^j}\log n}{n}}+5.2\sqrt{\frac{\log j}{n}}+\Delta_{C^j}\right) \tag{5.39}$$

对于式（5.39）有两点需要强调：第一，和第一项相比，$5.2\sqrt{\frac{\log j}{n}}$ 通常很小，忽略该项后式（5.39）与式（5.36）的阶仍然相同；第二，式（5.39）的上限近似满足式（5.18）（Lugosi and Nobel，1999）。

5.3 特征选择

高通量技术，如基因表达微阵列，是一种快捷低廉同时测量大量生物分子的方法，能够提供大量模拟生物过程的多元数据。然而当变量数目巨大时，处理过程就存在一些固有的困难。特别是，这种大数据集反而可能限制了可提取的信息量。原因和过拟合的情形一样，相对于可用的训练数据集，过于复杂的分类规则可能对正确的建模过程产生负面的影响。迄今为止，我们主要讨论分类规则结构的复杂性，然而，复杂性也有可能源于变量的数目。这一点可以由 VC 维看到。例如，一个线性分类规则的 VC 维为 $d+1$，其中 d 为变量的个数，这种维数问题导致对特征选择的研究。

如果进行特征选择，则特征选择算法也属于分类规则的一部分。特征选择可能与分

类规则集成为一体，即所谓的包方法（wrapper method）；也可能先于分类规则，即所谓的过滤方法（filter method）；或者两种方法的结合。不管是哪种情况，特征选择都属于分类规则的一部分。对这些分类规则而言，变量个数就是测量数据的个数，而不是最后设计分类器所用变量的个数。特征选择导致分类器的设计问题是原始分类器设计问题的一个子族。如果对 d 个特征直接使用线性判别分析（LDA），则分类器族由 d 维空间的所有超平面组成。但是如果利用特征选择算法将变量个数减少为 $m(m < d)$ 后再应用 LDA，则分类器族就由 m 维子空间的所有超平面组成。因此，特征选择实质上是对分类器的约束，而不是对特征空间维数的减少。由于特征选择是一种约束，对其效用的评价就是一个标准的两难困境：增强约束（更强的特征选择）导致的设计误差的减少是以牺牲最优性为代价的。在此要切记，特征选择的收益取决于特征选择方法及其与分类规则的配合方式。

5.3.1 峰值现象

特征选择的关键问题应该是误差的单调性。贝叶斯误差是单调的：如果 A 和 B 是满足 $A \subset B$ 的特征集，则有 $\varepsilon_B \leqslant \varepsilon_A$，式中，$\varepsilon_A$ 和 ε_B 分别表示特征集 A 和 B 的贝叶斯误差。然而，如果 $\varepsilon_{A,n}$ 和 $\varepsilon_{B,n}$ 分别是规模为 n 的样本所设计的两个分类器的误差，就不一定有 $\varepsilon_{A,n} \geqslant \varepsilon_{B,n}$，有时甚至可能有 $E[\varepsilon_{B,n}] > E[\varepsilon_{A,n}]$。实际上，随着特征集的逐渐增大，设计误差的期望通常是先减小后增大，由此导致分类器的设计不再满足单调性。此外，即使 $\varepsilon_{A,n} \geqslant \varepsilon_{B,n}$，误差估计仍然可能颠倒过来。

为了进一步探讨分类器的设计误差是否有单调性，可以在规模为 n 的样本上，考虑一系列的分类器族，$C_1 \subset C_2 \subset C_3 \subset \cdots$。一种典型的情况可能是：较小的族在明显降低设计误差的同时，对最优性的降低也同样太大。因此，我们希望随着族的逐渐增大，设计误差的期望首先逐步下降，然后，当设计成本的增加超出约束成本时，设计误差的期望又开始逐渐增加。对于特征选择，假设有一个特征序列 $x_1, x_2, \cdots, x_d, \cdots$，我们希望随着 d 的增加，误差的期望首先逐渐降低，然后到达某一点后又逐渐增加。实际情况可能要比这种理想化的描述更加复杂，这里只是想用来说明所谓的峰值现象（peaking phenomenon）（Hughes，1968，Jain and Chandrasekaran，1982）。

根据峰值现象，我们的问题是给定一个特征集，其最优特征数是多少？答案取决于分类规则、特征-标记的分布和样本规模。在此以两个模型为例加以说明（Hua，et al.，2005）。对于线性模型（linear model），如果两类的条件分布满足协方差矩阵均为 $\mathbf{K}$ 高斯分布，且两类等可能出现，由线性判别分析（LDA）可以得到贝叶斯分类器。对于非线性模型（nonlinear model），如果两类的条件分布分别是协方差矩阵为 $\mathbf{K}_0$ 和 $\mathbf{K}_1$ 的高斯分布，且两类等可能出现，由二次判别分析（QDA）可以得到贝叶斯分类器。设最大维度 $D = 30$，则可用特征数小于或等于 30，且峰值只可能在图中某个小于 30 的地方出现。设分块协方差矩阵的结构如下：

$$\mathbf{K} = \sigma^2 \begin{pmatrix} 1 & \rho & \rho & & & & \\ \rho & 1 & \rho & & 0 & & \\ \rho & \rho & 1 & & & & \\ & & & \ddots & & & \\ & & & & 1 & \rho & \rho \\ & 0 & & & \rho & 1 & \rho \\ & & & & \rho & \rho & 1 \end{pmatrix} \tag{5.40}$$

同一分块中特征的相关系数为 ρ，不同分块间的特征互不相关。这里假定有 m 个特征组，其中 m 是 30 的一个除数。用符号 x_{ij} 表示一个特征，其中 $i(1 \leqslant i \leqslant g)$ 表示特征组，$j(1 \leqslant j \leqslant r)$ 表示它在组中的序号。如果按顺序 $x_{11}, x_{21}, \cdots, x_{m1}, x_{12}, \cdots, x_{mr}$ 列出特征集，则选择列表中前 d 个特征。在非线性模型中，我们假定 $2\mathbf{K}_0 = \mathbf{K}_1 = \mathbf{K}$。

图 5.2 表示线性模型中相关性对 LDA 的影响。注意为了避免退化现象，样本规模必须大于特征数。方差 σ^2 的设定要确保贝叶斯误差为 0.05。图 5.2 (a) 中 $m = 5$，$\rho=0.125$。当样本规模小于或等于 30 时，峰值出现在特征数很小的地方。而当样本大于 90 时，峰值出现在特征数大于 30 的地方。图 5.2 (b) 的情况则不同，其中特征的相关系数为 $\rho=0.5$。即使样本规模为 200，最优的特征数也仅为 8。非线性模型的结果类似。图 5.2 就是常指的峰值现象，然而，实际情况可能要复杂得多。这里没有给出不相关情况的图示，此时最优特征数大约是 $n-1$，正好与先前的报道结果相吻合 (Jain and Waller，1978)。

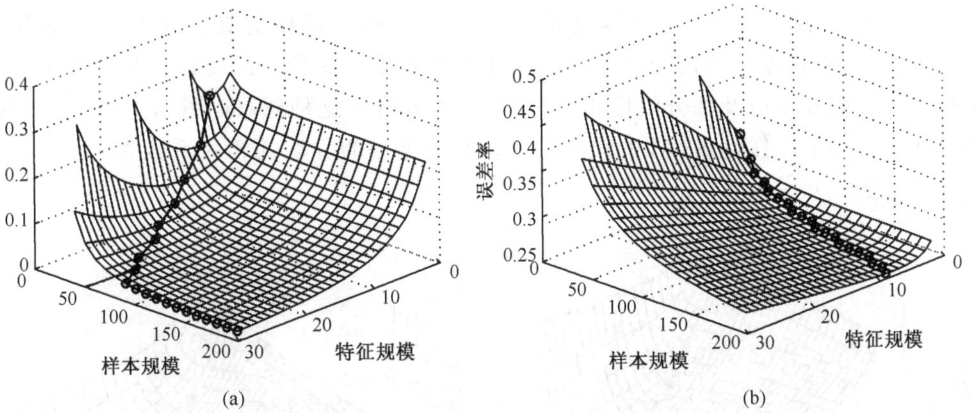

图 5.2 线性模型中 LDA 的最优特征数：(a) 弱关联特征；(b) 强关联特征 (Hua et al., 2005.)

图 5.3 (a) 和图 5.3 (b) 分别表示 3NN 分类器在线性和非线性模型的结果。两种情况下，方差 σ^2 的设定要确保贝叶斯误差为 0.05，且有一组特征的相关系数 $\rho=0.25$。对于线性模型，直到特征数为 30 也没有出现峰值。在某些情况下，当特征数多达 50 时有可能看到峰值。图 5.3 (b) 有一个有趣的现象：最优特征数并不随样本规模的增加而增加。当样本很小时，最优特征数较大，然后随着样本规模的增加迅速降低，最后趋于基本稳定。为了检查这种稳定性，我们以 3NN 分类器为例，检验图中的非线性模型情况，样本规模最大达到 5000。结果表明随样本规模的增加，最优特征数的增加非常缓慢。当 $n = 100$ 和 $n = 5000$ 时，最优特征数分别为 9 和 10。

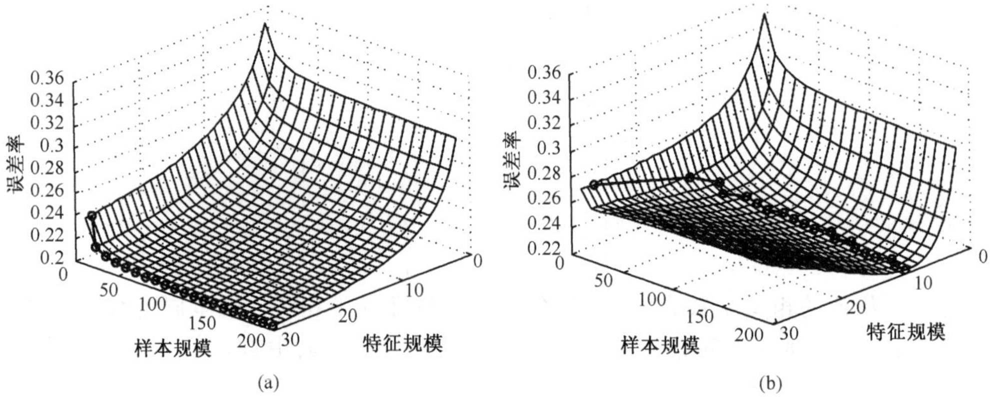

图 5.3　3NN 的最优特征数：(a) 线性模型；(b) 非线性模型（Hua et al., 2005.）

通常认为峰值现象是导致误差曲线呈凹型的原因，尽管这种现象非常普遍，但并非总是如此。图 5.4 (a) 表示贝叶斯误差为 0.05 的不相关线性模型中 Rosenblatt 感知器的误差曲面。对于某些样本规模，随着特征集规模的增加，误差先降低后增加然后再降低，从而形成脊状误差曲面。考虑特征集规模因素后，式 (4.11) 的设计误差可以改写为

$$E[\varepsilon_{n,d}] = \varepsilon_d + E[\Delta_{n,d}] \tag{5.41}$$

图 5.4 (a) 的情形如下：当 $d < d_0 < d_1$ 时，ε_d 的下降速度比 $E[\Delta_d(S_n)]$ 的上述速度快；当 $d_0 < d < d_1$，ε_d 的下降速度比 $E[\Delta_d(S_n)]$ 的上升速度慢；而当 $d > d_1$，ε_d 的下降速度又比 $E[\Delta_d(S_n)]$ 的上升速度快。当 $n = 10$ 时，即使仿真过程的特征最多达到 400，ε_d 的下降速度仍不低于 $E[\Delta_d(S_n)]$ 的上升速度。这种非凹现象并非个别现象。研究中发现在感知器以及部分线性相关 SVM 中都发现了这种现象，图 5.4 (b) 表示在非线性相关模型下，线性 SVM 的误差表面，其中唯一的分块的相关系数为 $\rho=0.25$，贝叶斯误差为 0.05。

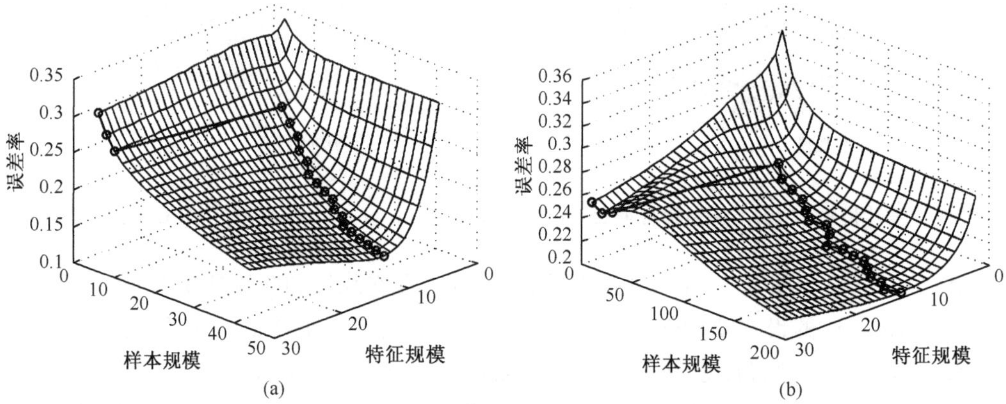

图 5.4　非凹曲面的最优特征数：(a) 感知器；(b) 线性 SVM（Hua et al., 2005.）

5.3.2　特征选择算法

在图 5.2～图 5.4 的例子中，模型的特征集是有序的，而实际当中我们并不知道这

一点。因此，我们面临的问题是：从 d 个特征中选出一个 k 特征子集，并确保它是所有 k 子集中能够得到最优分类器的子集。除非有特征分布的相关知识，搜索过程必须检查所有 k 特征子集。下面的定理就体现了这一思想，其中 $\varepsilon[A]$ 表示特征集 A 的贝叶斯误差。

定理 5.4 (Cover and Van Campenhout，1977) 如果 $\{U_1, U_2, \cdots, U_r\}$ 是随机变量集 $\{X_1, X_2, \cdots, X_k\}$ 的所有可能的特征集的族，并假设当 $U_i \subset U_j$ 时，有 $i < j$，则存在一个随机变量 $X_1, X_2, \cdots, X_k, Y$ (Y 为二值变量) 的分布，满足 $\varepsilon[U_1] > \varepsilon[U_2] > \cdots > \varepsilon[U_r]$。由于子集条件隐含了 $\varepsilon[U_i] \geqslant \varepsilon[U_j]$，因此假设条件"若 $U_i \subset U_j$ 则 $i < j$"是必须的。

即使给定 Y 的情况下，$X_1, X_2, \cdots, X_m$ 满足条件独立，特征选择依然很难。例如，两个最佳随机变量的组合可能并不是划分 Y 的最优随机变量对。以二值随机变量 X_1，X_2, X_3 和 Y 为例，给定 Y 的情况下，X_1, X_2 和 X_3 满足条件独立，并且有 $\varepsilon[X_1] < \varepsilon[X_2] < \varepsilon[X_3]$，则可能存在 $\varepsilon[X_1, X_2] > \varepsilon[X_1, X_3] > \varepsilon[X_2, X_3]$ (Toussaint，1971)。

根据单调性，为了避免穷尽搜索可采用分支限界算法选择特征 (Narendra and Fukunaga，1977)。如果 $A \subset B$，且 C 是一个满足 $\varepsilon[C] \geqslant \varepsilon[A]$ 的特征集，则有 $\varepsilon[C] \geqslant \varepsilon[B]$。原理上该方法能找到一个最优解，然而，它有两个问题：第一，最坏情况下具有指数级的复杂度，不适合大特征集；第二，单调性不适合于分类器的误差估计。因此，我们需要研究次最优的搜索算法。

一个常用的次最优特征选择方法是顺序选择，可以采用前向、后向或它们的变形。顺序前向选择 (sequential forward selection，SFS) 从一个特征或一个小的特征集开始，迭代建立特征集合。在特征集的增长过程中，假设当前的 k 特征集为 $x_1, x_2, \cdots, x_k$，比较所有形如 $\{x_1, x_2, \cdots, x_k, w\}$ 的特征集，然后从中选择一个最好的作为 $k+1$ 特征集。SFS 方法的一个缺点是：在迭代过程中早期加入的某个特征与其他特征的组合性能可能并不理想，但无法删除这一特征。为了解决这一问题，SFS 回退 (look-back) 算法允许特征删除。在特征集的增加过程中，当有个 k 特征 $x_1, x_2, \cdots, x_k$ 时，比较所有形如 $\{x_1, x_2, \cdots, x_k, w, z\}$ 的特征集并选择其中最好的特征集。然后，检查该特征集的所有 $k+1$ 子集，并允许删除一个先前选择的特征，最终所得的 $k+1$ 特征集就是算法下一步的输入。顺序前向浮动选择 (sequential forward floating selection，SFFS) 可以进一步增加算法的灵活性，其中添加和删除特征的个数并不固定 (Pudhil，et al.，1994)。当有大量潜在的特征时，特征选择仍存在问题，最佳的选择方法主要还是取决于具体的情况。通常，对各种方法的评价主要是通过计算机仿真。实际应用中，最好的方法似乎是 SFFS (Jain and Zongker，1997；Kudo and Skansky，2000)。

由于特征选择属于分类规则的一部分，因而它也是一种复杂度正则化的方法。对于基因选择，有一种归一化的最大似然特征选择法，其主要思想是将布尔模型的分类问题转化为有参数的建模问题 (Tabus，et al.，2003)。这个方法与 MDL 原理有关，可直接应用于基因调控网络的模型选择。因为特征选择是分类规则的一部分，若从 D 个特征中选择 d 个，则分类规则的应用对象是 D 维空间，研究分类器设计的复杂度时必须考虑到这一点。此外，如果误差估计与分类规则有关，则必须在误差估计过程考虑特征选择的因素。这就是为什么用交叉验证进行误差估计时，必须将其应用于包括特征选择在内的整个分类规则的原因。

5.3.3 误差估计对特征选择的影响

使用像 SFFS 这样的算法进行选择特征时，应该认识到误差估计方法的选择对特征选择的影响，影响程度取决于分类规则和特征-标记的分布，原因是这类方法本身要利用误差估计（Sima，et al.，2005）。为了说明这一问题，我们考虑两个 20 维的单位方差球形高斯类条件分布，其均值分别为 $\delta\mathbf{a}$ 和 $-\delta\mathbf{a}$，其中 $\mathbf{a}=(a_1,a_2,\cdots,a_n)$，$|\mathbf{a}|=1$，且 $\delta>0$ 是一个分离参数。贝叶斯分类器是一个与均值连线正交的超平面。最佳 k 特征集就是对应 $\{a_1,a_2,\cdots,a_n\}$ 中的前 k 个最大参数。

针对 LDA 和 3NN 模型，我们考虑两种特征选择方法，SFS 和 SFFS，样本规模为 30，选择的特征数为 4。表 5.2 给出了各种误差估计方法下，SFS、SFFS 以及穷举法所得特征集的平均真实误差。最上面一行是根据真实误差进行特征选择时所得到的平均实际误差，它仅用于进行比较，因为实际过程中我们并不知道实际误差。可以看到，当使用实际误差时，SFS 和 SFFS 的性能接近于穷举搜索。我们感兴趣的是：误差估计的选择比特征选择方法影响更大。例如，对于 LDA 分类规则，使用留一法的穷举搜索产生的平均真实误差为 0.2224，而使用支撑重代入法的 SFFS 仅为 0.1918。使用半支撑重代入法（0.2016）或自助法（0.2129）的 SFFS，虽然不如支撑重代入法，但同样优于使用留一法的穷举搜索。对于 3NN 分类规则而言，使用支撑重代入法、支撑重代入法或自助法的 SFFS 同样优于使用留一法的穷举搜索。

表 5.2 不同误差估计的特征选择误差率

误差估计	LDA			3NN		
	穷举法	SFS	SFFS	穷举法	SFS	SFFS
true	0.1440	0.1508	0.1494	0.1525	0.1559	0.1549
resub	0.2256	0.2387	0.2345	0.2620	0.2667	0.2543
loo	0.2224	0.2403	0.2294	0.2301	0.2351	0.2364
cv5	0.2289	0.2367	0.2304	0.2298	0.2314	0.2375
b632	0.2190	0.2235	0.2129	0.2216	0.2192	0.2201
bresub	0.1923	0.2053	0.1918	0.2140	0.2241	0.2270
sresub	0.1955	0.2151	0.2016	0.2195	0.2228	0.2230

由前面的例子可以看出，在候选特征集很大而样本很小的情况下，选择一个好的特征集并非易事。由此产生了两个基本问题：①特征选择算法能否得到一个误差性能接近最优特征集的特征集？②如果没有找到一个好的特征集，是否就意味着不存在好的特征集？这些问题可以转化为与条件期望相关的问题：①给定最优特征集的误差，选择到的特征集的条件误差的期望是多少？②给定选择特征集的误差，最优特征集的条件误差的期望是多少？为了回答这些问题，我们考察了三种分类规则：LDA、线性支持向量机以及使用 SFFS 和 t-检验进行特征选择的 kNN。结果表明，我们既不能期望得到一个误差性能接近最优特征集的特征集，也不要认为没找到好的特征集就说明它不存在（Sima and Dougherty，2006）。而且对于交叉-验证这类估计器，这种情况会更加糟糕

(Zhou and Mao，2006)。

5.3.4 冗余

冗余和多元预测这对孪生问题更加剧了搜索问题的难度。给定两个特征集 G 和 H，将 H 连接到 G 所产生的增益（incremental gain）定义为

$$\Delta.(G \oplus H) = \varepsilon[G] - \varepsilon[G \cup H] \tag{5.42}$$

式中，$\varepsilon[G]$ 表示 G 的贝叶斯误差。$\Delta.(G \oplus H)$ 通常并不等于 $\Delta.(H \oplus G)$，因此，连接符号不满足交换律。此外，$\Delta.(G \oplus H)$ 表示用 $G \cup H$ 代替 G 后贝叶斯误差的减少，一定有 $\Delta.(G \oplus H) \geqslant 0$。联合增益（joint incremental gain）的定义如下：

$$\begin{aligned}\Delta.(G,H) &= \min\{\varepsilon[G],\varepsilon[H]\} - \varepsilon[G \cup H] \\ &= \min\{\Delta.(G \oplus H),\Delta.(H \oplus G)\}\end{aligned} \tag{5.43}$$

它表示相对于两个单个特征集中的最佳者，使用它们的联合特征集获得的误差减少。极端情况下，$\Delta.(G,H) = 0$，意味着至少有一个特征集和使用联合特征集的效果一样。如果 $\Delta.(G \oplus H) = 0$，则相对 G 而言 H 完全是冗余的，因为它的连接对 G 并没有产生任何收益。

以两个特征 x_1 和 x_2 为例，为了表示方便，我们将 $\varepsilon[\{x_j\}]$ 记作 $\varepsilon[x_j]$。由于 $\Delta.(x_1 \oplus x_2) \geqslant 0$，理论上，用这两个特征代替一个特征 x_1 不会引起分类精确度的损失。然而，如果 $\Delta.(x_1 \oplus x_2)$ 非常小，过拟合可能会导致分类器的性能更差。这时，将 x_2 连接到 x_1 实际上就得不到任何益处。这正是所谓的峰值现象，它说明当给定特征集 G 时，连接一个特征 x_k 不一定有好处，尤其是在 $\Delta.(G \oplus x_k)$ 非常小的情况下（x_k 相对于 G 是强冗余的）。

如果使用简单的过滤方法选定了一组强关联特征，冗余就会发生。冗余出现的原因是性能最佳的特征集本身高度相关（如它们共享一条相似的调控路径），使用其中的多个特征可能得不到额外的收益。大样本情况下，冗余也可能导致一个糟糕的特征集；小样本情况下由于极端的过拟合，结果可能会更糟。即使采用混合方法，首先根据单个特征预测选择一个特征集，然后应用像 SFFS 这样的算法，冗余还可能发生，原因是此时的特征集中可能已经去除了正确分类所需的特征。当单个特征预测产生的很多不相关特征组合效果很差时，情况就会更糟。如果性能最好的单个特征与其他特征的结合效果并不明显，就会出现多变量预测的问题。反过来也可能，即单个特征的性能很差，它们的组合可能得到好的分类性能。一种极端的情况是：尽管 $\Delta(x_1,x_2) = 1$（$\varepsilon[x_1,x_2] = 0$），但是，由于 $\varepsilon[x_1] = \varepsilon[x_2] = 1$，它们被过早地排除在外而失去进一步考虑的可能。

给定一个特征集 $G = \{x_1,x_2,\cdots,x_d\}$，一个很自然的问题是在不影响分类精确度的情况下，能否缩减它的规模。为了解决这个问题，定义 G 的边界增益（marginal gain）为

$$\kappa(G) = \min_{k=1,2,\cdots,d} \Delta.(G - \{x_k\} \oplus x_k) \tag{5.44}$$

$\kappa(G)$ 表示用 G 代替其最佳 $d-1$ 子集后误差的减少，使上式取最小值的子集称为 G 的最强判别子集（most discriminatory subset）。如果 $\kappa(G)$ 很小，则最强判别子集与 G 的性能接近。这时，即可用最强判别子集代替 G。

迄今为止，我们主要讨论了特征集的贝叶斯分类器。上面的一些基本定义还可以谨

慎地推广到分类规则，对于分类规则 ψ，将 H 连接到 G 的增益为

$$\Delta_{\psi}(G \oplus H) = E[\varepsilon[G] - \varepsilon[G \cup H]] \tag{5.45}$$

其中期望是相对于随机样本，误差为特征集上的设计误差。对于分类规则 ψ，联合增益为

$$\Delta_{\psi}(G,H) = \min\{\Delta_{\psi}(G \oplus H), \Delta_{\psi}(H \oplus G)\} \tag{5.46}$$

由于上述定义使用的是设计误差，此时增益有可能为负。为了方便，对上述定义进行一些修改。我们约定如果增益和联合增益为负，就将其定义为 0，并且用 Δ_{ψ}^{+} 表示修改后的增益。于是，对于分类规则 ψ，联合增益的定义为

$$\kappa_{\psi}(G) = \min_{k=1,2,\cdots,d} \Delta_{\psi}^{+}(G - \{x_k\} \oplus x_k) \tag{5.47}$$

由定义可得 $\kappa(G) \geqslant 0$。

实际应用中，上述定义有两个问题，当仅有一个样本 S 时，式（5.45）中的期望必须由样本的设计误差代替，而设计误差则必须由误差估计得到。于是，式（5.45）必须由下面的估计代替

$$\hat{\Delta}_{\psi,S}(G \oplus H) = \hat{\varepsilon}_{\psi,S}[G] - \hat{\varepsilon}_{\psi,S}[G \cup H] \tag{5.48}$$

在式（5.46）和式（5.47）中对 $\hat{\Delta}_{\psi,S}(G,H)$ 和 $\hat{\kappa}_{\psi,S}(G)$ 的估计也必须作相应的修改。

表 5.1 中判别变性少突胶质细胞瘤（AO）的结果中已经考虑了冗余，尤其是边界增益。表中列出了 5 个最佳单基因集、10 个最佳二基因集和部分最佳三基因集，这些三基因集满足 $\hat{\kappa}_{\psi,S}(G) \geqslant 0.03$。根据先验知识我们仅选择了 587 个基因，并对所有可能的单个、两个、三个基因特征集进行了评估。所有可能的二基因和三基因特征集的总数分别为 $C(587,2) = 171\ 991$ 和 $C(587,3) = 22\ 538\ 244$，与几千个基因或更大的基因集相比，这些数目简直微不足道。现在根据表 5.1，进一步考察冗余和多变量预测的影响。

可以看出，随着特征数目的增加，最优单特征集的优势逐渐消失。表 5.1 中，5 个最佳单基因分别为 DNsase1L1、TNFSF5、RAD50、HBEGR 和 NF45，对应的分类误差分别是 0.1556、0.1658、0.1659、0.1670 和 0.1731。一方面，当与其他基因结合时，DNsase1L1 和 TNFSF5 的分类效果非常好。三个最佳二基因特征集分别为 {DNase1L1，TNFSF5}、{DNase1L1，PTGER4} 和 {GNA13，TNFSF5}，其误差分别为 0.0750、0.0784 和 0.0826。另一方面，RAD50、HBEGR 和 NF45 与其他基因结合的分类效果并不佳。在二基因集中，RAD50 与 TNFSF5 首先结合的排名为第 150 位，误差为 0.1378，联合增益为 0.0300。HGEGF 与 GNB1 首先结合的排名为第 198 位，误差为 0.1412，联合增益为 0.0258。NS45 与 DNase1L1 首先结合的排名为第 265 位，误差为 0.1451，联合增益为 0.0105。总体上，前 5 个最佳单基因中，有二基因的任意组合几乎不比单独使用更好，这就是二基因冗余的一个明显迹象。

相对地，最佳三基因特征集为 DNase1L1、TNSF5A 和 RAB5A，其误差为 0.0411。由于 RABA5A 的误差为 0.1946，单基因列表中排名为第 32 位，因此，剪枝算法中很有可能被排除在外。HBGF-1 在单基因列表中排名为第 415 位，其误差为 0.2080。但是，它却出现在表 5.1 的特征集 {TNFSF5，LIG4，HBGF-1} 中，该特征集的误差为 0.0616，强联合增益为 0.0474。除此之外，{PKA C-α，RκB，β-PPT} 的联合增益为 0.0722，在所有三基因特征集中最大。与其子集相比，这是一个很大的提高。通过这些例子我们看到：单个或成对性能很差的特征集，加入到大的组合集后可能会有

好的表现。这就是SFFS算法允许有特征删除的原因，随着特征个数增加，性能好的组合特征集将占主导地位。

有一种情况，增益很容易用公式表示。假设类条件分布是高斯分布，并且协方差矩阵相同，变量之间相互独立。$\mu_{01},\mu_{02},\cdots,\mu_{0m}$和$\mu_{11},\mu_{12},\cdots\mu_{1m}$分别表示0类和1类变量的均值，$\sigma_1^2,\sigma_2^2,\cdots,\sigma_m^2$是它们的方差，$G$为变量集。根据LDA可得贝叶斯分类器，其误差为

$$\varepsilon[G]=\frac{1}{\sqrt{2\pi}}\int_{\Delta(G)/2}^{\infty}e^{-u^2/2}du \tag{5.49}$$

其中对每个变量x_j我们定义

$$\delta^2(x_j)=\left(\frac{\mu_{0j}-\mu_{1j}}{\sigma_j}\right)^2 \tag{5.50}$$

和

$$\Delta(G)^2=\sum_{j=1}^{m}\delta^2(x_j) \tag{5.51}$$

上面求和式中的每项为该特征对误差减少的贡献，且它们是可累加的。随着均值的差异变大和方差变小，这种贡献将会增加。当$\Delta(G)\to\infty$，误差趋向于0。对于特征集G和H，将H连接到G所产生的增益由下式确定：

$$\begin{aligned}\Delta.(G\oplus H)&=\frac{1}{\sqrt{2\pi}}\left[\int_{\Delta(G)/2}^{\infty}e^{-u^2/2}du-\int_{\Delta(G\cup H)/2}^{\infty}e^{-u^2/2}du\right]\\&=\int_{\Delta(G)/2}^{\Delta(G\cup H)/2}e^{-u^2/2}du\end{aligned} \tag{5.52}$$

最后我们指出，只要简单地将顺序颠倒过来，增益概念即可直接应用于确定性系数。对于CoD，我们有

$$\Delta_\theta(G\oplus H)=\theta[G\cup H]-\theta[G] \tag{5.53}$$

式中$\theta[G]$表示G的CoD。联合增益为

$$\Delta_\theta(G,H)=\min\{\Delta_\theta(G\oplus H),\Delta_\theta(H\oplus G)\} \tag{5.54}$$

5.3.5 并行增量特征选择

如果有一种分析特征选择的方法能够给出判别选择得失的准则，将有助于提高特征选择的效果。这里，我们讨论一种基于边缘增量的特征选择方法，这种称之为并行增量特征选择（parallel incremental feature selection，PIFS）的方法类似于前向选择法，不同的是它要求特征连接必须满足一个最小增益，并且要同时跟踪多个增长特征集。这种方法最适合于高性能计算环境或小特征集的场合。后一种要求适用于小样本情况，其中特征表示网络预测器，并且网络的连通度有限。这里，我们将利用确定性系数说明这种算法（Hashimoto et al.，2003）。

对于最优二特征集，一种次最优的搜索方法是：如果X_i和X_j对目标基因Y的CoD都很小，则可以跳过它们对目标变量Y的CoD。设θ_i、θ_{ij}和θ_{ijl}分别表示$\{X_i\}$、$\{X_i,X_j\}$和$\{X_i,X_j,X_l\}$的CoD值，这种次最优算法就是当θ_i和θ_j都很小时，可以忽

略 θ_{ij} 的值。为了考察这一行为，假定特征-标记的分布是随机的，从而 CoD 就是随机变量。这样，就可以研究当 θ_i 和 θ_j 都很小时，θ_{ij} 也很小的概率。具体说，就是当 $\theta_i<\lambda$ 和 $\theta_j<\lambda$ 时，$\theta_{ij}>\delta$ 的概率。如果仅对 CoD 超过 δ 的特征集感兴趣，那么，当两个特征的 CoD 都小于 λ，且 λ 比 δ 足够小时，不计算联合 CoD 通常不会有损失。因此，当且仅当 $\max\{\theta_i,\theta_j\}<\lambda$，可以忽略 θ_{ij} 的计算。

在 θ_{ij} 必须显著大于 δ 的假设下，仅当 $\max\{\theta_i,\theta_j\}\geqslant\lambda$ 时才需计算 θ_{ij}。它可看成是确定集合 $\{X_i,X_j\}$ 对 $\{X_i\}$ 和 $\{X_j\}$ 的增量的条件，也可以理解为假设增量不可能超过 $\delta-\lambda$。于是，当 $\max\{\theta_i,\theta_j\}<\lambda$ 时，就有 $\theta_{ij}\leqslant\delta$，因而也就没有必要计算 θ_{ij}。

很多问题都与计算 θ_{ij} 的条件 $\max\{\theta_i,\theta_j\}\geqslant\lambda$ 密切相关。一种计算节省（computational saving）的定义为不计算 θ_{ij} 的概率

$$\gamma_{ij}(\lambda)=P(\max\{\theta_i,\theta_j\}<\lambda) \tag{5.55}$$

如果我们希望 CoD 大于某个阈值，当 $\theta_{ij}>\delta$ 时，称 θ_{ij} 为 δ 水平显著（significant）。无显著性 CoD 风险（risk of losing significant CoD）的度量定义为

$$\rho_{ij}(\lambda,\delta)=P(\theta_{ij}>\delta\mid\max\{\theta_i,\theta_j\}<\lambda) \tag{5.56}$$

它表示在阈值 λ 的情况下没有计算 θ_{ij} 时，特征对 CoD 显著大于 δ 的概率。无显著 CoD 风险与计算量节省之间是矛盾的，即随着 λ 增大，$\rho_{ij}(\lambda,\delta)$ 也增大。

展开条件概率定义 $\rho_{ij}(\lambda,\delta)$，并对式（5.56）两边除以 $P(\theta_{ij}>\delta)$ 得

$$\frac{\rho_{ij}(\lambda,\delta)}{P(\theta_{ij}>\delta)}=\frac{\kappa_{ij}(\lambda,\delta)}{P(\max\{\theta_i,\theta_j\}<\lambda)} \tag{5.57}$$

其中

$$\kappa_{ij}(\lambda,\delta)=P(\max\{\theta_i,\theta_j\}<\lambda\mid\theta_{ij}>\delta) \tag{5.58}$$

它表示一种显著 CoD 损失（loss of significant CoD），即不计算显著 CoD 的概率。与 $\rho_{ij}(\lambda,\delta)$ 类似，我们希望 $\kappa_{ij}(\lambda,\delta)$ 很小。同样，随着 λ 增大，计算量节省的增加也会导致 $\kappa_{ij}(\lambda,\delta)$ 的增大。如果 δ 固定，λ 的增加对 $\kappa_{ij}(\lambda,\delta)$ 的影响可由 $\kappa_{ij}(\lambda,\delta)$ 的增大观察到。如果 $\lambda_1<\lambda_2$，则 $\kappa_{ij}(\lambda_1,\delta)\leqslant\kappa_{ij}(\lambda_2,\delta)$。

$\kappa_{ij}(\lambda,\delta)$ 表示没有计算显著特征对 CoD 的概率。如果我们仅希望知道 θ_{ij} 是否显著，就没有必要知道 $\kappa_{ij}(\lambda,\delta)$ 的大小。这时，如果 $\max\{\theta_i,\theta_j\}>\delta$，则有 $\theta_{ij}>\delta$，因而就没有必要计算 θ_{ij}。这就进一步增加了计算节省。于是，可以将计算节省 $\gamma_{ij}(\lambda)$ 替换为

$$\eta_{ij}(\lambda,\delta)=P(\max\{\theta_i,\theta_j\}<\lambda)+P(\max\{\theta_i,\theta_j\}>\delta) \tag{5.59}$$

如果 $\max\{\theta_i,\theta_j\}<\lambda$ 且 $\theta_{ij}>\delta$，则称 θ_{ij} 在 δ 水平非冗余显著（non-redundantly significant）。计算出单个变量的 CoD 后，只需知道非冗余显著变量。类似地，显著 CoD 损失 $\kappa_{ij}(\lambda,\delta)$ 可以修改为不计算非冗余显著 CoD 的概率

$$\nu_{ij}(\lambda,\delta)=P(\max\{\theta_i,\theta_j\}<\lambda\mid\theta_{ij}>\delta,\max\{\theta_i,\theta_j\}\leqslant\delta) \tag{5.60}$$

其中假设 $\lambda<\delta$，$\kappa_{ij}(\lambda,\delta)\leqslant\nu_{ij}(\lambda<\delta)$。

这种分析方法可以推广到三个或更多随机变量的情形。不计算 CoD 的准则也仅是两个变量情况的推广：$\max\{\theta_i,\theta_j,\theta_l\}<\lambda$。该式表明：如果 $\max\{\theta_{ij},\theta_{jl},\theta_{il}\}<\lambda$，那么 $\max\{\theta_i,\theta_j,\theta_l\}<\lambda$。因此，条件 $\max\{\theta_i,\theta_j,\theta_l\}<\lambda$ 要比条件 $\max\{\theta_{ij},\theta_{jl},\theta_{il}\}<\lambda$ 的约束更强，而且前者比后者有更多的计算节省。

当条件变为 $\max\{\theta_i,\theta_j,\theta_l\}<\lambda$ 时，$\rho_{ij}(\lambda,\delta)$ 相应地变为 $\rho_{ijl}(\lambda,\delta)$。对于 $\gamma_{ij}(\lambda)$、

$\kappa_{ij}(\lambda,\delta)$、$\eta_{ij}(\lambda,\delta)$等，三个以上随机变量的情况类似。

为了说明上述的各种度量，我们讨论二值联合概率密度 $P(X_1,X_2,\cdots,X_d,Y)$ 中的变量选择。模型与 4.8 节相同，特别是式（4.170）和式（4.178）中的 Dirichlet 模型，其中 q 为服从均匀分布的随机变量。由于实际应用中误差的来源不可能为一个常量 ρ，我们在条件概率 p_i 中加入一个均值为 0，方差为 σ_ρ 的高斯噪声。给定模型$(\kappa,\rho,\sigma_\rho)$的一个实现 r_i 和 p_i，我们即可直接计算 CoDθ_i 和 θ_{ij}。

图 5.5 为各种性能随 λ 的变化曲线：①计算量节省；②非显著 CoD 损失；③显著 CoD 损失；④非冗余显著 CoD 损失。其中变量数 $d=5$，$\kappa=1.5$，$\rho=0.2$ 和 $\sigma_\rho=0.2$。我们以图 5.5（b）中的 $\rho_{ij}(\lambda,\delta)$为例加以说明，对于给定的 λ，根据该图可以判别非显著 CoD$\theta_{ij}>\delta$ 的风险是否小于希望的阈值。例如，如果 $\theta_{ij}>0.6$ 时，风险的阈值为 10%，因为风险小于 1%，λ=0.4 时满足该阈值。必须注意，这些性能曲线与特征数和模型参数有关。

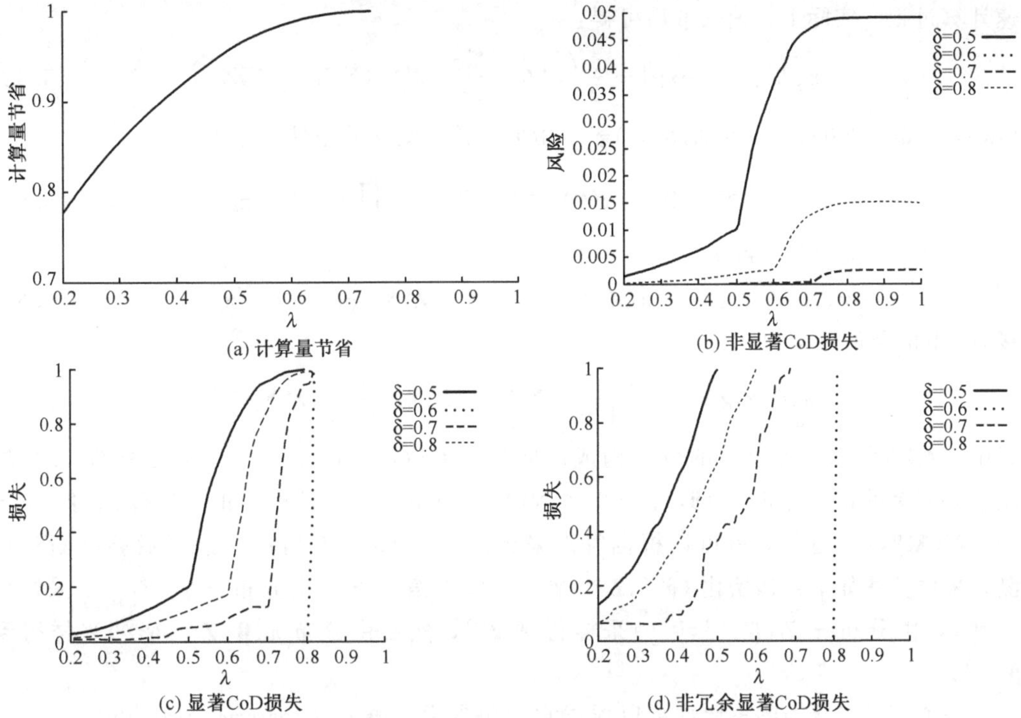

(a) 计算量节省　(b) 非显著CoD损失

(c) 显著CoD损失　(d) 非冗余显著CoD损失

图 5.5　并行增量特征选择的性能曲线（Hashimoto et al.，2003）

5.3.6　贝叶斯变量选择

这里，我们介绍一种基于模型的贝叶斯特征选择方法（Lee et al.，2003），二分层贝叶斯模型可参考相关文献（Bae and Mallick，2004）。对于样本 $S_n=\{(\mathbf{X}_1,Y_1),(\mathbf{X}_2,Y_2),\cdots,(\mathbf{X}_n,Y_n)\}$，假设概率 $P(Y_k=1)$ 符合如下的概率回归模型（probit regression model）

$$P(Y_k=1)=\mathbf{\Phi}(\mathbf{X}_k^T\boldsymbol{\beta}) \tag{5.61}$$

其中 Φ 是标准的高斯概率分布函数，$\boldsymbol{\beta}=(\beta_1,\beta_2,\cdots,\beta_n)$ 是一个未知的参数向量。此外，

我们引入隐变量 $Z_1,Z_2,\cdots,Z_n$，其分布满足 $Z_k \sim N(\mathbf{X}_k^T\boldsymbol{\beta},1)$。当 $Z_k>0$ 时，$Y_k=1$；当 $Z_k\leqslant 0$ 时，$Y_k=0$（Albert and Chib，1993）。

对于变量选择，引入指示向量 $\boldsymbol{\gamma}=(\gamma_1,\gamma_2,\cdots,\gamma_n)$。当 $\beta_k=0$ 时 $\gamma_k=0$；当 $\beta_k\neq 0$ 时 $\gamma_k=1$。给定 $\boldsymbol{\gamma}$，设 $\boldsymbol{\beta}_\gamma$ 为 $\boldsymbol{\beta}$ 中的所有非零元素构成的向量，$\mathbf{X}_\gamma$ 表示所有 $\gamma_{\mathbf{k}}=1$ 的样本列向量构成的矩阵。若有 q 个 $\gamma_k=1$ 的变量，则 $\mathbf{X}_\gamma$ 就是一个 $n\times q$ 的矩阵。设 $\boldsymbol{\beta}_\gamma$ 的先验分布是均值为零协方差矩阵为 $c(\mathbf{X}_\gamma^T\mathbf{X}_\gamma)^{-1}$ 的高斯分布，其中 c 是一个 介于10～100的正比例因子（Smith and Khon，1996）。这里 $c=100$，表示 $\boldsymbol{\beta}_\gamma$ 的先验分布的信息很少。最后，为了控制模型中特征的个数，我们假设独立随机变量 $Y_1,Y_2,\cdots,Y_n$ 的概率 $\pi_k=P(Y_k=1)$ 很小。

模型参数可按照后验分布通过吉布斯采样产生，未知参数包括 $\mathbf{Z}=(Z_1,Z_2,\cdots,Z_n)^t$、$\boldsymbol{\beta}$ 和 $\boldsymbol{\gamma}$。如果直接进行吉布斯采样，采样空间就是整个条件分布。然而，如果采用积分消去 $\boldsymbol{\beta}$，从边缘条件分布 $\gamma|\mathbf{Z}$ 得到 γ，就可以保证后验分布不变的情况下，同时加速计算过程。实际上，消去 $\boldsymbol{\beta}$ 后可得：

$$\pi(\mathbf{Z}|\gamma)\propto \exp\left[-\frac{1}{2}\left(\mathbf{Z}^t\mathbf{Z}-\frac{c}{1-c}\mathbf{Z}^t\mathbf{X}_\gamma(\mathbf{X}_\gamma^t\mathbf{X}_\gamma)^{-1}\mathbf{X}_\gamma^t\mathbf{Z}\right)\right] \tag{5.62}$$

（Lee，et al.，2003）。设 $\theta(\mathbf{Z},\mathbf{X}_\gamma,c)$表示指数函数，则 $\boldsymbol{\gamma}$ 的条件分布为

$$\pi(\gamma|\mathbf{Z})\propto\pi(\mathbf{Z}|\boldsymbol{\gamma})\pi(\boldsymbol{\gamma})\propto\theta(\mathbf{Z},\mathbf{X}_\gamma,c)\prod_{k=1}^{n}\pi_k^{\gamma_k}(1-\pi_k)^{1-\gamma_k} \tag{5.63}$$

对于向量 $\boldsymbol{\gamma}$，按照分布每次仅采用其中一个分量：

$$\pi(\gamma_k|\mathbf{Z},\boldsymbol{\gamma}_{j\neq k})\propto\pi(\mathbf{Z}|\boldsymbol{\gamma})\pi(\boldsymbol{\gamma}_k)\propto\theta(\mathbf{Z},\mathbf{X}_\gamma,c)\pi_k^{\gamma_k}(1-\pi_k)^{1-\gamma_k} \tag{5.64}$$

接着，$\boldsymbol{\beta}$ 的条件分布为

$$\pi(\boldsymbol{\beta}|\boldsymbol{\gamma},\mathbf{Z})\sim N\left(\frac{c}{1-c}(\mathbf{X}_\gamma^t\mathbf{X}_\gamma)^{-1}\mathbf{X}_\gamma^t\mathbf{Z}_\gamma,\frac{c}{1-c}(\mathbf{X}_\gamma^t\mathbf{X}_\gamma)^{-1}\right) \tag{5.65}$$

式中，$\mathbf{Z}_\gamma$ 表示 $\mathbf{Z}$ 中 $\gamma_k=1$ 的分量构成的向量。最后，Z_k 的全条件分布由两部分组成：左端0截尾的正态分布 $Z_k|\boldsymbol{\beta},Y_k=1\propto N(\mathbf{X}_k^t\boldsymbol{\beta},1)$ 和右端0截尾的正态分布 $Z_k|\boldsymbol{\beta},Y_k=0\propto N(\mathbf{X}_k^t\boldsymbol{\beta},1)$。这样，就可以根据每次采样的结果（$\boldsymbol{\beta}^{(r)},\mathbf{Z}^{(r)},\boldsymbol{\gamma}^{(r)}$）进行后验推断和预测，采样算法如下：初始化（$\boldsymbol{\beta}^{(0)},\mathbf{Z}^{(0)},\boldsymbol{\gamma}^{(0)}$）后，在第 r 步，由分布 $\pi(\boldsymbol{\gamma}|\ \mathbf{Z}^{(r-1)})$ 采样得到 $\boldsymbol{\gamma}^{(r)}$，由分布 $\pi(\mathbf{Z}|\boldsymbol{\beta}^{(r-1)},\boldsymbol{\gamma}^{(r)})$采样得到 $\mathbf{Z}^{(r)}$，然后由分布 $\pi(\boldsymbol{\beta}|\mathbf{Z}^{(r)},\boldsymbol{\gamma}^{(r)})$采样得到 $\boldsymbol{\beta}^{(r-1)}$。

一个变量对分类的重要性可以根据它的包含后验概率（posterior probability of inclusion）度量，而这个概率则可由样本出现的相对次数估计，即 $\boldsymbol{\gamma}$ 向量中相应位置为1的次数。

我们应用4.2节的贝叶斯特征选择方法，根据遗传乳腺癌数据（Hedenfelk，et al，2001）进行了特征基因选择（Lee，et al.，2003）。首先，利用二样本的t统计量找出5个最显著的基因；其次，应用吉布斯采样，其中 $\pi_k=0.005$，$k=1,2,\cdots,n$。贝叶斯特征选择方法找到两个最重要（频率最高）的基因 KRT8（角蛋白8）和 TOB1。KRT8是细胞角蛋白家族基因的一个成员，免疫组织化学方法常用细胞角蛋白识别乳腺癌的转移，并且已经证实角蛋白8的丰度与淋巴结阳性疾病密切相关。第二个基因 TOB1 可与致癌基因受体 ERBB2 相互作用，并且已发现它在 BRCA2 和偶发性肿瘤细胞（这两种

细胞中很容易发生 ERBB2 基因的增生）中处于高度表达状态。很明显，TOB1 具有针对 ERBB2 的抗增生活性。注意，受体基因并没有在列表中，这样基因选择算法就不知道它的输入。

5.4 特征提取

与其通过选择原始特征来减少维数，不如采用特征提取（feature extraction）的方法，即利用特征变换将原始特征映射到一个低维空间。由于新特征仅为原始特征的一个变换，因而它保留了所有的原始特征（尽管有些特征可能会由于特征压缩而消失），并且它仍然属于分类过程的一部分。特征提取的一个不足是新特征不像原始特征那样具有明显的物理意义，如基因表达水平。特征提取的一个潜在优势是：给定相同数量的简化特征，变换后的特征可能比原始特征具有更好的分类效果。最常见的特征提取方法大概就是本节要介绍的主成分分析。

主成分分析法的基础是随机函数，由于表示定理的重要性，我们对随机函数的表示仅做简要概述，然后详细讨论随机向量的表示定理。详细情况及它与数据压缩的关系见文献（Dougherty，1999）。且应该注意它与 Mercer 定理的关系。

定理 5.5（Karhunen-Loeve） 假定 $X(t)$ 是实数区间 T 上的一个零均值随机函数，$w(t) \geqslant 0$ 是一个满足下式的权重函数：

$$\iint_{T\,T} |K_X(t,s)|^2 w(t)dtds < \infty \tag{5.66}$$

式中 $K_X(t,s)$ 表示 $X(t)$ 的协方差函数，则积分等式

$$\int_T K_X(t,s)u(s)w(s)ds = \lambda u(t) \tag{5.67}$$

存在一个离散（有限的或无限的）特征值集合 $\lambda_1 \geqslant \lambda_2 \geqslant \lambda_3 \geqslant \cdots 0$，及其对应的特征函数 $u_1(t), u_2(t), u_3(t), \cdots$。对于所有的 k 有

$$\int_T K_X(t,s)u_k(s)ds = \lambda_k u_k(t) \tag{5.68}$$

并且对于权重函数 $w(t)$，$\{u_k(t)\}$ 是 T 上的一个确定的正交系统，即

$$\int_T u_k(t)\overline{u_j(t)}w(t)dt = \begin{cases} 1, 当\ k = j \\ 0, 当\ k \neq j \end{cases} \tag{5.69}$$

$X(t)$ 的均方表示展开式为

$$X(t) = \sum_{k=1}^{\infty} Z_k u_k(t) \tag{5.70}$$

式中，$Z_1, Z_2, \cdots$ 表示 $X(t)$ 的广义傅里叶系数（generalized Fourier coefficient）

$$Z_k = \int_T X(t)\overline{u_k(t)}w(t)dt \tag{5.71}$$

$Z_1, Z_2, \cdots$ 独立，且方差 $Var[Z_k] = \lambda_k$。

在离散的有限个点 $1,2,\cdots,n$ 的情况下，随机函数就简化为零均值随机向量 $\mathbf{X} = (X_1, X_2, \cdots, X_n)^t$。如果权重函数均为 1，则积分式（5.67）就退化为有限系统（finite system）

$$\mathbf{Ku} = \lambda\mathbf{u} \tag{5.72}$$

式中，**K** 表示协方差矩阵（自相关矩阵，因为 $\mu_X=0$），$\mathbf{u} = (u_1, u_2, \cdots, u_n)^t$。所求的特征值和特征函数就是这个协方差矩阵的特征值和特征向量。一方面，由于 **K** 对称，如果特征值 λ_1 和 λ_2 不同，那么它们的特征向量相互正交，每个向量除以自身的模，就可得到期望的正交特征向量。另一方面，如果一个特征值有多个特征向量，那么这些向量线性独立，可用 Gram-Schmidt 正交法得到一组等价的向量集。

根据 Karhunen-Loeve 定理，如果向量 $\mathbf{u}_1, \mathbf{u}_2, \cdots, \mathbf{u}_n$ 是 **K** 的正交特征向量，且其对应特征值为 $\lambda_1 \geqslant \lambda_2 \geqslant \cdots \geqslant \lambda_n$，则有

$$\mathbf{X} = \sum_{i=1}^{n} \mathbf{Z}_i \mathbf{u}_i \tag{5.73}$$

式中，$Z_1, Z_2, \cdots, Z_n$ 相互独立，表示 **X** 的广义傅里叶系数。

$$Z_i = \mathbf{X}^t \bar{\mathbf{u}}_i = \sum_{j=1}^{n} X_j \bar{u}_{ij}, \tag{5.74}$$

式中 $\mathbf{u}_i = (u_{i1}, u_{i2}, \cdots, u_{in})^t$。$Z_1, Z_2, \cdots, Z_n$ 称为 **X** 的主成分（principle components）。当 $m < n$，可通过数据压缩实现对 X 的逼近，

$$\mathbf{X}_\mathrm{m} = \sum_{\mathrm{i}=1}^{\mathrm{m}} \mathrm{Z}_\mathrm{i} \mathbf{u}_\mathrm{i} \tag{5.75}$$

我们定义 **X** 和 $\mathbf{X}_\mathrm{m}$ 之间的均方误差（means square error）为

$$E[\mathbf{X}, \mathbf{X}_\mathrm{m}] = \sum_{k=1}^{n} E[\,|X_k - X_{m.k}|^2] \tag{5.76}$$

式中，$X_{m,1}, X_{m,2}, \cdots, X_{m,n}$ 表示 $\mathbf{X}_\mathrm{m}$ 的分量，可以看出

$$E[\mathbf{X}, \mathbf{X}_\mathrm{m}] = \sum_{k=m+1}^{n} \lambda_k \tag{5.77}$$

因为特征值随着 k 的增大而减小，因此，如果仅保留 m 项时，只保留前 m 项的误差最小。

根据矩阵变换，设 $\mathbf{Z} = (Z_1, Z_2, \cdots, Z_n)^\mathbf{t}$，矩阵

$$\mathbf{U} = \begin{pmatrix} \mathbf{u}_1^\mathbf{t} \\ \mathbf{u}_2^\mathbf{t} \\ \vdots \\ \mathbf{u}_n^t \end{pmatrix} = \begin{pmatrix} u_{11} & u_{12} & \cdots & u_{1n} \\ u_{21} & u_{22} & \cdots & u_{2n} \\ \vdots & \vdots & \vdots & \vdots \\ u_{n1} & u_{n2} & \cdots & u_{nn} \end{pmatrix} \tag{5.78}$$

其行向量是正交协方差矩阵的特征向量，由式（5.73），$\mathbf{Z}=\bar{\mathbf{U}}\mathbf{X}$ 和 $\mathbf{X}=\mathbf{U}'\mathbf{Z}$ 构成了一对变换。由于 **U** 的行构成了一个正交系统，且 **U** 是一个酉矩阵，这意味着 **U** 的逆等于其转置，即 $\mathbf{U}^{-1}=\mathbf{U}'$。由于 U 是酉矩阵，其行列式 $|\det[\mathbf{U}]|=1$。**Z** 的协方差矩阵是对角矩阵，其对角线为 **K** 的特征值的降序排列，于是有

$$\mathbf{K_Z} = \begin{pmatrix} \lambda_1 & 0 & \cdots & 0 \\ 0 & \lambda_2 & \cdots & 0 \\ 0 & 0 & \vdots & \vdots \\ 0 & 0 & \cdots & \lambda_n \end{pmatrix} \tag{5.79}$$

这个协方差矩阵说明通过变换可以去除相关性。

利用变换进行压缩只需要选择某个数 $r = n - m$，然后只保留 Z 的前 m 项，其余项设为 0 即可。从变换的角度，如果不是用 $\mathbf{X} = \mathbf{U}^t\boldsymbol{Z}$ 精确地重构 $\boldsymbol{X}$，就是对截断向量 $\mathbf{Z}_m = (Z_1, Z_2, \cdots, Z_m, 0, \cdots, 0)^t$ 应用反变换。对 $\mathbf{Z}_m$ 应用反变换 $\mathbf{U}'$ 即可得到式（5.75）的一个近似式：

$$\mathbf{X}_m = \mathbf{U}^t\mathbf{Z}_m \tag{5.80}$$

现在以 $\mathbf{X} = (X_1, X_2)^t$ 为例说明这种变换，其中 X_1 和 X_2 是均值为零方差为 σ^2 的正态随机变量，相关系数为 $\rho > 0$，则

$$\mathbf{K} = \begin{pmatrix} \sigma^2 & \rho\sigma^2 \\ \rho\sigma & \sigma^2 \end{pmatrix} \tag{5.81}$$

$\mathbf{K}$ 的特征值可通过求解方程 $\det[\mathbf{K} - \lambda\mathbf{I}] = 0$ 得到。两个解分别为 $\lambda_1 = (1+\rho)\sigma^2$ 和 $\lambda_2 = (1-\rho)\sigma^2$，对应的正交特征向量为 $\mathrm{u}_1 = 2^{-1/2}(1,1)^t$ 和 $\mathrm{u}_2 = 2^{-1/2}(1,-1)^t$，广义傅里叶系数为

$$Z_1 = \mathbf{X}^t\boldsymbol{u}_1 = \frac{1}{\sqrt{2}}(X_1 + X_2)$$

$$Z_2 = \mathbf{X}^t\boldsymbol{u}_2 = \frac{1}{\sqrt{2}}(X_1 - X_2) \tag{5.82}$$

显然，我们有 $\mathbf{X} = Z_1\mathbf{u}_1 + Z_2\mathbf{u}_2$。根据 Karhunen-Loeve 定理，有

$$\mathrm{Var}[Z_1] = \lambda_1 = (1+\rho)\sigma^2$$

$$\mathrm{Var}[Z_2] = \lambda_2 = (1-\rho)\sigma^2 \tag{5.83}$$

如果这些变量高度相关，即 $\rho \approx 1$，则 $\mathrm{Var}[Z_2] \approx 0$。这样，忽略 $Z_2\mathbf{u}_2$ 对 $\mathbf{X}$ 的影响就很小。

实际压缩时，通常根据观察值估计协方差矩阵，并用数值计算方法求解特征值。这样，就可以应用各种变换进行压缩。各种变换的转换矩阵都是固定的，且与信号的统计量无关，如离散余弦变换。除了式（5.74）中的变换 $\mathbf{Z} = \overline{\mathbf{U}}\mathbf{X}$，还可以采用一种相似的正交变换 $\mathbf{Y} = \overline{\mathbf{V}}\mathbf{X}$。这时，特征值的降序和系数的完全独立性进一步增加了 Karhunen-Loeve 压缩的吸引力。然而，除了协方差矩阵的特征向量之外，是否还存在其他的正交向量集能够产生更小的误差？实际上，对于式（5.76）的零均方误差表达式，Karhunen-Loeve 变换（Karhunen-Loeve transform）最优的结果：如果对 $\mathbf{X}$ 进行任意其他的正交矩阵变换，并由逆变换重构 $\mathbf{X}_m$，则 Karhunen-Loeve 变换的误差（$\mathrm{E}[\mathbf{X}, \mathbf{X}_m]$）最小。虽然我们不再详细讨论，这里主要想说明对于矩阵变换 $\mathbf{Y} = \overline{\mathbf{V}}\mathbf{X}$，有

$$E[\mathbf{X}, \mathbf{X}_m] = \sum_{k=m+1}^{n} \mathrm{Var}[Y_k] \tag{5.84}$$

在正交约束下，上述方差和的最小化就是协方差矩阵的第 $m+1$ 个到第 n 个特征值之和，这正是 Karhunen-Loeve 变换的误差。因此，后者就是最优的。

参考文献

Albert J, Chib S. (1993) Bayesian analysis of binary and polychotomous response data. *J Am Stat Assoc* 88: 669–79.

Bae K, Mallick BK. (2004) Gene selection using a two-level hierarchical Bayesian model. *Bioinformatics* 20: 3423–30.

Barron AR, Cover TM. (1991) Minimum complexity density estimation. *IEEE Trans Inform Theory* 37(4): 1034–54.

Bishop CM. (1995) *Neural Networks for Pattern Recognition*, Oxford University Press, New York.

Cover T, Van Campenhout J. (1977) On the possible orderings in the measurement selection problem. *IEEE Trans Systems Man Cybern* 7: 657–61.

Dey DK, Srmivasan C. (1985) Estimation of a covariance matrix under Stein's loss. *Ann Stat* 13: 1581–91.

Dougherty ER. (1999) *Random Processes for Image and Signal Processing*, IEEE and SPIE Presses, Bellingham, WA.

Friedman JH. (1989) Regularized discriminant analysis. *J Am Stat Assoc* 84(405): 165–75.

Haff LR. (1980) Empirical Bayes estimation of the multivariate normal covariance matrix. *Ann Stat* 8: 586–97.

Hashimoto R, Dougherty ER, Brun M, Zhou Z, Bittner ML Trent JM. (2003). Efficient selection of feature sets possessing high coefficients of determination based on incremental determinations. *Signal Process* 83(4): 695–712.

Hedenfalk I, Duggan D, Chen Y, Radmacher M, Bittner M, Simon R, Meltzer P, Gusterson B, Esteller M, Raffeld M, Yakhini Z, Ben-Dor A, Dougherty E, Kononen J, Bubendorf L, Fehrle W, Pittaluga S, Gruvverger S, Loman N, Johannsson O, Olsson H, Wifond B, Sauter G, Kallioniemi OP, Borg A, Trent J. (2001) Gene expression profiles in hereditary breast cancer. *N Engl J Med* 344(8): 539–48.

Holmström L, Koistinen P. (1992) Using additive noise in back-propagation.training. *IEEE Trans Neural Netw* 3: 24–38.

Hua J, Lowey J, Xiong Z, Dougherty ER. (2006) Noise-injected neural networks show promise for use on small-sample expression data. *BMC Bioinformatics* 7: 274.

Hua J, Xiong Z, Lowey J, Suh E, Dougherty ER. (2005) Optimal number of features as a function of sample size for various classification rules. *Bioinformatics* 21(8): 1509–15.

Hughes GF. (1968) On the mean accuracy of statistical pattern recognizers. *IEEE Trans Inform Theory* 14: 55–63.

Jain AK, Chandrasekaran B. (1982) Dimensionality and sample size considerations in pattern recognition practice. In *Classification, Pattern Recognition and Reduction of Dimensionality*, Krishnaiah PR, Kanal LN, eds., vol. 2 of *Handbook of Statistics*, North Holland, Amsterdam, pp. 835–56.

Jain AK, Waller WG. (1978) On the optimal number of features in the classification of multivariate Gaussian data. *Pattern Recognition* 10: 365-74.

Jain AK, Zongker D. (1997) Feature selection: evaluation, application, and small sample performance. *IEEE Trans Pattern Anal Mach Intell* 19: 153–8.

Kearns M, Mansour Y, Ng AY, Ron D. (1997) An experimental and theoretical comparison of model selection methods. *Mach Learning* 27: 7–50.

Kim S, Dougherty ER, Barrera J, Chen Y, Bittner M, Trent JM. (2002a) Strong feature sets from small samples. *Comput Biol* 9(1): 127–46.

Kim S, Dougherty ER, Shmulevich I, Hess KR, Hamilton SR, Trent JM, Fuller GN, Zhang W. (2002b) Identification of combination gene sets for glioma classification. *Mol Cancer Ther* 1(13): 1229–36.

Kudo M. Sklansky J. (2000) Comparison of algorithms that select features for pattern classifiers. *Pattern Recognition* 33: 25–41.

Lee KE, Sha N, Dougherty ER, Vannucci M, Mallick BK. (2003) Gene selection: a Bayesian variable selection approach. *Bioinformatics* 19: 90–7.

Lugosi G, Nobel A. (1999) Adaptive model selection using empirical complexities. *Ann Stat* 27(6): 1830–64.

Lugosi G, Zeger K. (1996) Concept learning using complexity regularization. *IEEE Trans Inform Theory* 42: 48–54.

Matsuoka K. (1992) Noise injection into inputs in back-propagation learning. *IEEE Trans Systems Man Cybern* 22(3): 436–40.

Narendra PM, Fukunaga K. (1977) A branch and bound algorithm for feature subset selection. *IEEE Trans Comput* 26(9): 917–22.

Pudil P, Novovicova J, Kittler J. (1994) Floating search methods in feature selection. *Pattern Recognition Lett* 15: 1119–25.

Rissanen J. (1978) Modeling by shortest data description. *Automatica* 14: 465–71.

Rissanen J. (1986) Stochastic complexity and modeling. *Ann Stat* 14: 1080–1100.

Sietsma J, Dow RJF. (1988) Neural network pruning—why and how. *Proc IEEE Intern Conf Neural Netw* I: 325–33.

Sima C, Attoor S, Braga-Neto U, Lowey J, Suh E, Dougherty ER. (2005b) Impact of error estimation on feature-selection algorithms. *Pattern Recognition* 38: 2472–82.

Sima C, Dougherty ER. (2006) What should be expected from feature selection in small-sample settings. *Bioinformatics* 22(19): 2430–6.

Skurichina M, Duin RPW, Raudys S. (2000) K-nearest neighbours noise injection in multilayer perceptron training. *IEEE Trans Neural Netw* 11(2): 504–11.

Smith M, Kohn R. (1997) Nonparametric regression using Bayesian variable selection. *Econometrics* 75: 317–44.

Tabus I, Rissanen J, Astola J. (2003) Classification and feature gene selection using the normalized maximum likelihood model for discrete regression. *Signal Process* 83(4): 713–27.

Titterington DM. (1985) Common structure of smoothing techniques in statistics. *Int Stat Rev* 53: 141–70.

Toussaint G. (1971) Note on optimal selection of independent binary-valued features for pattern recognition. *IEEE Trans Inform Theory* 17: 618.

Vapnik VN. (1982) *Estimation of Dependencies Based on Empirical Data*, Springer-Verlag, New York.

Vapnik VN. (1998) *Statistical Learning Theory*, John Wiley & Sons, New York.

Zhou X, Mao KZ. (2006) The ties problem resulting from counting-based error estimators and its impact on gene selection algorithms. *Bioinformatics* 22(19):2507–15.

第6章 聚 类

给定一个样本，分类算子输出的是它的类标号；给定一个样本集，聚类算子输出的则是一些划分的簇（子集）。聚类在基因组学的研究中已经成为一种分析基因表达微阵列数据的常见技术（Ben-Dor et al.，1999）。时间序列聚类是将表达水平随时间变化呈现相似特征的基因聚集在一起，这种相似性在生物学上可能蕴含着一种共调控关系。另一种方法是对来自不同组织样本的基因表达谱进行聚类，主要用于疾病症状的识别。

分类有两个基本特征：①如果样本数据来源于某个特征-标号分布，就可以估计分类器的误差；②限定分类器的类别，即可通过样本数据学习到其中的一个分类器。所设计的分类器代表一种数学决策模型或具有预测能力的科学认识，通过测试（误差估计），我们可以评价它的优劣。

聚类则没有上述特性，尤其是在概率模型的框架下聚类没有推理能力。因此，它仅是一个主观的可视化工具而已。Jain 等认为“聚类过程的主观性导致对同一个数据集，在不同的场合可能有不同的划分。同时，主观性也增加了聚类过程的难度（Jain et al.，1999）。于是，有人怀疑聚类结果是否是科学认识。在某种程度上，聚类的主观性导致其缺乏科学性。在基因表达微阵列研究方面，Kerr 和 Churchill 最早提出“如何根据聚类结果进行统计推理”，由此产生了聚类的认识论问题（Kerr and Churchill，2001）。除非聚类的结果得到实验数据的验证，否则将毫无任何科学性。正如 Richard Feynman 所说，“这主要取决于理论是否能够给出与实验结果一致的预测，而与其是否讨人喜欢、或是易于理解的、或是看似符合常理等无关”（Feynman，1985）。虽然主观认识对科学假设非常重要，但仅当它具有预测能力时，它们才属于科学认识的范畴。

有关聚类结果的验证技术很多，大部分的依据是它对某个启发式准则的符合程度。这与分类截然不同，因为分类器的误差是其错分类的概率。

毫无疑问，聚类作为一种观察数据划分的可视化工具，可以帮助科学家形成假设。基于这一点看，聚类是一种非常有用的工具，它为科学想象奠定了基础。但仅此而已，它仍然处于从观察到建模再到模型验证这一科学实践过程的初级阶段。对于聚类而言，从概念上“验证”的含义有些混淆，因为它与分类的验证完全不同，即它并不是一种真正的科学验证（Dougherty and Braga-Neto，2006）。

要研究聚类的误差，就必须从概率分布的角度比较聚类结果与正确划分之间的差异，并将此作为一种误差的度量。关于聚类的概率理论（包括误差估计和学习），我们必须认识到分类是一种基于随机变量的算子，而聚类则是一种基于随机集合的算子。因此，从理论上讲，聚类比分类更难。原因是随机变量可以通过概率分布函数来描述，而随机集合则要利用容量泛函（capacity functional）来刻画（Matheron，1975；Stoyan，1987），而对容量范函的建模是非常困难的（Cressie and Lasslett，1987；Dougherty，1999）。

聚类有时称为“无监督学习”，即使暂不争论这一概念的矛盾性，通常所说的聚类一般都不涉及任何学习过程。一旦确定某种启发式算子，聚类过程就会输出点集的一种划分。如果没有随机性，则该算子仅是点集的函数；如果存在随机性，则该算子仅是点集的随机函数，两种情况均没有学习过程。

本章将介绍一些聚类算法及其验证过程。由于我们探讨的是聚类算子的科学性，重点将是通过随机点集上的聚类算子，从预测和学习两个方面探讨对聚类过程的概率认识。

6.1 聚类算法的实例

有关聚类算法的文献很多，本节将讨论其中一些算法。我们无意介绍所有的方法，只是通过一些典型算法说明常用的方法。由于很多聚类算法都与欧氏距离有关，下面就从这种方法开始介绍。

6.1.1 欧氏距离聚类

假设形成簇的点集 $\mathbf{x}$ 是 m 个圆形高斯条件分布混合产生的一个随机样本 S，这样使得

$$\rho_S(\mathbf{a}_0,\mathbf{a}_1,\cdots,\mathbf{a}_{m-1}) = \frac{1}{|S|}\sum_{\mathbf{x}\in S}\min_{0\leqslant j\leqslant jm-1}\|\mathbf{x}-\mathbf{a}_j\|^2 \tag{6.1}$$

最小的向量 $\mathbf{a}_0^S,\mathbf{a}_1^S,\cdots,\mathbf{a}_{m-1}^S$ 就可作为 m 个子样本的条件分布的质心。设 $v=\{V_1,V_2,\cdots,V_m\}$ 是空间 $\mathfrak{R}^d$ 上质心为 $\mathbf{a}_0^S,\mathbf{a}_1^S,\cdots,\mathbf{a}_{m-1}^S$ 的一个 Voronoi 划分，如果一个点到 $\mathbf{a}_k^S$ 的距离小于该点到 $\mathbf{a}_0^S,\mathbf{a}_1^S,\cdots,\mathbf{a}_{m-1}^S$ 中其他向量的距离，那么它就属于 V_k。欧氏距离聚类（Euclidean distance clustering）就是将样本点归入各个 Voronoi 分区的过程。

对于高斯混合分布，可以计算任意点集 S 的经验距离误差 ρ_S，$\rho_S(\mathbf{a}_0,\mathbf{a}_1,\cdots,\mathbf{a}_{m-1})$ 表示点 $\mathbf{a}_0,\mathbf{a}_1,\cdots,\mathbf{a}_{m-1}$ 的经验距离误差，即 $\mathbf{a}_0^S,\mathbf{a}_1^S,\cdots,\mathbf{a}_{m-1}^S$ 使得该距离最小。对于一个随机样本，$\rho_S(\mathbf{a}_0,\mathbf{a}_1,\cdots,\mathbf{a}_{m-1})$ 并不是真实误差。真实误差要根据随机集 Ξ 的分布来定，而随机集的具体表现就是随机样本。对于最小点集 $\mathbf{a}_0^S,\mathbf{a}_1^S,\cdots,\mathbf{a}_{m-1}^S$，真实距离误差就是相对于样本的条件期望，即

$$\rho_\Xi(\mathbf{a}_0,\mathbf{a}_1,\cdots,\mathbf{a}_{m-1}) = E_\Xi[\min_{0\leqslant j\leqslant m-1}\|\mathbf{X}-\mathbf{a}_j\|^2\mid S] \tag{6.2}$$

其中的期望是针对随机集 Ξ 的分布。对于 Ξ 的一个具体的实现 S，我们可用 ρ_S 估计 ρ_Ξ。小样本情况下，经验距离误差和实际距离误差可能相差很大。若存在一个紧致集 K 使 $P(\Xi\subset K)=1$，那么二者之间的差异将随 Ξ 的点数趋向于∞，以概率 1 收敛于 0（Linder et al.，1994）。

直接使用基于欧氏距离的聚类，算法的计算量太大。一种近似迭代方法是 k-均值算法（k-means algorithm），其中 k 是聚类的个数。每次将一个样本点划分到一个特定的簇，并更新各个簇的均值。要将规模为 n 的样本 S 划分成 k 个簇，首先要选取 k 个样本 $\mathbf{m}_1,\mathbf{m}_2,\cdots,\mathbf{m}_k$ 作为初始的均值。然后，对每个样本点 $\mathbf{x}\in S$，计算距离 $\|\mathbf{x}-\mathbf{m}_i\|$，其中 $i=1,2,\cdots,k$。若 $\|\mathbf{x}-\mathbf{m}_i\|\leqslant\|\mathbf{x}-\mathbf{m}_j\|$，$j=1,2,\cdots,k$，就将 $\mathbf{x}$ 加入簇 C_i 中，从而形成簇 $C_1,C_2,\cdots,C_k$，并相应更新各个簇的均值 $\mathbf{m}_1,\mathbf{m}_2,\cdots,\mathbf{m}_k$。重复上述过程，直到均值不再变化。上述过程中，每个簇由与 $\mathbf{m}_1,\mathbf{m}_2,\cdots,\mathbf{m}_k$ 对应的 Voronoi 图确定。k-均值算法

有两个问题：均值个数的先验假设和均值的初始化。

式（6.1）也可表示为

$$\rho_S(\mathbf{a}_0,\mathbf{a}_1,\cdots,\mathbf{a}_{m-1}) = \frac{1}{|S|}\sum_{i=1}^{n}\sum_{j=0}^{m-1}P(C_j\mid\mathbf{x}_i)^b\|\mathbf{x}_i-\mathbf{a}_j\|^2 \tag{6.3}$$

式中 $b=1$，$P(C_j\mid\mathbf{x}_i)$ 表示 $\mathbf{x}_i\in C_j$ 的概率，其值为 0 或者 1。如果利用条件概率表示不确定性，就能得到一种模糊聚类方法，这种簇对数据点的包含将不再是有或无。设 $b>0$ 是影响一个点属于多个簇可能性的参数，对任一样本点 $\mathbf{x}_i$，它的条件概率必须满足

$$\sum_{j=0}^{m-1}P(C_j\mid\mathbf{x}_i)=1 \tag{6.4}$$

设 p_j 表示 C_j 的先验概率，因为条件概率 $P(C_j\mid\mathbf{x}_i)$ 无法估计，可以将其看成模糊隶属函数。为了求得 $\rho_S(\mathbf{a}_0,\mathbf{a}_1,\cdots,\mathbf{a}_{m-1})$ 的最小值，对它分别求 $\mathbf{a}_j$ 和 p_i 的偏导数，显然必须满足 $\partial\rho_S/\partial\mathbf{a}_j=0$ 和 $\partial\rho_S/\partial p_j=0$，根据这些等式可得

$$\mathbf{m}_j=\frac{\sum_{i=1}^{n}P(C_j\mid\mathbf{x}_i)^b\mathbf{x}_i}{\sum_{i=1}^{n}P(C_j\mid\mathbf{x}_i)^b} \tag{6.5}$$

$$P(C_j\mid\mathbf{x}_i)=\frac{\|\mathbf{x}_i-\mathbf{m}_j\|^{-1/(b-1)}}{\sum_{l=1}^{k}\|\mathbf{x}_i-\mathbf{m}_l\|^{-1/(b-1)}} \tag{6.6}$$

这就是模糊 k-均值（fuzzy *k-means*）迭代算法（Dunn，1973；Bezdek，1981）。首先，初始化算法参数 b、k 个均值 $\mathbf{m}_1,\mathbf{m}_2,\cdots,\mathbf{m}_k$ 以及隶属函数 $P(C_j\mid\mathbf{x}_i)$（$j=1,2,\cdots,k$；$i=1,2,\cdots,n$）。对于变量 x_i，必须归一化它的隶属函数，使其和为 1。然后，利用式（6.5）和式（6.6）重新计算 $\mathbf{m}_j$ 和 $P(C_j\mid\mathbf{x}_i)$。重复上一步，直到均值和隶属函数几乎不变，并达到预设的阈值后停止。对 k-均值算法的模糊化主要是为了避免迭代过程中均值发生“卡住”的现象。

6.1.2 自组织映射

自组织映射（self-organizing map）是 k-均值概念的一种推广（Kohonen，1982，1995）。基本思想是建立一种从欧氏空间的高维向量到低维网格上的保持邻域映射，即高维空间中相近的向量在低维网格中也有这样的性质。我们以有序晶格为例，通常为一维或二维网格，其标号集 $I=\{1,2,\cdots,k\}$。在论域 $I\times I$ 上，定义一个关于 I 的邻域函数(neighborhood function) η_t（$t=0,1,\cdots$），它满足下面的三个性质：① η_t 只与 I 中各点之间的距离有关，即 $\eta_t(i,j)=\eta_t(\|i-j\|)$；② η_t 是距离的非递增函数，即若 $\|u-\nu\|\leqslant\|i-j\|$，则 $\eta_t(\|i-j\|)\leqslant\eta_t(\|u-\nu\|)$；③ η_t 的值域对 t 也是非递增的，即对于每一个 t 都存在一个非负整数参数 $\alpha(t)$，使得当 $\|i-j\|>\alpha(t)$，且 $\alpha(t+1)\leqslant\alpha(t)$ 时，满足 $\eta_t(\|i-j\|)=0$。随后会看到选择具有这种性质的邻域函数，可以使得一个点与其附近的点一起更新，而距其稍远的点仅需稍作调整，并且邻域更新的规模将随迭代过程逐渐减小。在最后几步，邻域规模将缩小为一个点[$\alpha(t)=0$]。此外，还假定算法的输入向量是 $\mathfrak{R}^d$ 上的一个有界凸集的随机样本。

自组织映射算法迭代过程的状态向量为

$$\mathbf{m}(t)=(\mathbf{m}_1(t),\mathbf{m}_2(t),\cdots,\mathbf{m}_k(t)) \tag{6.7}$$

式中 $m_i(t) \in \Re^d$，$i = 1,2,\cdots,k$。算法开始时初始化为 $\mathbf{m}(0)$，递归过程为：设 t 时刻的输入向量为 $\mathbf{x}$，选定最接近 $\mathbf{x}$ 的向量标号 l_t，即

$$\mathrm{l}_t = \underset{i \in I}{\operatorname{argmin}} \| \mathbf{x} - \mathbf{m}_i(t) \| \tag{6.8}$$

然后，向量 $\mathbf{m}(t)$ 的更新方式如下：

$$m_i(t+1) = m_i(t) + \beta_t \eta(\mathrm{l}_t, i)[m_i(t) - x] \tag{6.9}$$

式中 $i=1,2,\cdots,k$，$\beta_t > 0$ 是一个随时间递减的参数，它可随时间逐渐减轻对 $\mathbf{m}(t)$ 的调整。邻域函数的主要作用是保持邻域关系。有关算法的及收敛性还存在很多理论问题有待解决（Cottrell，等，1998）。聚类过程与 k-均值算法相同，所有的簇也是由与 $\mathbf{m}_1(t),\mathbf{m}_2(t),\cdots,\mathbf{m}_k(t)$ 对应的 Voronoi 图确定（Flexer，2001）。

6.1.3 分层聚类

k-均值聚类和模糊 k-均值聚类都属于欧氏距离聚类，另外还有一种方法是根据相似性反复合并簇，即分层聚类（hierarchical clustering）。基本步骤为：初始化簇 $C_i = \{x_i\}$，$i = 1,2,\cdots,n$，并给出最终期望的簇数 k，然后根据相似度反复合并最相近的簇，直到仅剩 k 个簇为止。另外一种方式是直到相似度满足某个准则为止。分层聚类可以用一个树表示，其中交汇线表示合并。上述分层聚类就是一种凝聚（agglomerative）算法，所有点将逐渐聚合到各个增长的簇中。也可以考虑分裂（divisive）聚类，即从一个簇开始，反复地分裂为多个簇。相关相似度的度量准则很多，最常见的三个是最小距离、最大距离和均值距离：

$$d_{\min}(C_i, C_j) = \min_{\mathbf{x} \in C_i, \mathbf{x}' \in C_j} \| \mathbf{x} - \mathbf{x}' \| \tag{6.10}$$

$$d_{\max}(C_i, C_j) = \max_{\mathbf{x} \in C_i, \mathbf{x}' \in C_j} \| \mathbf{x} - \mathbf{x}' \| \tag{6.11}$$

$$d_{av}(C_i, C_j) = \frac{1}{|C_i| \cdot |C_j|} \sum_{\mathbf{x} \in C_i, \mathbf{x}' \in C_j} \| \mathbf{x} - \mathbf{x}' \| \tag{6.12}$$

基于最小距离的分层聚类称为最近邻（nearest-neighbor）聚类。当两个最近簇间的距离超过一个预设的阈值就停止的算法称为单连接聚类（single-linkage clustering），运行过程算法将两个距离最小的簇合并。如果将这些点看成图中的节点，当两个簇合并时就在其中最近的两个点之间加一条边。这样，最终就会形成一个没有闭合回路的树。直到剩下一个簇时算法才停止，结果就是一棵生成树（spanning tree），并且是最小生成树。这种基于最近邻的算法产生了一个分层子簇结构，优点是非常直观，缺点是对噪声极其敏感，而且会产生一些奇怪的结果，如细长簇。此外，它对早期的合并也非常敏感，原因是一旦合并后就不能再被分开。

最远邻（farthest-neighbor）聚类源于使用最大距离准则。当两个最近簇之间的距离超过一个预设的阈值就停止的算法称为完全连接聚类（complete-linkage clustering）。算法执行过程将距离最小的两个簇合并，它能够防止最近邻聚类中的细长簇问题。最后，结束条件为两个最近簇的平均距离超过预设阈值的算法就称为平均连接聚类（average-linkage clustering）。

另外一种簇增长算法是聚类亲和度搜索技术（cluster affinity search technique，CAST）（Ben-Dor et al.，1999）。对点集 $S = \{\mathbf{x}_1, \mathbf{x}_2, \cdots, \mathbf{x}_n\}$，设 $s(i,j)$ 表示 $\mathbf{x}_i$ 和 $\mathbf{x}_j$ 之间

的相似度，点 $\mathbf{x}_i$ 与任意子集 $C \subset S$ 的亲和度定义为

$$A(\mathbf{x}_i;C) = \sum_{\mathbf{x}_j \in C} s(i,j) \tag{6.13}$$

算法的输入是一个亲和度阈值（affinity threshold）t。迭代过程中，有一个增长簇 C_{open} 和一个点集 U，U 中包括待加入 C_{open} 的点或已完成簇。开始时，初始化 $C_{\text{open}} \leftarrow \varnothing$，然后，将亲和度高的点加入到 C_{open}，接着删除 C_{open} 中亲和度低的点。重复加入与删除过程，直到没有变化为止，最终就得到一个簇 C_{open}。只要还存在没有加入簇的点，就继续初始化一个新簇 $C_{\text{open}} \leftarrow \varnothing$。

加入过程：如果存在一个点 $\mathbf{x}_i \in U$ 使 $A(\mathbf{x}_i;C_{\text{open}}) \geqslant t|C_{\text{open}}|$，则选择与 C_{open} 亲和度最大的点 $\mathbf{x}_k \in U$ 加入到 C_{open}（$C_{\text{open}} \leftarrow C_{\text{open}} \cup \{\mathbf{x}_k\}$），并删除 U 中的 $\mathbf{x}_k$（$U \leftarrow U - \{\mathbf{x}_k\}$）。然后，对所有的点 $\mathbf{x}_i \in U \cup C_{\text{open}}$，更新 $A(\mathbf{x}_i;C_{\text{open}})$。只要有一个点 $\mathbf{x}_i \in U$，使 $A(\mathbf{x}_i, C_{\text{open}}) \geqslant t|C_{\text{open}}|$，就重复上述过程，否则，转向删除过程。

删除过程：如果存在一个点 $\mathbf{x}_i \in C_{\text{open}}$，使 $A(\mathbf{x}_i;C_{\text{open}}) < t|C_{\text{open}}|$，则删除与 C_{open} 亲和度最小的点 $\mathbf{x}_l \in C_{\text{open}}$（$C_{\text{open}} \leftarrow C_{\text{open}} - \{\mathbf{x}_l\}$），并把 $\mathbf{x}_l$ 加入 U（$U \leftarrow U \cup \{\mathbf{x}_l\}$）。然后，对于所有的点 $\mathbf{x}_i \in U \cup C_{\text{open}}$，更新 $A(\mathbf{x}_i;C_{\text{open}})$。最后，只要存在一个点 $\mathbf{x}_i \in C_{\text{open}}$，使 $A(\mathbf{x}_i; C_{\text{open}}) < t|C_{\text{open}}|$，就重复上述过程。否则，转向加入过程。如果没有可加入条件的点，就完成当前簇的聚类，重新开始初始化新的簇。

上述迭代过程结束后，每个点 $\mathbf{x}_i$ 一定满足 $A(\mathbf{x}_i;C(\mathbf{x}_i)) \geqslant t|C(\mathbf{x}_i)|$，其中 $C(\mathbf{x}_i)$ 是包含 $\mathbf{x}_i$ 的簇。但是，对于任意一个簇 C，$A(\mathbf{x}_i;C(\mathbf{x}_i)) \geqslant A(\mathbf{x}_i;C)$ 并不一定成立。因此，算法的后续处理过程如下：如果存在点 $\mathbf{x}_i$ 和 $C \neq C(\mathbf{x}_i)$，使 $A(\mathbf{x}_i;C(\mathbf{x}_i)) < A(\mathbf{x}_i;C)$，那么，就将 $\mathbf{x}_i$ 移到与其具有最大亲和度的簇中，重复这个过程直到不存在这样的点、或者达到某个最大迭代次数为止。如果后续处理过程是由于不存在这样的点停止，则称得到簇为稳定簇。

6.1.4 基于模型的聚类算子

如果随机点集是混合高斯分布产生的一个随机样本，那么，一种聚类方法是根据混合高斯分布对数据建模：通过数据估计条件分布，然后根据分布参数进行聚类（Banfield and Raftery，1993；Celeux and Govaert，1993；Fraley and Raftery，1998；Dasgupta and Raftery，1998）。这类估计是根据随机集合 Ξ 的一个实现 S 所对应的数据。实际上，条件分布并不一定要求是高斯分布。

通常，假设有 l 个条件分布 $0,1,\cdots,l-1$，其概率密度函数分别为 $f_0(\mathbf{x}|\boldsymbol{\theta}_0)$，$f_1(\mathbf{x}|\boldsymbol{\theta}_1)$，…，$f_{l-1}(\mathbf{x}|\boldsymbol{\theta}_{l-1})$。对于样本数据 $\mathbf{x}_1,\mathbf{x}_2,\cdots,\mathbf{x}_n$，这种混合模型的似然函数为

$$L(\boldsymbol{\theta}_0,\boldsymbol{\theta}_1,\cdots,\boldsymbol{\theta}_{l-1}|\mathbf{x}) = \prod_{i=1}^{n}\sum_{k=0}^{l-1} p_k f_k(\mathbf{x}_i|\boldsymbol{\theta}_k) \tag{6.14}$$

式中，p_k 表示样本点来自 $f_k(\mathbf{x}|\boldsymbol{\theta}_k)$ 的概率。对于混合高斯分布，参数形式为 $\boldsymbol{\theta}_k = (\boldsymbol{\mu}_k, \sum_k)$。根据协方差矩阵的形式，存在几种混合高斯分布的标准模型。尤其是，对于酉相似变换

$$\sum\nolimits_k = \mathbf{U}_k\mathbf{L}_k\mathbf{U}_k^t \tag{6.15}$$

式中，$\boldsymbol{L}$ 表示由 $\sum_k$ 的特征值构成的有序对角矩阵；$\boldsymbol{U}$ 表示与特征值对应的正交特征列向量构成的酉矩阵（Banfield and Raftery，1993）。一个特例是球形模型 $\sum_k = a_k\mathbf{I}$。模型的约束越少，对数据的适应性就越好。但是，约束模型比无约束模型的参数更少。

聚类算法首先确定簇的个数，然后利用 EM 算法估计其他参数。在 E 步骤，根据当前参数估计每个数据点属于每个簇的条件概率；在 M 步骤，根据当前数据点的条件概率估计模型参数。当 EM 算法收敛时，每个点将会分配到条件概率最大的簇中。

对于基于模型的聚类，一个关键问题是各种模型参数复杂度的比较，特别是簇个数的确定。我们将在 6.4.4 节讨论这一问题。

6.2 聚类算子

正如本章开头所说，人们很早就认识到验证一个聚类算法不同于验证一个分类算法。对于后者，误差定义为错误分类的概率或者错分类的期望。这种误差与分类器对单个点的输出标号有关，主要取决于特征-标号的分布。聚类算法的对象是整个点集，因而，当点集不同时，同一个算法输出的标号也可能不同（即使算法本身不存在随机因素），原因是一个点的归属取决于整个点集。因此，研究聚类的推理理论时必须将聚类算子视为随机集合上的操作（Dougherty and Brun，2004）。

6.2.1 算法结构

如果集合 S 被划分为两个簇（子集），可将这种划分视为一个标记函数 $\phi_S: S \to \{0, 1\}$，两个簇的定义分别为 $\phi_S^{-1}(0)$ 和 $\phi_S^{-1}(1)$。如果 S 为随机选取，就可以视为随机点集 Ξ 的一个实现。设 λ 为 Ξ 的一个映射，即 $\lambda(S) = \phi_S$。由于它给每个集合 S 分配一个标记函数，因此，λ 可视为一个标记算子。假设 S 为有限集 $S \subset \Re^d$，并且在乘积空间 $\Re^d \times \{0,1\}$ 上存在一个概率分布。一个确定性的聚类算法对应一个标记算子，这里确定性指算法对于任意一个集合 S 都有唯一的输出 ϕ_S。当然，聚类算法并不一定是确定性的，随后将讨论这个问题。

现在，研究 $\Re^d \times \{0,1\}$ 上的分布 Ω，其条件分布 $X|0$ 和 $X|1$ 分别为高斯分布 $\mathbf{X}|0 \sim N\left(\boldsymbol{\mu}_0, \sum_0\right)$ 和 $\mathbf{X}|1 \sim N\left(\boldsymbol{\mu}_1, \sum_1\right)$。随机集 Ξ 由 Ω 的随机样本确定，Ξ 的一个实现 S 就是 Ω 上的一个样本点集。如果 S 是 Ξ 的一个实现且 $\mathbf{x} \in S$，那么分布 Ω 就会产生一个标记 $\phi_S(x) = 0$ 或 $\phi_S(x) = 1$，具体标号取决于 $\mathbf{x}$ 是来自于 $N\left(\boldsymbol{\mu}_0, \sum_0\right)$ 还是 $N\left(\boldsymbol{\mu}_1, \sum_1\right)$。也就是说，$\mathbf{x}$ 是 Ω 上的一个采样点 $(\mathbf{x},0)$ 或点 $(\mathbf{x},1)$。由于 $\mathbf{x}$ 的标记取决于具体的样本，因此它是一个随机变量。设 $\Phi_S(\mathbf{x})$ 表示 $\mathbf{x}$ 的随机标记，标记 $\phi_S(\mathbf{x})$ 就是随机变量 $\Phi_S(\mathbf{x})$ 的一个样本点。对于 S，$\phi_S(\mathbf{x})$ 是随机函数 $\Phi_S(\mathbf{x})$ 在 S 上的一个实现。选择聚类算法时，我们希望它能够准确聚类，即希望有一个标记算子 λ 使 $\lambda(S)$ 接近随机标记函数 Φ_S。关键问题是：当给定观察 S 时，标记算子（确定性聚类算法）λ 将会以固定的方法标记这些点，而算子的准确度则要根据它与 Φ_S 对 S 的随机标记的平均近似程度来衡量。问题是 λ 和 Φ_S 都必须视为随机集 Ξ 上的算子。也就是说，λ 是定义在随机

集 Ξ 上的确定性算子，而 $\Phi_S(\mathbf{x})$ 则是定义在随机集 Ξ 上的随机算子。

假设我们希望依据上面的高斯分布，对 Ξ 的实现设计一个聚类算法。给定 S，设 a_0^S 和 a_1^S 使得式（6.1）中的 $\rho_S(a_0, a_1)$ 最小。于是，与垂直 a_0^S 和 a_1^S 连线的超平面将整个空间分成了两个区域 R_0^S 和 R_1^S，且两个区域的标记 0 和 1 为随机分配。定义一个标记函数 $\phi_{\rho,S}(\mathbf{x})$，当 $\mathbf{x} \in R_0^S$ 时，其值为 0；当 $\mathbf{x} \in R_1^S$ 时，其值为 1。标记算子 λ_ρ 的定义为 $\lambda_\rho(S) = \phi_{\rho,S}$。一种定义 λ_ρ 和 $\Phi_S(\mathbf{x})$ 近似度的方法是将误差定义为 $P(\phi_{\rho,S}(\mathbf{x}) \neq \Phi_S(\mathbf{x}))$（现在并不要求概率表达式的严格数学定义形式）。这种方法的问题是由于区域标记的随机性，即使超平面很好地分开了这些点，误差 $P(\phi_{\rho,S}(\mathbf{x}) \neq \Phi_S(\mathbf{x}))$ 也可能很大。由于我们感兴趣的是样本点的簇，而不是标记本身。因此，这个问题并不重要。不论

$$P(\phi_{\rho,S}(\mathbf{x}) \neq \Phi_S(\mathbf{x})) = 0 \tag{6.16}$$

还是

$$P(\phi_{\rho,S}(\mathbf{x}) \neq \Phi_S(\mathbf{x})) = 1 \tag{6.17}$$

都表示正确的结果。对于后一种情况，只需要把 $\phi_{\rho,S}(x)$ 换成 $1-\phi_{\rho,S}(x)$（翻转标记）即可。因此，更恰当的误差度量应该是

$$\varepsilon[\lambda_\rho] = \min\{P(\phi_{\rho,S}(\mathbf{x}) \neq \Phi_S(\mathbf{x})), P(1-\phi_{\rho,S}(\mathbf{x}) \neq \Phi_S(\mathbf{x}))\} \tag{6.18}$$

对于 Ω，我们再看另一个不同的标记函数。有一个超平面 H 将整个空间划分为与 S 无关的两个区域 R_0^S 和 R_1^S，标记函数的定义为若 $\mathbf{x} \in R_0^S$，则 $\phi_{H,S}(\mathbf{x}) = 0$；若 $\mathbf{x} \in R_1^S$，则 $\phi_{H,S}(\mathbf{x}) = 1$。标记算子 λ_H 的定义为

$$\lambda_H(S) = \phi_{H,S} \tag{6.19}$$

λ_ρ 和 λ_H 主要区别：λ_ρ 的判定边界依赖于数据，而 λ_H 则与数据无关。实际上，λ_H 是一个分类器。对于每个样本，它仅给出一个与其他样本无关的二值分类结果，并且这一过程和 Ξ 的实现没有任何关系。这时，超平面就是一个线性分类器的判定边界，$\varepsilon[\lambda_\rho]$ 是 λ_H 和 $1-\lambda_H$ 的分类误差的最小值。

尽管可以通过分类器定义聚类算法，但是由于判断一个点的标记与其他观察点无关，分类受到的约束更多。当 $\Phi_S(\mathbf{x})$ 与 $\mathbf{x}$ 所属的集合 S 无关，分类规则就很有用。对随机集合 Ξ 进行一些修改，即可看到这种强约束的作用。原先 Ξ 的实现来源于两个固定高斯分布的随机采样，现在将其改为均值为随机变量的高斯分布，并且相对于方差而言，均值之间的相距很远。这时就很难再找到一个与 Ξ 的实现无关，且能够产生合理分类器的超平面；反过来，也很难得到一个好的聚类算法。另外，标记算子 λ_ρ 仍然可以产生一个好的聚类算法。以球形高斯分布 $N\left(\mathbf{0},\sum_0\right)$ 和 $N\left(\mathbf{a},\sum_0\right)$ 为例，如果将其视为类条件密度函数，则贝叶斯分类器就是垂直于 $\mathbf{0}$ 到 $\mathbf{a}$ 的超平面，且与 $\mathbf{0}$ 和 $\mathbf{a}$ 等距。设 H 表示该超平面，λ_H 是一个合理的标记函数，其聚类效果与 $\mathbf{a}$ 的范数有关。如果 $\mathbf{a}$ 是范数 $|\mathbf{a}| = \delta$ 的随机向量，对于 λ_H 将不再存在一个性能好的超平面。然而，当 δ 充分大时，λ_ρ 却可以获得好的结果。

6.2.2 标记算子

现在以随机集合为基础，给出一些有关聚类问题的严格定义。点过程 Ξ 是概率空间 $(\Omega, \mathcal{A}, \xi)$ 到 $(\mathbf{N}, \mathcal{N})$ 上的一个可测映射，其中 $\mathbf{N}$ 是 $\Re^d$ 上的局部有限简单（无重复）

序列族，$\mathcal{N}$是 $\mathbf{N}$ 上所有可测映射 $S \to |S \cap B|$ 的最小 σ-代数，其中 $S \in \mathbf{N}$，B 是 Borel 集，$|S \cap B|$ 是集合 $S \cap B$ 中点的个数（Stoyan et al.，1987）。对于 $Y \in \mathcal{N}$，Ξ 的分布 ν 由概率 $\nu(Y)$ 决定。这里我们限定 $\mathbf{N}$ 由有限序列组成。

对于 $S \in \mathbf{N}$，标记函数（label function）就是一个 S 到标记集的映射 $\phi_S:\{S \to 0,1,\cdots,l-1\}$。由于函数族 L^S 有限，可以给它分配概率密度（质量分布函数）P_S。随机标记函数（random label function）Φ_S 是在分布 P_S 下，函数 ϕ_S 的一个随机选择。即如果 $L^S = \{\phi_S^1,\phi_S^2,\cdots,\phi_S^{\tau(S)}\}$，则

$$P(\Phi_S = \phi_S^k) = P_S(\phi_S^k) \tag{6.20}$$

对于 $\mathbf{N}$ 中的集合，$\mathbf{N}$ 上的随机标记就是一个随机标记函数族 $\Lambda = \{\Phi_S : S \in N\}$。标记点过程（labeled point process）是一个对偶(Ξ,Λ)，其中 Ξ 是 $(N,\mathcal{N})$ 上的一个点过程，Λ 是 $\mathbf{N}$ 上的一个随机标记。对于标记点过程(Ξ,Λ)，随机标记 Λ 可由一个确定性标记来近似。对于集合 $S \in \mathbf{N}$，标记算子（label operator）是一个满足 $\lambda(S) \in L^S$ 的映射：$\lambda \to \bigcup_{S\in N} L^S$。标记算子 λ 将给每个集合 $S \in \mathbf{N}$ 分配一个标记函数 $\phi_{S,\lambda}$。

对于随机标记函数 Φ_S，我们需要度量标记算子 λ 正确标记一个点 $\mathbf{x} \in S$ 的概率。设 $P(\phi_{S,\lambda}(\mathbf{x}) \neq \Phi_S(\mathbf{x}))$表示点 $\mathbf{x} \in S$ 被错误标记的概率，它可由分布 P_S 直接计算：如果 $\phi_{S,\lambda} = \phi_S^{k_0} \in L^S$，那么

$$P(\phi_{S,\lambda}(\mathbf{x}) \neq \Phi_S(\mathbf{x})) = \sum_{k \neq k_0} I_{\phi_{S,\lambda}(\mathbf{x}) \neq \Phi_S^k(\mathbf{x})} P_S(\phi_S^k) \tag{6.21}$$

对于集合 S，λ 错误标记的概率定义为

$$\varepsilon_\lambda(S) = \sum_{\mathbf{x}\in S} \frac{1}{|S|} P(\phi_{S,\lambda}(\mathbf{x}) \neq \Phi_S(\mathbf{x})) \tag{6.22}$$

式（6.22）也可以写为

$$\varepsilon_\lambda(S) = \sum_{\mathbf{x}\in S} h_\lambda(\mathbf{x},S) \tag{6.23}$$

式中，若 $\mathbf{x} \in S$，则

$$h_\lambda(\mathbf{x},S) = |S|^{-1} P(\phi_{S,\lambda}(\mathbf{x}) \neq \Phi_S(\mathbf{x})) \tag{6.24}$$

若 $\mathbf{x} \notin S$，则 $h_\lambda(\mathbf{x},S)=0$。这里 h_λ 是 $\Re^d \times \mathrm{N}$ 上的一个函数。关于随机标记 Λ，标记算子 λ 的误差定义为 $\varepsilon_\lambda(S)$ 的期望

$$\varepsilon(\lambda) = E[\varepsilon_\lambda] = \int \sum_{\mathbf{x}\in S} h_\lambda(\mathbf{x},S)\nu(dS) \tag{6.25}$$

式（6.25）的期望是相对于 Ξ 的分布。这个误差可通过 Campbell 测度表示（Dougherty and Brun，2004）。

很多经典的聚类算法本身都是随机算法。例如，对于确定的样本 S，由于算法中的随机种子导致 $\lambda(S)$ 也是随机的。这时，$\varepsilon(\lambda)$ 的计算只需将式（6.25）中期望的计算改为相对于算法内部的随机性。

标记函数是聚类的理论基础：给定一个标记点过程，聚类算子对点的划分应该类似于标记过程的估计划分。根据等价关系 $\mathbf{x} \sim \mathbf{y}$，如果 $\phi_S(\mathbf{x}) = \phi_S(\mathbf{y})$，则标记函数 ϕ_S 就导出 S 的一个划分 $\mathcal{P}_{\phi_S}$。反之，若 $\mathcal{P} = \{S_1,S_2,\cdots,S_m\}$ 是 S 的一个划分，则 $(S_{j1},S_{j2},\cdots,S_{jm})$ 是 $\mathcal{P}$ 的一个排列；并且定义若 $\mathbf{x} \in S_{jk}$，则 $\phi_S^{\mathcal{P},j}(\mathbf{x}) = k$，我们就称 $\phi_S^{\mathcal{P},1},\phi_S^{\mathcal{P},2},\cdots,\phi_S^{\mathcal{P},m}$ 导出P。通常，在两个标记函数之间定义一个等价关系，若 $\mathcal{P}(\phi_S^i) = \mathcal{P}(\phi_S^j)$，则 $\phi_S^i \sim \phi_S^j$。

如果按照 $\{\mathcal{P}_S^1,\mathcal{P}_S^2,\cdots,\mathcal{P}_S^{\omega(S)}\}$ 列出 S 的全部划分，那么，标记函数间的等价关系就导出一个满射

$$\pi_S:L^S \to \{\mathcal{P}_S^1,\mathcal{P}_S^2,\cdots,\mathcal{P}_S^{\omega(S)}\} \tag{6.26}$$

式中

$$\pi_S(\phi_S^k) = \mathcal{P}_{\phi_S^k} \tag{6.27}$$

聚类算子（cluster operator）就是对每个集合 $S\in\mathbf{N}$ 指定一个划分 $\zeta(S)$的映射 ζ。一方面，标记算子 λ 能导出聚类算子 ζ_λ，即若 $\lambda(S)=\phi_{S,\lambda}$，则 $\zeta_\lambda(S)=\mathcal{P}_{\phi_{S,\lambda}}$。另一方面，聚类算子 ζ 也能够导出具有相同划分的标记算子族 F_ζ，即对于所有的 $S\in\mathbf{N}$，当且仅当 $\pi_S(\phi_{S,\lambda})=\zeta(S)$ 时，有 $\lambda\in F_\zeta$。

对于点标记过程(Ξ,Λ)，为了度量聚类算子的划分与由 Λ 导出的划分之间的一致性，我们把聚类算子导出的标记算子和随机标记函数本身加以比较。由此，作为(Ξ,Λ)的估计，聚类算子的误差（error of a cluster operator）ζ 由下式给出：

$$\varepsilon(\zeta) = \min_{\lambda\in F_\zeta}\varepsilon(\lambda) \tag{6.28}$$

若 λ 是式（6.28）的一个极小标记算子，那么，就说 λ 是关于 ζ 的匹配标记算子。

6.2.3 贝叶斯聚类器

给定一个标记点过程(Ξ,Λ)，贝叶斯标记算子（Bayes label operator）λ^* 的误差 $\varepsilon(\lambda^*)$ 最小。$\varepsilon(\lambda)$ 的最小值可以通过 h_λ 的最小值求得：若对任意一个标记算子 λ 都有 $h_{\lambda^*}(\mathbf{x},S)\leqslant h_\lambda(\mathbf{x},S)$，其中 $S\in\mathbf{N}$ 和 $\mathbf{x}\in S$，那么，由式（6.25）可得 $\varepsilon(\lambda^*)\leqslant\varepsilon(\lambda)$。

对于 $L=\{0,1\}$，贝叶斯标记算子 λ^* 的定义为：对于 $S\in\mathbf{N}$ 和 $\mathbf{x}\in S$，若 $P(\Phi_S(\mathbf{x})=1)\geqslant 0.5$，则 $\phi_{S,\lambda^*}(\mathbf{x})=1$；若 $P(\Phi_S(\mathbf{x})=1)<0.5$，则 $\phi_{S,\lambda^*}(\mathbf{x})=0$。显然，在该定义下，对任何标记算子 λ 都有

$$P(\phi_{S,\lambda^*}(\mathbf{x})\neq\Phi_S(\mathbf{x}))\leqslant P(\phi_{S,\lambda}(\mathbf{x})\neq\Phi_S(\mathbf{x})) \tag{6.29}$$

从而有 $\varepsilon(\lambda^*)\leqslant\varepsilon(\lambda)$。推广到更一般的情况，对于 $L=\{0,1,\cdots,l-1\}$，有

$$\phi_{S,\lambda^*}(\mathbf{x}) = \underset{j=0,1,\cdots,l-1}{\operatorname{argmax}} P(\Phi_S(\mathbf{x})=j) \tag{6.30}$$

若贝叶斯标记算子 λ^* 导出聚类算子 ζ^*，则 $\varepsilon(\zeta^*)=\varepsilon(\lambda^*)$。原因是 $\lambda^*\in F_{\zeta^*}$，并且 $\varepsilon(\lambda^*)$是所有标记算子的最小误差。因此，在聚类算子族中，ζ^* 的误差最小，我们称 ζ^* 为贝叶斯聚类器（Bayes clusterer）。

如前文所述，通过对空间 $\Re^d$ 的划分，每个分类器导出一个标记函数，而标记函数又导出一个与 $S\in\mathbf{N}$ 无关的聚类算子。那么，现在的问题是什么情况下分类器导出的聚类算子具有好的性能？

以满足

$$f(\mathbf{x}) = \sum_{j=0}^{l-1} f(\mathbf{x}\mid j)P(Y=j) \tag{6.31}$$

的 l 个条件分布 $f(\mathbf{x}\mid 0),f(\mathbf{x}\mid 1),\cdots,f(\mathbf{x}\mid l-1)$ 为例，其中 Y 是类标记。如果标记点过程(Ξ,Λ)由上述条件分布随机采样产生，则称(Ξ,Λ)是条件分布导出的（conditional-distribution-induced）标记点过程。这时，随机标记函数 Φ_S 的分布为

$$P(\Phi_S(\mathbf{x})=j) = P(Y=j\mid\mathbf{x}), \tag{6.32}$$

并且它与集合 S 无关，此时贝叶斯标记算子就退化为特征-标记分布 $(\mathbf{X},Y)$ 上的贝叶斯分类器，并且(Ξ,Λ)的实现就是 $(\mathbf{X},Y)$ 的样本。

通常，我们是设计一个分类器近似贝叶斯分类器，用设计的聚类算法近似贝叶斯聚类器。对于条件分布导出的标记点过程，聚类算子可以通过设计一个分类器得到，然后由此分类器导出的标记算子进行聚类。

其实，不仅可以由分类器得到聚类算子，反过来也可以实现。对于条件分布导出的标记点过程(Ξ,Λ)、聚类算子 ζ 和由其导出的标记算子 $\lambda\in F_\zeta$，当给定(Ξ,Λ)的一个实现 (S,ϕ_S) 时，可由 λ 得到 S 的标记函数 $\lambda(S)=\phi_{S,\lambda}$。然后，利用标记点 $(\mathbf{x},\phi_{S,\lambda}(\mathbf{x}))$ 设计一个分类器。设 λ 是 ζ 的匹配标记算子，如果 ζ 有好的聚类性能，并且对标记点 $(\mathbf{x},\phi_{S,\lambda}(\mathbf{x}))$ 选择一个合适的分类规则，就可以找到一个性能好的分类器。我们称与分类规则对应的分类器是 ζ 导出的（induced）。例如，最近邻 ζ-分类规则（nearest-neighbor ζ-classification rule）将分类器 ψ 定义为：根据匹配标记算子 $\psi(z)$ 是 S 中距离 $\mathbf{z}$ 最近的点的标记，其中 $\mathbf{z}\in\Re^d$。

6.2.4 聚类算子的分布测试

利用标记点过程算子，式（6.25）和式（6.28）为聚类算法提供了一种基于分布的性能度量，而评价的关键是获得独立的测试数据集。

关于这一点，聚类算子的共同特性给我们带来了方便。通常，我们希望聚类算子对点集的划分方式与空间位置无关，这一点并不适用于分类器。如果对随机平移向量 $\mathbf{Z}$ 和任意的 $\Phi_S\in\Lambda$，有 $\Phi_S(\mathbf{x})=\Phi_{S_0}(\mathbf{x}+\mathbf{Z})$，其中 $S=S_0+\mathbf{Z}$，$\Xi=\Xi_0+\mathbf{Z}$，则称标记点过程(Ξ,Λ)是标记点过程(Ξ_0,Λ_0)的一个随机平移（random translation）。若对任意的随机点过程 Ξ 和点 $\mathbf{z}\in\Re^d$，有 $\zeta(\Xi+z)=\zeta(\Xi)+z$，则称 ζ 是平移不变（translation-invariant）聚类算子。若(Ξ,Λ)是标记点过程(Ξ_0,Λ_0)的一个随机平移且 ζ 是平移不变的聚类算子，则 ζ 对(Ξ,Λ)的估计误差等价于对(Ξ_0,Λ_0)的估计误差。这个等价性对实际测试过程具有重要的意义，因为我们只需要产生(Ξ_0,Λ_0)的实现测试 ζ 即可。对于条件分布导出的标记点过程和平移不变聚类算子，该结果可用于处理标记点过程的随机平移。

假设条件分布导出的标记点过程符合一个概率模型，即可产生独立的合成数据来测试聚类算子的性能。例如，我们可以用由 m 个条件独立的高斯随机向量 $\mathbf{X}|1,\mathbf{X}|2,\cdots,\mathbf{X}|m$ 组成混合分布测试聚类算法，其中均值向量为 $\mathbf{u}_1,\mathbf{u}_2,\cdots,\mathbf{u}_m$，$\mathbf{X}|k$ 的协方差矩阵为 C_k，从 $\mathbf{X}|k$中抽取的样本数为 r_k（Dougherty et al., 2002）。若簇的个数已知（这并不是必须的），则聚类算法可预置 m 个簇 $C_1,C_2,\cdots,C_m$。一种简化是假设 $\mathbf{X}|k$ 的各分量不相关，则 C_k 就是对角线为方差向量 $\boldsymbol{\sigma}_k^2=(\sigma_{k1}^2,\sigma_{k2}^2,\cdots,\sigma_{kn}^2)$ 的对角矩阵。或者，还可进一步假设各分量的方差相同。

对于真实数据则非常困难，原因是只有知道真实的划分才能估计聚类算子 ζ 的误差，而实际情况是我们并不清楚真实的划分。一种方法是根据数据估计一个模型，然后利用该模型产生的合成数据估计算子的误差。这种方法必须估计标记的条件分布。另一种方法是对数据聚类，然后由所得的簇估计条件分布。这种方法的缺点是误差估计与聚类方法的选择有关，解决的方法是采用合并法：首先利用聚类算子 $\zeta_1,\zeta_2,\cdots,\zeta_q$ 对数据聚类，然后分别根据 $\zeta_1,\zeta_2,\cdots,\zeta_q$ 的输出计算 ζ 的误差，最后取其平均值作为 $\varepsilon(\zeta)$ 的估计。这里 $\zeta_1,\zeta_2,\cdots,\zeta_q$ 称为种子算子（seed operators），ζ 可在或不在算子族 $\zeta_1,\zeta_2,\cdots,\zeta_q$ 中。

假设有 q 个种子聚类算子 $\zeta_1,\zeta_2,\cdots,\zeta_q$，每个聚类算子 $\zeta_k(k=1,2,\cdots,q)$ 产生 m 个簇 $U_{k1},U_{k2},\cdots,U_{km}$。通过这些簇估计每个模型 M_k 的参数，然后分别应用模型 M_1，$M_2,\cdots,M_q$ 估计聚类算子 ζ 的误差。相对于种子聚类算子 $\zeta_1,\zeta_2,\cdots,\zeta_q$，$\zeta$ 的期望误差分别为 $\varepsilon_{m,1}(\zeta),\varepsilon_{m,2}(\zeta),\cdots,\varepsilon_{m,q}(\zeta)$。$\zeta$ 的面包篮误差估计（bread-basket error estimation）为

$$\varepsilon_m(\zeta)=\frac{1}{q}\sum_{k=1}^{q}\varepsilon_{m,k}(\zeta_k)。\tag{6.33}$$

这个误差不仅与种子算子有关，而且与模型有关。常见的折中是：简单模型有较好的误差估计，而复杂模型对数据的拟合更好（也可能是过拟合）。例如，如果模型 M_k 由 m 个高斯分布组成，分别对应 m 个簇 $U_{k1},U_{k2},\cdots,U_{km}$，当对这些模型进行或多或少的泛化时，就会对协方差矩阵产生相应的约束。

6.3 聚类的验证

在随机点集范畴，聚类算子的误差也可以用类似于分类误差来定义。人们可以将有效的聚类算子概括为误差小的算子或者产生合适簇的算子。除非有一个“好”的定义，否则上述有效聚类算子的定义毫无意义。如果没有概率分布（标记点过程），如何评估聚类算子？因此，必需定义有效性“好”的度量；而且该定义并不适用于随机集上的聚类算子，它仅取决于启发式规则。原因是启发式规则可以反映聚类算子对当前数据的表现如何。下面，我们介绍一些反映聚类结果有效性或者比较聚类结果的方法，它们大致可以分为两类：基于数据评价的内部验证（internal validation）方法和基于预设信息评价的外部验证（external validation）方法。

6.3.1 外部验证

外部验证主要指根据点集 S 比较两个标记函数。给定 S 和聚类算子 ζ，我们希望比较 ζ 和其他方法对 S 的划分情况，后者代表研究者对数据的一种认识。设 ϕ_S 和 $\phi_{S,\lambda}$ 分别对应启发式标记函数和 ζ 的划分。因为没有产生 S 的随机集合，无法计算 λ 的误差 $\varepsilon(\lambda)=E[\varepsilon_\lambda]$。实际上，由于没有随机标记函数 Φ_S，也无法计算由概率 $P(\phi_{S,\lambda}(x)\neq\Phi_S(x))$ 决定的误差 $\varepsilon_\lambda(S)$。但是，我们可以计算一种经验误差 $e[\phi_S,\phi_{S,\lambda}]$，它表示 $\phi_{S,\lambda}$ 相对于 ϕ_S 误标记的比例。对于每个 $\lambda\in F_\zeta$，都可以得到一个经验误差值。仿照式（6.28）得到经验误差

$$e(\zeta;\phi_S)=\min_{\lambda\in F_\zeta}e[\phi_S,\phi_{S,\lambda}]\tag{6.34}$$

实际上，如果根据一个标记随机过程随机生成 S 及其标记，那么 $e(\zeta;\phi_S)$ 就可作为 $e(\zeta)$ 的一个估计。但是，现在的问题是没有这种随机过程。最后，需要说明的是并不要求其中一种划分方法一定要有一个先验假设，它们都可由聚类算子产生，并且一个给定的点集的经验错分类误差总是相对于其中一个聚类算子计算的结果。

我们也可以避开直接计算经验误差，研究聚类算子和启发式划分对于点对的聚类情

形。设 $\mathcal{P}_S$ 和 $\mathcal{P}_{S,\lambda}$ 分别表示启发式划分和 ζ 划分。下面定义 4 个参数：a 表示 $\mathcal{P}_S$ 和 $\mathcal{P}_{S,\lambda}$ 中同时属于同类的点对数；b 表示 $\mathcal{P}_S$ 中属于同类，而 $\mathcal{P}_{S,\lambda}$ 中属于不同类的点对数；c 表示 $\mathcal{P}_S$ 中属于不同类，而 $\mathcal{P}_{S,\lambda}$ 中属于同类的点对个数；d 表示 $\mathcal{P}_S$ 和 $\mathcal{P}_{S,\lambda}$ 中同时属于不同类的点对个数。如果划分完全一致，所有点对要么属于 a 类，要么属于 d 类。Rand 指数（Rand Index）的定义为（Rand，1971）

$$R = \frac{a+d}{a+b+c+d} \tag{6.35}$$

Rand 指数在 0～1。应用 a、b、c 和 d 的另外两种指数分别为 Jaccard 系数（Jaccard coefficient）

$$J = \frac{a}{a+b+c} \tag{6.36}$$

和 Folkes-Mallows 指数（Folkes and Mallows index）

$$FM = \sqrt{\frac{a}{a+b}\frac{a}{a+c}}。 \tag{6.37}$$

外部验证的方法非常多（Milligan and Cooper，1986）。根据经验测度比较聚类算子和启发式划分似乎没有任何意义，因为既然已经知道划分，又何必要用聚类算法？但是，它们的一致性至少能够说明这些测度反映了启发式划分包含的科学认识，并支持了这种验证方式的有效性。

6.3.2 内部验证

内部验证方法不需要任何外部信息，仅依靠数据评估划分簇，它通常根据启发式测度表示聚类的性能。需要注意的是，这个测度仅适用于当前的数据，因而不能用于预测聚类算法的好坏——甚至也不能说明这种测度本身的好坏。

空间聚类常用的启发式方法是若该算法能够产生紧致簇，并且它们之间存在清晰的界限，则聚类的结果就好。下面介绍两个这种启发式指数，设 $P=\{S_1,S_2,\cdots,S_k\}$ 是 S 的一个划分，$\delta(S_i,S_j)$ 是簇间距，$\sigma(S_i)$ 是簇的离散度。Davies-Bouldin 指数（Davies-Bouldin index）定义为（Davies and Bouldin，1979）

$$\alpha(\mathcal{P}) = \frac{1}{k}\sum_{i=1}^{k}\max_{j\neq i}\left\{\frac{\sigma(S_i)+\sigma(S_j)}{\delta(S_i,S_j)}\right\} \tag{6.38}$$

Dunn 指数（Dunn index）定义为（Dunn，1973）

$$\beta(\mathcal{P}) = \min_i \min_{j\neq i}\frac{\delta(S_i,S_j)}{\max_l \sigma(S_l)} \tag{6.39}$$

$\alpha(\mathcal{P})$ 越小越好，而 $\beta(\mathcal{P})$ 则越大越好。上述定义并未给出距离和离散度的确切定义，这方面的方法很多。如果希望类间距离很远，一种定义为

$$\delta(S_i,S_j) = \min_{\mathbf{x}\in S_i,\mathbf{z}\in S_j}\|\mathbf{x}-\mathbf{z}\| \tag{6.40}$$

对于紧致类，可以定义类的直径

$$\sigma(S_i) = \max_{\mathbf{x},\mathbf{z}\in S_i}\|\mathbf{x}-\mathbf{z}\| \tag{6.41}$$

因为这些度量并没有预测能力，我们很难对其优劣做出评价。当然，也有一些研究通过仿真方法观察它们的表现或性能（Maulik and Bandyopadhyay，2002）。

现在的问题是上述这些指数究竟与验证有多大关系，一种方法是计算聚类算子的误差与这些有效性指数的 Kendall 等级相关系数，由此判断一个有效性指数的价值。显然，一个指数的性能取决于聚类算子及其模型，如果聚类误差与有效性指数的相关性不接近 1，则这个指数对于好的聚类性能就没有任何意义。Brun 等通过大量聚类算法和模型的仿真计算研究了这些有效性指数的性能，计算结果的变化非常大，因而我们并不能对这些有效性指数有太高的期望（Brun et al.，2006）。

6.3.3 不稳定指数

现在讨论一种利用簇导出分类器评价聚类算子稳定性的内部有效性指数（Breckenridge，1989；Roth et al.，2002；Dudoit and Fridlyand，2002）。在条件分布导出的标记点过程部分已经介绍过簇导出分类器的概念，主要目标是改善分类器性能。但是现在假设仅有一个点集 S，我们仍然可以使用 ζ 划分 S，然后由此划分随机分配一个标记算子 ϕ_S。同时，利用分类规则得到一个分类器 ψ_{S,ϕ_S}。此时由于没有标记点过程，我们无法评价这个分类器的性能。但不管怎么样，我们还是定义了一个分类器。

给定聚类算子 ζ、随机点过程 Ξ 及其实现 S，随机选取一个规模为 $|S|/2$ 的子集 U（假设 $|S|$ 是偶数），令 $V=S-U$。首先，聚类算子 ζ 对 U 导出标记算子 $\lambda_U\in F_\zeta$，可得到标记函数 $\lambda_U(U)$，并形成导出分类器 $\psi_{U,\lambda_U(U)}$。然后，聚类算子 ζ 对 V 导出标记算子 $\lambda_V\in F_\zeta$，可得标记函数 $\lambda_V(V)$。一种聚类算子稳定性的定义就是比较 $\lambda_V(V)$ 和 $\psi_{U,\lambda_U(U)}$。$\gamma_\zeta(\lambda_V(V);\lambda_U(U))$ 的定义为相对于 $\lambda_V(V)$，V 中被 $\psi_{U,\lambda_U(U)}$ 错分类的比例，即 $\psi_{U,\lambda_U(U)}(\mathbf{x})\neq\lambda_V(V)(\mathbf{x})$。由于这种比较在 $\lambda_V(V)$ 和 $\psi_{U,\lambda_U(U)}$ 之间，因此，$\gamma_\zeta(\lambda_V(V);\lambda_U(U))$ 不对称。$\gamma_\zeta(\lambda_V(V);\lambda_U(U))$ 反映 λ_V 和 λ_U 的一致性度量，但是，作为 ζ 稳定性的度量，还需对标记置换进行校正。仿照式（6.28），对于 S 的划分$\{U,V\}$，ζ 的不稳定性（instability）可定义为

$$\gamma_\zeta(S;U,V)=\min_{\lambda_V\in F_\zeta}\gamma_\zeta(\lambda_V(V);\lambda_U(U)) \tag{6.42}$$

现在将 ζ 的不稳定性指数定义为 Ξ 上的数学期望

$$\gamma_\zeta(\Xi)=E_\Xi[\gamma_\zeta(S;U,V)] \tag{6.43}$$

即使 $\gamma_\zeta(\lambda_V(V);\lambda_U(U))$ 不对称，U 的随机选择确保了期望与变元的顺序无关。直观上，若 ζ 能够对 Ξ 的实现进行合理的聚类，则 $\gamma_\zeta(\lambda_V(V);\lambda_U(U))$ 应该很小，原因是根据 U 训练的分类器应该对整个空间具有很好的划分能力，而这就体现为对 V 的标记。

不稳定性估计是根据 Ξ 的一个独立实现样本 $S=\{S_1,S_2,\cdots,S_r\}$ 计算 $\gamma_\zeta(S_1;U_1,V_1),\cdots,\gamma_\zeta(S_r;U_r,V_r)$ 的均值 $\gamma_\zeta(S)$。若 S 是单个点集，则可利用重采样技术得到 $\gamma_\zeta(S_1;U_1,V_1),\cdots,\gamma_\zeta(S_r;U_r,V_r)$，然后求其均值。其中样本对的采样类似于交叉验证的方式，从 S 中独立抽取。

不稳定指数可用于解决聚类的一个突出问题。聚类算法通常要求事先指定簇的个数，若指定的个数与点过程一致，算法就很可能像预想的那样。这里我们利用有效性指数确定簇的个数，算法运行过程可以尝试不同的簇个数，然后选择与最大有效性指数对应的簇个数。这个方法的缺点是簇个数对有效性指数的影响很大，从而导致最佳簇个数往往是有偏的划分。

对于不稳定指数，假设 ζ 可形成 k 个簇。由于计算过程的随机置换，有 $\gamma_\zeta(S;U,$

V)$\leqslant 1-1/k$。这是一个紧致上界（Roth et al.,2002），因此，我们推荐使用归一化的不稳定性（normalized instability）

$$\gamma_{\zeta}^{\mathrm{nor}}(\Xi)=\frac{E_{\Xi}(\gamma_{\zeta}(S;U,V))}{E_{\Xi}(\gamma_{\xi}(S;U,V))} \tag{6.44}$$

式中 ξ 表示随机分配簇算子，并且式（6.43）中的期望要通过合适的重采样均值来估计。

6.3.4 贝叶斯因子

关于性能比较，簇个数是基于输入参数比较法的一种特例。对于基于模型的聚类，不同复杂度模型间的比较就是比较模型的参数，这就需要一个测度。给定模型 M_1 和 M_2，其参数向量分别为 $\boldsymbol{\theta}^{(1)}$ 和 $\boldsymbol{\theta}^{(2)}$，模型 M_j 对样本数据 S 的积分似然度（integrated likelihood）为

$$P(S|M_j)=\int P(S|\boldsymbol{\theta}^{(j)},M_j)P(\boldsymbol{\theta}^{(j)}|M_j)d\boldsymbol{\theta}^{(j)} \tag{6.45}$$

式中 $j=1,2$，$P(S|M_j)$ 表示在该模型下样本数据的条件概率。一种模型比较的测度就是贝叶斯因子（Bayes factor）（Kass and Raftery，1995），

$$B_{12}=\frac{P(S|M_1)}{P(S|M_2)} \tag{6.46}$$

若 $B_{12}>1$，则选择模型 M_1 的可能性就大于模型 M_2。积分似然度很容易扩展到多个模型。

式（6.45）中积分不便于求解，可用它的近似值代替。对于基因表达数据，有人推荐使用贝叶斯信息准则（bayesian information criterion，BIC）（Yeung et al.，2001），其定义为

$$\mathrm{BIC}_j=2\log P(S|\hat{\boldsymbol{\theta}}^{(j)},M_j)-m_j\log n \tag{6.47}$$

式中 m_j 是模型 M_j 中待估计的参数个数，$\hat{\boldsymbol{\theta}}^{(j)}$ 是 $\boldsymbol{\theta}^{(j)}$ 的最大似然估计（Schwarz，1978）。式（6.47）可近似为

$$2\log P(S|M_j)\approx \mathrm{BIC}_j \tag{6.48}$$

这样，就可根据 BIC 的分值对模型进行比较。

6.4 聚类算子学习

近年来，人们一直试图将学习机制引入聚类，即通过标记的数据学习聚类算子，而后将其应用于新的未标记数据。本节我们以概率论中的随机集合为基础，讨论聚类算子的学习问题。首先，简单介绍一些已有的学习方法。

一种参数技术是利用训练样本学习相似矩阵，主要思想是划分代价的最小化和相似矩阵（Bach and Jordan，2004）。给定一个标记集合族，它们的关联相似矩阵就是最小化谱聚类划分和原始划分差异的矩阵。由标记集和矩阵对可以学习对未标记数据集分配矩阵的参数化映射。另一种参数技术是基于训练集的聚类结果的优化，学习 Mahalanobis 距离中的参数（Xing et al.，2003）。对于图像分割，有人提出一种基于属性的学习方法，其中的属性可以是点的位置、点对的相似度或距离、簇中对象数的平均值、最大

值和最小值等（Kamishima，2003）。确定属性之后，就可用最大后验方法估计新点集的划分，并指派属性联合概率最大的划分。这种技术可用于属性的选择，并且完全依赖于训练样本和属性的定义，缺点是所需训练样本数随对象数目呈指数级增长。

在随机标记点过程的框架下，聚类算子的学习类似于分类器的学习：根据样本数据，设计一个聚类算子，并估计标记点过程(Ξ,Λ)产生的划分。对于规模为 n 的训练集簇 $D_n = \{(S_1,\phi_1),(S_2,\phi_2),\cdots,(S_n,\phi_n)\}$，其中 S_i 是 Ξ 的一个实现，ϕ_i 是随机标记函数 Φ_{S_i} 的一个实现。聚类规则（学习算法）给每个规模为 n 的训练集分配一个标记算子 λ_n，并由 λ_n 导出一个聚类算子 $\zeta_n = \zeta_{\lambda_n}$。和分类规则一样，$\lambda_n$ 和 ζ_n 都是随机的，原因是它们都依赖于具体的训练集。

6.4.1 经验误差聚类算子

一个基本的学习规则就是根据训练数据 D_n 的经验误差选择最佳聚类算子（Brun and Dougherty，2005）。参考式（6.28），若 $\{\zeta^1,\zeta^2,\cdots,\zeta^r\}$ 是一个聚类算子族，则经验误差聚类算子（empirical-error cluster operator）就是误差最小的算子，

$$\varepsilon(\zeta^i) = \min_{\lambda \in F_{\zeta^i}} \hat{\varepsilon}(\lambda) \tag{6.49}$$

其中

$$\hat{\varepsilon}(\lambda) = \frac{1}{n}\sum_{j=1}^{n}\sum_{\mathbf{x}\in S_j}\frac{1}{|S_j|}I_{\phi_j(\mathbf{x})\neq\lambda(\mathbf{x})} \tag{6.50}$$

其中 I 为示性函数。如果不清楚基本的随机标记点过程，就可利用样本的经验误差规则选择最好的聚类算子。

下面以两个分布的混合模型为例说明经验误差聚类规则：其中一个是均值为零、协方差矩阵为 $\mathbf{K}_i = \sigma_i^2\mathbf{I}$ 的二维高斯分布；另一个是圆形分布，其半径是均值为 3、方差为

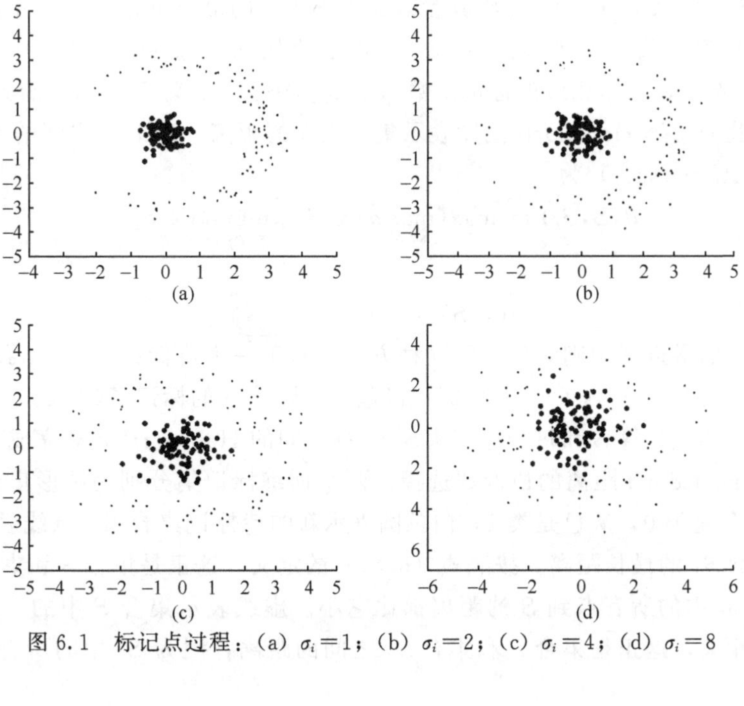

图 6.1　标记点过程：(a) $\sigma_i=1$；(b) $\sigma_i=2$；(c) $\sigma_i=4$；(d) $\sigma_i=8$

σ_i^2 的正态分布，其角度是均值为 0、方差为 1 的正态分布。现在考虑 4 种情况，$\sigma_i=1$、2、4 和 8。图 6.1 为 4 个点标记过程的分布，图 6.2 为 k-均值、模糊 c-均值、完全连接、单连接和平均连接的欧氏分层聚类、自组织映射，以及随机标记等方法在 100 个训练标记集下的平均误差。方差较小时，模糊 c-均值优于其他算法；方差较大时，由于不同类别数据间的重叠度增大，全连接分层聚类的效果最好。

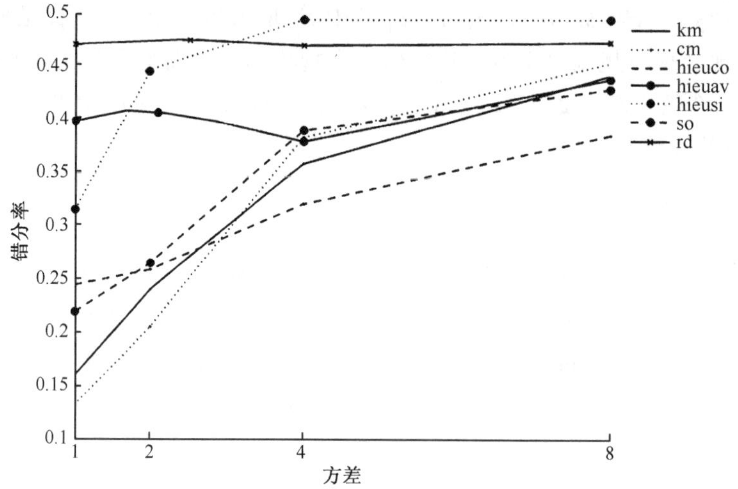

图 6.2　不同聚类算子的经验误差率

6.4.2　最近邻聚类规则

一个更精细的方法是 k-最近邻分类在随机点集上的变种（Dougherty and Brun，2004）。对于聚类而言，此时的一个“点”就是一个集合。因而，对于规则的理解也要做相应的调整。令 $k=\log_b(n)$，将其舍入成不小于 3 的最小奇数，其中 b 为整数。

要计算观察点集 S 的标记函数 $\phi_{S,n}$，就必须从训练族 D_n 找到 k 个最近集 $S_{i,1}$，$S_{i,2},\cdots,S_{i,k}$。然后，根据相应的标记函数 $\phi_{i,1},\phi_{i,2},\cdots\phi_{i,k}$ 定义 S 的标记函数。根据随机集合理论，我们选择 Hausdorff 测度表示集合之间的距离。S 和 S_j 之间的 Hausdorff 距离（Hausdorff distance）为

$$d(S,S_j)=\max(\max_{\mathbf{x}\in S}d(\mathbf{x},S_j),\max_{\mathbf{x}\in S_j}d(\mathbf{x},S)),\tag{6.51}$$

式中

$$d(\mathbf{x},S)=\min_{\mathbf{y}\in S}\|\mathbf{x}-\mathbf{y}\|。\tag{6.52}$$

我们以 $k=1$ 的最近邻规则为例说明这种方法。对于一个待标记集合 S，我们需要（1）找到 S 的最近邻集合 $S_{i,1}$，（2）利用标记函数 $\phi_{i,1}$ 设计 S 的标记函数 $\phi_{S,n}$。

步骤 1 可通过计算 S 和每个标记集 $S_i\in D$ 之间的 Hausdorff 距离完成。图 6.3（a）显示了基于 Hausdorff 距离的最近邻选择。两个训练标记集分别为圆形集合 S_1 和十字集合 S_2，黑色是类 0，灰色是类 1，白色圆表示新的待标记集合 S。点线表示集合 S 中的一点到集合 S_1 的最长距离，按照式（6.51）的定义，这正是集合 S 和集合 S_1 之间的距离，因为 S_1 中的所有点到 S 的距离都比它小。虚线表示集合 S 中的一点到集合 S_2 之间的最长距离，这正是集合 S 和集合 S_2 之间的距离，因为 S_2 中的所有点到 S 的距

离都比它小。因此，S 到 S_1 更近，于是 S_1 应该被选作最近邻。

确定 S 的最近邻后，步骤 2 要根据 S_1 确定 S 的标记函数。对于每个 $\mathbf{x}\in S$，在 S_1 中找到距其最近的点，然后将该点的标号赋给 $\mathbf{x}$。图 6.3（b）为 S 中的每一点（白色圆）找到其在 S_1 中的最近点。对 S 中的每一点，按照 S_1 中与其最近的点为其标号。S 中每一点的最终标号见图 6.3（c）。

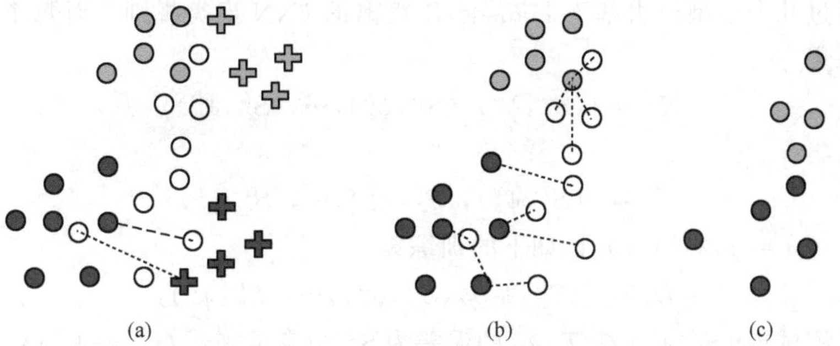

图 6.3　最近邻（k=1）类的分配。(a) 邻居选择过程的 Hausdoff 距离；(b) 新标记的分配；(c) 类的最终分配

当 $k>1$ 时，确定 $S_{i,1},S_{i,2},\cdots,S_{i,k}$ 之后，S 的标记函数 $\phi_{S,n}$ 由相应的标记函数 $\phi_{i,1},\phi_{i,2},\cdots,\phi_{i,k}$ 投票表决。对于每一个样例 $(S_{i,h},\phi_{i,h})$，$h=1,2,\cdots,k$，由

$$\phi_{S,n}^{h}(\mathbf{x})=\phi_{i,h}(\mathbf{y}) \tag{6.53}$$

定义 S 上的标记函数 $\phi_{S,n}^{h}$，其中 $\mathbf{y}$ 是 $S_{i,h}$ 中距 $\mathbf{x}$ 最近的点。

由于标记交换的问题，标记算子的定义采取增量置换方式。设 $\psi_{S,n}^{1}=\phi_{S,n}^{1}$，标记函数 $\psi_{S,n}^{h}$，$h=2,3,\cdots,k$ 的定义如下：对标记的所有置换，选择一个与 $\psi_{S,n}^{h-1}$ 最近的置换 π，即对所有的点 $\mathbf{x}\in S$，满足 $\pi\phi_{S,n}^{h}(\mathbf{x})\neq\psi_{S,n}^{h-1}(\mathbf{x})$ 的点数最少。于是，我们定义

$$\psi_{S,n}^{h}=\pi\phi_{S,n}^{h} \tag{6.54}$$

$\phi_{S,n}$ 的定义根据多数表决方式，当

$$|\{\psi_{S,n}^{h}(\mathbf{x})=1\}|\geqslant k/2 \tag{6.55}$$

时，$\phi_{S,n}(\mathbf{x})=1$。否则，$\phi_{S,n}(\mathbf{x})=0$。

图 6.4 为集合 S_2 的两种可能的标记置换。在图 6.4（a）中，只有箭头所指的点得到错误的标记；在图 6.4（b）中，9 个点中有 8 个点得到错误的标记（相对于先前集合

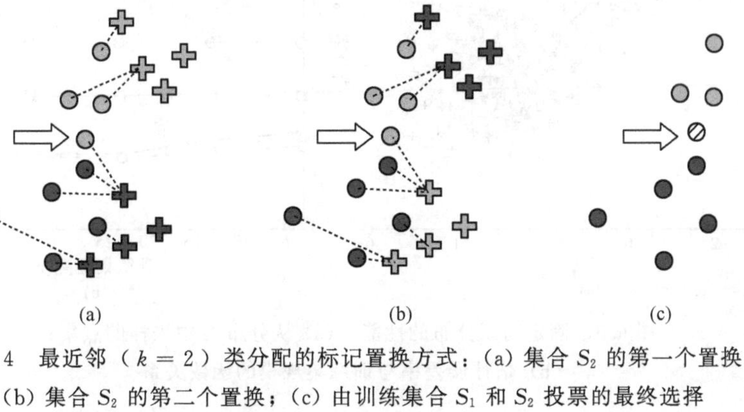

图 6.4　最近邻（$k=2$）类分配的标记置换方式：(a) 集合 S_2 的第一个置换；(b) 集合 S_2 的第二个置换；(c) 由训练集合 S_1 和 S_2 投票的最终选择

S_1 分配的类标记)。因此对于 S_2，选择第一个置换为最佳标记。点的最终标记是通过集合 S_1 和 S_2 投票的累加值决定。上面例子中除了箭头指向的点之外，其余都是一致投票。对该点而言，它从集合 S_1 获得一个类 1 的投票，从集合 S_2 中获得一个类 0 的投票。这种平局投票的情况可通过优先级解决：最近集合（或者列表中的第一个）定义胜出者。最终的结果如图 6.4（c）所示。

现在通过几个模型说明基于 Hausdorff 距离的 kNN 聚类规则，对每个模型独立产生一个训练集

$$D = \{(S_1^D, \phi_1^D), (S_2^D, \phi_2^D), \cdots, (S_t^D, \phi_t^D)\} \tag{6.56}$$

和一个测试集

$$T = \{(S_1^T, \phi_1^T), (S_2^T, \phi_2^T), \cdots, (S_r^T, \phi_r^T)\} \tag{6.57}$$

标记算子 λ_n ($n = 1,2,\cdots,t$) 以如下的训练集

$$D_n = \{(S_1^D, \phi_1^D), (S_2^D, \phi_2^D), \cdots, (S_n^D, \phi_n^D)\} \tag{6.58}$$

估计。对于测试集 $(S_i^T, \phi_i^T) \in T$，λ_n 的误差为 S_i^T 中满足 $\phi_{S_i^T,n}(\mathbf{x}) \neq \phi_{S_i^T}(\mathbf{x})$ 的点数。平均误差率 $\hat{\varepsilon}(\lambda_n)$ 就是 λ_n 的误差 $\varepsilon(\lambda_n)$ 的一个估计。这样，就可得到一个关于 n 的误差率曲线。我们对 λ_n 和一些标准聚类算法的误差进行了比较，其中包括 k-均值、模糊 k-均值、基于欧氏距离的全连接和单连接分层聚类。各方法误差计算都是测试集 T 上误差的均值。为了比较聚类算子和分类器，我们训练了一个均方误差线性分类器和一个 kNN 分类器。

对于 $\Re^2 \times \{0,1\}$ 上的分布 Ω，其条件分布分别为 $\mathbf{X}|\mathbf{0} \sim N(\boldsymbol{\mu}_0, \sum_0)$ 和 $\mathbf{X}|\mathbf{1} \sim N(\boldsymbol{\mu}_1, \sum_1)$ 的高斯分布，其中参数 $\boldsymbol{\mu}_0 = (0,3)$，$\boldsymbol{\mu}_1 = (3,0)$，且 $\sum_0 = \sum_1 = \mathbf{I}$。图 6.5（a）为一个从 Ω 采样到的点集。随机集合 Ξ 为 Ω 上的一个样本，这里假设每一个实现包括来自 $\mathbf{X}|0$的 3 个点和来自 $\mathbf{X}|1$的 7 个点。算法的参数为 $k = \log_2 n$，测试集规模 $r = 1000$，训练集的最大规模 $t = 50$。如图 6.5（b）所示，尽管经典聚类算子适合混合模型，训练过的 kNN 聚类算子总是优于未经训练的经典聚类算子（译者注：图标中的 C-均值

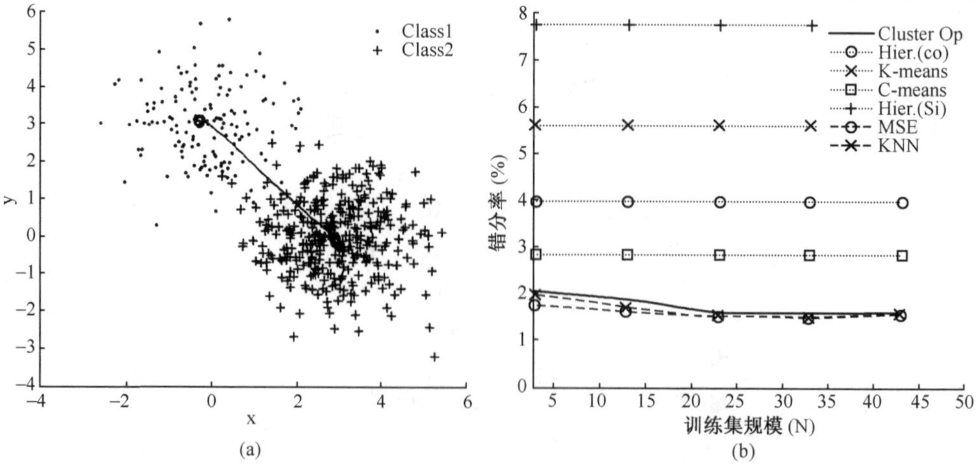

图 6.5 固定高斯分布的性能。(a) 从分布 Ω 中采样的点集；
(b) 估计误差率与训练集规模的函数关系

代表模糊 k-均值)。由于标记分布的均值固定，也可以先设计一个分类器，然后根据分类器的决策边界进行聚类。如图 6.5（b）所示，kNN 聚类算子的性能与 MSE 线性分类器和 kNN 分类器一样。

现在考虑另一个分布 Ω，其条件分布分别为 $\mathbf{X}|0 \sim N((0,0),0.2\mathbf{I})$；以及极坐标形式表示的圆形分布 $\mathbf{X}|1$，其中半径为 $r \sim N(3,0.2)$，角度为 $\Theta \sim N(0,1)$。图 6.6（a）为 Ω 的一个采样点集。随机集合 Ξ 为两种条件分布各采样 5 个点。算法的参数为 $k = \log_2 n$，测试集规模为 $r = 1000$，训练集的最大规模为 $t = 50$。如图 6.6（b）所示，除了单连接的分层聚类，其他各种经典聚类算法的性能都很差，并且两个类越靠近，对算法的影响就越大。训练过的 kNN 聚类算子同样总是优于未经训练的经典聚类算子。虽然标记的分布与前面的例子一样是固定的，但是这里线性分类器的性能并不是很好。

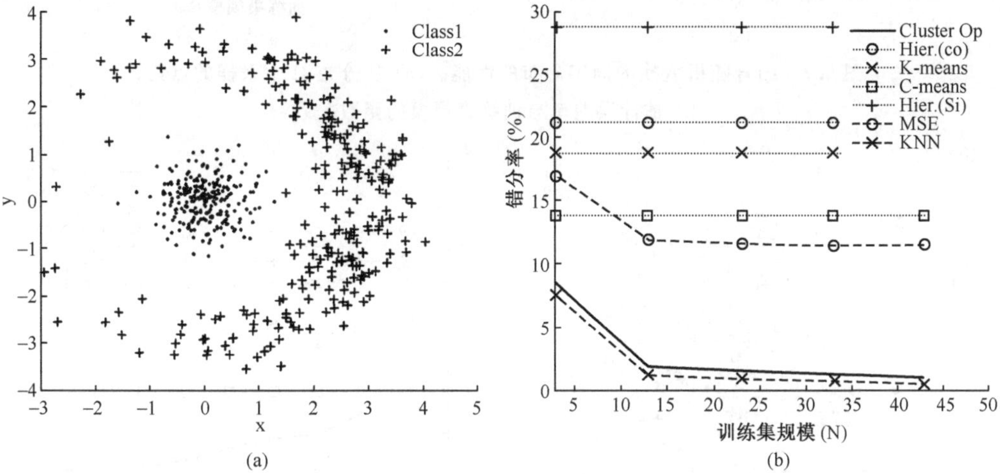

图 6.6　固定高斯和圆形分布的聚类性能。(a) 从分布 Ω 中采样的点集；(b) 估计误差率与训练集规模的函数关系

前面两个例子中，通过分类器进行聚类的效果都很好，主要原因是标记分布空间的稳定性。通常，对一个点标记时，聚类算子会考虑整个样本数据的因素，而分类器只考虑该点本身。因此，聚类的优点是聚类算子擅长于处理空间上的随机标记分布。

考虑一个对经典算法有利的例子。设 Ξ 为第一个例子中的两个高斯实验的点过程，但是现在我们考虑 Ξ_τ，其中 τ 是$[0,5]^2$ 上均匀分布的一个随机向量。算法的参数为 $k = \log_3 n$，测试集规模为 $r = 1000$ 和训练集的最大规模为 $t = 250$。图 6.7（a）为 Ω 的一个采样点集，图 6.7（b）是性能曲线。可以看出：两个基于分类器的聚类算子性能都很差；而经典算子的性能与第一个模型的情况相同，原因是它们不受整个集合平移的影响；此外，当训练集规模适当时，训练过的聚类算子与模糊 k-均值的性能一样，比其他算法要好很多。

最后，设 Ξ 是上述由高斯和圆形分布混合而成的一个点过程，我们同样考虑 Ξ_τ，其中 τ 是$[0,5]^2$ 上均匀分布的一个随机向量。图 6.8（a）为 Ω 的一个采样点集，图 6.8（b）为性能曲线。可以看出：两个基于分类器的聚类算子性能都很差；而经典算子的性能与第二个模型的情况一样，都不是太好；当训练集规模达到大约 75 时，学习到的聚类算子的性能优于最好的经典算法，并且仅需少量的训练集就可超过单连接分层聚类。

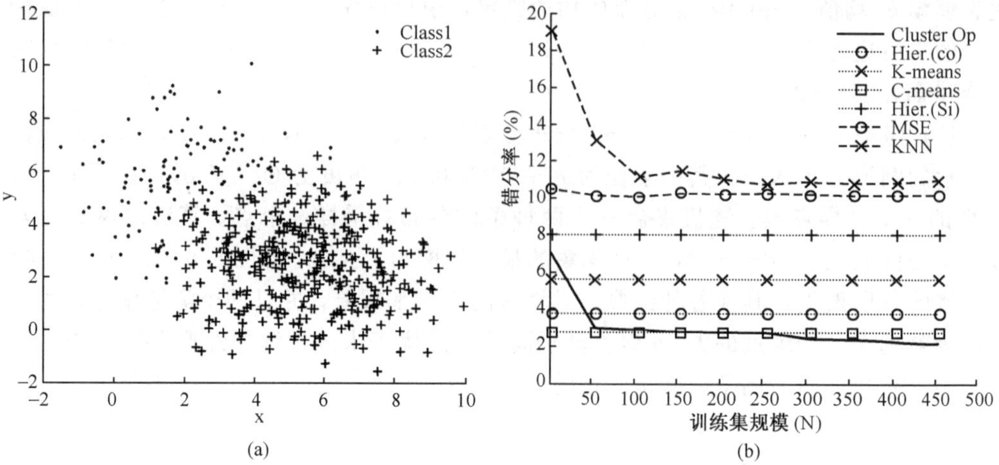

图 6.7　结合随机变换的固定分布的性能。(a) 从分布 Ω 中采样的点集；(b) 估计误差率与训练集规模的函数关系

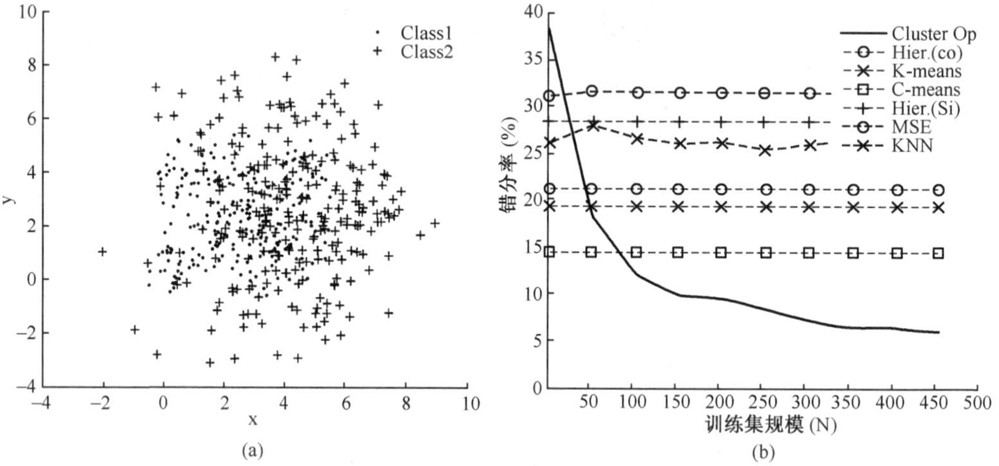

图 6.8　结合随机变化的高斯和圆形分布的性能。(a) 从分布 Ω 中采样的点集；(b) 估计误差率与训练集规模的函数关系

参考文献

[1] Bach FR, Jordan MI. (2004) Learning spectral clustering. *Proc Adv Neural Inform Process* 16.

[2] Banfield JD, Raftery AE. (1993) Model-based Gaussian and non-Gaussian clustering, *Biometrics* 49:803–21.

[3] Ben-Dor A, Shamir R, Yakhini Z. (1999) Clustering gene expression patterns. *Comput Biol* 6(3/4):281–97.

[4] Bezdek JC. (1981) *Pattern Recognition with Fuzzy Objective Function Algorithms* Plenum Press, New York.

[5] Breckenridge JN. (1989) Replicating cluster analysis: method, consistency, and validity. *Multivariate Behav Res* 24(2):147–61.

[6] Brun M, Dougherty ER. (2005) Clustering algorithms do not learn, but they can be learned. *Proc SPIE Math Meth Pattern Image Anal* 5916.

[7] Brun M, Sima C, Hua J, Lowey J, Carroll B, Suh E, Dougherty ER. (2006) Model-based evaluation of clustering validation measures. *Pattern Recognition* 40(3):807–24.

[8] Celeux G, Govaert G. (1993) Comparison of the mixture and the classification maximum likelihood in cluster analysis. *Stat Comput Simulation* 47:127–46.

[9] Cottrell M, Fort JC, Pages G. (1998) Theoretical aspects of the SOM algorithm. *Neurocomputing* 21:119–38.

[10] Cressie N, Lasslett GM. (1987) Random set theory and problems of modeling. *SIAM Rev.* 29(4):557–574.

[11] Dasgupta A, Raftery AE. (1998) Detecting features in spatial point processes with clutter via model-based clustering. *J Am Stat Assoc* 93:294–302.

[12] Davies DL, Bouldin DW. (1979) A Cluster separation measure. *IEEE Trans Pattern Anal Mach Intell* 1:224–7.

[13] Dunn JC. (1973) A fuzzy relative of the ISODATA process and its use in detecting well-separated clusters. *Cybernetics* 3:32–57.

[14] Dougherty ER. (1999) *Random Processes for Image and Signal Processing*, IEEE and SPIE Presses, Bellingham, WA.

[15] Dougherty ER, Barrera J, Brun M, Kim S, Cesar RM, Chen Y, Bittner M, Trent JM. (2002) Inference from clustering: application to gene-expression time series. *Comput Biol* 9(1):105–26.

[16] Dougherty ER, Brun M. (2004) A probabilistic theory of clustering. *Pattern Recognition* 37:917–25.

[17] Dougherty ER, Braga-Neto U. (2006) Epistemology of computational biology: mathematical models and experimental prediction as the basis of their validity. *J Biol Syst* 14(1):65–90.

[18] Dudoit S, Fridlyand J. (2002) A prediction-based resampling method for estimating the number of clusters in a dataset. *Genome Biol* 3(7):1–32.

[19] Feynman R. (1985) *QED: The Strange Theory of Light and Matter*, Princeton University Press, Princeton, NJ.

[20] Flexer A. (2001) On the use of self-organizing maps for clustering and visualization. *Intell Data Anal* 5:373–84.

[21] Fraley C, Raftery AE. (1998) How many clusterts? Which clustering method? Answers via model-based cluster analysis. *Comput J*, 41(8):578–88.

[22] Jain AK, Murty NM, Flynn PJ. (1999) Data clustering: a review. *ACM Comput Surv* 31(3):264–323.

[23] Kamishima T, Motoyoshi F. (2003) Learning from cluster examples, *Mach Learning* 53(3):199–233.

[24] Kass RE, Raftery AE. (1995) Bayes factors. *J Am Stat Assoc* 90:773–95.

[25] Kerr MK, Churchill GA. (2001) Bootstrapping cluster analysis: assessing the reliability of conclusions from microarray experiments. *Proc Nat Acad Sci, USA* 98(16):8961–6.

[26] Kohonen T. (1982) Self-organized formation of topologically correct feature maps. *Biol Cybern* 43:59–69.

[27] Kohonen T. (1995) *Self-Organizing Maps*, Springer, New York.

[28] Linder T, Lugosi G, Zeger, K. (1994) Rates of convergence in the source coding theorem, empirical quantizer design, and universal lossy source coding. *IEEE Trans Inform Theory* 40:1728–40.

[29] Maulik U, Bandyopadhyay S. (2002) Performance evaluation of some clustering algorithms and validity indices. *IEEE Trans Pattern Anal Mach Intell* 24(12):1650–4.

[30] Matheron G. (1975) *Random Sets and Integral Geometry*, John Wiley & Sons, New York.

[31] Milligan GW, Cooper MC. (1986) A study of the comparability of external criteria for hierarchical cluster analysis. *Multivariate Behav Res* 21:441–58.

[32] Rand WM. (1971) Objective criteria for the evaluation of clustering methods. *J Am Stat Assoc* 66:846–50.

[33] Roth V, Lange T, Braun M, Buhmann J. (2002) A resampling approach to cluster validation, *COMPSTAT 2002*, Berlin.

[34] Schwarz G. (1978) Estimating the dimension of a model. *Ann Stat* 6:461–4.

[35] Stoyan D, Kendall WS, Mecke J. (1987) *Stochastic Geometry and Its Application* John Wiley & Sons, Chichester, UK.

[36] Xing EP, Ng AY, Jordan MI, Stuart R. (2003) Distance-metric learning, with application to clustering with side information. *Adv Neural Inform Process Syst* 15.

[37] Yeung KY, Fraley C, Murua A, Raftery AE, Ruzzo WL. (2001) "Model-based clustering and data transformations for gene expression data. *Bioinformatics* 17(10):977–87.

索　　引